U0392866

内 容 简 介

本书是根据教育部《工科高等数学课程教学基本要求》编写的工科类本科高等数学教材，编者全部是具有丰富教学经验的教学一线教师．全书共十二章，分上、下两册出版．上册内容包括：极限，导数与微分，微分中值定理与导数的应用，不定积分，定积分及其应用，常微分方程等；下册内容包括：空间解析几何与向量代数，多元函数微分法及其应用，重积分，曲面积分与曲线积分，无穷级数及傅里叶级数等．本书按节配置习题，每章有总练习题，书末附有答案与提示，便于读者参考．

本书根据工科学生的实际要求及相关课程的设置次序，对传统的教学内容在结构和内容上作了合理调整，使之更适合新世纪高等数学教学理念和教学内容的改革趋势．其主要特点是：选材取舍精当，行文简约严密，讲解重点突出，服务后续课程，衔接考研思路，注重基础训练和学生综合能力的培养．

本书可作为高等院校工科类各专业本科生高等数学课程的教材，也可作为相关专业的大学生、自学考试学生的教材或教学参考书．

21 世纪

高等院校工科类数学教材

高等数学

（上册）

褚宝增　陈兆斗　主编

图书在版编目(CIP)数据

高等数学·上册/褚宝增,陈兆斗主编. —北京:北京大学出版社,2008.8
(21世纪高等院校工科类数学教材)
ISBN 978-7-301-13535-8

Ⅰ.高…　Ⅱ.①褚…　②陈…　Ⅲ.高等数学-高等学校-教材　Ⅳ.O13

中国版本图书馆CIP数据核字(2008)第039295号

书　　名:高等数学(上册)
著作责任者:褚宝增　陈兆斗　主编
责 任 编 辑:刘　勇
封 面 设 计:林胜利
标 准 书 号:ISBN 978-7-301-13535-8/O·0747
出 版 发 行:北京大学出版社
地　　址:北京市海淀区成府路205号　100871
网　　址:http://www.pup.cn　　电子邮箱:zpup@pup.pku.edu.cn
电　　话:邮购部62752015　发行部62750672　理科编辑部62752021　出版部62754962
印　刷　者:北京大学印刷厂
经　销　者:新华书店
787mm×960mm　16开本　16.75印张　350千字
2008年8月第1版　**2018年8月第8次印刷**
定　　价:35.00元

前　言

当前，我国高等教育蓬勃发展，教学改革不断深入，高等院校工科类数学基础课的教学理念、教学内容及教材建设也孕育在这种变革之中. 为适应高等教育21世纪教学内容和课程体系改革的总目标，培养具有创新能力的高素质人才，我们应北京大学出版社的邀请，经集体讨论，分工编写了这套《21世纪高等院校工科类数学教材》，其中高等数学分上、下两册出版.

本教材参照教育部《工科高等数学课程教学基本要求》，按照“加强基础、培养能力、重视应用”的指导方针，精心选材，力求实现基础性、应用性、前瞻性的和谐与统一，集中体现了编者长期讲授工科类高等数学课所积累的丰富教学经验，反映了当前工科数学教学理念和教学内容的改革趋势. 具体体现在以下几个方面：

1. 精心构建教材内容. 本教材在内容选择方面，根据工科学生的实际要求及相关专业课程的特点，汲取了国内外优秀教材的优点，对传统的教学内容在结构和内容上作了适当的调整，为后续课程打好坚实的基础.

2. 内容讲述符合认知规律. 以几何直观、物理背景或典型例题作为引入数学基本概念的切入点；对重要概念、重要定理、难点内容从多侧面进行剖析，做到难点分散，便于学生理解与掌握.

3. 强调基础训练和基本能力的培养. 紧密结合概念、定理和运算法则配置丰富的例题，并剖析一些综合性例题. 按节配有适量习题，每章配有总练习题，书末附有答案与提示，便于读者参考.

4. 注重学以致用. 紧密结合几何、物理中的应用，通过分析具有典型意义的应用例题和配置多样化习题，以培养学生应用数学知识分析和解决实际问题的能力.

本书的第一章极限、第二章导数与微分由王翠香编写，第三章微分中值定理与导数的应用、第六章常微分方程由褚宝增编写，第四章不定积分由吴飞编写，第五章定积分及其应用由陈瑞阁编写，第七章空间解析几何与向量代数由邓燕编写，第八章多元函数微分法及其应用由陈振国编写，第九章重积分、第十章曲线积分与曲面积分由赵琳琳编写，第十一章无穷级数、第十二章傅里叶级数由陈兆斗编写. 全书由褚宝增、陈兆斗二位教授统稿.

本书的主要特点是：选材取舍精当，行文简约严密，讲解重点突出，服务后续课程，衔接考研思路等.

特别感谢许伯济教授、王祖朝教授、高世臣教授、闫庆旭教授对本书的认真审稿及所提出的修改意见.

囿于编者水平及编写时间较为仓促,教材之中难免存在疏漏与不妥之处,恳请广大读者不吝指正.

编　者

2008年3月

目　　录

第一章 极限

极限是高等数学中最重要、最基本的概念，这是因为高等数学中其他的基本概念都可用极限概念来表达，且解析运算也可用极限运算来描述. 极限用于描述数列和函数在随变量无限变化过程中的变化趋势，极限的方法是微积分中的基本方法，是人们由有限认识无限、由近似认识精确、由量变认识质变的一种数学方法. 本章将对极限的概念、运算及基本性质进行系统的讲述.

§1.1 数列的极限

一、数列极限的定义

所谓数列，简单地说就是一串编了号的无限多个数，可写成：

$$x_1,\ x_2,\ x_3,\ \cdots,\ x_n,\ \cdots.$$

数列还可以看做一种特殊的函数

$$x = x(t),$$

其定义域为全体自然数 **N**，称为**整标函数**，从而可理解为一串无限多个数

$$x(1),\ x(2),\ x(3),\ \cdots,\ x(n),\ \cdots.$$

我们将它们记为 $x_1, x_2, x_3, \cdots, x_n, \cdots$，写成数列 $\{x_n\}$，其中 x_n 称为数列的一般项. 例如

$$\frac{1}{2},\ \frac{1}{4},\ \frac{1}{8},\ \cdots,\ \frac{1}{2^n},\ \cdots;$$

$$2,\ \frac{1}{2},\ \frac{4}{3},\ \cdots,\ 1+\frac{(-1)^{n-1}}{n},\ \cdots;$$

$$1,\ 8,\ 27,\ \cdots,\ n^3,\ \cdots;$$

$$-1,\ 1,\ -1,\ \cdots,\ (-1)^n,\ \cdots$$

都是数列的例子，它们的一般项 x_n 分别是 $\frac{1}{2^n}, 1+\frac{(-1)^{n-1}}{n}, n^3, (-1)^n$.

数列 $\{x_n\}$ 可以根据 n 的变化看做一列变量，下面我们要研究数列这

种变量的变化规律——数列的极限.在数学史上,很早就有朴素的数列极限概念,战国时代哲学家庄周所著的《庄子·天下篇》中有句名言:“一尺之棰,日取其半,万世不竭.”如果把每天截后剩下部分的长度记录下来(单位为尺),所得到的数列就是$\left\{\frac{1}{2^n}\right\}$.不难看出,当$n$不断增大时,该数列无限地接近于0,但是,不论$n$多么大,$\frac{1}{2^n}$总不等于0.再考查数列$\left\{1+\frac{(-1)^{n-1}}{n}\right\}$,随着$n$的无限增大,一般项$1+\frac{(-1)^{n-1}}{n}$无限地接近于1.这两个数列反映了一类数列的某种公共特性,即对于数列$\{x_n\}$,存在某个常数a,随着n的不断增大,x_n无限地接近于这个常数a,也就是说,只要n变得充分大以后,x_n与a的距离$|x_n-a|$就可以任意地小.这时,我们称a为数列$\{x_n\}$的极限.

为了精确刻画出x_n与a可以无限接近,即距离$|x_n-a|$可以变得任意小,我们引入符号ε(读艾普西隆),要求对预先任意给定的正数ε,无论它多么小,都可以使距离$|x_n-a|$小于ε.但这不是要求所有的x_n均满足不等式$|x_n-a|<\varepsilon$,而是让n相当大以后的所有项x_n满足$|x_n-a|<\varepsilon$即可.我们用正整数N表示这个“相当大”的数,使得$n>N$以后,即一切x_{N+1},x_{N+2},…,都有$|x_n-a|<\varepsilon$成立.例如对数列$\left\{\frac{1}{2^n}\right\}$,取$a=0$,由于$|x_n-a|=\left|\frac{1}{2^n}-0\right|=\frac{1}{2^n}$,因此

对$\varepsilon=\frac{1}{100}$,要使$\frac{1}{2^n}<\frac{1}{100}$,只要$n>6$,因此,当$n>6$以后,就有$|x_n-0|<\frac{1}{100}$;

对$\varepsilon=\frac{1}{1000}$,要使$\frac{1}{2^n}<\frac{1}{1000}$,只要$n>9$,因此,当$n>9$以后,就有$|x_n-0|<\frac{1}{1000}$;

对$\varepsilon=\frac{1}{10000}$,要使$\frac{1}{2^n}<\frac{1}{10000}$,只要$n>13$,因此,当$n>13$以后,就有$|x_n-0|<\frac{1}{10000}$.

一般地,不论给定的正数ε多么小,总可以找到正整数N,使得$n>N$的一切x_n均满足不等式$\left|\frac{1}{2^n}-0\right|<\varepsilon$.这就是$\frac{1}{2^n}$无限接近于0的实质.

综合上述,给出下面数列极限的定义.

定义 设$\{x_n\}$是一个数列,a是一个常数,若对任意给定的正数ε,总存在正整数N,使得当$n>N$时,有

$$|x_n-a|<\varepsilon, \qquad ①$$

则称a为**数列$\{x_n\}$的极限**,或者说**数列$\{x_n\}$收敛于**a,记做

$$\lim_{n\to\infty}x_n=a \quad 或 \quad x_n\to a \quad (n\to\infty).$$

如果数列$\{x_n\}$没有极限,则称它是**发散的**或**发散数列**.

关于数列极限的定义需要说明两点:首先正数ε是预先任意给定的,一旦给出,它就是固定的,根据这个固定的ε再去寻找对应的满足①式的正整数N;其次关于N,我们关心的

是它的存在性,而不是它的具体数值.显然,如果对某个 $\varepsilon>0$,正整数 N 满足①式,则把任何一个比 N 大的正整数作为 N,①式仍然成立.

如果将常数 a 及数列 $\{x_n\}$ 的各项在数轴上用对应的点表示出来,则对于任意给定的正数 ε,不管它多么小,总存在一个正整数 N,使数列 $\{x_n\}$ 中的从第 $N+1$ 项起的一切项所表示的点,全部落在以 a 为中心,以 ε 为半径的开区间 $(a-\varepsilon,a+\varepsilon)$ 内,在此开区间外,至多有数列 $\{x_n\}$ 的有限个点,见图 1.

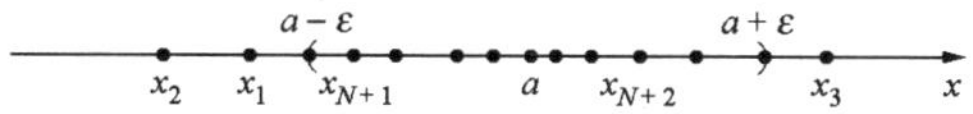

图 1

例 1 用极限定义证明 $\lim\limits_{n\to\infty}\frac{(-1)^{n-1}}{n}=0$.

证 对任意给定的 $\varepsilon>0$, 因为 $|x_n-0|=\left|\frac{(-1)^{n-1}}{n}-0\right|=\frac{1}{n}$,要使 $|x_n-0|<\varepsilon$,即 $\frac{1}{n}<\varepsilon$,只要 $n>\frac{1}{\varepsilon}$, 所以取 $N=\left[\frac{1}{\varepsilon}\right]+1$, 则当 $n>N$ 即 $n>\left[\frac{1}{\varepsilon}\right]+1>\frac{1}{\varepsilon}$ 时,就有

$$\left|\frac{(-1)^{n-1}}{n}-0\right|<\varepsilon.$$

由数列极限定义,有

$$\lim_{n\to\infty}\frac{(-1)^{n-1}}{n}=0.$$

注 $[x]$ 表示取整函数,其值是不超过 x 的最大整数,例如

$$[5]=5,\quad [-3.5]=-4,\quad [6.5]=6.$$

例 2 证明 $\lim\limits_{n\to\infty}q^n=0$,其中 $0<|q|<1$.

证 对任意给定的 $\varepsilon>0$,要使 $|x_n-0|=|q^n|<\varepsilon$,直接解不等式,得到

$$n\ln|q|<\ln\varepsilon.$$

由于 $0<|q|<1$,故 $\ln|q|<0$,因此有 $n>\frac{\ln\varepsilon}{\ln|q|}$.取 $N=\left[\frac{\ln\varepsilon}{\ln|q|}\right]+1$,则当 $n>N$ 时,就有

$$|q^n-0|<\varepsilon.$$

由数列极限的定义,有

$$\lim_{n\to\infty}q^n=0.$$

从上述两个例子可以看出,用定义来证明数列 $\{x_n\}$ 的极限是 a,关键是解不等式

$$|x_n-a|<\varepsilon \quad 或 \quad a-\varepsilon<x_n<a+\varepsilon,$$

由此找到一个正整数 N,使得当 $n>N$ 时上述不等式成立即可.

例 3 证明 $\lim\limits_{n\to\infty}\frac{\sqrt{n^2+a^2}}{n}=1$.

证 对任意给定的 $\varepsilon>0$,由于

$$\left|\frac{\sqrt{n^2+a^2}}{n}-1\right|=\frac{\sqrt{n^2+a^2}-n}{n}=\frac{a^2}{n(\sqrt{n^2+a^2}+n)}<\frac{a^2}{n},$$

要使

$$\left|\frac{\sqrt{n^2+a^2}}{n}-1\right|<\varepsilon,$$

只要 $\frac{a^2}{n}<\varepsilon$，即 $n>\frac{a^2}{\varepsilon}$. 所以取 $N=\left[\frac{a^2}{\varepsilon}\right]+1$，则当 $n>N$ 时，就有

$$\left|\frac{\sqrt{n^2+a^2}}{n}-1\right|<\varepsilon.$$

由数列极限的定义，即 $\lim\limits_{n\to\infty}\frac{\sqrt{n^2+a^2}}{n}=1$.

例 3 用到了所谓“适当放大”的方法，即将 $|x_n-a|$ 放大成 $\frac{c}{n^\alpha}$（α,c 为正的实常数），再由不等式 $\frac{c}{n^\alpha}<\varepsilon$ 求出正整数 N，这是一种常用的简化方法.

二、收敛数列的性质

定理 1（唯一性） 若数列 $\{x_n\}$ 收敛，则它的极限是唯一的.

证 反证法. 假设当 $n\to\infty$ 时，有 $x_n\to a$ 及 $x_n\to b$，且 $a<b$. 取 $\varepsilon=\frac{b-a}{2}$，根据极限定义，则分别存在正整数 N_1 及 N_2，使得当 $n>N_1$ 时，有

$$|x_n-a|<\frac{b-a}{2};\tag{②}$$

而当 $n>N_2$ 时，有

$$|x_n-b|<\frac{b-a}{2}.\tag{③}$$

令取 $N=\max\{N_1,N_2\}$，则当 $n>N$ 时，②，③两式同时成立.

但由②式有 $x_n<\frac{b+a}{2}$，而由③式又有 $x_n>\frac{b+a}{2}$，这就产生了矛盾，所以收敛数列不可能有两个不同的极限，即数列 $\{x_n\}$ 的极限是唯一的.

给定数列 $\{x_n\}$，如果存在正数 M，使对一切正整数 n，都有 $|x_n|\leqslant M$，则称数列 $\{x_n\}$ 是**有界的**. 这时数列的全部项所对应的点都落在区间 $[-M,M]$ 内.

定理 2（有界性） 若数列 $\{x_n\}$ 收敛，则它是有界数列.

证 设 $\lim\limits_{n\to\infty}x_n=a$，根据极限的定义，当取 $\varepsilon=1$ 时，存在 N，使对一切正整数 $n>N$，有

$$|x_n-a|<1,\quad 即\quad |x_n|=|x_n-a+a|\leqslant|x_n-a|+|a|<1+|a|.$$

令 $M=\max\{|x_1|,|x_2|,\cdots,|x_N|,1+|a|\}$，则对一切正整数 n，都有

$$|x_n| \leqslant M,$$

所以$\{x_n\}$是有界数列.

数列的有界性是数列收敛的必要条件,从而易知无界数列必然是发散的,例如数列$\{n^3\}$是发散数列.

在讨论数列的极限问题时,常常涉及数列的子数列的概念.一个数列的**子数列**,就是在该数列的排列中,按由前到后的次序抽取其一部分项构成的一个(无限)数列.一般说来,如果我们在$\{x_n\}$中首先取出x_{n_1}作为子数列的第1项,然后在x_{n_1}后面再取一项x_{n_2}作为第2项,…,如此下去,就得$\{x_n\}$的一个子数列:

$$x_{n_1}, x_{n_2}, x_{n_3}, \cdots, x_{n_k}, \cdots.$$

子数列的第k项x_{n_k}恰好是原数列的第n_k项.根据选取的次序,不难得出:

$$n_k \geqslant k; \quad 若 k_1 < k_2, 则 n_{k_1} < n_{k_2}.$$

定理3(收敛数列与子数列的关系) 如果数列$\{x_n\}$收敛于a,那么它的任一子数列收敛,且极限也是a.

证 设数列$\{x_{n_k}\}$是数列$\{x_n\}$的任一子数列.对任意给定的$\varepsilon>0$,由于$\lim\limits_{n\to\infty}x_n=a$,根据极限的定义,可知存在一个正整数$N$,使当$n>N$时,有

$$|x_n - a| < \varepsilon.$$

此时令$K=N$,则当$k>K$时,有$n_k \geqslant k > K = N$,从而有

$$|x_{n_k} - a| < \varepsilon.$$

这就证明了$\{x_{n_k}\}$的极限是a.

这个定理不仅保证了子数列的极限等于原数列的极限,而且提供了判断数列发散的一个方法:如果在一个数列中找到两个子数列,它们都有极限,但极限值却不同,这时原数列就不可能有极限.例如数列$\{(-1)^n\}$是发散的,这是因为当n为偶数时组成的子数列$\{x_{2k}\}$极限为1,当n为奇数时组成的子数列$\{x_{2k+1}\}$极限为-1.

习 题 1.1

1. 设$x_n=\dfrac{n+1}{n}$ $(n=1,2,\cdots)$,证明$\lim\limits_{n\to\infty}x_n=1$,并填下表:

ε	0.1	0.01	0.001	0.0001	0.00001	…
N						

2. 用数列极限的定义证明:

(1) $\lim\limits_{n\to\infty}\dfrac{1}{n^2}=0$; (2) $\lim\limits_{n\to\infty}\dfrac{3n+1}{2n+1}=\dfrac{3}{2}$;

(3) $\lim\limits_{n\to\infty}\dfrac{(-1)^n\sin n}{n}=0$;　　　(4) $\lim\limits_{n\to\infty}0.\underbrace{999\cdots9}_{n个}=1$.

3. 若 $\lim\limits_{n\to\infty}x_n=a$,证明 $\lim\limits_{n\to\infty}|x_n|=|a|$. 反之是否成立?

4. 若数列$\{x_n\}$有界,且 $\lim\limits_{n\to\infty}y_n=0$,证明 $\lim\limits_{n\to\infty}x_ny_n=0$.

5. 对于数列$\{x_n\}$,若 $\lim\limits_{m\to\infty}x_{2m}=a$ 且 $\lim\limits_{m\to\infty}x_{2m+1}=a$,证明 $\lim\limits_{n\to\infty}x_n=a$.

§1.2 函数的极限

前面我们讨论了数列$\{x_n\}$当 $n\to\infty$时的极限,它可以看做整标函数当自变量单调无限增大时的极限,现在进一步来讨论一般函数 $y=f(x)$的极限. 对于函数 $f(x)$的极限问题,根据自变量的不同变化过程,有两种情形需要研究:第一,自变量 x 任意地接近或趋向于某一固定值 x_0(记做 $x\to x_0$)时对应的函数值的变化情况;第二,自变量 x 的绝对值$|x|$无限增大(记做 $x\to\infty$)时对应的函数值的变化情况. 下面分别讨论这两种情形下函数 $f(x)$的极限.

一、当 $x\to x_0$ 时函数 $f(x)$的极限

设 a 与 δ 是两个实数,且 $\delta>0$,形如$(a-\delta,a+\delta)$的开区间称为点 a 的一个 δ **邻域**,记做 $N(a,\delta)$,即

$$N(a,\delta)=\{x\mid a-\delta<x<a+\delta\},$$

其中 a 称为邻域的**中心**,δ 称为邻域的**半径**. 而把$(a-\delta,a)\cup(a,a+\delta)$称为点 a 的一个**去心邻域**,记做 $N(\hat{a},\delta)$,即

$$N(\hat{a},\delta)=\{x\mid 0<|x-a|<\delta\}.$$

设函数 $f(x)$在点 x_0 的一个去心邻域中有定义,下面说明如何用精确的数学语言来描述"**当 x 愈来愈接近于 x_0 时,$f(x)$愈来愈接近于常数** A". 在这里前者是条件,后者是结论. 和数列极限一样,"$f(x)$愈来愈接近于常数 A",也就是"$|f(x)-A|$愈来愈接近于 0",或者"$|f(x)-A|$可以比预先给定的任何一个正数 ε 都来得小". 由于这个结论是在"x 愈来愈接近 x_0"这一过程中实现的,所以对于任意给定的正数 ε,只要求当 x 充分接近 x_0 时,对应的函数值满足$|f(x)-A|<\varepsilon$ 就可以了,而 x_0 所对应的函数值可不予考虑,也不必考虑 $f(x)$在点 x_0 处是否有定义,故 x 充分接近 x_0 可表示为 $0<|x-x_0|<\delta$,其中 δ 是某个正数. 在几何上,适合不等式 $0<|x-x_0|<\delta$ 的 x 的全体,就是 x_0 的一个去心邻域 $N(\hat{x}_0,\delta)$,邻域半径体现了 x 接近 x_0 的程度.

综合上述,给出下面函数极限的定义.

定义 1　设函数 $f(x)$在点 x_0 的某个去心邻域内有定义,A 是一个常数. 若对任意给定的正数 ε,总存在正数 δ,使得当 $0<|x-x_0|<\delta$ 时,就有

$$|f(x)-A|<\varepsilon,$$

则称 A 为**函数 $f(x)$ 当 $x \to x_0$ 时的极限**，或称当 **$x \to x_0$ 时函数 $f(x)$ 的极限是** A，记做

$$\lim_{x \to x_0} f(x)=A \quad 或 \quad f(x) \to A\ (x \to x_0).$$

需要说明的是：首先，在 $x \to x_0$ 的过程中，x 取不到 x_0，即 $x \neq x_0$. 其次，$f(x)$ 在 x_0 有没有极限与 $f(x)$ 在 x_0 点是否有定义无关. 即使 $f(x)$ 在 x_0 有定义，$f(x_0)$ 的值与极限 A 可能相等，也可能不相等. 最后，定义中的 ε 除限于正数外不受任何限制，δ 的大小与预先给定的 ε 有关. 一般说来，ε 愈小，δ 也相应地更小些，但 δ 也不是由 ε 所唯一确定的，如果对给定的 ε 已找到某个相应的 δ，则比这个 δ 小的任何正数也符合要求. 这里重要的是 δ 的存在性，而不是 δ 的大小.

当 $x \to x_0$ 时函数 $f(x)$ 的极限是 A 的几何意义：对于任意给定的正数 ε，做出一个以直线 $y=A$ 为中心线、宽为 2ε 的水平带域(无论多么窄)，总存在以 $x=x_0$ 为中心线、宽为 2δ 的垂直带域，使落在垂直带域内的函数图形全部落在水平带域内，但点 $(x_0, f(x_0))$ 可能例外(或无意义)，如图 1 所示.

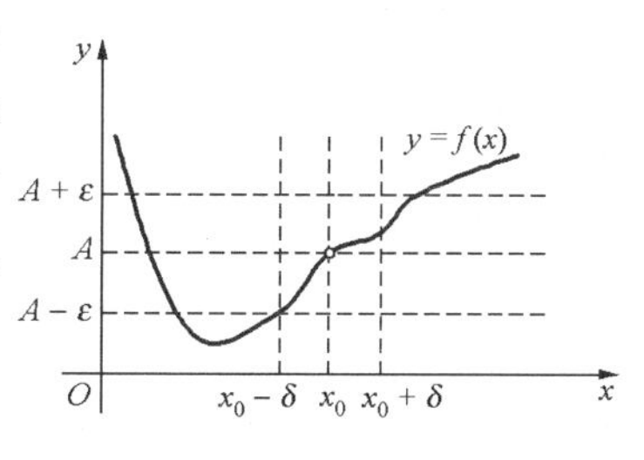

图 1

例 1 证明 $\lim\limits_{x \to x_0} C=C$ (C 为常数).

证 对任意给定的 $\varepsilon>0$，因为 $|f(x)-C|=|C-C|=0$，所以可取任意正数为 δ，则当 $0<|x-x_0|<\delta$ 时，总有

$$|f(x)-C|=|C-C|=0<\varepsilon.$$

根据函数极限定义，有 $\lim\limits_{x \to x_0} C=C$.

例 2 证明 $\lim\limits_{x \to x_0} x=x_0$.

证 对任意给定的 $\varepsilon>0$，取 $\delta=\varepsilon$，当 $0<|x-x_0|<\delta$ 时，有

$$|f(x)-x_0|=|x-x_0|<\delta=\varepsilon.$$

根据函数极限的定义，有 $\lim\limits_{x \to x_0} x=x_0$.

例 3 证明 $\lim\limits_{x \to 2}(2x+2)=6$.

证 对任意给定的 $\varepsilon>0$，要使 $|(2x+2)-6|=2|x-2|<\varepsilon$，只需 $|x-2|<\varepsilon/2$，所以取 $\delta=\varepsilon/2$，则当 $0<|x-2|<\delta$ 时，有

$$|(2x+2)-6|<\varepsilon.$$

根据函数极限的定义，有 $\lim\limits_{x \to 2}(2x+2)=6$.

例 4 证明 $\lim\limits_{x \to 2}\dfrac{x^2-4}{3(x-2)}=\dfrac{4}{3}$.

证 对任意给定的 $\varepsilon>0$，当 $x \neq 2$ 时，要使

$$\left|\frac{x^2-4}{3(x-2)}-\frac{4}{3}\right|=\left|\frac{1}{3}(x+2)-\frac{4}{3}\right|=\frac{1}{3}\mid x-2\mid<\varepsilon,$$

只需$|x-2|<3\varepsilon$，所以取$\delta=3\varepsilon$，则当$0<|x-2|<\delta$时，有

$$\left|\frac{x^2-4}{3(x-2)}-\frac{4}{3}\right|=\frac{1}{3}\mid x-2\mid<\varepsilon.$$

根据函数极限的定义，有$\lim\limits_{x\to2}\frac{x^2-4}{3(x-2)}=\frac{4}{3}$.

注意：虽然$\frac{x^2-4}{3(x-2)}$在$x=2$处没有定义，但这并不影响当$x\to2$时，它的极限的存在性.究其原因，是由于在$x\to2$的过程中，$x\neq2$，分子、分母可约去$(x-2)$这个公因子.

例 5 设在x_0的某个去心邻域内$f(x)>0$，证明：若$\lim\limits_{x\to x_0}f(x)=A>0$，则

$$\lim_{x\to x_0}\sqrt{f(x)}=\sqrt{A}.$$

证 对任意给定的$\varepsilon>0$，由$\lim\limits_{x\to x_0}f(x)=A>0$，可知存在$\delta>0$，当$0<|x-x_0|<\delta$时，有

$$|f(x)-A|<\sqrt{A}\,\varepsilon,$$

从而

$$|\sqrt{f(x)}-\sqrt{A}|=\frac{|f(x)-A|}{\sqrt{f(x)}+\sqrt{A}}<\frac{|f(x)-A|}{\sqrt{A}}<\varepsilon.$$

根据函数极限的定义，有$\lim\limits_{x\to x_0}\sqrt{f(x)}=\sqrt{A}$.

上面我们给出了当$x\to x_0$时函数$f(x)$的极限定义，其中自变量x可以从x_0的左、右两侧趋于x_0，但在有些问题中，函数仅在x_0的某一侧有定义(如x_0在其定义区间的端点上)，或者函数虽在x_0的两侧皆有定义，但两侧的表达式不同(如分段函数的分段点)，这时函数在这些点上的极限问题只能单侧地加以讨论.

如果函数$f(x)$当x从x_0的左侧（即$x<x_0$）趋于x_0时(记为$x\to x_0^-$)以A为极限，则A称为$f(x)$在x_0处的**左极限**，记做

$$\lim_{x\to x_0^-}f(x)=A\quad 或\quad f(x_0-0)=A.$$

如果函数$f(x)$当x从x_0的右侧（即$x>x_0$）趋于x_0时(记为$x\to x_0^+$)以A为极限，则A称为$f(x)$在x_0处的**右极限**，记做

$$\lim_{x\to x_0^+}f(x)=A\quad 或\quad f(x_0+0)=A.$$

左极限与右极限均皆称为**单侧极限**，它与函数极限（也称双侧极限）有如下关系：

定理 1(单侧极限与极限的关系) $\lim\limits_{x\to x_0}f(x)=A$的充分必要条件是

$$f(x_0-0)=f(x_0+0)=A.$$

证 *必要性* 设$\lim\limits_{x\to x_0}f(x)=A$，则任给$\varepsilon>0$，相应地存在$\delta>0$，使得当$0<|x-x_0|<\delta$

时，就有 $|f(x)-A|<\varepsilon$，即当 $x_0-\delta<x<x_0$ 或 $x_0<x<x_0+\delta$ 时，皆有

$$|f(x)-A|<\varepsilon.$$

由函数单侧极限的定义，有 $f(x_0-0)=f(x_0+0)=A$.

充分性 设 $f(x_0-0)=f(x_0+0)=A$，根据单侧极限的定义，对任给 $\varepsilon>0$，分别存在正数 δ_1 和 δ_2，使得当 $x_0-\delta_1<x<x_0$ 时，有 $|f(x)-A|<\varepsilon$；当 $x_0<x<x_0+\delta_2$ 时亦有 $|f(x)-A|<\varepsilon$.

取 $\delta=\min\{\delta_1,\delta_2\}$，则当 $0<|x-x_0|<\delta$ 时，必有 $x_0-\delta_1<x<x_0$ 或 $x_0<x<x_0+\delta$，从而有

$$|f(x)-A|<\varepsilon.$$

根据函数极限的定义，有 $\lim\limits_{x\to x_0}f(x)=A$.

例 6 证明函数 $f(x)=\dfrac{|x|}{x}$ 当 $x\to0$ 时极限不存在.

证 因为

$$\lim_{x\to0^-}f(x)=\lim_{x\to0^-}\frac{-x}{x}=\lim_{x\to0^-}(-1)=-1,$$

$$\lim_{x\to0^+}f(x)=\lim_{x\to0^+}\frac{x}{x}=\lim_{x\to0^+}1=1,$$

所以 $\lim\limits_{x\to0^-}f(x)\neq\lim\limits_{x\to0^+}f(x)$，从而由定理 1 推知，$f(x)$ 当 $x\to0$ 时极限不存在(图 2).

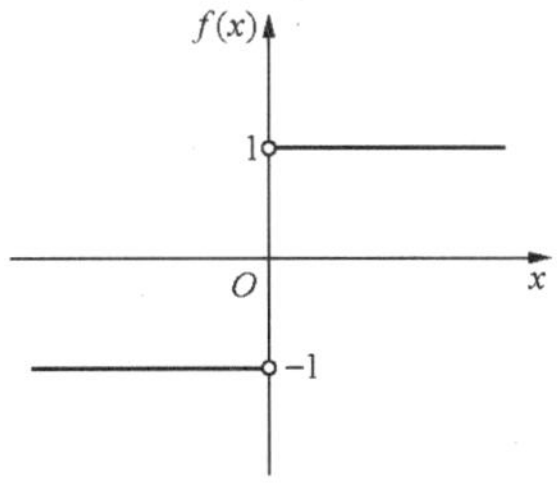

图 2

二、当 $x\to\infty$ 时函数 $f(x)$ 的极限

类似于数列极限的情形，下面研究当 x 无限增大时，对应的函数值 $f(x)$ 是否无限地接近于某一常数 A. 例如，数列 $\{x_n\}=\left\{\dfrac{1}{n}\right\}(n=1,2,\cdots)$，当 $n\to+\infty$ 时，$x_n\to0$，类似地函数 $f(x)=\dfrac{1}{x}(x\neq0)$，当 x 的绝对值无限大时，对应的函数值 $f(x)$ 也必然地无限接近于 0.

定义 2 设 $f(x)$ 在 $\{x\mid |x|\geqslant a>0\}$ 上有定义，A 是一个常数，若对任意给定的正数 ε，总存在某一个正数 X，使得当 $|x|>X$ 时，就有

$$|f(x)-A|<\varepsilon,$$

则称 A 为**函数 $f(x)$ 当 $x\to\infty$ 时的极限**，或称**当 $x\to\infty$ 时函数 $f(x)$ 的极限是** A，记做

$$\lim_{x\to\infty}f(x)=A \quad 或 \quad f(x)\to A(x\to\infty).$$

当 $x\to\infty$ 时函数 $f(x)$ 的极限是 A 的几何意义如下：对于任意给定的 $\varepsilon>0$，作平行于直线 $y=A$ 的两条直线 $y=A+\varepsilon$ 与 $y=A-\varepsilon$，得到一个宽为 2ε 的带形区域. 不论这带形区域多么狭窄，总能找到 x 轴上的一点 X，使得函数 $y=f(x)$ 所表示的图形在直线 $x=X$ 右边和

$x=-X$ 左边的部分完全落在这带形区域之内，如图 3 所示.

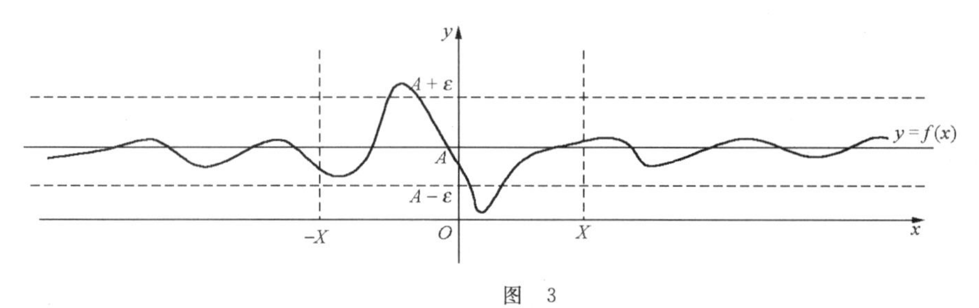

图 3

自变量 $x>0$ 且无限增大，叫做 x 趋向正无穷大，记做 $x\to+\infty$. 只要把上述定义 2 中的 $|x|\geqslant a$ 与 $|x|>X$ 分别改为 $x\geqslant a$ 与 $x>X$，就可得到 $\lim\limits_{x\to+\infty}f(x)=A$ 的定义. 自变量 $x<0$ 且 $|x|$ 无限增大，叫做 x 趋向负无穷大，记做 $x\to-\infty$. 同样，只要把上述定义中的 $|x|\geqslant a$ 与 $|x|>X$ 分别改为 $x\leqslant -a$ 与 $x<-X$，就可得到 $\lim\limits_{x\to-\infty}f(x)=A$ 的定义.

容易证明：$\lim\limits_{x\to\infty}f(x)=A$ 的充分必要条件是 $\lim\limits_{x\to+\infty}f(x)=\lim\limits_{x\to-\infty}f(x)=A$.

例 7 证明 $\lim\limits_{x\to\infty}\dfrac{1}{x}=0$.

证 对任意给定的 $\varepsilon>0$，要使 $\left|\dfrac{1}{x}-0\right|=\dfrac{1}{|x|}<\varepsilon$，只需 $|x|>\dfrac{1}{\varepsilon}$，所以取 $X=\dfrac{1}{\varepsilon}$，则当 $|x|>X$ 时，就有

$$\left|\frac{1}{x}-0\right|<\varepsilon.$$

根据函数极限的定义，有 $\lim\limits_{x\to\infty}\dfrac{1}{x}=0$.

直线 $y=0$ 是函数 $f(x)=\dfrac{1}{x}$ 所表示的曲线的水平渐近线. 一般地，如果 $\lim\limits_{x\to\infty}f(x)=c$，则直线 $y=c$ 是函数 $y=f(x)$ 所表示的曲线的**水平渐近线**.

例 8 证明 $\lim\limits_{x\to\infty}\dfrac{2x+1}{3x+2}=\dfrac{2}{3}$.

证 对任意给定的 $\varepsilon>0$，因为当 $|x|>2$ 时，有

$$|3x+2|\geqslant 3|x|-2>2|x|,$$

又要使

$$\left|\frac{2x+1}{3x+2}-\frac{2}{3}\right|=\frac{1}{3|3x+2|}<\frac{1}{6|x|}<\varepsilon,$$

只需 $|x|>\dfrac{1}{6\varepsilon}$，所以取 $X=\max\left\{2,\dfrac{1}{6\varepsilon}\right\}$，则当 $|x|>X$ 时，就有

$$\left|\frac{2x+1}{3x+2}-\frac{2}{3}\right|<\varepsilon.$$

根据函数极限的定义，有 $\lim\limits_{x\to\infty}\frac{2x+1}{3x+2}=\frac{2}{3}$.

三、函数极限的定理

我们已经定义了六种类型的函数极限：

$$\lim_{x\to\infty}f(x),\quad \lim_{x\to+\infty}f(x),\quad \lim_{x\to-\infty}f(x),\quad \lim_{x\to x_0}f(x),\quad \lim_{x\to x_0^+}f(x),\quad \lim_{x\to x_0^-}f(x).$$

这些极限具有一些相似的性质，下面以 $\lim\limits_{x\to x_0}f(x)$ 为例来论证，其他类型的函数极限定理可以类似地证明.

定理 2(唯一性) 若极限 $\lim\limits_{x\to x_0}f(x)$ 存在，则它是唯一的.

定理 3(局部有界性) 若 $\lim\limits_{x\to x_0}f(x)$ 存在，则存在 x_0 的某个去心邻域 $N(\hat{x}_0,\delta)$，使得 $f(x)$ 在 $N(\hat{x}_0,\delta)$ 内有界，即存在正数 M，对于 $N(\hat{x}_0,\delta)$ 中的每个 x，有 $|f(x)|\leqslant M$.

以上两个定理的证明与数列极限的证明类似. 应该注意，定理 3 的逆定理并不成立，例如，当 $x\to\infty$ 时，函数 $f(x)=\sin x$ 有界，但当 $x\to\infty$ 时，这个函数没有极限.

定理 4(局部保号性) 若 $\lim\limits_{x\to x_0}f(x)=A>0$(或 <0)，则对任意正数 $r(0<r<|A|)$，存在 x_0 的某个去心邻域 $N(\hat{x}_0,\delta)$，使对一切 $x\in N(\hat{x}_0,\delta)$，恒有 $f(x)>r>0$(或 $f(x)<-r<0$).

证 不妨设 $A>0$. 取 $\varepsilon=A-r>0$，由函数极限的定义，存在正数 δ，使得对一切 $x\in N(\hat{x}_0,\delta)$ 有

$$|f(x)-A|<A-r,$$

即
$$0<r=A-(A-r)<f(x)<A+(A-r)=2A-r.$$

类似可证 $A<0$ 的情形.

在上述证明过程中如果取 $r=\frac{|A|}{2}$，则可得到 $\frac{|A|}{2}<f(x)<\frac{3|A|}{2}$. 由此可得到如下的推论：

推论 若 $\lim\limits_{x\to x_0}f(x)=A\neq 0$，则 $\frac{1}{f(x)}$ 在点 x_0 的某个去心邻域 $N(\hat{x}_0,\delta)$ 内有界.

定理 5 如果函数 $f(x)$ 在点 x_0 的某个去心邻域内满足 $f(x)\geqslant 0$(或 $f(x)\leqslant 0$)，且

$$\lim_{x\to x_0}f(x)=A,$$

则 $A\geqslant 0$ (或 $A\leqslant 0$).

证 假设上述论断不成立，即 $A<0$，由定理 4，在点 x_0 的某个去心邻域 $N(\hat{x}_0,\delta)$ 上，$f(x)<0$，这与题设矛盾，所以 $A\geqslant 0$. 类似可证另一种情形.

习 题 1.2

1. 用函数极限的定义证明：

(1) $\lim\limits_{x\to 3}(3x-1)=8$；　　(2) $\lim\limits_{x\to 2}(5x+2)=12$；

(3) $\lim\limits_{x\to -2}\dfrac{x^2-4}{x+2}=-4$； (4) $\lim\limits_{x\to -\frac{1}{2}}\dfrac{1-4x^2}{2x+1}=2$.

2. 当 $x\to 2$ 时，$y=x^2\to 4$，问 δ 等于多少，使得当 $|x-2|<\delta$ 时，恒有 $|y-4|<0.001$？

3. 设 $f(x)=\begin{cases} x^2, & x<1, \\ x+1, & x\geqslant 1. \end{cases}$

(1) 作 $f(x)$ 的图形；

(2) 根据图形写出极限 $\lim\limits_{x\to 1^-}f(x)$ 与 $\lim\limits_{x\to 1^+}f(x)$；

(3) 当 $x\to 1$ 时，$f(x)$ 有极限吗？

4. 用观察法求下列函数的极限：

(1) $\lim\limits_{x\to 1^+}\dfrac{x}{|x|}$； (2) $\lim\limits_{x\to 0^+}\dfrac{x}{x^2+|x|}$； (3) $\lim\limits_{x\to 0^-}\dfrac{x}{x^2+|x|}$.

5. 根据函数极限的定义证明：

(1) $\lim\limits_{x\to\infty}\dfrac{x}{2x+1}=\dfrac{1}{2}$； (2) $\lim\limits_{x\to+\infty}\dfrac{\sin x}{\sqrt{x}}=0$.

6. 下列极限是否存在？为什么？

(1) $\lim\limits_{x\to 1}\dfrac{x-1}{|x-1|}$； (2) $\lim\limits_{x\to\infty}\arctan x$； (3) $\lim\limits_{x\to+\infty}\mathrm{e}^{-x}$； (4) $\lim\limits_{x\to\infty}(1+\mathrm{e}^{-x})$.

7. 如果函数 $f(x)$ 当 $x\to x_0$ 时的极限存在，证明 $f(x)$ 在点 x_0 的某个去心邻域内有界.

8. 证明 $\lim\limits_{x\to\infty}f(x)=A$ 的充要条件是 $\lim\limits_{x\to+\infty}f(x)=\lim\limits_{x\to-\infty}f(x)=A$.

9. 设 $\lim\limits_{x\to x_0}f(x)=A$，$\lim\limits_{x\to x_0}g(x)=B$.

(1) 若 $A>B$，证明存在点 x_0 的某个去心邻域，使在此邻域内 $f(x)>g(x)$；

(2) 若在点 x_0 的某个去心邻域内有 $f(x)\geqslant g(x)$，试证明 $A\geqslant B$.

§1.3 无穷小与无穷大

一、无穷小

为了讨论方便，今后我们用符号 $\lim f(x)$ 表示自变量 x 在某种趋向下函数 $f(x)$ 的极限，这些趋向包括 $x\to\infty$，$x\to+\infty$，$x\to-\infty$，$x\to x_0$，$x\to x_0^+$ 及 $x\to x_0^-$ 六种类型. 如果函数是整标函数 $f(n)$ 或数列的一般项 x_n 时，变化趋向则为 $n\to\infty$ 一种类型.

定义 1 若 $\lim f(x)=0$，则称 $f(x)$ 为自变量 x 在某种趋向下的**无穷小量**，简称**无穷小**.

实际上，无穷小就是(自变量在某种趋向下)极限为零的变量，因此函数 $f(x)$ 是否为无穷小与自变量的变化趋向密切相关. 例如，函数 $1-x^2$ 是当 $x\to 1$ 时的无穷小；函数 $\dfrac{1}{x}$ 是当

$x\to\infty$时的无穷小,但当 $x\to 1$ 时,$\frac{1}{x}$不是无穷小.

由函数极限的定义,无穷小的另一种定义(以 $x\to x_0$ 为例)如下:

定义 2 若对任意给定的正数 ε,总存在正数 δ,使得当 $0<|x-x_0|<\delta$ 时,就有

$$|f(x)|<\varepsilon,$$

则称函数 $f(x)$当 $x\to x_0$ 时为**无穷小**.

应当注意:(1) 无穷小并不是"一个很小的数",而是变量;(2) 零是无穷小中唯一的常量函数;(3) 无穷小是指变量的绝对值无限地变小,而不是变量无限地变小.

无穷小与函数的极限有如下重要关系:

定理 1 $\lim f(x)=A$ 的充分必要条件是 $f(x)=A+\alpha$,其中 $\lim\alpha=0$.

证 只证 $x\to x_0$ 的情形,其余情形可类推.

必要性 已知 $\lim\limits_{x\to x_0}f(x)=A$,由极限的定义,对任意给定的 $\varepsilon>0$,存在 $\delta>0$,使得当 $0<|x-x_0|<\delta$ 时,就有

$$|f(x)-A|<\varepsilon.$$

令 $\alpha=f(x)-A$, 即$|\alpha|<\varepsilon$, 所以 $\lim\limits_{x\to x_0}\alpha=0$.

充分性 已知 $f(x)=A+\alpha$,且 $\lim\limits_{x\to x_0}\alpha=0$, 由无穷小的定义,对任意给定的 $\varepsilon>0$,存在 $\delta>0$,使得当 $0<|x-x_0|<\delta$ 时,就有

$$|\alpha|<\varepsilon, \quad \text{即} \quad |f(x)-A|<\varepsilon.$$

根据函数极限的定义,有 $\lim\limits_{x\to x_0}f(x)=A$.

二、无穷大

在没有极限的一类函数(包括数列)中,有一种特殊情形,即在自变量的一定趋向下,函数的绝对值无限地增大,例如 $f(x)=\frac{1}{x}$,当 $x\to 0$ 时$\left|\frac{1}{x}\right|$无限增大,这时我们就称$\frac{1}{x}$是当 $x\to 0$ 时的无穷大量.

定义 3 设函数 $f(x)$在 x_0 的某个去心邻域内有定义,如果对任意给定的正数 M,总存在正数 δ,使得当 $0<|x-x_0|<\delta$ 时,就有

$$|f(x)|>M,$$

则称函数 $f(x)$当 $x\to x_0$ 时为**无穷大量**,简称**无穷大**,记做

$$\lim_{x\to x_0}f(x)=\infty \quad \text{或} \quad f(x)\to\infty\ (x\to x_0).$$

函数 $f(x)$为无穷大是一种重要的变化形态. 按通常意义来说,当 $x\to x_0$ 时 $f(x)$为无穷大,此时 $f(x)$极限是不存在的,但我们也称"函数的极限是无穷大". 这样的说法和记法不会引起混淆,而会有很多方便.

在无穷大中，当自变量变化到某个阶段以后，函数只取正值或负值，则称之为**正无穷大量**或**负无穷大量**，分别记为

$$\lim f(x)=+\infty \quad 或 \quad \lim f(x)=-\infty .$$

类似地可以给出 x 的其他不同趋向时为无穷大以及当 $n\to\infty$ 时，数列 $\{a_n\}$ 为无穷大(也称为无穷大数列)的定义，例如一个负无穷大量定义如下：

$\lim\limits_{x\to+\infty} f(x)=-\infty$ 当且仅当对任意给定 $M>0$，存在 $X>0$，使得当 $x>X$ 时，有 $f(x)<-M$.

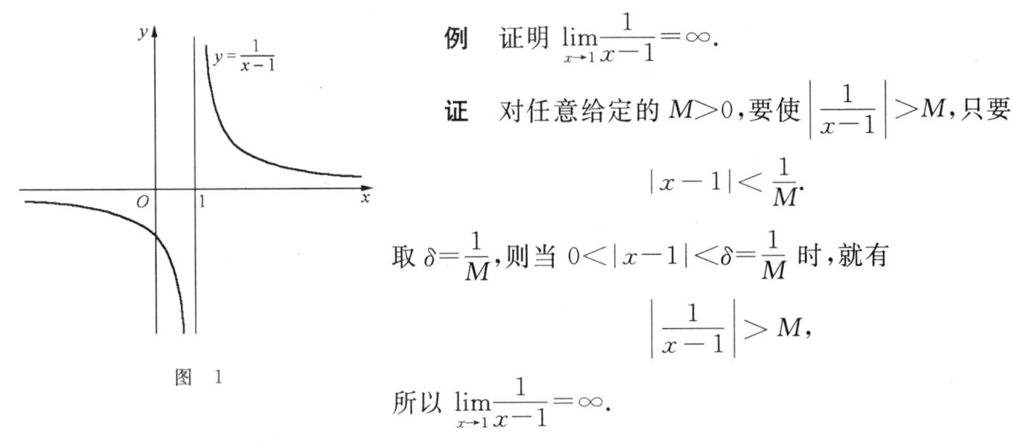

图 1

例 证明 $\lim\limits_{x\to1}\dfrac{1}{x-1}=\infty$.

证 对任意给定的 $M>0$，要使 $\left|\dfrac{1}{x-1}\right|>M$，只要

$$|x-1|<\frac{1}{M}.$$

取 $\delta=\dfrac{1}{M}$，则当 $0<|x-1|<\delta=\dfrac{1}{M}$ 时，就有

$$\left|\frac{1}{x-1}\right|>M,$$

所以 $\lim\limits_{x\to1}\dfrac{1}{x-1}=\infty$.

直线 $x=1$ 是函数 $f(x)=\dfrac{1}{x-1}$ 所表示的曲线的垂直渐近线(图 1). 一般地，如果 $\lim\limits_{x\to x_0} f(x)=\infty$，则直线 $x=x_0$ 是函数 $y=f(x)$ 所表示的曲线的**垂直渐近线**.

应该注意：无穷大一定是无界函数，但是无界函数不一定是无穷大. 例如：当 $x\to0$ 时，函数 $f(x)=\dfrac{1}{x}\sin\dfrac{1}{x}$ 是无界函数，但不是无穷大. 这是因为当 $x=\dfrac{1}{2k\pi+\dfrac{\pi}{2}}$ $(k=0,1,2,\cdots)$ 时，$f(x)=2k\pi+\dfrac{\pi}{2}$ 随 k 的增大而增大，故 $f(x)$ 无界；但当 $x=\dfrac{1}{2k\pi}(k=1,2,\cdots)$ 时，$f(x)=0$，这说明 $|f(x)|$ 不可能随 $x\to0$ 永远大于任意给定的正数.

无穷小与无穷大之间有一种简单的关系，即

定理 2 在自变量的同一变化过程中，如果 $f(x)$ 为无穷大，则 $\dfrac{1}{f(x)}$ 为无穷小；反之，如果 $f(x)$ 为无穷小，且 $f(x)\neq0$，则 $\dfrac{1}{f(x)}$ 为无穷大.

证 设 $\lim\limits_{x\to x_0} f(x)=\infty$，由无穷大的定义，对任意给定的 $\varepsilon>0$，存在 $\delta>0$，使得当 $0<|x-x_0|<\delta$ 时，有 $|f(x)|>\dfrac{1}{\varepsilon}$，即 $\left|\dfrac{1}{f(x)}\right|<\varepsilon$. 所以当 $x\to x_0$ 时，$\dfrac{1}{f(x)}$ 为无穷小.

反之，设 $\lim\limits_{x\to x_0}f(x)=0$ 且 $f(x)\neq 0$，由无穷小的定义，对任意给定的 $M>0$，存在 $\delta>0$，使得当 $0<|x-x_0|<\delta$ 时，有 $|f(x)|<\dfrac{1}{M}$，而 $f(x)\neq 0$，因此 $\left|\dfrac{1}{f(x)}\right|>M$. 所以当 $x\to x_0$ 时，$\dfrac{1}{f(x)}$ 为无穷大.

习　题　1.3

1. 根据无穷小、无穷大的定义证明：

(1) 当 $x\to\infty$ 时，$y=\dfrac{1}{x}$ 为无穷小；

(2) 当 $x\to 3$ 时，$y=\dfrac{x^2-9}{x+3}$ 为无穷小；

(3) 当 $x\to 0$ 时，$y=x\sin\dfrac{1}{x}$ 为无穷小；

(4) 当 $x\to 0$ 时，$y=\dfrac{2x+1}{x}$ 为无穷大；

(5) 当 $x\to\infty$ 时，$y=x^2$ 为正无穷大.

2. 在下列各函数中，用观察法指出哪些是无穷小，哪些是无穷大：

(1) $\dfrac{1+2x}{x^2}$（当 $x\to 0$ 时）；　　(2) $\dfrac{x+1}{x^2-9}$（当 $x\to 3$ 时）；

(3) $2^{-x}-1$（当 $x\to 0$ 时）；　　(4) $\lg x$（当 $x\to 0^+$ 时）；

(5) $\dfrac{\sin\theta}{1+\sec\theta}$（当 $\theta\to 0$ 时）.

3. 求下列极限并说明理由：

(1) $\lim\limits_{x\to\infty}\dfrac{2x+1}{x}$；　　(2) $\lim\limits_{x\to 0}\dfrac{1-x^2}{1-x}$.

4. 根据函数极限或无穷大的定义，填写下表：

	$f(x)\to A$	$f(x)\to\infty$	$f(x)\to+\infty$	$f(x)\to-\infty$
$x\to x_0$	对任意给定的 $\varepsilon>0$，存在 $\delta>0$，使得当 $0<\|x-x_0\|<\delta$ 时，有 $\|f(x)-A\|<\varepsilon$			
$x\to x_0^+$				
$x\to x_0^-$				
$x\to\infty$		对任意给定的 $M>0$，存在 $X>0$，使得当 $\|x\|>X$ 时，有 $\|f(x)\|>M$		
$x\to+\infty$				
$x\to-\infty$				

5. 函数 $y=x\cos x$ 在 $(-\infty,+\infty)$ 上是否有界？当 $x\to+\infty$ 时，这个函数是否为无穷大？为什么？

§1.4　极限的运算法则

本节来建立极限的四则运算法则和复合函数极限的运算法则，利用这些法则，可以求出某些函数的极限. 在下面的讨论中，同一问题所涉及的自变量的变化趋向相同，在论证中只证 $x\to x_0$ 的情形，在自变量的其他变化趋向下，证明方法类似.

一、无穷小的运算性质

定理 1　有限个无穷小的代数和仍是无穷小.

证　首先考虑两个无穷小的代数和.

设 α 及 β 是当 $x\to x_0$ 时的两个无穷小，即证明 $\alpha+\beta$ 是无穷小. 对任意给定的 $\varepsilon>0$，由于当 $x\to x_0$ 时 α 是无穷小，故存在 $\delta_1>0$，使得当 $0<|x-x_0|<\delta_1$ 时，有

$$|\alpha|<\frac{\varepsilon}{2};$$

又当 $x\to x_0$ 时 β 是无穷小，故存在 $\delta_2>0$，使得当 $0<|x-x_0|<\delta_2$ 时，有

$$|\beta|<\frac{\varepsilon}{2}.$$

取 $\delta=\min\{\delta_1,\delta_2\}$，则当 $0<|x-x_0|<\delta$ 时，就有

$$|\alpha\pm\beta|\leqslant|\alpha|+|\beta|<\frac{\varepsilon}{2}+\frac{\varepsilon}{2}=\varepsilon.$$

所以当 $x\to x_0$ 时 $\alpha\pm\beta$ 是无穷小.

有限个无穷小的代数和的情形可同样证明.

应该注意，无穷多个无穷小的和未必是无穷小. 例如当 $n\to\infty$ 时，$\frac{1}{n}$ 是无穷小，但 n 个 $\frac{1}{n}$ 之和为 1，不是无穷小.

定理 2　有界函数与无穷小的乘积是无穷小.

证　设函数 u 在 x_0 的某个去心邻域 $N(\hat{x}_0,\delta_1)$ 内有界，即存在 $M>0$，使对一切 $x\in N(\hat{x}_0,\delta_1)$ 都有 $|u|\leqslant M$. 又设 α 是当 $x\to x_0$ 时的无穷小，则对任意给定的 $\varepsilon>0$，存在 $\delta_2>0$，使得当 $0<|x-x_0|<\delta_2$ 时，就有

$$|\alpha|<\frac{\varepsilon}{M}.$$

取 $\delta=\min\{\delta_1,\delta_2\}$，则当 $0<|x-x_0|<\delta$ 时，就有

$$|u|\leqslant M\quad 及\quad |\alpha|<\frac{\varepsilon}{M}$$

同时成立,从而

$$|u\alpha|=|u|\cdot|\alpha|<M\cdot\frac{\varepsilon}{M}=\varepsilon.$$

所以 $u\alpha$ 是当 $x\to x_0$ 时的无穷小.

推论 1 常数与无穷小的乘积是无穷小.

推论 2 无穷小的乘积是无穷小.

根据§1.2 中定理 4 的推论及定理 2 还可以得到:

推论 3 无穷小与以非零常数为极限的函数之商是无穷小.

二、极限四则运算法则

定理 3 设 $\lim f(x)=A,\lim g(x)=B$,则

(1) $\lim[f(x)\pm g(x)]=\lim f(x)\pm\lim g(x)=A\pm B$;

(2) $\lim[f(x)g(x)]=\lim f(x)\lim g(x)=AB$;

(3) $\lim\dfrac{f(x)}{g(x)}=\dfrac{\lim f(x)}{\lim g(x)}=\dfrac{A}{B}$,其中 $B\neq0$.

证 因为 $\lim f(x)=A,\lim g(x)=B$,所以

$$f(x)=A+\alpha,\quad g(x)=B+\beta,\quad \text{其中 }\alpha\to0,\beta\to0.$$

由无穷小运算性质,得

(1) $f(x)\pm g(x)=(A+\alpha)\pm(B+\beta)=(A\pm B)+(\alpha\pm\beta)$,而$(\alpha\pm\beta)$是无穷小,所以

$$\lim[f(x)\pm g(x)]=A\pm B.$$

(2) $f(x)g(x)=(A+\alpha)(B+\beta)=AB+(A\beta+B\alpha+\alpha\beta)$,而 $A\beta+B\alpha+\alpha\beta$ 是无穷小,所以

$$\lim[f(x)g(x)]=AB.$$

(3) 由(2)可知,只需证 $\lim\dfrac{1}{g(x)}=\dfrac{1}{B}$即可. 记

$$\gamma=\frac{1}{g(x)}-\frac{1}{B}=\frac{B-g(x)}{Bg(x)}=\frac{1}{g(x)}\cdot\frac{\beta}{B},$$

而$\dfrac{\beta}{B}$是无穷小,根据推论 3 知 $\gamma=\dfrac{1}{g(x)}\cdot\dfrac{\beta}{B}$也是无穷小,得到

$$\frac{1}{g(x)}=\frac{1}{B}+\gamma,$$

故 $\lim\dfrac{1}{g(x)}=\dfrac{1}{B}$. 又 $\lim f(x)=A$,根据(2)的结论,有

$$\lim\frac{f(x)}{g(x)}=\lim\left[f(x)\cdot\frac{1}{g(x)}\right]=\lim f(x)\cdot\lim\frac{1}{g(x)}=\frac{A}{B},\quad \text{其中 } B\neq0.$$

上述定理的前两个结论都可推广到有限个函数的情形,例如:

如果 $\lim f(x)=A,\lim g(x)=B,\lim h(x)=C$,则

$$\lim[f(x)+g(x)+h(x)]=\lim f(x)+\lim g(x)+\lim h(x)=A+B+C,$$
$$\lim[f(x)\cdot g(x)\cdot h(x)]=\lim f(x)\cdot \lim g(x)\cdot \lim h(x)=ABC.$$

下面的两个特殊情况今后会经常用到:

推论 4 如果 $\lim f(x)$ 存在,c 为常数,则 $\lim[cf(x)]=c\lim f(x)$.

推论 5 如果 $\lim f(x)$ 存在,n 是正整数,则 $\lim[f(x)]^n=[\lim f(x)]^n$.

例 1 求 $\lim\limits_{x\to 2}(2x^2-x+5)$.

解 $\lim\limits_{x\to 2}(2x^2-x+5)=\lim\limits_{x\to 2}(2x^2)+\lim\limits_{x\to 2}(-x)+\lim\limits_{x\to 2}5=2(\lim\limits_{x\to 2}x)^2-\lim\limits_{x\to 2}x+5$

$$=2\cdot(2)^2-2+5=11.$$

事实上,对于多项式 $f(x)=a_0x^n+a_1x^{n-1}+\cdots+a_n$,有

$$\lim_{x\to x_0}f(x)=a_0(\lim_{x\to x_0}x)^n+a_1(\lim_{x\to x_0}x)^{n-1}+\cdots+a_n$$
$$=a_0x_0^n+a_1x_0^{n-1}+\cdots+a_n=f(x_0).$$

例 2 求 $\lim\limits_{x\to -1}\dfrac{2x^2+x+4}{3x^2+2}$.

解 因为 $\lim\limits_{x\to -1}(3x^2+2)=3(-1)^2+2=5\neq 0$, $\lim\limits_{x\to -1}(2x^2+x+4)=2(-1)^2-1+4=5$,
所以

$$\lim_{x\to -1}\frac{2x^2+x+4}{3x^2+2}=\frac{\lim\limits_{x\to -1}(2x^2+x+4)}{\lim\limits_{x\to -1}(3x^2+2)}=\frac{5}{5}=1.$$

事实上,对于有理函数 $\dfrac{P(x)}{Q(x)}$,其中 $P(x)$,$Q(x)$ 是多项式,如果 $Q(x_0)\neq 0$,则有

$$\lim_{x\to x_0}\frac{P(x)}{Q(x)}=\frac{\lim\limits_{x\to x_0}P(x)}{\lim\limits_{x\to x_0}Q(x)}=\frac{P(x_0)}{Q(x_0)}.$$

注意当 $x\to\infty$ 或 $Q(x_0)=0$ 时,上述关于两个函数之商的极限运算法则不成立,需要用其他的方法解决.

例 3 求 $\lim\limits_{x\to -2}\dfrac{x^2+x-2}{x^2+5x+6}$.

解 当 $x\neq -2$ 时,

$$\frac{x^2+x-2}{x^2+5x+6}=\frac{(x+2)(x-1)}{(x+2)(x+3)}=\frac{(x-1)}{(x+3)}.$$

在求极限时,由于 $x\to -2$,但 $x\neq -2$,根据两个函数之商的极限运算法则,所以

$$\lim_{x\to -2}\frac{x^2+x-2}{x^2+5x+6}=\lim_{x\to -2}\frac{x-1}{x+3}=\frac{-2-1}{-2+3}=-3.$$

例 4 求 $\lim\limits_{x\to 1}\dfrac{x^2+1}{x-1}$.

解 因为 $\lim\limits_{x\to1}(x-1)=0$，$\lim\limits_{x\to1}(x^2+1)=2\neq0$，所以 $\lim\limits_{x\to1}\dfrac{x-1}{x^2+1}=0$. 利用无穷小与无穷大的关系，得到

$$\lim_{x\to1}\frac{x^2+1}{x-1}=\infty.$$

例 5 求 $\lim\limits_{x\to0}\dfrac{\sqrt{x+1}-1}{x}$.

解 当 $x\to0$ 时，分子、分母的极限都是零，不能直接利用两个函数之商的极限运算法则. 先将分子有理化，再求极限：

$$\lim_{x\to0}\frac{\sqrt{x+1}-1}{x}=\lim_{x\to0}\frac{(\sqrt{x+1}-1)(\sqrt{x+1}+1)}{x(\sqrt{x+1}+1)}=\lim_{x\to0}\frac{1}{\sqrt{x+1}+1}$$

$$=\frac{\lim\limits_{x\to0}1}{\lim\limits_{x\to0}(\sqrt{x+1}+1)}=\frac{1}{\lim\limits_{x\to0}(\sqrt{x+1})+1}=\frac{1}{1+1}=\frac{1}{2},$$

其中 $\lim\limits_{x\to0}\sqrt{x+1}=1$ 可由本章§1.2中例5的结论推得.

例 6 求 $\lim\limits_{x\to1}\left(\dfrac{1}{x-1}-\dfrac{2}{x^2-1}\right)$.

解 当 $x\neq1$ 时，$\dfrac{1}{x-1}-\dfrac{2}{x^2-1}=\dfrac{x+1-2}{x^2-1}=\dfrac{1}{x+1}$，所以

$$\lim_{x\to1}\left(\frac{1}{x-1}-\frac{2}{x^2-1}\right)=\lim_{x\to1}\frac{1}{x+1}=\frac{1}{1+1}=\frac{1}{2}.$$

例 7 求 $\lim\limits_{x\to\infty}\dfrac{5x^2+1}{3x^3+2x^2-x+4}$.

解 先用 x^3 除以分子、分母后，再求极限：

$$\lim_{x\to\infty}\frac{5x^2+1}{3x^3+2x^2-x+4}=\lim_{x\to\infty}\frac{\dfrac{5}{x}+\dfrac{1}{x^3}}{3+\dfrac{2}{x}-\dfrac{1}{x^2}+\dfrac{4}{x^3}}=\frac{0}{3}=0.$$

例 8 求 $\lim\limits_{x\to\infty}\dfrac{3x^3+2x^2-x+4}{5x^2+1}$.

解 利用例7的结果及无穷小与无穷大的关系，得

$$\lim_{x\to\infty}\frac{3x^3+2x^2-x+4}{5x^2+1}=\infty.$$

利用例7、例8可得出如下结论：

$$\lim_{x\to\infty}\frac{a_0x^m+a_1x^{m-1}+\cdots+a_m}{b_0x^n+b_1x^{n-1}+\cdots+b_n}=\begin{cases}\dfrac{a_0}{b_0}, & n=m,\\ 0, & n>m,\\ \infty, & n<m,\end{cases}$$ 其中 m,n 为正整数.

例 9 求 $\lim\limits_{x\to\infty}\dfrac{\sin x}{x}$.

解 当 $x\to\infty$ 时，分子、分母的极限都不存在，但是当 $x\to\infty$ 时，$\dfrac{1}{x}$ 为无穷小，$\sin x$ 为有界量，所以

$$\lim_{x\to\infty}\frac{\sin x}{x}=0.$$

三、复合函数求极限的运算法则

定理 4 设函数 $u=\varphi(x)$ 当 $x\to x_0$ 时极限存在且等于 a，即 $\lim\limits_{x\to x_0}\varphi(x)=a$，但在 x_0 的某个去心邻域内 $\varphi(x)\neq a$，又 $\lim\limits_{u\to a}f(u)=A$，则复合函数 $f[\varphi(x)]$ 当 $x\to x_0$ 时极限也存在，且

$$\lim_{x\to x_0}f[\varphi(x)]=\lim_{u\to a}f(u)=A.$$

证 对任意给定的 $\varepsilon>0$，由于 $\lim\limits_{u\to a}f(u)=A$，故根据函数极限定义，存在 $\eta>0$，使得当 $0<|u-a|<\eta$ 时，有

$$|f(u)-A|<\varepsilon.$$

又由于 $\lim\limits_{x\to x_0}\varphi(x)=a$，故对上述 $\eta>0$，存在 $\delta_1>0$，使得当 $0<|x-x_0|<\delta_1$ 时，有

$$|\varphi(x)-a|<\eta.$$

设在 x_0 的去心邻域 $N(\hat{x}_0,\delta_0)$ 内 $\varphi(x)\neq a$，取 $\delta=\min\{\delta_0,\delta_1\}$，则当 $0<|x-x_0|<\delta$ 时，$|\varphi(x)-a|<\eta$ 与 $|\varphi(x)-a|\neq 0$ 同时成立，即 $0<|\varphi(x)-a|<\eta$ 成立，从而有

$$|f[\varphi(x)]-A|=|f(u)-A|<\varepsilon.$$

所以

$$\lim_{x\to x_0}f[\varphi(x)]=\lim_{u\to a}f(u)=A.$$

在定理 4 中，把 $\lim\limits_{x\to x_0}\varphi(x)=a$ 换成 $\lim\limits_{x\to x_0}\varphi(x)=\infty$ 或 $\lim\limits_{x\to\infty}\varphi(x)=\infty$，而把 $\lim\limits_{u\to a}f(u)=A$ 换成 $\lim\limits_{u\to\infty}f(u)=A$，结论仍然成立.

习 题 1.4

1. 求下列极限：

(1) $\lim\limits_{x\to 2}\dfrac{x^2+5}{x-3}$；　(2) $\lim\limits_{x\to -1}\dfrac{x^3}{x+1}$；　(3) $\lim\limits_{x\to\sqrt{3}}\dfrac{x^2-3}{x^2+1}$；

(4) $\lim\limits_{x\to 1}\dfrac{x^2-2x+1}{x^2-1}$；　(5) $\lim\limits_{h\to 0}\dfrac{(x+h)^2-x^2}{h}$；　(6) $\lim\limits_{x\to\infty}\dfrac{x^2+1}{2x^2-x-1}$；

(7) $\lim\limits_{x\to\infty}\dfrac{x^2+x}{x^3-3x+1}$；　(8) $\lim\limits_{x\to\frac{1}{2}}\dfrac{8x^2-1}{6x^2-5x+1}$；　(9) $\lim\limits_{x\to 1}\left(\dfrac{1}{1-x}-\dfrac{1}{1-x^3}\right)$；

(10) $\lim\limits_{x\to1}\dfrac{\sqrt[3]{x}-1}{\sqrt{x}-1}$； (11) $\lim\limits_{x\to+\infty}q^x$； (12) $\lim\limits_{x\to-\infty}q^x$；

(13) $\lim\limits_{n\to\infty}\left(\dfrac{1}{n^2}+\dfrac{2}{n^2}+\cdots+\dfrac{n}{n^2}\right)$； (14) $\lim\limits_{n\to\infty}\left(\dfrac{1}{1\cdot2}+\dfrac{1}{2\cdot3}+\cdots+\dfrac{1}{n(n+1)}\right)$；

(15) $\lim\limits_{n\to\infty}\dfrac{(-2)^n+3^n}{(-2)^{n+1}+3^{n+1}}$； (16) $\lim\limits_{n\to\infty}\dfrac{(n+1)(n+2)(n+3)}{5n^3}$.

2. 求下列极限：

(1) $\lim\limits_{x\to+\infty}\left(\mathrm{e}^{-x}+\dfrac{\sin x}{x}\right)$； (2) $\lim\limits_{x\to0}x\cos\dfrac{1}{x}$； (3) $\lim\limits_{n\to\infty}\dfrac{\pi}{n}\sin n\pi$；

(4) $\lim\limits_{x\to\infty}\dfrac{\arctan x}{x}$； (5) $\lim\limits_{x\to\infty}\dfrac{\mathrm{e}^{-x}}{\arctan x}$； (6) $\lim\limits_{x\to+\infty}\mathrm{e}^{-x}\arctan x$.

3. 下列各题的做法是否正确？为什么？

(1) $\lim\limits_{x\to9}\dfrac{x^2-9}{x-9}=\dfrac{\lim\limits_{x\to9}(x^2-9)}{\lim\limits_{x\to9}(x-9)}=\infty$；

(2) $\lim\limits_{x\to1}\left(\dfrac{1}{x-1}-\dfrac{1}{x^2-1}\right)=\lim\limits_{x\to1}\left(\dfrac{1}{x-1}\right)-\lim\limits_{x\to1}\left(\dfrac{1}{x^2-1}\right)=\infty-\infty=0$；

(3) $\lim\limits_{x\to\infty}\dfrac{\cos x}{x}=\lim\limits_{x\to\infty}\cos x\cdot\lim\limits_{x\to\infty}\dfrac{1}{x}=0$.

§1.5 极限存在准则·两个重要极限

本节介绍判断极限存在的两个准则及应用这些准则求两个重要的极限.

一、夹逼准则

准则Ⅰ 如果数列$\{x_n\}$，$\{y_n\}$及$\{z_n\}$满足下列条件：

(1) $y_n\leqslant x_n\leqslant z_n$ $(n=1,2,\cdots)$；

(2) $\lim\limits_{n\to\infty}y_n=a$，$\lim\limits_{n\to\infty}z_n=a$，

则数列$\{x_n\}$的极限存在，且 $\lim\limits_{n\to\infty}x_n=a$.

证 对任意给定的$\varepsilon>0$，因为$\lim\limits_{n\to\infty}y_n=a$，所以存在正整数$N_1$，使得当$n>N_1$时，恒有

$$|y_n-a|<\varepsilon;$$

又因$\lim\limits_{n\to\infty}z_n=a$，故对已给的$\varepsilon>0$，存在正整数$N_2$，使得当$n>N_2$时，恒有

$$|z_n-a|<\varepsilon.$$

取$N=\max\{N_1,N_2\}$，则当$n>N$时，恒有

$$|y_n-a|<\varepsilon \quad 及 \quad |z_n-a|<\varepsilon,$$

即 $$a-\varepsilon<y_n<a+\varepsilon,\quad a-\varepsilon<z_n<a+\varepsilon.$$

又因为 $y_n\leqslant x_n\leqslant z_n$，所以，当 $n>N$ 时，有

$$a-\varepsilon<y_n\leqslant x_n\leqslant z_n<a+\varepsilon,\quad 即\quad |x_n-a|<\varepsilon,$$

于是 $\lim\limits_{n\to\infty}x_n=a$.

上述数列极限存在的准则可以推广到函数的极限.

准则Ⅰ′ 如果当 $x\in N(\hat{x}_0,\delta)$（或 $|x|>X$）时，有

(1) $g(x)\leqslant f(x)\leqslant h(x)$；

(2) $\lim\limits_{\substack{x\to x_0\\(x\to\infty)}}g(x)=A$，$\lim\limits_{\substack{x\to x_0\\(x\to\infty)}}h(x)=A$，

则 $\lim\limits_{\substack{x\to x_0\\(x\to\infty)}}f(x)$ 存在，且等于 A.

准则Ⅰ和准则Ⅰ′称为**夹逼准则**. 利用夹逼准则，我们来证明第一个重要极限.

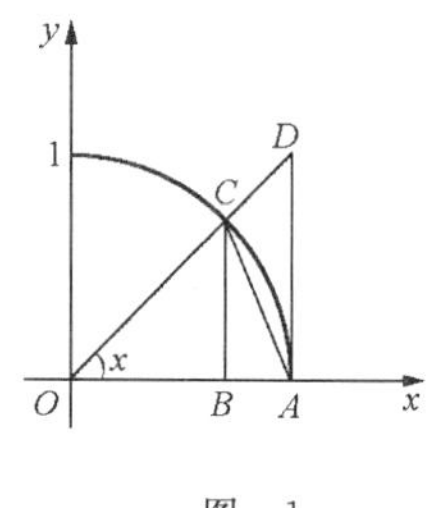

图 1

重要极限 1 $\lim\limits_{x\to0}\dfrac{\sin x}{x}=1$.

证 首先证明：$\lim\limits_{x\to0^+}\dfrac{\sin x}{x}=1$.

作单位圆如图 1 所示，C 是圆上的点，AD 是圆上 A 点的切线，$\angle COA=x$，且设 $0<x<\dfrac{\pi}{2}$. 显然有

$$\triangle AOC\ 的面积<扇形\ AOC\ 的面积<\triangle AOD\ 的面积,$$

即

$$\frac{1}{2}\sin x<\frac{1}{2}x<\frac{1}{2}\tan x,$$

或写成

$$\sin x<x<\tan x.$$

当 $0<x<\dfrac{\pi}{2}$ 时，$\sin x>0$，用 $\sin x$ 除以不等式得

$$1<\frac{x}{\sin x}<\frac{1}{\cos x}\quad 或\quad \cos x<\frac{\sin x}{x}<1,$$

于是得到

$$0<1-\frac{\sin x}{x}<1-\cos x.$$

由于 $1-\cos x=2\left(\sin\dfrac{x}{2}\right)^2<2\sin\dfrac{x}{2}<x$，则有

$$0<1-\frac{\sin x}{x}<x.$$

因为 $\lim\limits_{x\to0^+}x=0$,所以由夹逼准则推得 $\lim\limits_{x\to0^+}\left(1-\dfrac{\sin x}{x}\right)=0$,即

$$\lim_{x\to0^+}\frac{\sin x}{x}=1.$$

其次,设 $-\dfrac{\pi}{2}<x<0$,令 $x=-y$,有 $0<y<\dfrac{\pi}{2}$,当 $x\to0^-$ 时,$y\to0^+$,故有

$$\lim_{x\to0^-}\frac{\sin x}{x}=\lim_{y\to0^+}\frac{\sin(-y)}{-y}=\lim_{y\to0^+}\frac{\sin y}{y}=1.$$

最后,由于函数$\dfrac{\sin x}{x}$在 $x=0$ 的左、右极限都为 1,所以

$$\lim_{x\to0}\frac{\sin x}{x}=1.$$

另外,从定理的证明过程不难看出 $\lim\limits_{x\to0^+}\cos x=1$,而 $\cos x$ 是偶函数,又有 $\lim\limits_{x\to0^-}\cos x=1$,所以 $\lim\limits_{x\to0}\cos x=1$.

例 1 求 $\lim\limits_{x\to0}\dfrac{\tan x}{x}$.

解 $\lim\limits_{x\to0}\dfrac{\tan x}{x}=\lim\limits_{x\to0}\dfrac{\sin x}{x}\cdot\dfrac{1}{\cos x}=\lim\limits_{x\to0}\dfrac{\sin x}{x}\lim\limits_{x\to0}\dfrac{1}{\cos x}=1.$

例 2 求 $\lim\limits_{x\to0}\dfrac{\sin kx}{x}\ (k\neq0)$.

解 $\lim\limits_{x\to0}\dfrac{\sin kx}{x}=\lim\limits_{x\to0}\dfrac{k\sin kx}{kx}=k\lim\limits_{x\to0}\dfrac{\sin kx}{kx}=k\ (k\neq0).$

例 3 求 $\lim\limits_{x\to0}\dfrac{1-\cos x}{x^2}$.

解 $\lim\limits_{x\to0}\dfrac{1-\cos x}{x^2}=\lim\limits_{x\to0}\dfrac{2\sin^2\dfrac{x}{2}}{x^2}=\dfrac{1}{2}\lim\limits_{x\to0}\dfrac{\sin^2\dfrac{x}{2}}{\left(\dfrac{x}{2}\right)^2}=\dfrac{1}{2}\lim\limits_{x\to0}\left(\dfrac{\sin\dfrac{x}{2}}{\dfrac{x}{2}}\right)^2=\dfrac{1}{2}\cdot1^2=\dfrac{1}{2}.$

例 4 求 $\lim\limits_{x\to\infty}x\sin\dfrac{1}{x}$.

解 $\lim\limits_{x\to\infty}x\sin\dfrac{1}{x}=\lim\limits_{x\to\infty}\dfrac{\sin\dfrac{1}{x}}{\dfrac{1}{x}}\xlongequal{\text{令 }u=\frac{1}{x}}\lim\limits_{u\to0}\dfrac{\sin u}{u}=1.$

二、单调有界准则

若数列$\{x_n\}$各项满足不等式

$$x_1\leqslant x_2\leqslant\cdots\leqslant x_n\leqslant x_{n+1}\leqslant\cdots,$$

则称数列$\{x_n\}$为**单调增加的**；若数列$\{x_n\}$各项满足不等式

$$x_1 \geqslant x_2 \geqslant \cdots \geqslant x_n \geqslant x_{n+1} \geqslant \cdots,$$

则称数列$\{x_n\}$为**单调减少的**. 单调增加数列与单调减少数列统称为**单调数列**.

准则Ⅱ(单调有界准则) 单调有界数列必有极限.

准则Ⅱ的严格证明超出本课程要求，故从略.

从几何图形上来看，它的正确性是显然的. 由于数列是单调的，所以它的各项所表示的点在数轴上都朝着一个方向移动，这种移动只有两种可能：一种是沿着数轴无限远移，另一种是无限地接近于一个定点a. 但因为数列有界，前一种是不可能的，所以只能是后者. 换句话说，a就是数列的极限. 更具体的说法是：单调增有上界或单调减有下界的数列必有极限.

数列$\{x_n\}$单调增有上界M的情形，如图 2 所示.

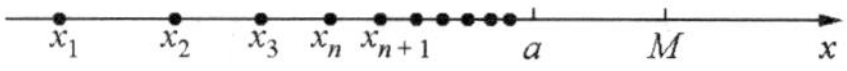

x_1 x_2 x_3 x_n x_{n+1} a M x

图 2

应用准则Ⅱ，下面证明第二个重要极限.

重要极限 2 $\lim\limits_{x\to\infty}\left(1+\dfrac{1}{x}\right)^x=\mathrm{e}$.

证 令$x_n=\left(1+\dfrac{1}{n}\right)^n$，先证$\lim\limits_{n\to\infty}x_n$存在. 为此，证明数列$\{x_n\}$单调增加且有上界. 按牛顿二项式定理，有

$$\begin{aligned}
x_n &= \left(1+\frac{1}{n}\right)^n \\
&= 1+\frac{n}{1!}\cdot\frac{1}{n}+\frac{n(n-1)}{2!}\cdot\frac{1}{n^2}+\frac{n(n-1)(n-2)}{3!}\cdot\frac{1}{n^3}+\cdots \\
&\quad +\frac{n(n-1)\cdots(n-k+1)}{k!}\cdot\frac{1}{n^k}+\cdots+\frac{n(n-1)\cdots(n-n+1)}{n!}\cdot\frac{1}{n^n} \\
&= 1+1+\frac{1}{2!}\left(1-\frac{1}{n}\right)+\frac{1}{3!}\left(1-\frac{1}{n}\right)\left(1-\frac{2}{n}\right)+\cdots \\
&\quad +\frac{1}{k!}\left(1-\frac{1}{n}\right)\left(1-\frac{2}{n}\right)\cdots\left(1-\frac{k-1}{n}\right)+\cdots \\
&\quad +\frac{1}{n!}\left(1-\frac{1}{n}\right)\left(1-\frac{2}{n}\right)\cdots\left(1-\frac{n-1}{n}\right).
\end{aligned}$$

类似地，

$$\begin{aligned}
x_{n+1} &= \left(1+\frac{1}{n+1}\right)^{n+1} \\
&= 1+1+\frac{1}{2!}\left(1-\frac{1}{n+1}\right)+\frac{1}{3!}\left(1-\frac{1}{n+1}\right)\left(1-\frac{2}{n+1}\right)+\cdots
\end{aligned}$$

$$+\frac{1}{k!}\left(1-\frac{1}{n+1}\right)\left(1-\frac{2}{n+1}\right)\cdots\left(1-\frac{k-1}{n+1}\right)+\cdots$$
$$+\frac{1}{n!}\left(1-\frac{1}{n+1}\right)\left(1-\frac{2}{n+1}\right)\cdots\left(1-\frac{n-1}{n+1}\right)$$
$$+\frac{1}{(n+1)!}\left(1-\frac{1}{n+1}\right)\left(1-\frac{2}{n+1}\right)\cdots\left(1-\frac{n}{n+1}\right).$$

可以看出,x_n 和 x_{n+1} 的展开式各项都是正的,除去前两项它们相同外,x_{n+1} 的每一项都大于 x_n 中的相应项,并且 x_{n+1} 还多最后一项,故 $x_{n+1}>x_n$. 因此,数列 $\{x_n\}$ 单调增加.

另一方面,有

$$|x_n|=x_n<1+1+\frac{1}{2!}+\cdots+\frac{1}{n!}<1+1+\frac{1}{2}+\cdots+\frac{1}{2^{n-1}}$$
$$=1+\frac{1-\frac{1}{2^n}}{1-\frac{1}{2}}=3-\frac{1}{2^{n-1}}<3,$$

所以数列 $\{x_n\}$ 有界. 由单调有界准则知

$$\lim_{n\to\infty}\left(1+\frac{1}{n}\right)^n$$

存在,通常把这极限记做 e,即

$$\lim_{n\to\infty}\left(1+\frac{1}{n}\right)^n=\mathrm{e}.$$

再考虑 $x\to+\infty$ 的情形. 设 $n\leqslant x<n+1$,则 n 与 x 同时趋向 $+\infty$. 显然有

$$\left(1+\frac{1}{n+1}\right)^n\leqslant\left(1+\frac{1}{x}\right)^x\leqslant\left(1+\frac{1}{n}\right)^{n+1},$$

而

$$\lim_{n\to+\infty}\left(1+\frac{1}{n}\right)^{n+1}=\lim_{n\to+\infty}\left(1+\frac{1}{n}\right)^n\cdot\lim_{n\to+\infty}\left(1+\frac{1}{n}\right)=\mathrm{e}\cdot 1=\mathrm{e},$$
$$\lim_{n\to+\infty}\left(1+\frac{1}{n+1}\right)^n=\lim_{n\to+\infty}\left(1+\frac{1}{n+1}\right)^{n+1}\cdot\lim_{n\to+\infty}\left(1+\frac{1}{n+1}\right)^{-1}=\mathrm{e}\cdot 1=\mathrm{e}.$$

由夹逼准则,得

$$\lim_{x\to+\infty}\left(1+\frac{1}{x}\right)^x=\mathrm{e}.$$

最后考虑 $x\to-\infty$ 的情形. 令 $x=-(t+1)$,当 $x\to-\infty$ 时,$t\to+\infty$,于是

$$\lim_{x\to-\infty}\left(1+\frac{1}{x}\right)^x=\lim_{t\to+\infty}\left(1-\frac{1}{t+1}\right)^{-(t+1)}=\lim_{t\to+\infty}\left(\frac{t}{t+1}\right)^{-(t+1)}$$
$$=\lim_{t\to+\infty}\left(1+\frac{1}{t}\right)^t\left(1+\frac{1}{t}\right)=\mathrm{e}\cdot 1=\mathrm{e}.$$

所以

$$\lim_{x\to\infty}\left(1+\frac{1}{x}\right)^{x}=\mathrm{e}. \quad ①$$

①式的另一种形式是

$$\lim_{x\to 0}(1+x)^{\frac{1}{x}}=\mathrm{e}. \quad ②$$

因为若令 $x=\frac{1}{t}$,则当 $x\to 0$ 时,$t\to\infty$,从而有 $\lim\limits_{x\to 0}(1+x)^{\frac{1}{x}}=\lim\limits_{t\to\infty}\left(1+\frac{1}{t}\right)^{t}=\mathrm{e}$,即②式成立.

可以证明,e 是一个无理数,算到十五位小数是

$$\mathrm{e}\approx 2.718281828459045.$$

在自然科学中,经常使用以 e 为底的指数函数和对数函数.例如在研究镭的衰变、物体的冷却、植物的初期生长、细菌的繁殖等问题时,常会用到以 e 为底的指数函数.

例 5 求 $\lim\limits_{x\to\infty}\left(1+\frac{m}{x}\right)^{x}$,其中 m 是整数.

解 令 $t=\frac{x}{m}$,则当 $x\to\infty$时,$t\to\infty$.所以

$$\lim_{x\to\infty}\left(1+\frac{m}{x}\right)^{x}=\lim_{x\to\infty}\left(1+\frac{1}{\frac{x}{m}}\right)^{\frac{x}{m}\cdot m}=\lim_{t\to\infty}\left[\left(1+\frac{1}{t}\right)^{t}\right]^{m}=\left[\lim_{t\to\infty}\left(1+\frac{1}{t}\right)^{t}\right]^{m}=\mathrm{e}^{m}.$$

特别地,当 $m=-1$ 时,有 $\lim\limits_{x\to\infty}\left(1-\frac{1}{x}\right)^{x}=\frac{1}{\mathrm{e}}$.

例 6 求 $\lim\limits_{x\to 0}(1+\sin x)^{\csc x}$.

解 令 $t=\sin x$,则当 $x\to 0$ 时,$t\to 0$.所以

$$\lim_{x\to 0}(1+\sin x)^{\csc x}=\lim_{t\to 0}(1+t)^{\frac{1}{t}}=\mathrm{e}.$$

例 7 求 $\lim\limits_{x\to\infty}\left(\frac{3+x}{2+x}\right)^{2x}$.

解 令 $t=x+2$,则当 $x\to\infty$时 $t\to\infty$.所以

$$\begin{aligned}\lim_{x\to\infty}\left(\frac{3+x}{2+x}\right)^{2x}&=\lim_{x\to\infty}\left[\left(1+\frac{1}{x+2}\right)^{x+2}\right]^{2}\left(1+\frac{1}{x+2}\right)^{-4}\\&=\left[\lim_{t\to\infty}\left(1+\frac{1}{t}\right)^{t}\right]^{2}\lim_{t\to\infty}\left(1+\frac{1}{t}\right)^{-4}=\mathrm{e}^{2}\cdot 1=\mathrm{e}^{2}.\end{aligned}$$

习 题 1.5

1. 求下列极限:

(1) $\lim\limits_{x\to 0}\frac{\sin ax}{\sin bx}\ (a,b\neq 0)$; (2) $\lim\limits_{x\to 0}\frac{1-\cos x}{x\sin x}$; (3) $\lim\limits_{x\to 0}\frac{\tan x-\sin x}{x^{3}}$;

(4) $\lim\limits_{x\to 0}\dfrac{2x-\tan x}{\sin x}$; (5) $\lim\limits_{x\to 0}\dfrac{\sin(\sin x)}{x}$; (6) $\lim\limits_{x\to 0}\dfrac{\sin^n x}{\sin(x^m)}$ (n,m 为正整数);

(7) $\lim\limits_{x\to \pi}\dfrac{\sin x}{x-\pi}$; (8) $\lim\limits_{x\to 0}\dfrac{\arcsin x}{x}$; (9) $\lim\limits_{x\to 0}\dfrac{\arctan x}{\sin x}$;

(10) $\lim\limits_{n\to\infty}2^n\sin\dfrac{3}{2^n}$; (11) $\lim\limits_{x\to\infty}\left(1+\dfrac{2}{x}\right)^x$; (12) $\lim\limits_{x\to\infty}\left(1+\dfrac{1}{x}\right)^{x+3}$;

(13) $\lim\limits_{x\to 0}(1+\tan x)^{\cot x}$; (14) $\lim\limits_{x\to 0}(1-2x)^{\frac{1}{\sin x}}$; (15) $\lim\limits_{x\to\infty}\left(\dfrac{x+a}{x-a}\right)^x$;

(16) $\lim\limits_{x\to\frac{\pi}{2}}(1+\cos x)^{3\sec x}$; (17) $\lim\limits_{x\to -1}(2+x)^{\frac{2}{x+1}}$; (18) $\lim\limits_{x\to\infty}\left(\dfrac{x^2+2}{x^2+1}\right)^{x^2+1}$;

(19) $\lim\limits_{x\to 0}\dfrac{\ln(1+x)}{x}$; (20) $\lim\limits_{x\to\infty}\left(1+\dfrac{1}{x}+\dfrac{1}{x^2}\right)^x$.

2. 利用极限存在的准则证明：

(1) $\lim\limits_{n\to\infty}n\left(\dfrac{1}{n^2+\pi}+\dfrac{1}{n^2+2\pi}+\cdots+\dfrac{1}{n^2+n\pi}\right)=1$;

(2) 数列$\sqrt{2},\sqrt{2+\sqrt{2}},\sqrt{2+\sqrt{2+\sqrt{2}}},\cdots$的极限存在，并求出该极限；

(3) $\lim\limits_{x\to+\infty}\dfrac{\sqrt{x^2+1}}{x+1}=1$.

§1.6 无穷小的比较

我们已经知道，两个无穷小的和、差及乘积仍然是无穷小，但两个无穷小的商却会出现不同的情况. 例如当 $x\to 0$ 时，$x,x^2,\sin x,x\sin\dfrac{1}{x}$都是无穷小，但是它们的商就有这样一些情形：当 $x\to 0$ 时，$\dfrac{x^2}{x}$与$\dfrac{\sin x}{x}$的极限都存在，分别是 0 和 1；$\dfrac{x\sin\frac{1}{x}}{x}=\sin\dfrac{1}{x}$没有极限，它是有界量；而$\dfrac{x}{x^2}=\dfrac{1}{x}$当 $x\to 0$ 时的绝对值无限增大. 产生这些情况的原因在于各个无穷小趋于零的快慢不一样，x^2 要比 x 趋于零来得快，而 x 和 $\sin x$ 趋于零的快慢相同. 为了区别无穷小趋向于零的快慢问题，我们引入无穷小量的阶的概念.

定义 设 α,β 是同一变化过程的两个无穷小，且 $\alpha\neq 0$.

如果 $\lim\dfrac{\beta}{\alpha}=0$，就称 β 是比 α 较**高阶无穷小**，记做 $\beta=o(\alpha)$；

如果 $\lim\dfrac{\beta}{\alpha}=\infty$，就称 β 是比 α 较**低阶无穷小**；

如果 $\lim \dfrac{\beta}{\alpha}=c\neq 0$，就称 β 与 α 是**同阶无穷小**；

如果 $\lim \dfrac{\beta}{\alpha^k}=c\neq 0, k>0$，就称 β 是 α 的 k **阶无穷小**；

如果 $\lim \dfrac{\beta}{\alpha}=1$，就称 β 与 α 是**等价无穷小**，记做 $\alpha\sim\beta$.

例如：因为 $\lim\limits_{x\to 0}\dfrac{x^2}{5x}=0$，所以当 $x\to 0$ 时，x^2 是比 $5x$ 较高阶无穷小，即 $x^2=o(5x)$；

因为 $\lim\limits_{n\to\infty}\dfrac{\frac{1}{n}}{\frac{1}{n^2}}=\infty$，所以当 $n\to\infty$ 时，$\dfrac{1}{n}$ 是比 $\dfrac{1}{n^2}$ 较低阶无穷小；

因为 $\lim\limits_{x\to 2}\dfrac{x^2-4}{x-2}=4$，所以当 $x\to 2$ 时，x^2-4 与 $x-2$ 是同阶无穷小；

因为 $\lim\limits_{x\to 0}\dfrac{1-\cos x}{x^2}=\dfrac{1}{2}$，所以当 $x\to 0$ 时，$1-\cos x$ 是 x 的二阶无穷小；

因为 $\lim\limits_{x\to 0}\dfrac{\sin x}{x}=1$，所以当 $x\to 0$ 时，$\sin x$ 与 x 是等价无穷小，即 $\sin x\sim x\,(x\to 0)$.

注意：两个无穷小可以比较的条件是它们比值的极限存在或为∞，否则，两个无穷小就不能作比较，例如当 $x\to 0$ 时，x 与 $x\sin\dfrac{1}{x}$ 是不能作比较的.

定理 1 设 α,β 是同一变化过程的无穷小，则 $\alpha\sim\beta$ 的充要条件是 $\alpha-\beta=o(\beta)$ 或 $\alpha=\beta+o(\beta)$（此时 β 称为 α 的**主要部分**）.

证 *必要性* 若 $\alpha\sim\beta$，则 $\lim\dfrac{\alpha-\beta}{\beta}=\lim\left(\dfrac{\alpha}{\beta}-1\right)=\lim\dfrac{\alpha}{\beta}-1=1-1=0$，即 $\alpha-\beta=o(\beta)$.

充分性 若 $\alpha-\beta=o(\beta)$，则

$$\lim\frac{\alpha}{\beta}=\lim\left(1+\frac{\alpha-\beta}{\beta}\right)=1+\lim\left(\frac{\alpha-\beta}{\beta}\right)=1-0=1,\quad \text{即有}\quad \alpha\sim\beta.$$

根据定理 1，利用等价无穷小可以给出函数的近似表达式. 例如，当 $x\to 0$ 时，

$$\sin x\sim x,\quad \tan x\sim x,\quad 1-\cos x\sim\frac{1}{2}x^2,$$

所以当 $x\to 0$ 时，$\sin x=x+o(x)$，$\tan x=x+o(x)$，$\cos x=1-\dfrac{1}{2}x^2+o(x^2)$.

定理 2（等价无穷小替换定理） 设 $\alpha\sim\alpha'$，$\beta\sim\beta'$ 且 $\lim\dfrac{\beta'}{\alpha'}$ 存在，则

$$\lim\frac{\beta}{\alpha}=\lim\frac{\beta'}{\alpha'}.$$

证 $\lim\dfrac{\beta}{\alpha}=\lim\left(\dfrac{\beta}{\beta'}\cdot\dfrac{\beta'}{\alpha'}\cdot\dfrac{\alpha'}{\alpha}\right)=\lim\dfrac{\beta}{\beta'}\cdot\lim\dfrac{\beta'}{\alpha'}\cdot\lim\dfrac{\alpha'}{\alpha}=\lim\dfrac{\beta'}{\alpha'}$.

例 1 求 $\lim\limits_{x\to 0}\dfrac{\tan 2x}{\sin 5x}$.

解 当 $x\to 0$ 时，$\tan 2x\sim 2x$，$\sin 5x\sim 5x$，所以

$$\lim_{x\to 0}\frac{\tan 2x}{\sin 5x}=\lim_{x\to 0}\frac{2x}{5x}=\frac{2}{5}.$$

例 2 求 $\lim\limits_{x\to 0}\dfrac{\tan^2 2x}{1-\cos x}$.

解 当 $x\to 0$ 时，$1-\cos x\sim\dfrac{1}{2}x^2$，$\tan 2x\sim 2x$，所以

$$\lim_{x\to 0}\frac{\tan^2 2x}{1-\cos x}=\lim_{x\to 0}\frac{(2x)^2}{\dfrac{1}{2}x^2}=8.$$

例 3 求 $\lim\limits_{x\to 0}\dfrac{2\sin x-\sin 2x}{x^3}$.

解 $\lim\limits_{x\to 0}\dfrac{2\sin x-\sin 2x}{x^3}=\lim\limits_{x\to 0}\dfrac{2\sin x(1-\cos x)}{x^3}=2\lim\limits_{x\to 0}\dfrac{x\cdot\dfrac{x^2}{2}}{x^3}=2\cdot\dfrac{1}{2}=1.$

习 题 1.6

1. 证明：当 $x\to 0$ 时，$\arcsin x\sim x$，$\arctan x\sim x$.
2. 利用等价无穷小的性质求下列极限：

(1) $\lim\limits_{x\to 0}\dfrac{\tan 3x}{\sin 2x}$； (2) $\lim\limits_{x\to 0}\dfrac{\sin 2x}{\arctan x}$； (3) $\lim\limits_{x\to 0}\dfrac{\arcsin x^n}{(\sin x)^m}$（$m,n$ 为正整数）；

(4) $\lim\limits_{x\to 0}\dfrac{\tan x-\sin x}{\sin^3 x}$； (5) $\lim\limits_{x\to 0}\dfrac{(x+1)\sin x}{\arcsin x}$； (6) $\lim\limits_{x\to 0}\dfrac{\sin x}{x^3+3x}$.

3. 当 $x\to 0$ 时，试确定下列各无穷小对于 x 的阶数：

(1) x^3+100x^2； (2) $x+\sin x$； (3) $\sqrt[3]{\tan x}$；

(4) $1-\cos 2x$； (5) $\sqrt{a+x^2}-\sqrt{a}$ $(a>0)$； (6) $\sqrt[3]{x^2}-\sqrt{x}$ $(x>0)$.

4. 当 $x\to 1$ 时，x^3-3x+2 是 $x-1$ 的多少阶无穷小？
5. 当 $x\to +\infty$ 时，$\dfrac{x+1}{x^4+1}$ 是 $\dfrac{1}{x}$ 的多少阶无穷小？

§1.7 函数的连续性与间断点

连续变化的概念反映了许多自然现象的共同特征，例如气温的连续变化，生物的连续生长，金属受热后连续膨胀，等等，这种现象反映到数学的函数关系上，就是函数的连续性. 从几何直观上看，所谓连续函数是指其函数的图形是一条连续曲线. 连续函数是微积分研究的

基本对象,连续函数的基本性质是微积分的重要基础.

一、函数连续性的概念

一般来说,函数 $f(x)$ 在定义域中某点 x_0 处连续,即在点 x_0 处函数值是连续变化的,在几何上表现为函数 $y=f(x)$ 所表示的曲线在 x_0 处连续而无间隙,它意味着,当 $x\to x_0^+$,$x\to x_0^-$ 时,函数应该具有相同的极限值,这个极限值就是 $f(x)$ 在点 x_0 处函数值 $f(x_0)$(图 1).

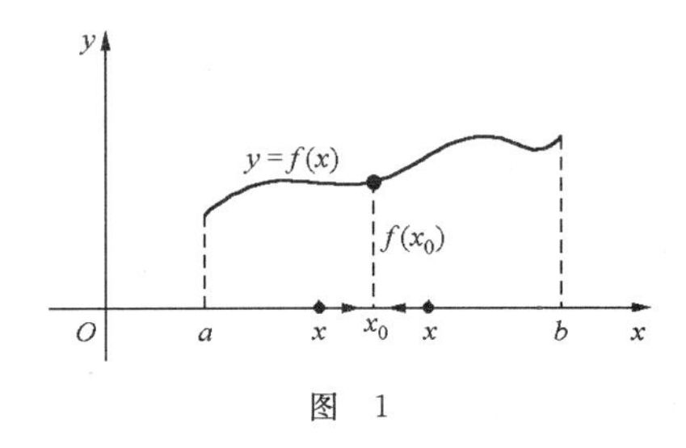

图 1

定义 1 设函数 $y=f(x)$ 在点 x_0 的某一邻域内有定义,如果函数 $f(x)$ 当 $x\to x_0$ 时的极限存在,且等于它在点 x_0 处的函数值 $f(x_0)$,即

$$\lim_{x\to x_0} f(x) = f(x_0),$$

则称函数 $y=f(x)$ **在点 x_0 连续**.

函数 $f(x)$ 在点 x_0 连续的定义用函数极限的定义表达就是:

定义 2 设函数 $f(x)$ 在点 x_0 的某个邻域内有定义,若对任意给定的正数 ε,总存在正数 δ,使得当 $|x-x_0|<\delta$ 时,就有

$$|f(x)-f(x_0)|<\varepsilon,$$

则称函数 $y=f(x)$ 在点 x_0 连续.

将 $\lim\limits_{x\to x_0} f(x)=f(x_0)$ 改写成 $\lim\limits_{x\to x_0}[f(x)-f(x_0)]=0$. 令 $x=x_0+\Delta x$,即 $\Delta x=x-x_0$,并称 Δx 为自变量 x 在点 x_0 处的增量,它是一个可正可负的变量,当 $\Delta x>0$ 时,表示 $x=x_0+\Delta x>x_0$;当 $\Delta x<0$ 时,有 $x=x_0+\Delta x<x_0$. 再令

$$\Delta y = f(x) - f(x_0) = f(x_0+\Delta x) - f(x_0),$$

Δy 称为函数 $f(x)$ 在点 x_0 处的**增量**. 于是有

定义 3 设函数 $f(x)$ 在点 x_0 的某个邻域内有定义,若

$$\lim_{\Delta x\to 0}\Delta y = 0 \quad 或 \quad \lim_{\Delta x\to 0}[f(x_0+\Delta x)-f(x_0)] = 0,$$

则称函数 $y=f(x)$ 在点 x_0 连续.

因此函数在点 x_0 连续可表述为:当自变量的增量趋于零时,函数的增量也趋于零.

显然上述三个函数 $f(x)$ 在点 x_0 连续的定义是等价的,并且由于 $\lim\limits_{x\to x_0} f(x)=f(x_0)$ 还可改写成

$$\lim_{x\to x_0} f(x) = f(x_0) = f(\lim_{x\to x_0} x),$$

即函数 $f(x)$ 在点 x_0 连续等价于函数运算与极限运算可以交换先后次序，因此，若 $f(x)$ 在点 x_0 连续，则求极限 $\lim\limits_{x\to x_0} f(x)$ 的问题便转化成求函数值 $f(x_0)$ 的问题了.

例 1 试证函数 $f(x)=\begin{cases} x\sin\dfrac{1}{x}, & x\neq 0, \\ 0, & x=0 \end{cases}$ 在 $x=0$ 连续.

证 函数 $f(x)$ 的图形如图 2 所示. 因为 $\lim\limits_{x\to 0} x\sin\dfrac{1}{x}=0$，又 $f(0)=0$，则有 $\lim\limits_{x\to 0} f(x)=f(0)$，所以由定义 1 知函数 $f(x)$ 在 $x=0$ 连续.

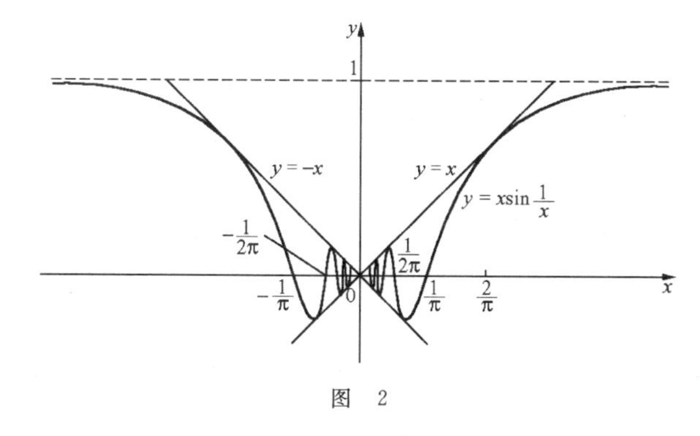

图 2

从几何图形上看，$f(x)$ 的图形夹在 $y=\pm x$ 之间，使当 $x\to 0$ 时，$f(x)\to 0$.

由于函数在一点有左、右极限的概念，因此相应地可以引入函数在一点左连续或右连续的概念. 如果函数 $f(x)$ 在点 x_0 的左极限存在且等于函数值 $f(x_0)$，即

$$\lim_{x\to x_0^-} f(x) = f(x_0) \quad 或 \quad f(x_0-0) = f(x_0),$$

则称函数 $f(x)$ 在点 x_0 **左连续**；如果函数 $f(x)$ 在点 x_0 的右极限存在且等于函数值 $f(x_0)$，即

$$\lim_{x\to x_0^+} f(x) = f(x_0) \quad 或 \quad f(x_0+0) = f(x_0),$$

则称函数 $f(x)$ 在点 x_0 **右连续**.

利用单侧极限与极限的关系推出：函数 $f(x)$ 在点 x_0 连续的充要条件是 $f(x)$ 在点 x_0 既左连续又右连续.

如果函数 $f(x)$ 在区间上每一点都连续，则称 $f(x)$ 在该区间上连续，或说它是该区间上的连续函数. 如果区间包含端点，则函数在右端点连续是指左连续，在左端点连续是指右连续. 在定义区间上的连续函数简称**连续函数**. 连续函数的图形是一条连续而不间断的曲线.

例 2 证明 $y=\sin x$ 在区间 $(-\infty,+\infty)$ 上连续.

证 设 x 是 $(-\infty,+\infty)$ 上任意取定的一点，当 x 取得增量 Δx 时，相应的函数增量

$$\begin{aligned}\Delta y&=\sin(x+\Delta x)-\sin x\\&=2\sin\frac{\Delta x}{2}\cdot\cos\left(x+\frac{\Delta x}{2}\right).\end{aligned}$$

因为 $\left|\cos\left(x+\frac{\Delta x}{2}\right)\right|\leqslant 1$ 及对任意的 α，当 $\alpha\neq 0$ 时，有 $|\sin\alpha|<|\alpha|$，所以

$$\begin{aligned}|\Delta y|&=2\left|\sin\frac{\Delta x}{2}\right|\cdot\left|\cos\left(x+\frac{\Delta x}{2}\right)\right|\\&\leqslant 2\left|\sin\frac{\Delta x}{2}\right|<2\cdot\left|\frac{\Delta x}{2}\right|=|\Delta x|,\end{aligned}$$

于是 $0\leqslant|\Delta y|<|\Delta x|$. 因此当 $\Delta x\to 0$ 时，根据夹逼准则得到

$$\Delta y\to 0,$$

即 $y=\sin x$ 在点 x 连续. 由 x 的任意性，可知 $y=\sin x$ 在区间 $(-\infty,+\infty)$ 上连续.

类似地可以证明 $y=\cos x$ 在区间 $(-\infty,+\infty)$ 上是连续的.

另外，从本章§1.4 的例 1、例 2 得到，多项式函数、有理函数在其定义域内都是连续函数.

二、函数的间断点

定义 4 设函数 $f(x)$ 在点 x_0 的某个去心邻域内有定义，如果它有下列三种情况之一：

(1) $f(x)$ 在 x_0 无定义；

(2) $f(x)$ 在 x_0 有定义，但 $\lim\limits_{x\to x_0}f(x)$ 不存在；

(3) $f(x)$ 在 x_0 有定义且 $\lim\limits_{x\to x_0}f(x)$ 存在，但 $\lim\limits_{x\to x_0}f(x)\neq f(x_0)$，

则称函数 $f(x)$ 在点 x_0 不连续，或称点 x_0 为函数 $f(x)$ 的**间断点**或**不连续点**.

下面介绍函数间断点的几种常见类型.

(一) 可去间断点

若 $\lim\limits_{x\to x_0}f(x)=A\neq f(x_0)$（或 $f(x_0)$ 不存在），则称点 x_0 为 $f(x)$ 的**可去间断点**.

如果补充定义 $f(x)$ 在 $x=x_0$ 处的函数值为极限值 A，则 $f(x)$ 在 $x=x_0$ 连续.

例 3 讨论函数 $f(x)=\dfrac{x^2-1}{x-1}$ 在 $x=1$ 的连续性.

解 因为 $f(x)$ 在 $x=1$ 无定义，所以 $x=1$ 为函数 $f(x)$ 的间断点(图 3). 但

$$\lim_{x\to 1}\frac{x^2-1}{x-1}=\lim_{x\to 1}(x+1)=2,$$

故 $x=1$ 为 $f(x)$ 的可去间断点. 如果补充定义 $f(x)$ 在 $x=1$ 的值，令 $f(1)=2$，则函数 $f(x)$ 在 $x=1$ 连续.

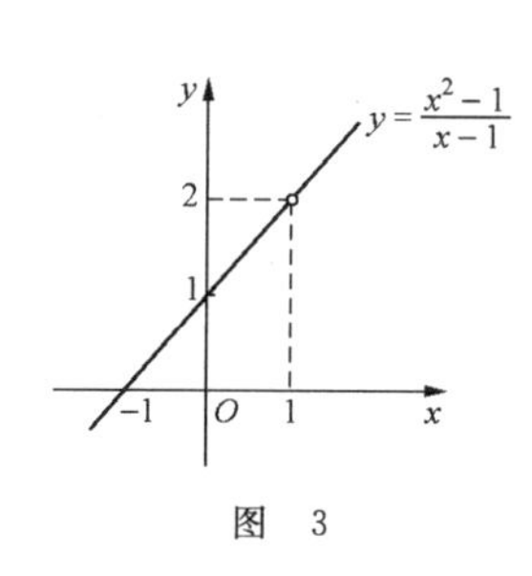

图 3

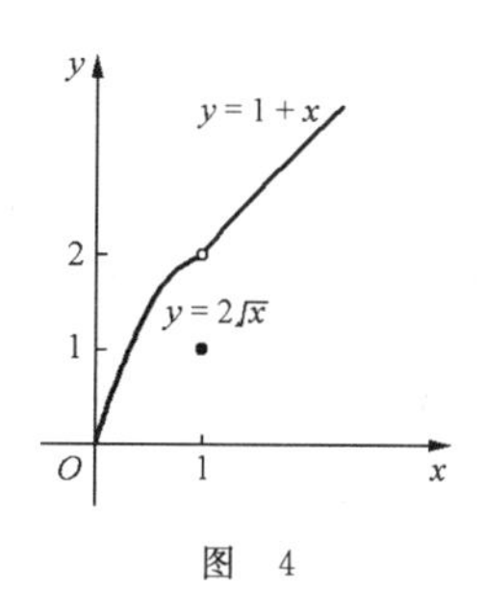

图 4

例 4 讨论函数 $f(x)=\begin{cases}2\sqrt{x}, & 0\leqslant x<1,\\ 1, & x=1,\\ 1+x, & x>1\end{cases}$ 在 $x=1$ 的连续性.

解 因为 $f(1)=1$, $f(1-0)=\lim\limits_{x\to1^-}2\sqrt{x}=2$, $f(1+0)=\lim\limits_{x\to1^+}(1+x)=2$, 即 $\lim\limits_{x\to1}f(x)=2\neq1=f(1)$, 所以 $x=1$ 为函数 $f(x)$ 的可去间断点(图 4). 如果改变 $f(x)$ 在 $x=1$ 的值, 令 $f(1)=2$, 则函数 $f(x)$ 在 $x=1$ 连续.

(二) 跳跃间断点

若 $f(x)$ 在 x_0 的左、右极限都存在, 但 $f(x_0-0)\neq f(x_0+0)$, 则称 x_0 为 $f(x)$ **跳跃断点**.

例 5 讨论函数 $f(x)=\begin{cases}x+1, & x<1,\\ x, & x\geqslant1\end{cases}$ 在 $x=1$ 的连续性.

解 函数 $f(x)$ 在 $x=1$ 有定义, 但

$$\lim_{x\to1^-}f(x)=\lim_{x\to1^-}(x+1)=2,\quad \lim_{x\to1^+}f(x)=\lim_{x\to1^+}x=1,$$

即它的左、右极限都存在但不相等, 所以 $x=1$ 为函数 $f(x)$ 的跳跃间断点(图 5).

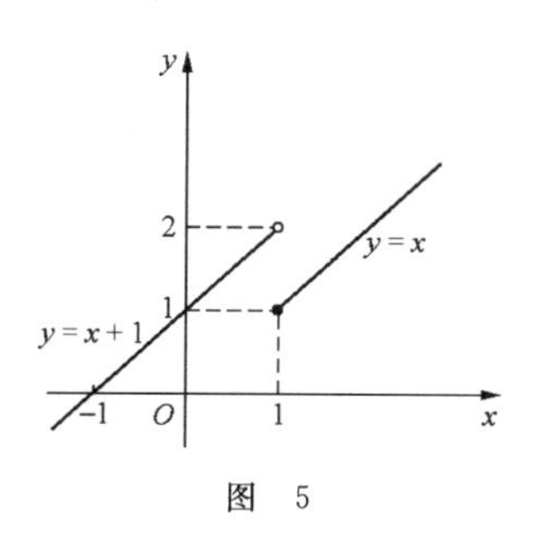

图 5

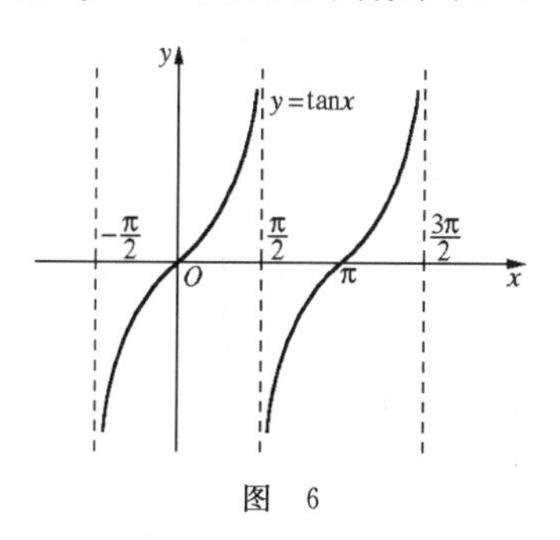

图 6

(三) 无穷间断点

若 $f(x_0-0)$ 与 $f(x_0+0)$ 中至少有一个为无穷大, 则称点 x_0 为 $f(x)$ 的**无穷间断点**.

例 6 函数 $y=\tan x$ 在 $x=\pi/2$ 无定义, 所以 $x=\pi/2$ 为函数的间断点. 又因 $\lim\limits_{x\to(\pi/2)^-}\tan x=+\infty$, 故 $x=\pi/2$ 为函数的无穷间断点(图 6).

(四) 振荡间断点

若 $f(x_0-0)$ 与 $f(x_0+0)$ 中至少有一个振荡发散，则称 x_0 为 $f(x)$ 的**振荡间断点**.

例如函数 $f(x)=\sin\dfrac{1}{x}$ 在 $x=0$ 无定义，$f(x_0-0)$ 与 $f(x_0+0)$ 不存在，由于在间断点 $x=0$ 附近，函数值在 -1 与 1 之间来回振荡，所以 $x=0$ 为 $\sin\dfrac{1}{x}$ 的振荡间断点(图 7).

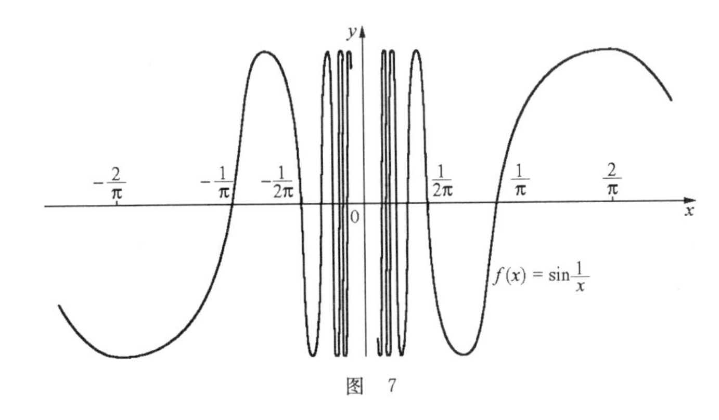

图 7

通常把间断点分成两类：如果 x_0 是函数 $f(x)$ 的间断点，但左极限 $f(x_0-0)$ 及右极限 $f(x_0+0)$ 都存在，那么 x_0 称为函数 $f(x)$ 的**第一类间断点**；不是第一类间断点的其他间断点，称为**第二类间断点**. 显然可去间断点与跳跃间断点是第一类间断点，无穷间断点和振荡间断点是第二类间断点.

习 题 1.7

1. 研究下列函数的连续性，并画出函数的图形：

(1) $f(x)=\dfrac{x}{x}$；

(2) $f(x)=\begin{cases}x^2, & 0\leqslant x\leqslant 1,\\ 2-x, & 1<x\leqslant 2;\end{cases}$

(3) $f(x)=\begin{cases}x^2, & |x|\leqslant 1,\\ x, & |x|>1;\end{cases}$

(4) $f(x)=\begin{cases}\dfrac{|x|}{x}, & x\neq 0,\\ 1, & x=0.\end{cases}$

2. 指出下列函数的间断点，并说明这些间断点的类型. 如果是可去间断点，则补充或改变函数的定义使它连续.

(1) $f(x)=\dfrac{x-2}{x^2-5x+6}$；

(2) $f(x)=\dfrac{x}{\tan x}$；

(3) $f(x)=\cos^2\dfrac{1}{x}$；

(4) $f(x)=\begin{cases}-x+1, & 0\leqslant x<1,\\ 1, & x=1,\\ -x+3, & 1<x\leqslant 2.\end{cases}$

3. 讨论函数 $f(x)=\lim\limits_{n\to\infty}\dfrac{1-x^{2n}}{1+x^{2n}}x$ 的连续性，若有间断点，判别其类型.

4. 确定 a,b 的值，使 $f(x)=\dfrac{x-b}{(x-a)(x-1)}$ 有无穷间断点 $x=0$，有可去间断点 $x=1$.

§1.8 连续函数的运算与初等函数的连续性

一、连续函数的四则运算

由函数在点 x_0 连续的定义和极限的四则运算法则，可得出下列定理：

定理 1 有限个在某点连续的函数的代数和是一个在该点连续的函数.

证 设 $f(x),g(x)$ 都在点 x_0 连续，则有

$$\lim_{x\to x_0}[f(x)\pm g(x)]=\lim_{x\to x_0}f(x)\pm\lim_{x\to x_0}g(x)=f(x_0)\pm g(x_0),$$

即 $f(x)$ 与 $g(x)$ 的代数和在点 x_0 连续. 有限个的情形可以同样证明.

类似地可以证明以下定理：

定理 2 有限个在某点连续的函数的乘积是一个在该点连续的函数.

定理 3 两个在某点连续的函数的商是一个在该点连续的函数，只要分母在该点不为零.

综上所述，如果 $f(x),g(x)$ 是同一区间 I 上的连续函数，则它们的和、差、积与商(分母不为零)都是区间 I 上的连续函数.

例 1 利用 $\sin x$ 与 $\cos x$ 在 $(-\infty,+\infty)$ 内的连续性，根据定理 3 推出 $\tan x,\cot x,\sec x$ 和 $\csc x$ 在其定义域内都是连续的. 因此，三角函数在其定义域内都是连续函数.

二、反函数的连续性

定理 4 如果函数 $y=f(x)$ 在区间 I_x 上单值、单调增加(或减少)且连续，那么它的反函数 $x=\varphi(y)$ 在对应的区间 $I_y=\{y\,|\,y=f(x),x\in I_x\}$ 上单值、单调增加(或减少)且连续.

从几何图形上看(图 1)，定理的正确性是显然的，证明从略.

例 2 由于 $y=\sin x$ 在 $\left[-\dfrac{\pi}{2},\dfrac{\pi}{2}\right]$ 上严格单调增加且连续，所以它的反函数 $y=\arcsin x$ 在 $[-1,1]$ 上严格单调增加且连续(图 2).

同理，$y=\arccos x$ 在 $[-1,1]$ 上严格单调减少且连续(图 3)；$y=\arctan x$ 在 $(-\infty,+\infty)$ 上严格单调增加且连续(图 4)；$y=\text{arccot}\,x$ 在 $(-\infty,+\infty)$ 上严格单调减少且连续(图 5).

总之，反三角函数在其定义域内都是连续函数.

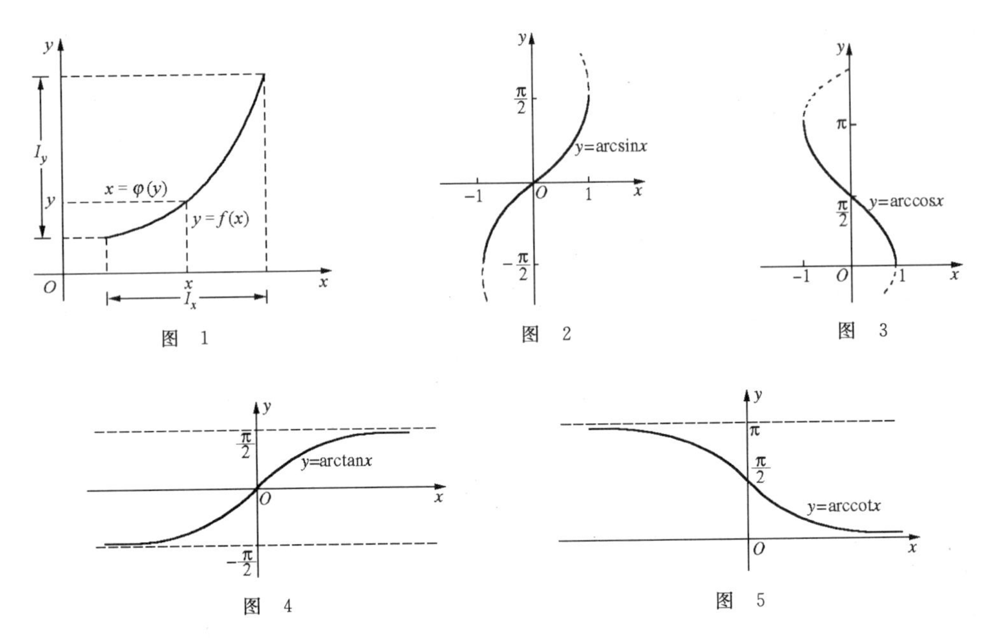

图 1　图 2　图 3

图 4　图 5

另外，指数函数 $a^x(a>0,a\neq1)$ 在 $(-\infty,+\infty)$ 内是单调连续的，其值域为 $I_y=(0,+\infty)$，于是利用定理 4 推出，对数函数 $\log_a x(a>0,a\neq1)$ 在 $(0,+\infty)$ 内是单调连续的(图 6).

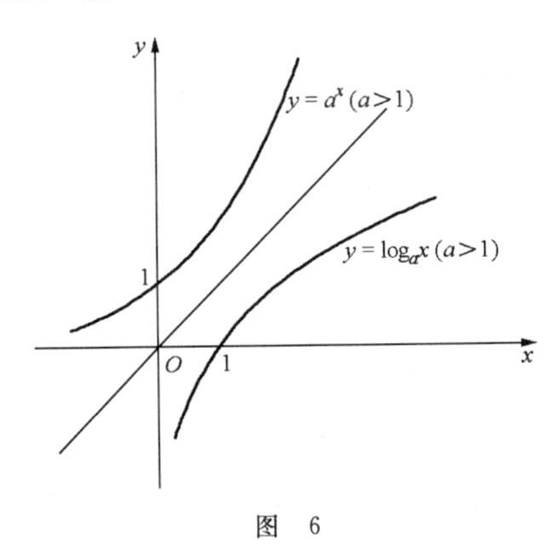

图 6

三、复合函数的连续性

定理 5　设函数 $u=\varphi(x)$ 当 $x\to x_0$ 时的极限存在且等于 a，即

$$\lim_{x\to x_0}\varphi(x)=a,$$

而函数 $y=f(u)$ 在点 $u=a$ 连续，那么复合函数 $y=f[\varphi(x)]$ 当 $x\to x_0$ 时的极限也存在且等于 $f(a)$，即

$$\lim_{x\to x_0} f[\varphi(x)] = f(a).$$

证 对任意给定的 $\varepsilon>0$，由于 $f(u)$ 在 $u=a$ 连续，故存在 $\eta>0$，使得当 $|u-a|<\eta$ 时，有

$$|f(u)-f(a)|<\varepsilon.$$

又由于 $\lim\limits_{x\to x_0}\varphi(x)=a$，故对上述 $\eta>0$，存在 $\delta>0$，使得当 $0<|x-x_0|<\delta$ 时，有

$$|\varphi(x)-a|=|u-a|<\eta.$$

综合起来得到：对任意给定的 $\varepsilon>0$，存在 $\delta>0$，使得当 $0<|x-x_0|<\delta$ 时，$|u-a|<\eta$，就有

$$|f[\varphi(x)]-f(a)|=|f(u)-f(a)|<\varepsilon.$$

所以 $\lim\limits_{x\to x_0} f[\varphi(x)]=f(a)$.

定理 5 的结果可以简写成

$$\lim_{x\to x_0} f[\varphi(x)] = f[\lim_{x\to x_0}\varphi(x)] = f(a).$$

这表明在定理 5 的条件下，求复合函数 $f[\varphi(x)]$ 的极限时，函数符号 f 与极限符号 $\lim\limits_{x\to x_0}$ 可以互换次序. 例如函数 $y=\arctan\left(\frac{\sin x}{x}\right)$，由 $\lim\limits_{x\to 0}\frac{\sin x}{x}=1$ 及反正切函数的连续性，即得

$$\lim_{x\to 0}\arctan\left(\frac{\sin x}{x}\right)=\arctan\left(\lim_{x\to 0}\frac{\sin x}{x}\right)=\arctan 1=\frac{\pi}{4}.$$

在定理 5 中，如果再把对函数 $u=\varphi(x)$ 的假设条件加强为 $u=\varphi(x)$ 在点 x_0 连续，即有 $\lim\limits_{x\to x_0}\varphi(x)=\varphi(x_0)$，那么推出

$$\lim_{x\to x_0} f[\varphi(x)] = f[\lim_{x\to x_0}\varphi(x)] = f[\varphi(x_0)].$$

它表明复合函数 $y=f[\varphi(x)]$ 在点 x_0 也连续. 因此有下述定理：

定理 6 设函数 $u=\varphi(x)$ 在点 $x=x_0$ 连续，且 $\varphi(x_0)=u_0$，而函数 $y=f(u)$ 在点 $u=u_0$ 连续，那么复合函数 $y=f[\varphi(x)]$ 在点 $x=x_0$ 也是连续的.

例 3 讨论函数 $y=\sin\frac{1}{x}$ 的连续性.

解 函数 $y=\sin\frac{1}{x}$ 可以看做由 $y=\sin u$ 及 $u=\frac{1}{x}$ 复合而成，$\sin u$ 在区间 $(-\infty,+\infty)$ 上连续，$\frac{1}{x}$ 在区间 $(-\infty,0)\cup(0,+\infty)$ 上连续，由定理 6 知函数在区间 $(-\infty,0)\cup(0,+\infty)$ 上连续.

因为幂函数 $y=x^\mu$ 可表示为

$$y=x^\mu=a^{\mu\log_a x}\quad (x>0),$$

即 $y=x^\mu$ 可看做由 $y=a^u$，$u=\mu\log_a x$ 复合而成，根据定理 6，可知 $y=x^\mu$ 在区间 $(0,+\infty)$ 上连续. 可以证明，对 μ 的不同取值，幂函数在它的定义域上是连续的.

四、初等函数的连续性

由前面的讨论我们知道，常量函数、幂函数、指数函数、对数函数、三角函数以及反三角函数在它们的定义域内都是连续的，综合起来得到**基本初等函数在它们的定义域内都是连续的.**

由于初等函数是由基本初等函数经过有限次四则运算及复合所构成的函数，而连续函数经有限次四则运算及复合所得的函数在其定义区间(包含于定义域的区间)上是连续的，因此有

定理 7 初等函数在其定义区间上是连续的.

我们通常所讨论的函数大多是初等函数，因此初等函数的连续性非常重要. 另外，初等函数的连续性也为求极限提供了一种简便方法，即如果 x_0 是初等函数 $f(x)$ 定义区间上的点，则求极限 $\lim\limits_{x\to x_0}f(x)$ 的问题就转化为求函数值 $f(x_0)$ 的问题了.

例如，初等函数 $f(x)=\sin\left(\pi\sqrt{\dfrac{1-2x}{4+3x}}\right)$ 在 $x=0$ 有定义，由于 $\lim\limits_{x\to 0}\pi\sqrt{\dfrac{1-2x}{4+3x}}=\dfrac{\pi}{2}$，及 $\sin\dfrac{\pi}{2}=1$，从而有

$$\lim_{x\to 0}\sin\left(\pi\sqrt{\frac{1-2x}{4+3x}}\right)=\sin\frac{\pi}{2}=1.$$

又如，函数 $y=\log_a(1+x)^{\frac{1}{x}}\ (a>0,a\neq 1)$，由于 $\lim\limits_{x\to 0}(1+x)^{\frac{1}{x}}=\mathrm{e}$ 及对数函数的连续性，就有

$$\lim_{x\to 0}\log_a(1+x)^{\frac{1}{x}}=\log_a\mathrm{e}=\frac{1}{\ln a}.$$

特别地，

$$\lim_{x\to 0}\frac{\ln(1+x)}{x}=\lim_{x\to 0}\ln(1+x)^{\frac{1}{x}}=\ln\mathrm{e}=1.$$

例 4 求 $\lim\limits_{x\to 0}\dfrac{a^x-1}{x}\ (a>0,a\neq 1)$.

解 令 $u=a^x-1$，则 $x=\log_a(1+u)$，且当 $x\to 0$ 时 $u\to 0$，从而有

$$\lim_{x\to 0}\frac{x}{a^x-1}=\lim_{u\to 0}\frac{\log_a(1+u)}{u}=\lim_{u\to 0}\log_a(1+u)^{\frac{1}{u}}=\log_a\mathrm{e}=\frac{1}{\ln a}.$$

所以

$$\lim_{x\to 0}\frac{a^x-1}{x}=\ln a.$$

特别有

$$\lim_{x\to 0}\frac{e^x-1}{x}=\ln e=1.$$

于是我们又得到当 $x\to 0$ 时几对等价无穷小：

$$\ln(1+x)\sim x,\quad a^x-1\sim x\ln a\quad 及\quad e^x-1\sim x.$$

习 题 1.8

1. 设 $f(x)$是连续函数，证明 $|f(x)|$ 也是连续的.

2. 设 $f(x)$在$[a,b]$上连续，且在$[a,b]$上 $f(x)$恒为正，证明$\frac{1}{f(x)}$在$[a,b]$上亦连续.

3. 求下列极限：

(1) $\lim\limits_{x\to 0}\sqrt{x^3-2x+9}$； (2) $\lim\limits_{\alpha\to\frac{\pi}{2}}(\cos 2\alpha)^3$； (3) $\lim\limits_{x\to 0}\cos\left(\pi\sqrt{\frac{1+2x}{4-3x}}\right)$；

(4) $\lim\limits_{x\to\frac{\pi}{6}}\ln(2\cos 2x)$； (5) $\lim\limits_{x\to\frac{\pi}{4}}\frac{\sqrt{2}-2\cos x}{\tan^2 x}$； (6) $\lim\limits_{x\to a}\frac{\sin x-\sin a}{x-a}$；

(7) $\lim\limits_{x\to b}\frac{a^x-a^b}{x-b}\ (a>0)$； (8) $\lim\limits_{x\to 0}\frac{\ln(1+3x)}{x}$； (9) $\lim\limits_{x\to 0}\frac{\sin x}{x^2+x}$；

(10) $\lim\limits_{x\to-\infty}(x^3+2x-1)$； (11) $\lim\limits_{x\to 0}\frac{\ln(a+x)-\ln a}{x}$； (12) $\lim\limits_{x\to 2^+}\frac{\sqrt{x}-\sqrt{2}+\sqrt{x-2}}{\sqrt{x^2-4}}$；

(13) $\lim\limits_{x\to+\infty}\frac{\sqrt{x+\sqrt{x+\sqrt{x}}}}{\sqrt{x+1}}$； (14) $\lim\limits_{x\to 0}\left(\frac{a^x+b^x+c^x}{3}\right)^{\frac{1}{x}}\ (a>0,b>0,c>0)$.

4. 设 $f(x)=\begin{cases}\frac{\sin ax}{x}, & x<0,\\ e, & x=0,\\ (1-bx)^{\frac{1}{x}}, & x>0,\end{cases}$ 试确定 a,b 的值，使 $f(x)$在$(-\infty,+\infty)$内连续.

5. 设 $A=\max\{a_1,a_2,\cdots,a_m\}$，且 $a_k>0(k=1,2,\cdots,m)$，证明

$$\lim_{n\to\infty}\sqrt[n]{a_1^n+a_2^n+\cdots+a_m^n}=A.$$

§1.9 闭区间上连续函数的性质

至此我们讨论的关于连续函数的性质其实只是它的局部性质，即它在每个连续点的某个邻域内所具有的性质，在闭区间上的连续函数还具有一些整体性质. 本节介绍闭区间上连续函数的两个重要的基本性质，由于它们的证明用到较多的实数理论，超出本课程的范围，所以我们只从几何直观上对它们加以解释而略去证明.

一、最大值最小值定理

定理 1(最大值最小值定理) 在闭区间上连续的函数在该区间上一定有最大值和最小值.

定理表明,若函数 $f(x)$在闭区间$[a,b]$上连续,则至少存在一点 ξ_1,使得

$$f(x) \leqslant f(\xi_1) \quad (a \leqslant x \leqslant b),$$

函数值 $f(\xi_1)$是 $f(x)$在$[a,b]$上的最大值;又至少存在一点 ξ_2,使得

$$f(x) \geqslant f(\xi_2) \quad (a \leqslant x \leqslant b),$$

即函数值 $f(\xi_2)$是 $f(x)$在$[a,b]$上的最小值 (图 1).

推论 1 (有界性定理) 在闭区间上连续的函数一定在该区间上有界.

证 设 $f(x)$在$[a,b]$上连续,由定理 1 可知 $f(x)$在$[a,b]$上有最大值 M 和最小值 m,即对一切 $x\in[a,b]$有

$$m \leqslant f(x) \leqslant M.$$

取 $K=\max\{|m|,|M|\}$,则有$|f(x)|\leqslant K$,所以 $f(x)$在$[a,b]$上有界.

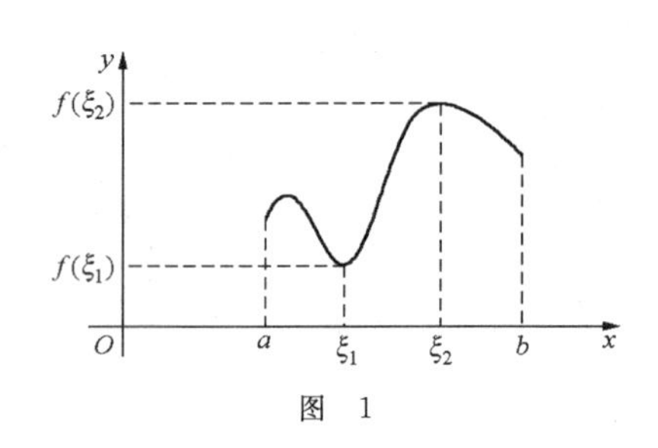

图 1

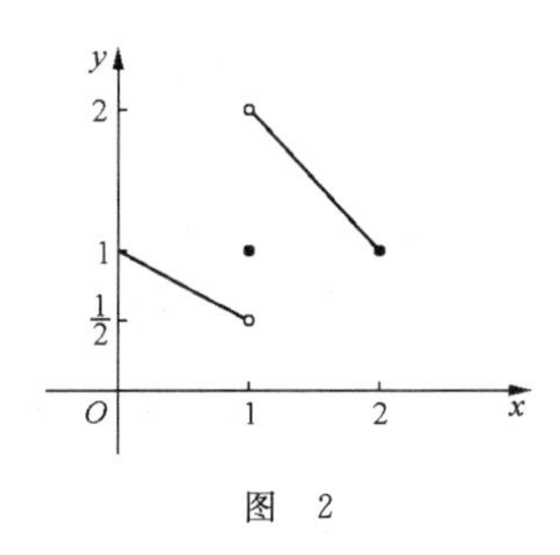

图 2

例 1 函数 $f(x)=\dfrac{1}{x}$在闭区间$[1,2]$上连续,其最大值是 $f(1)=1$,最小值是 $f(2)=\dfrac{1}{2}$.

注 1 定理 1 中“闭区间”的条件不可少,若区间是开区间,结论不一定成立. 例如,函数 $f(x)=\dfrac{1}{x}$在区间$(1,2]$上没有最大值.

注 2 若函数在闭区间内有间断点,定理 1 的结论也不一定成立. 例如函数

$$g(x)=\begin{cases} -x/2+1, & 0\leqslant x<1, \\ 1, & x=1, \\ -x+3, & 1<x\leqslant 2 \end{cases}$$

在$[0,2]$上既没有最大值也没有最小值(图 2).

二、介值定理

定理 2(介值定理) 设函数 $f(x)$在闭区间$[a,b]$上连续,且在区间的端点取不同的函数

值 $f(a)=A$ 及 $f(b)=B$,那么,对于 A 与 B 之间的任意一个实数 C,在开区间 (a,b) 内至少有一点 ξ,使得

$$f(\xi)=C \quad (a<\xi<b).$$

这就是说,对任何实数 C: $A<C<B$ 或 $B<C<A$,定义于 (a,b) 内的连续曲线弧 $y=f(x)$ 与水平直线 $y=C$ 必至少相交于一点 (ξ,C)(如图 3).

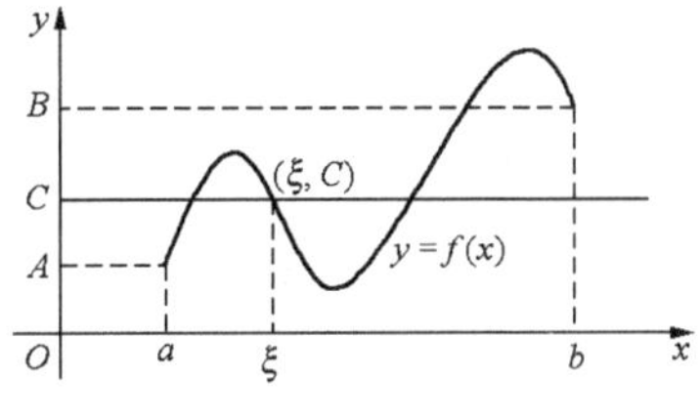

图 3

推论 2 闭区间上的连续函数必取得介于最大值 M 与最小值 m 之间的任何值.

事实上,设 $m=f(x_1)$,$M=f(x_2)$,而 $m\neq M$,在闭区间 $[x_1,x_2]$ 或 $[x_2,x_1]$ 上应用介值定理,即得推论 2.

如果 x_0 使 $f(x_0)=0$,则 x_0 称为函数 $f(x)$ 的**零点**,或称为方程 $f(x)=0$ 的**根**.

推论 3(零点定理) 设 $f(x)$ 在闭区间 $[a,b]$ 上连续,且 $f(a)$ 与 $f(b)$ 异号,即 $f(a)\cdot f(b)<0$,则在开区间 (a,b) 内至少存在一点 ξ,使得 $f(\xi)=0$.

零点定理是介值定理的一种特殊情形.因为 $f(a)$ 与 $f(b)$ 异号,则 $C=0$ 必然是介于它们之间的一个值,利用介值定理,可以得出这个结论.

函数 $f(x)$ 的零点也就是方程 $f(x)=0$ 的根,所以零点定理也称为根的存在性定理.

推论 4 若 $f(x)$ 在闭区间 $[a,b]$ 上严格单调、连续,且 $f(a)\cdot f(b)<0$,则在开区间 (a,b) 内有且仅有一个零点.

例 2 证明方程 $x^3-x+5=0$ 在区间 $(-2,0)$ 内至少有一个根.

证 函数 $f(x)=x^3-x+5$ 在闭区间上连续,又 $f(-2)=-1<0$, $f(0)=5>0$,由零点定理,在区间 $(-2,0)$ 至少有一点 ξ,使 $f(\xi)=0$,即方程 $x^3-x+5=0$ 在区间 $(-2,0)$ 内至少有一个根.

习 题 1.9

1. 证明方程 $\sin x=x-1$ 在区间 $[0,\pi]$ 内至少有一个根.

2. 若 $f(x)$ 在 $[a,b]$ 上连续,且 $f(a)<a$,$f(b)>b$,则在 (a,b) 至少有一点 c,使得 $f(c)=c$.

3. 若 $f(x)$ 在 $[a,b]$ 上连续,$x_1,x_2,\cdots,x_n$ 是 $[a,b]$ 中的 n 个点,又 $t_1>0,t_2>0,\cdots,t_n>0$ 且 $t_1+t_2+\cdots+t_n=1$,证明在 $[a,b]$ 至少有一点 ξ,使得

$$f(\xi)=t_1f(x_1)+t_2f(x_2)+\cdots+t_nf(x_n).$$

4. 若函数 $f(x)$ 在 $(-\infty,+\infty)$ 上连续,且 $\lim\limits_{x\to\infty}f(x)$ 存在,证明 $f(x)$ 在 $(-\infty,+\infty)$ 上有界.

总练习题一

1. 求下列极限：

(1) $\lim\limits_{n\to\infty}(\sqrt{n^2+2n}-n)$；

(2) $\lim\limits_{x\to+\infty}\arctan x\sin\dfrac{1}{x}$；

(3) $\lim\limits_{x\to 1}\dfrac{\sqrt[m]{x}-1}{\sqrt[n]{x}-1}$($m,n$ 为正整数)；

(4) $\lim\limits_{x\to 0}\dfrac{\tan 5x}{\ln(1+x^2)+\sin x}$；

(5) $\lim\limits_{x\to 0}\dfrac{x^2\sin\dfrac{1}{x}}{\sin x}$；

(6) $\lim\limits_{t\to x}\left(\dfrac{x-1}{t-1}\right)^{\frac{t}{x-t}}$ $(x\neq 1)$；

(7) $\lim\limits_{x\to 0}(1+\mathrm{e}^x\sin^2 x)^{\frac{1}{1-\cos x}}$；

(8) $\lim\limits_{x\to 0}(\cos x)^{\cot x}$.

2. 如果 $\lim\limits_{x\to\infty}\dfrac{x^{2007}}{x^n-(x-1)^n}=\lambda\neq 0$，求 n 及 λ.

3. 若 $\lim\limits_{x\to\infty}\left(\dfrac{x+c}{x-c}\right)^x=4$，试确定 c 的值.

4. 求极限 $\lim\limits_{x\to\frac{\pi}{4}}(\tan x)^{\tan 2x}$.

5. 设 $u_1=1, u_n=1+\dfrac{u_{n-1}}{1+u_{n-1}}$ $(n=2,3,\cdots)$，证明数列$\{u_n\}$的极限存在，并求这个极限.

6. 若 $\lim\limits_{x\to\infty}[f(x)-ax-b]=0$，证明 $\lim\limits_{x\to\infty}[f(x)-ax]=b$ 且 $\lim\limits_{x\to\infty}\dfrac{f(x)}{x}=a$.

7. 求下列函数的间断点并判断其类型：

(1) $f(x)=\dfrac{1}{1-\mathrm{e}^{\frac{x}{1-x}}}$；

(2) $f(x)=\begin{cases}\cos\dfrac{\pi x}{2}, & |x|\leqslant 1,\\ |x-1|, & |x|>1.\end{cases}$

8. 设 $f(x)=\lim\limits_{n\to\infty}\dfrac{x^{2n-1}+ax^2+bx}{x^{2n}+1}$为连续函数，试确定 a,b 的值.

9. 设函数 $f(x)$在 $x=0$ 处连续，且 $f(0)=0$，已知$|g(x)|\leqslant|f(x)|$，试证 $g(x)$在 $x=0$ 处也连续.

10. 证明方程 $6x^2=2x^4+x+2$ 在区间$[-2,2]$上至少有四个根.

第二章

导数与微分

导数与微分是微分学中的两个主要概念，它们具有普遍、深刻的几何、物理背景，在理论和应用上都是很重要的. 导数是变量的变化率在数学上的抽象，也是微分学的一种重要运算，导数的性质及其运算法则的理论构成了整个微分学. 本章我们主要阐述导数与微分的概念，由此建立起一整套的微分法公式与法则.

§2.1 导数的概念

一、关于变化率的例子

导数的概念最初来自于物理学上关于瞬时速度的计算以及几何上关于切线斜率的计算，先看两个典型的例子.

引例 1 瞬时速度.

假设一质点沿某一直线作运动，在直线上以质点运动的起点作为坐标原点建立坐标系，这样质点的运动规律可以由函数 $s=f(t)$ 表示，其中 $f(t)$ 表示时刻 t 质点的位置，也即质点在时间 t 内所走的距离. 我们的问题是：如果质点的运动规律是已知的，如何计算它在某一时刻 $t=t_0$ 的瞬时速度呢？当质点作匀速直线运动时，它在任一时刻的瞬时速度是相同的，都等于

$$\frac{\text{经过的路程}}{\text{所用的时间}}.$$

当质点作变速直线运动时，它在某一时刻 t_0 的瞬时速度是指什么？这就需要有新的观念来处理这个问题.

设 $t=t_0$ 时质点的位置坐标为 $s_0=f(t_0)$，当 t 从 t_0 增加到 $t_0+\Delta t$ 时，s 相应地从 s_0 增加到 $s_0+\Delta s=f(t_0+\Delta t)$，因此质点在 Δt 这段时间内的位移是

$$\Delta s = f(t_0+\Delta t)-f(t_0),$$

而在 Δt 时间内质点的平均速度是

$$\bar{v}=\frac{\Delta s}{\Delta t}=\frac{f(t_0+\Delta t)-f(t_0)}{\Delta t}.$$

显然，随着 Δt 的减小，平均速度 $\bar{v}$ 就越接近质点在 t_0 的瞬时速度，但无论 Δt 取得怎样小，平均速度 $\bar{v}$ 总不能精确地刻画质点在 $t=t_0$ 时运动的瞬时速度. 为此我们采取“取极限”的手段，如果平均速度 $\bar{v}=\frac{\Delta s}{\Delta t}$ 当 $\Delta t\to 0$ 时的极限存在，则自然地把这极限值（记做 v）定义为质点在 $t=t_0$ 时的瞬时速度或速度：

$$v=\lim_{\Delta t\to 0}\frac{\Delta s}{\Delta t}=\lim_{\Delta t\to 0}\frac{f(t_0+\Delta t)-f(t_0)}{\Delta t}.$$

引例 2　切线问题.

设已知平面曲线 L 及其上一点 P_0，首先建立曲线在点 P_0 的切线的概念. 为此，在点 P_0 的附近任取一点 P，作割线 P_0P，当动点 P 沿曲线 L 无限接近于点 P_0 时，割线 P_0P 极限位置 P_0T 称为曲线 L 在点 P_0 处的切线（图 1）.

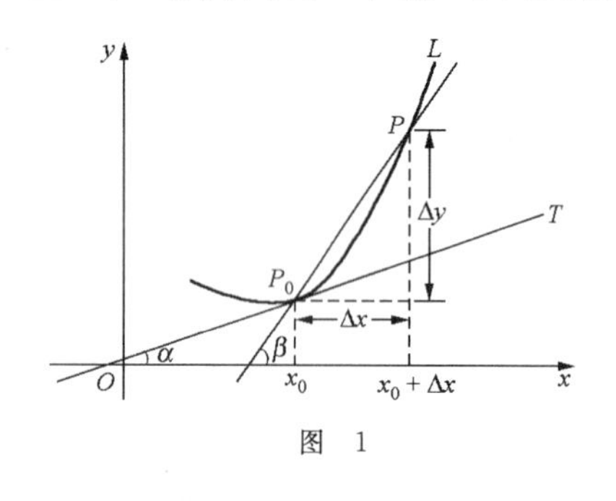

图　1

若曲线 L 的方程为 $y=f(x)$，点 P_0 与 P 的坐标分别为 $(x_0,f(x_0))$ 与 $(x_0+\Delta x,f(x_0+\Delta x))$，则割线 P_0P 的斜率为

$$\tan\beta=\frac{\Delta y}{\Delta x}=\frac{f(x_0+\Delta x)-f(x_0)}{\Delta x},$$

其中 β 为割线 P_0P 的倾斜角. 当 $\Delta x\to 0$ 时，P 就沿着 L 趋向于 P_0，割线 P_0P 就不断地绕 P_0 转动，角 β 也不断地发生变化. 如果 $\tan\beta=\frac{\Delta y}{\Delta x}$ 趋向于某个极限值，这个极限值就是曲线在 P_0 处切线的斜率 k，而这时 $\beta=\arctan\frac{\Delta y}{\Delta x}$ 的极限也必存在，它就是切线的倾角 α，即 $k=\tan\alpha$. 所以我们把曲线 $y=f(x)$ 在点 P_0 处的切线斜率定义为

$$k=\tan\alpha=\lim_{\Delta x\to 0}\frac{\Delta y}{\Delta x}=\lim_{\Delta x\to 0}\frac{f(x_0+\Delta x)-f(x_0)}{\Delta x}.$$

在自然科学和许多工程技术问题中，经常要研究非均匀的变化过程中函数对自变量的变化率. 设 Δx 是自变量在点 x_0 的增量，$\Delta y=f(x_0+\Delta x)-f(x_0)$ 是函数 $y=f(x)$ 随之取得的增量，函数的增量与自变量的增量之比 $\frac{\Delta y}{\Delta x}$ 称为函数的平均变化率. 当 $\Delta x\to 0$ 时，平均变化率的极限称为瞬时变化率. 例如温度对海洋深度的变化，以及电流、角速度、线密度等，都要研究这种形式的极限.

二、导数的定义

定义 1　设函数 $y=f(x)$ 在点 x_0 的某个邻域内有定义，当自变量 x 在 x_0 处取得增量

Δx(点 $x_0+\Delta x$ 仍在该邻域内)时，相应地函数 y 取得增量 $\Delta y=f(x_0+\Delta x)-f(x_0)$. 如果极限

$$\lim_{\Delta x\to 0}\frac{\Delta y}{\Delta x}=\lim_{\Delta x\to 0}\frac{f(x_0+\Delta x)-f(x_0)}{\Delta x} \qquad ①$$

存在且有限，则称函数 $y=f(x)$ 在点 x_0 **可导**，并称这个极限值为函数 $y=f(x)$ 在点 x_0 的**导数或微商**，记为 $y'\Big|_{x=x_0}$，即

$$y'\Big|_{x=x_0}=\lim_{\Delta x\to 0}\frac{\Delta y}{\Delta x}=\lim_{\Delta x\to 0}\frac{f(x_0+\Delta x)-f(x_0)}{\Delta x},$$

也可记做 $f'(x_0)$，$\dfrac{\mathrm{d}y}{\mathrm{d}x}\Big|_{x=x_0}$ 或 $\dfrac{\mathrm{d}f(x)}{\mathrm{d}x}\Big|_{x=x_0}$.

函数 $f(x)$ 在点 x_0 可导有时也说成 $f(x)$ 在点 x_0 具有导数或导数存在.

若极限①不存在，则称函数 $f(x)$ 在点 x_0 **不可导**. 不可导的函数有一种特殊情况，即当 $\Delta x\to 0$ 时，$\dfrac{\Delta y}{\Delta x}\to\infty$，为了方便，有时也说 $f(x)$ 在点 x_0 的导数为无穷大.

导数的定义①式有不同的形式，常见的有

$$f'(x_0)=\lim_{h\to 0}\frac{f(x_0+h)-f(x_0)}{h}. \qquad ②$$

如果在①式中令 $x_0+\Delta x=x$，则有 $\Delta x=x-x_0$，$\Delta y=f(x)-f(x_0)$，当 $\Delta x\to 0$ 时，$x\to x_0$，从而导数的定义式又可以写成

$$f'(x_0)=\lim_{x\to x_0}\frac{f(x)-f(x_0)}{x-x_0}. \qquad ③$$

与函数 $y=f(x)$ 在点 x_0 的左、右极限类似，还可以定义函数 $y=(x)$ 在点 x_0 的左、右导数.

定义 2 设函数 $y=f(x)$ 在点 x_0 的某一邻域内有定义，若极限 $\lim\limits_{\Delta x\to 0^-}\dfrac{\Delta y}{\Delta x}$ 存在，则称 $f(x)$ 在点 x_0 **左可导**，且称这极限值为 $f(x)$ 在点 x_0 的**左导数**，记做 $f'_-(x_0)$；若极限 $\lim\limits_{\Delta x\to 0^+}\dfrac{\Delta y}{\Delta x}$ 存在，则称 $f(x)$ 在点 x_0 **右可导**，并称这极限值为 $f(x)$ 在点 x_0 的**右导数**，记做 $f'_+(x_0)$.

根据单侧极限与极限的关系，得到

定理 1 $f(x)$ 在点 x_0 可导的充分必要条件是 $f(x)$ 在点 x_0 的左导数 $f'_-(x_0)$ 和右导数 $f'_+(x_0)$ 都存在且相等.

以上讨论的是函数在一个点的可导性，如果函数 $y=f(x)$ 在开区间 (a,b) 内每一点都可导，则称 $f(x)$ 在开区间 (a,b) 内可导. 这时对每一个 $x\in(a,b)$，都有导数 $f'(x)$ 与之相对应，从而在 (a,b) 内确定了一个新的函数，称为 $y=f(x)$ 的**导函数**，记做

$$f'(x),\quad y',\quad \frac{\mathrm{d}y}{\mathrm{d}x}\quad 或\quad \frac{\mathrm{d}f(x)}{\mathrm{d}x}.$$

在①和②式中把 x_0 换成 x,即得导函数的定义：

$$f'(x)=\lim_{\Delta x\to 0}\frac{f(x+\Delta x)-f(x)}{\Delta x},\quad x,x+\Delta x\in(a,b),$$

或

$$f'(x)=\lim_{h\to 0}\frac{f(x+h)-f(x)}{h},\quad x,x+h\in(a,b).$$

于是函数 $f(x)$在点 x_0 处的导数 $f'(x_0)$等于导函数 $f'(x)$在 $x=x_0$ 的函数值,即

$$f'(x_0)=f'(x)\Big|_{x=x_0}.$$

在不引起混淆的情况下,导函数常简称为导数.

如果函数 $f(x)$在开区间(a,b)内可导,且 $f'_+(a)$及 $f'_-(b)$都存在,就称 $f(x)$在闭区间$[a,b]$上可导,此时 $f(x)$在$[a,b]$上的导函数为

$$f'(x)=\begin{cases}f'(x), & a<x<b,\\ f'_+(a), & x=a,\\ f'_-(b), & x=b.\end{cases}$$

若 I 是由若干不相交的区间的并构成的,则函数 $f(x)$在 I 上可导以及 $f(x)$在 I 上的导函数可以用类似的方式理解.

例 1　求 $y=C$ 的导数(C 为常数).

解　增量 $\Delta y=C-C=0$. 先作比值 $\dfrac{\Delta y}{\Delta x}=0$,然后取极限：

$$\frac{\mathrm{d}y}{\mathrm{d}x}=\lim_{\Delta x\to 0}\frac{\Delta y}{\Delta x}=0.$$

所以 $(C)'=0$.

例 2　求幂函数 $y=x^n$ 的导数,其中 n 为正整数.

解　计算增量 Δy 及比值$\dfrac{\Delta y}{\Delta x}$：

$$\Delta y=(x+\Delta x)^n-x^n=nx^{n-1}\Delta x+\frac{n(n-1)}{2!}x^{n-2}(\Delta x)^2+\cdots+(\Delta x)^n,$$

$$\frac{\Delta y}{\Delta x}=nx^{n-1}+\frac{n(n-1)}{2!}x^{n-2}\Delta x+\cdots+(\Delta x)^{n-1}.$$

所以

$$\lim_{\Delta x\to 0}\frac{\Delta y}{\Delta x}=\lim_{\Delta x\to 0}\left[nx^{n-1}+\frac{n(n-1)}{2}x^{n-2}\Delta x+\cdots+(\Delta x)^{n-1}\right]=nx^{n-1},$$

即 $(x^n)'=nx^{n-1}$.

顺便指出,当幂函数的指数是任意实数 μ 时,也有形式完全相同的公式(见本章§2.2)：

$$(x^\mu)'=\mu x^{\mu-1}\quad(x>0).$$

特别取 $\mu=-1,\frac{1}{2}$ 时，分别有

$$\left(\frac{1}{x}\right)'=-\frac{1}{x^2},\quad (\sqrt{x})'=\frac{1}{2\sqrt{x}}.$$

例 3 求函数 $y=\sin x$ 的导数.

解 $y'=\lim\limits_{\Delta x\to 0}\frac{\sin(x+\Delta x)-\sin x}{\Delta x}=\lim\limits_{\Delta x\to 0}\frac{2\sin\frac{\Delta x}{2}\cos\left(x+\frac{\Delta x}{2}\right)}{\Delta x}$

$$=\lim_{\Delta x\to 0}\cos\left(x+\frac{\Delta x}{2}\right)\cdot\frac{\sin\frac{\Delta x}{2}}{\frac{\Delta x}{2}}=\lim_{\Delta x\to 0}\cos\left(x+\frac{\Delta x}{2}\right)\cdot\lim_{\Delta x\to 0}\frac{\sin\frac{\Delta x}{2}}{\frac{\Delta x}{2}}$$

$$=\cos x,$$

所以 $(\sin x)'=\cos x$.

类似可求得 $(\cos x)'=-\sin x$.

例 4 求函数 $y=a^x(a>0,a\neq 1)$ 的导数.

解 由于 $y'=\lim\limits_{\Delta x\to 0}\frac{a^{x+\Delta x}-a^x}{\Delta x}=a^x\lim\limits_{\Delta x\to 0}\frac{a^{\Delta x}-1}{\Delta x}=a^x\ln a$，所以

$$(a^x)'=a^x\ln a\quad(a>0,a\neq 1).$$

特别地，当 $a=\mathrm{e}$ 时，有 $(\mathrm{e}^x)'=\mathrm{e}^x$. 这表明，在指数函数中以 e 为底的函数 e^x 的导数等于函数本身，这是函数 e^x 的一个重要特性.

例 5 求函数 $y=\log_a x\ (a>0,a\neq 1)$ 的导数.

解 $y'=\lim\limits_{\Delta x\to 0}\frac{\log_a(x+\Delta x)-\log_a x}{\Delta x}=\lim\limits_{\Delta x\to 0}\frac{\log_a\left(1+\frac{\Delta x}{x}\right)}{\frac{\Delta x}{x}}\cdot\frac{1}{x}$

$$=\frac{1}{x}\lim_{\Delta x\to 0}\log_a\left(1+\frac{\Delta x}{x}\right)^{\frac{x}{\Delta x}}=\frac{1}{x}\log_a\mathrm{e},$$

所以
$$(\log_a x)'=\frac{1}{x}\log_a\mathrm{e}=\frac{1}{x\ln a}.$$

特别地，当 $a=\mathrm{e}$ 时，有 $(\ln x)'=\frac{1}{x}$.

对于分段函数，在求它的导数时需要分段进行，在分段点处的导数，则要通过讨论它的单侧导数以确定其导数的存在性.

例 6 已知 $f(x)=\begin{cases}\sin x, & x<0,\\ x, & x\geqslant 0,\end{cases}$ 求 $f'(x)$.

解 当 $x<0$ 时，$f'(x)=(\sin x)'=\cos x$；当 $x>0$ 时，$f(x)=(x)'=1$.

当 $x=0$ 时，由于

$$f'_-(0)=\lim_{x\to 0^-}\frac{\sin x-0}{x}=1,\quad f'_+(0)=\lim_{x\to 0^+}\frac{x-0}{x}=1,$$

故由定理1得 $f'(0)=1$. 于是

$$f'(x)=\begin{cases}\cos x, & x<0,\\ 1, & x\geqslant 0.\end{cases}$$

三、导数的几何意义

由前面引例1对切线问题的讨论及导数的定义可知：若函数 $f(x)$ 在点 x_0 的导数存在，则函数所表示的曲线在点 $M(x_0,f(x_0))$ 的切线的斜率为 $f'(x_0)$，因此曲线 $y=f(x)$ 在点 $M(x_0,f(x_0))$ 处的切线方程为

$$y-y_0=f'(x_0)(x-x_0).$$

如果 $f'(x_0)\neq 0$，则过点 $M(x_0,f(x_0))$ 的法线方程为

$$y-y_0=-\frac{1}{f'(x_0)}(x-x_0).$$

如果 $f'(x_0)=0$，这时切线平行于 x 轴，故法线垂直于 x 轴，法线方程为 $x=x_0$.

如果 $f'(x_0)=\infty$，这时切线垂直于 x 轴，切线方程为 $x=x_0$，而法线平行于 x 轴，法线方程为 $y=y_0$.

例7 求曲线 $y=\sqrt{x}$(图2)在点(4,2)处的切线方程和法线方程.

解 由 $y'=(\sqrt{x})'=\dfrac{1}{2\sqrt{x}}$，曲线在点(4,2)处切线的斜率

$$k=y'\Big|_{x=4}=\frac{1}{2\sqrt{x}}\Big|_{x=4}=\frac{1}{4}.$$

故所求切线方程为 $y-2=\dfrac{1}{4}(x-4)$，即 $x-4y+4=0$；法线方程为 $y-2=-4(x-4)$，即

$$4x+y-18=0.$$

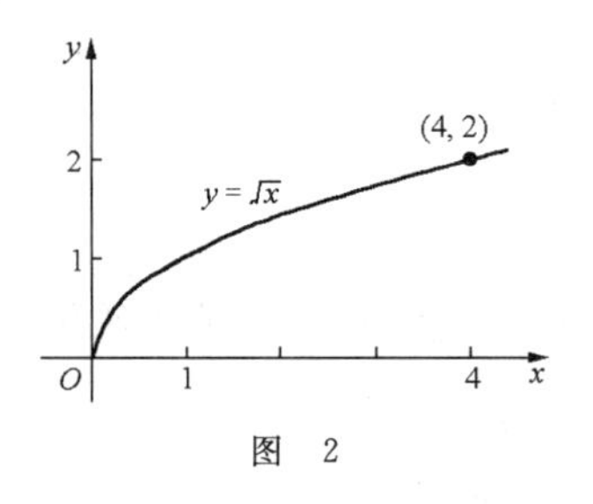

图 2

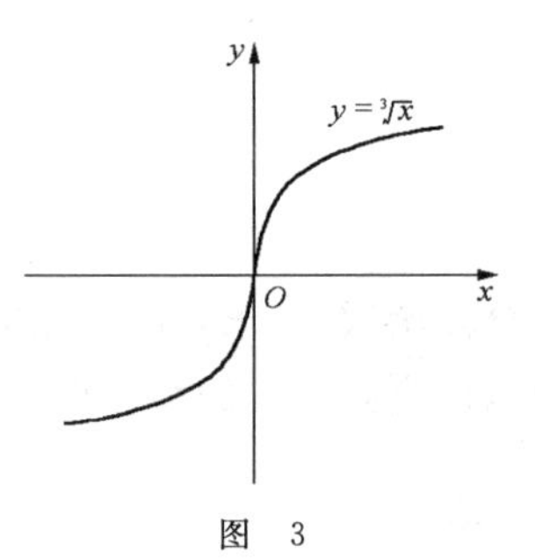

图 3

例 8 函数 $y=\sqrt[3]{x}$ 在区间$(-\infty,+\infty)$内连续，而在点 $x=0$ 有

$$\lim_{h\to 0}\frac{f(0+h)-f(0)}{h}=\lim_{h\to 0}\frac{\sqrt[3]{h}}{h}=\lim_{h\to 0}\frac{1}{h^{2/3}}=+\infty,$$

即导数为无穷大,故函数$\sqrt[3]{x}$在点 $x=0$ 不可导. 这时函数 $y=\sqrt[3]{x}$所表示的曲线在原点 O 有垂直于 x 轴的切线 $x=0$(图 3).

四、函数的可导性与连续性的关系

定理 2 若 $f(x)$在点 x_0 可导,则它在点 x_0 必连续.

证 设 $f(x)$在点 x_0 可导,即 $\lim\limits_{\Delta x\to 0}\frac{\Delta y}{\Delta x}=f'(x_0)$,则

$$\lim_{\Delta x\to 0}[f(x_0+\Delta x)-f(x_0)]=\lim_{\Delta x\to 0}\Delta y=\lim_{\Delta x\to 0}\left(\frac{\Delta y}{\Delta x}\cdot\Delta x\right)=\lim_{\Delta x\to 0}\frac{\Delta y}{\Delta x}\cdot\lim_{\Delta x\to 0}\Delta x=0.$$

所以 $f(x)$在点 x_0 连续.

上述结论反过来不一定成立,即在点 x_0 连续的函数未必在点 x_0 可导.

例 9 证明函数 $f(x)=|x|$在 $x=0$ 连续但不可导.

证 由 $\lim\limits_{x\to 0}x=0$ 推知 $\lim\limits_{x\to 0}|x|=\left|\lim\limits_{x\to 0}x\right|=0=f(0)$,所以 $f(x)=|x|$在 $x=0$ 连续. 但由于

$$f'_-(0)=\lim_{x\to 0^-}\frac{-x-0}{x}=-1,\quad f'_+(0)=\lim_{x\to 0^+}\frac{x-0}{x}=1,$$

故有 $f'_-(0)\neq f'_+(0)$,所以 $f(x)=|x|$在 $x=0$ 不可导. 在几何上表现为曲线 $y=|x|$在原点 O 有尖点,没有切线(图 4).

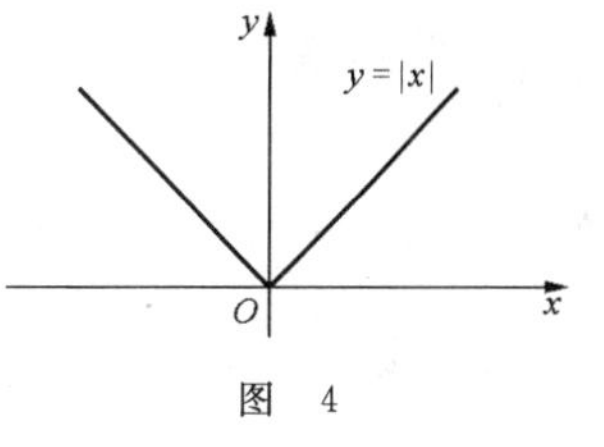

图 4

进一步计算得到

$$(|x|)'=\frac{|x|}{x}=\begin{cases}-1, & x<0,\\ 1, & x>0.\end{cases}$$

习 题 2.1

1. 设 $f(x)=4\sqrt{x}$,试按定义求 $f'(2)$.

2. 用导数定义求下列函数的导数:

(1) $f(x)=ax+b$ (a,b 都是常数); (2) $f(x)=\cos x$.

3. 在下列各题中均假定 $f'(x_0)$存在,按照导数的定义观察下列极限,分析并指出 A 表示什么:

(1) $\lim\limits_{\Delta x\to 0}\frac{f(x_0-\Delta x)-f(x_0)}{\Delta x}=A$;

(2) $\lim\limits_{h\to 0}\frac{f(h)}{h}=A$,其中 $f(0)=0$ 且 $f'(0)$存在;

(3) $\lim\limits_{h\to 0}\dfrac{f(x_0+h)-f(x_0-h)}{h}=A$.

4. 利用幂函数的求导公式，求下列函数的导数：

(1) $y=x^2\sqrt{x}$；　(2) $y=x^{1.6}\sqrt[3]{x^2}$；　(3) $y=\dfrac{\sqrt{x}}{x^2}$；　(4) $y=\dfrac{x^2\sqrt[3]{x^2}}{\sqrt{x^5}}$.

5. 已知函数 $f(x)=\dfrac{1}{x}$，求 $f'(1)$，$f'(-2)$.

6. 已知自由落体运动的运动规律为 $s=\dfrac{1}{2}gt^2$，其中 g 是重力加速度.

(1) 求落体在从 $t=5$ s 到 $(t+\Delta t)$ 时间区间内运动的平均速度，设 $\Delta t=1$ s，0.1 s，0.01 s，0.001 s；

(2) 求落体在 $t=5$ s 的瞬时速度；

(3) 求落体在任意时刻 t 的瞬时速度.

7. 函数在某点没有导数，函数所表示的曲线在该点是不是就没有切线？举例说明.

8. 证明：若 $f(x)$ 为偶函数且 $f'(0)$ 存在，则 $f'(0)=0$.

9. 求曲线 $y=x^3$ 上点(2,8)处的切线方程和法线方程.

10. 曲线 $y=e^x$ 上哪一点处的切线与直线 $2x-y+1=0$ 平行？

11. 函数 $y=|\sin x|$ 在 $x=0$ 的导数是否存在，为什么？

12. 研究函数

$$f(x)=\begin{cases}x^2\sin\dfrac{1}{x}, & x>0,\\ x^3, & x\leqslant 0\end{cases}$$

在 $(-\infty,+\infty)$ 内的连续性、可导性及 $f'(x)$ 的连续性.

13. 设 $f(x)=\begin{cases}\sin x, & x\leqslant\pi/4,\\ ax+b, & x>\pi/4,\end{cases}$ 试确定 a，b 的值，使 $f(x)$ 在 $x=\dfrac{\pi}{4}$ 处可导.

14. 如果一个轴的热膨胀是均匀的，则当轴的温度升高 1℃ 时，其单位长度的增量就称为该轴的线性热膨胀系数. 如果一个轴的热膨胀是非均匀的，设 $l=f(T)$（l 是轴长，T 是轴的温度），试给出 $T=T_0$ 时该轴的线性热膨胀系数的定义.

15. 证明：双曲线 $xy=a^2$ 上任一点处的切线与两坐标轴构成的三角形的面积都等于 $2a^2$.

§2.2　函数的求导法则

本节根据导数的定义，推出几个重要的求导法则——导数的四则运算法则、反函数与复合函数的求导法则. 借助于这些法则和 §2.1 导出的几个基本初等函数的导数公式，来求出其余基本初等函数的导数公式,从而解决初等函数的求导问题.

一、导数的四则运算法则

定理1 设$u(x),v(x)$在点x可导,则$u(x)\pm v(x)$在点x可导,且有

$$[u(x)\pm v(x)]'=u'(x)\pm v'(x).$$

证 设$y=u(x)\pm v(x)$,当x有增量Δx时,$u(x),v(x)$相应的增量为$\Delta u,\Delta v$,这时函数y的增量为

$$\begin{aligned}\Delta y&=[u(x+\Delta x)\pm v(x+\Delta x)]-[u(x)\pm v(x)]\\&=[u(x+\Delta x)-u(x)]\pm[v(x+\Delta x)-v(x)]\\&=\Delta u\pm\Delta v,\end{aligned}$$

从而有

$$\lim_{\Delta x\to 0}\frac{\Delta y}{\Delta x}=\lim_{\Delta x\to 0}\frac{\Delta u}{\Delta x}\pm\lim_{\Delta x\to 0}\frac{\Delta v}{\Delta x}=u'(x)\pm v'(x),$$

所以$y=u(x)\pm v(x)$在点x可导,且

$$[u(x)\pm v(x)]'=u'(x)\pm v'(x).$$

以上结果简记为$(u\pm v)'=u'\pm v'$.这个定理可以推广到任意有限个函数之和的情形:若函数$u,v,\cdots,w$都在点x可导,则在点x处,

$$(u\pm v\pm\cdots\pm w)'=u'\pm v'\pm\cdots\pm w'.$$

定理2 设$u(x),v(x)$在点x可导,则$u(x)v(x)$在点x可导,且有

$$[u(x)v(x)]'=u'(x)v(x)+u(x)v'(x).$$

证 设$y=u(x)v(x)$,则

$$\begin{aligned}\Delta y&=u(x+\Delta x)v(x+\Delta x)-u(x)v(x)\\&=[u(x+\Delta x)-u(x)]v(x+\Delta x)+u(x)[v(x+\Delta x)-v(x)]\\&=\Delta u\cdot v(x+\Delta x)+u(x)\cdot\Delta v.\end{aligned}$$

由于可导必连续,故有$\lim\limits_{\Delta x\to 0}v(x+\Delta x)=v(x)$,从而推出

$$\begin{aligned}\lim_{\Delta x\to 0}\frac{\Delta y}{\Delta x}&=\lim_{\Delta x\to 0}\frac{\Delta u}{\Delta x}\cdot\lim_{\Delta x\to 0}v(x+\Delta x)+u(x)\cdot\lim_{\Delta x\to 0}\frac{\Delta v}{\Delta x}\\&=u'(x)v(x)+u(x)v'(x),\end{aligned}$$

所以$y=u(x)v(x)$在点x可导,且有

$$[u(x)v(x)]'=u'(x)v(x)+u(x)v'(x).$$

以上结果简记为$(uv)'=u'v+uv'$.

特别地,若$v=C$(常数),则$[Cu]'=Cu'$,即求导时常数因子可以提到求导符号的外面.

定理2也可以推广到有限个函数的情形,例如若函数u,v,w都在点x可导,则在点x处,

$$(uvw)' = u'vw + uv'w + uvw'.$$

例 1 求函数 $y=x^3-2a^x+\log_a x-\frac{1}{2}\cos x+\sin\frac{\pi}{2}$的导数.

解 $y'=\left(x^3-2a^x+\log_a x-\frac{1}{2}\cos x+\sin\frac{\pi}{2}\right)'$

$=(x^3)'-2(a^x)'+(\log_a x)'-\frac{1}{2}(\cos x)'+\left(\sin\frac{\pi}{2}\right)'$

$=3x^2-2a^x\ln a+\frac{1}{x}\cdot\frac{1}{\ln a}+\frac{1}{2}\sin x.$

例 2 设函数 $f(x)=\mathrm{e}^x(\sin x+\cos x)$,求 $f'(0)$.

解 $f'(x)=(\mathrm{e}^x)'(\sin x+\cos x)+\mathrm{e}^x(\sin x+\cos x)'$

$=\mathrm{e}^x(\sin x+\cos x)+\mathrm{e}^x(\cos x-\sin x)=2\mathrm{e}^x\cos x.$

所以

$$f'(0) = [2\mathrm{e}^x\cos x]\Big|_{x=0} = 2\mathrm{e}^0\cdot\cos 0 = 2.$$

定理 3 设 $u(x),v(x)$在点 x 可导,又 $v(x)\neq 0$,则$\frac{u(x)}{v(x)}$在点 x 可导,且

$$\left[\frac{u(x)}{v(x)}\right]' = \frac{u'(x)v(x)-u(x)v'(x)}{v^2(x)} \quad (v(x)\neq 0).$$

证 设 $y=\frac{u(x)}{v(x)}$,则

$$\begin{aligned}\Delta y&=\frac{u(x+\Delta x)}{v(x+\Delta x)}-\frac{u(x)}{v(x)}=\frac{u(x+\Delta x)v(x)-u(x)v(x+\Delta x)}{v(x)v(x+\Delta x)}\\&=\frac{u(x+\Delta x)v(x)-u(x)v(x)+u(x)v(x)-u(x)v(x+\Delta x)}{v(x)v(x+\Delta x)}\\&=\frac{\Delta uv(x)-u(x)\Delta v(x)}{v(x)v(x+\Delta x)}.\end{aligned}$$

当 $\Delta x\to 0$ 时,$\frac{\Delta u}{\Delta x}\to u'$,$\frac{\Delta v}{\Delta x}\to v'$,又由于 $v(x)$在点 x 可导,故有 $\lim\limits_{\Delta x\to 0}v(x+\Delta x)=v(x)\neq 0$,从而

$$\lim_{\Delta x\to 0}\frac{\Delta y}{\Delta x}=\lim_{\Delta x\to 0}\frac{\frac{\Delta u}{\Delta x}v(x)-u(x)\frac{\Delta v}{\Delta x}}{v(x)v(x+\Delta x)}=\frac{u'(x)v(x)-u(x)v'(x)}{v^2(x)}.$$

所以 $y=\frac{u(x)}{v(x)}$在点 x 可导,且

$$\left[\frac{u(x)}{v(x)}\right]' = \frac{u'(x)v(x)-u(x)v'(x)}{v^2(x)} \quad (v(x)\neq 0).$$

以上结果简记为$\left(\frac{u}{v}\right)'=\frac{u'v-uv'}{v^2}$ $(v\neq 0)$.

特别地，有 $\left(\frac{1}{v}\right)'=-\frac{v'}{v^2}$ $(v\neq 0)$.

例 3 求函数 $y=\tan x$ 与 $y=\cot x$ 的导数.

解 $y'=(\tan x)'=\left(\frac{\sin x}{\cos x}\right)'=\frac{\cos x\cos x-\sin x(-\sin x)}{\cos^2 x}=\frac{1}{\cos^2 x}=\sec^2 x$，即

$$(\tan x)'=\sec^2 x.$$

同理 $(\cot x)'=-\csc^2 x$.

例 4 求函数 $y=\sec x$ 与 $y=\csc x$ 的导数

解 $y'=(\sec x)'=\left(\frac{1}{\cos x}\right)'=-\frac{(\cos x)'}{\cos^2 x}=\frac{\sin x}{\cos^2 x}=\sec x\tan x$，即

$$(\sec x)'=\sec x\tan x.$$

同理 $(\csc x)'=-\csc x\cot x$.

二、反函数的求导法则

定理 4 如果函数 $x=\varphi(y)$ 在区间 I_y 上严格单调、可导且 $\varphi'(y)\neq 0$，则它的反函数 $y=f(x)$ 在对应的区间 $I_x=\{x\,|\,y=f(x),y\in I_y\}$ 上也可导，且有

$$f'(x)=\frac{1}{\varphi'(y)},$$

即反函数的导数等于直接函数导数的倒数.

证 任取 $x\in I_x$，给 x 以增量 Δx，使 $\Delta x\neq 0$，$x+\Delta x\in I_x$，由条件知 $y=f(x)$ 在区间 I_x 上也是严格单调的，因此

$$\Delta y=f(x+\Delta x)-f(x)\neq 0.$$

又已知 $f(x)$ 在点 x 连续，故当 $\Delta x\to 0$ 时 $\Delta y\to 0$，而 $x=\varphi(y)$ 可导且 $\varphi'(y)\neq 0$，所以

$$\lim_{\Delta x\to 0}\frac{\Delta y}{\Delta x}=\frac{1}{\lim\limits_{\Delta y\to 0}\frac{\Delta x}{\Delta y}}=\frac{1}{\varphi'(y)}.$$

即函数 $y=f(x)$ 在点 x 可导，并且 $f'(x)=\frac{1}{\varphi'(y)}$. 由 x 的任意性，得到 $f(x)$ 在区间 I_x 上可导且 $f'(x)=\frac{1}{\varphi'(y)}$ 成立.

例 5 求函数 $y=\arcsin x$ 的导数.

解 由于 $y=\arcsin x\,(x\in(-1,1))$ 为 $x=\sin y\left(y\in\left(-\frac{\pi}{2},\frac{\pi}{2}\right)\right)$ 的反函数，且当 $y\in\left(-\frac{\pi}{2},\frac{\pi}{2}\right)$ 时，$(\sin y)'=\cos y>0$，所以由定理 4 得

$$(\arcsin x)'=\frac{1}{(\sin y)'}=\frac{1}{\cos y}.$$

而 $\cos y=\sqrt{1-\sin^2 y}=\sqrt{1-x^2}$,所以

$$(\arcsin x)' = \frac{1}{\sqrt{1-x^2}}.$$

同理可得

$$(\arccos x)' = -\frac{1}{\sqrt{1-x^2}}.$$

例 6 求函数 $y=\arctan x$ 的导数.

解 由于 $y=\arctan x\,(x\in(-\infty,+\infty))$ 为 $x=\tan y\left(y\in\left(-\frac{\pi}{2},\frac{\pi}{2}\right)\right)$ 的反函数,且当 $y\in\left(-\frac{\pi}{2},\frac{\pi}{2}\right)$ 时,$(\tan y)'=\sec^2 y>0$,所以由定理 4 得

$$(\arctan x)' = \frac{1}{(\tan y)'} = \frac{1}{\sec^2 y}.$$

而 $\sec^2 y=1+\tan^2 y=1+x^2$,所以

$$(\arctan x)' = \frac{1}{1+x^2}.$$

同理可得

$$(\operatorname{arccot} x)' = -\frac{1}{1+x^2}.$$

例 7 由于 $y=\log_a x\,(a>0,a\neq 1,x\in(0,+\infty))$ 是 $x=a^y\,(y\in(-\infty,+\infty))$ 的反函数,且当 $y\in(-\infty,+\infty)$ 时,$(a^y)'=a^y\ln a\neq 0$,所以由定理 4 得

$$(\log_a x)' = \frac{1}{(a^y)'} = \frac{1}{a^y\ln a} = \frac{1}{x\ln a}.$$

这与上节中例 5 得到的结果相同.

三、复合函数的求导法则

定理 5 如果函数 $u=\varphi(x)$ 在点 x_0 可导,而函数 $y=f(u)$ 在点 $u_0=\varphi(x_0)$ 可导,则复合函数 $y=f[\varphi(x)]$ 在点 x_0 可导,且有

$$\left.\frac{\mathrm{d}y}{\mathrm{d}x}\right|_{x=x_0} = f'(u_0)\cdot\varphi'(x_0).$$

证 由于 $y=f(u)$ 在点 u_0 可导,即 $\lim\limits_{\Delta u\to 0}\frac{\Delta y}{\Delta u}=f'(u_0)$,故

$$\frac{\Delta y}{\Delta u} = f'(u_0)+\alpha,\quad \text{其中 } \alpha=\alpha(\Delta u)\to 0\ (\Delta u\to 0).$$

当 $\Delta u\neq 0$ 时,用 Δu 乘上式两边得

$$\Delta y = f'(u_0)\Delta u+\alpha\cdot\Delta u; \tag{1}$$

当 $\Delta u=0$ 时,显然有 $\Delta y=f(u_0+\Delta u)-f(u_0)=0$,此时规定 $\alpha=0$,故当 $\Delta u=0$ 时①式也成立.用 $\Delta x\neq 0$ 同除等式两边,得

$$\frac{\Delta y}{\Delta x}=f'(u_0)\frac{\Delta u}{\Delta x}+\alpha\frac{\Delta u}{\Delta x}.$$

因为 $u=\varphi(x)$ 在点 x_0 可导,所以 $\lim\limits_{\Delta x\to 0}\frac{\Delta u}{\Delta x}=\varphi'(x_0)$;又由 $u=\varphi(x)$ 在点 x_0 的连续性推知,当 $\Delta x\to 0$ 时,$\Delta u\to 0$,从而

$$\lim_{\Delta x\to 0}\alpha=\lim_{\Delta u\to 0}\alpha=0.$$

于是

$$\lim_{\Delta x\to 0}\frac{\Delta y}{\Delta x}=f'(u_0)\lim_{\Delta x\to 0}\frac{\Delta u}{\Delta x}+\lim_{\Delta x\to 0}\alpha\cdot\lim_{\Delta x\to 0}\frac{\Delta u}{\Delta x}=f'(u_0)\cdot\varphi'(x_0),$$

所以 $y=f[\varphi(x)]$ 在点 x_0 可导,并且 $\lim\limits_{\Delta x\to 0}\frac{\Delta y}{\Delta x}=f'(u_0)\cdot\varphi'(x_0)$.

由此可知,设 I,I_1 分别是变量 x,u 所变化的区间.若 $u=\varphi(x)\,(x\in I)$ 及 $y=f(u)\,(u\in I_1)$ 均为可导函数,且当 $x\in I$ 时 $u=\varphi(x)\in I_1$,则复合函数 $y=f[\varphi(x)]$ 在 I 内也可导,且有

$$\frac{\mathrm{d}y}{\mathrm{d}x}=\frac{\mathrm{d}y}{\mathrm{d}u}\cdot\frac{\mathrm{d}u}{\mathrm{d}x}\quad 或\quad y'=f'(u)\varphi'(x).\tag{②}$$

上式说明,因变量对自变量求导,等于因变量对中间变量求导,乘以中间变量对自变量求导.公式②称为复合函数求导数的**链式法则**.

例 8 设 $y=\sin x^3$,求 y'.

解 设中间变量 $u=x^3$,可把函数 $y=\sin x^3$ 看成由 $y=\sin u,u=x^3$ 复合而成,故由复合函数的求导法则,得

$$y'_x=y'_u\cdot u'_x=\cos u\cdot(3x^2)=3x^2\cos x^3.$$

例 9 设 $y=\ln\tan x$,求 $\frac{\mathrm{d}y}{\mathrm{d}x}$.

解 函数 $y=\ln\tan x$ 是由 $y=\ln u,u=\tan x$ 复合而成,则

$$\frac{\mathrm{d}y}{\mathrm{d}x}=\frac{\mathrm{d}y}{\mathrm{d}u}\cdot\frac{\mathrm{d}u}{\mathrm{d}x}=\frac{1}{u}\sec x^2=\frac{1}{\tan x}\sec x^2=\sec x\csc x.$$

例 10 设 $y=\left(\frac{1+x}{1+x}\right)^3$,求 $\frac{\mathrm{d}y}{\mathrm{d}x}$.

解 函数 $y=\left(\frac{1+x}{1-x}\right)^3$ 是由 $y=u^3,u=\frac{1+x}{1-x}$ 复合而成,则

$$\begin{aligned}\frac{\mathrm{d}y}{\mathrm{d}x}&=\frac{\mathrm{d}y}{\mathrm{d}u}\cdot\frac{\mathrm{d}u}{\mathrm{d}x}=3u^2\,\frac{1\cdot(1-x)-(1+x)\cdot(-1)}{(1-x)^2}\\&=3\left(\frac{1+x}{1-x}\right)^2\frac{2}{(1-x)^2}=\frac{6(1+x)^2}{(1-x)^4}.\end{aligned}$$

在求复合函数的导数时,关键是找到中间变量.计算熟练以后,可不必写出中间变量而直接计算.

例 11 设 $f(x)=\ln\frac{1+x^3}{1+x^2}$,求 $f'(x)$.

解 先利用对数的性质将 $f(x)$变形成

$$f(x)=\ln\frac{1+x^3}{1+x^2}=\ln(1+x^3)-\ln(1+x^2).$$

求导得 $$f'(x)=[\ln(1+x^3)]'-[\ln(1+x^2)]'=\frac{3x^2}{1+x^3}-\frac{2x}{1+x^2}.$$

例 12 设 $f(x)=\ln|x|$,求 $f'(x)$.

解 由复合函数的求导法则并注意到上节中的例 9,有

$$f'(x)=(\ln|x|)'=\frac{1}{|x|}(|x|)'=\frac{1}{|x|}\cdot\frac{|x|}{x}=\frac{1}{x},$$

即 $$(\ln|x|)'=\frac{1}{x}\quad(x\neq 0).$$

复合函数的求导法则可以推广到多次复合的情形.例如,设 $y=f(u),u=\varphi(v),v=\psi(x)$均可导,且可以复合成函数 $y=f\{\varphi[\psi(x)]\}$,则

$$\frac{\mathrm{d}y}{\mathrm{d}x}=\frac{\mathrm{d}y}{\mathrm{d}u}\cdot\frac{\mathrm{d}u}{\mathrm{d}v}\cdot\frac{\mathrm{d}v}{\mathrm{d}x}\quad 或\quad y'=f'(u)\varphi'(v)\psi'(x).$$

例 13 设 $y=\sin^5(x+x^2)$,求 y'.

解 $y'=[\sin^5(x+x^2)]'=5\sin^4(x+x^2)[\sin(x+x^2)]'$
$=5\sin^4(x+x^2)\cos(x+x^2)(x+x^2)'$
$=5(1+2x)\sin^4(x+x^2)\cos(x+x^2).$

例 14 设 $f(x)=2^{\sin^2\frac{1}{x}}$,求 $f'(x)$.

解 $f'(x)=2^{\sin^2\frac{1}{x}}\cdot\ln2\cdot\left(\sin^2\frac{1}{x}\right)'=2^{\sin^2\frac{1}{x}}\cdot\ln2\cdot2\sin\frac{1}{x}\cdot\left(\sin\frac{1}{x}\right)'$

$$=2^{\sin^2\frac{1}{x}}\cdot\ln2\cdot2\sin\frac{1}{x}\cdot\cos\frac{1}{x}\cdot\left(\frac{1}{x}\right)'$$

$$=2^{\sin^2\frac{1}{x}}\cdot\ln2\cdot2\sin\frac{1}{x}\cdot\cos\frac{1}{x}\cdot\left(-\frac{1}{x^2}\right)$$

$$=-\ln2\cdot\frac{1}{x^2}\cdot\sin\frac{2}{x}\cdot2^{\sin^2\frac{1}{x}}.$$

作为复合函数的求导法则的应用,下面求幂函数 $y=x^\mu$ 的导数.

例 15 求幂函数 $y=x^\mu$($x>0$,μ 为任意实数)的导数.

解 因为$(x^\mu)'=(\mathrm{e}^{\mu\ln x})'=\mathrm{e}^{\mu\ln x}\cdot(\mu\ln x)'=\mathrm{e}^{\mu\ln x}\cdot\mu\cdot\frac{1}{x}=\mu x^{\mu-1}$,所以

$$(x^{\mu})' = \mu x^{\mu-1} \quad (x>0, \mu \text{为任意实数}).$$

四、初等函数的导数

到此为止，我们已建立了导数的四则运算法则、反函数与复合函数的求导法则，还推导出了全部基本初等函数的导数公式，它们在初等函数的求导运算中起着重要的作用，必须熟练掌握. 为了便于读者查阅，我们把这些运算法则及求导数公式归纳如下.

(一) 求导法则

(1) $(Cu)'=Cu'$.

(2) $(u\pm v)'=u'\pm v'$.

(3) $(uv)'=u'v+uv'$.

(4) $\left(\dfrac{u}{v}\right)'=\dfrac{u'v-uv'}{v^2}$ $(v\neq 0)$.

(5) 设 $y=f(x)$的反函数为 $x=\varphi(y)$，则 $f'(x)=\dfrac{1}{\varphi(y)}$ $(\varphi'(y)\neq 0)$.

(6) 设 $y=f(u), u=\varphi(x)$，则 $\dfrac{\mathrm{d}y}{\mathrm{d}x}=\dfrac{\mathrm{d}y}{\mathrm{d}u}\cdot\dfrac{\mathrm{d}u}{\mathrm{d}x}=f'(u)u'(x)$.

(二) 基本初等函数的导数公式

(1) $(C)'=0$.

(2) $(x^{\mu})'=\mu x^{\mu-1}$$(x>0, \mu$ 为任意实数).

(3) $(a^x)'=a^x\ln a$ $(a>0, a\neq 1)$， $(\mathrm{e}^x)'=\mathrm{e}^x$；

$(\log_a x)'=\dfrac{1}{x\ln a}(a>0, a\neq 1)$， $(\ln x)'=\dfrac{1}{x}$.

(4) $(\sin x)'=\cos x$， $(\cos x)'=-\sin x$，

$(\tan x)'=\sec^2 x$， $(\cot x)'=-\csc^2 x$，

$(\sec x)'=\sec x\tan x$， $(\csc x)'=-\csc x\cot x$.

(5) $(\arcsin x)'=\dfrac{1}{\sqrt{1-x^2}}$， $(\arccos x)'=-\dfrac{1}{\sqrt{1-x^2}}$，

$(\arctan x)'=\dfrac{1}{1+x^2}$， $(\operatorname{arccot} x)'=-\dfrac{1}{1+x^2}$.

利用上述公式及法则可以完全解决初等函数求导问题. 可以看出初等函数的导数仍为初等函数.

五、双曲函数与反双曲函数的导数

由指数函数的和差所构成的一类初等函数在工程技术中有着广泛的应用，这类函数是

$$\operatorname{sh}x=\frac{\mathrm{e}^x-\mathrm{e}^{-x}}{2},\quad \operatorname{ch}x=\frac{\mathrm{e}^x+\mathrm{e}^{-x}}{2},\quad \operatorname{th}x=\frac{\mathrm{e}^x-\mathrm{e}^{-x}}{\mathrm{e}^x+\mathrm{e}^{-x}},$$

它们分别称为双曲正弦、双曲余弦和双曲正切,并统称为**双曲函数**. 它们的反函数依次是

$$\operatorname{arcsh}x=\ln(x+\sqrt{x^2+1})\quad(-\infty<x<+\infty),$$
$$\operatorname{arcch}x=\ln(x+\sqrt{x^2-1})\quad(x\geqslant 1),$$
$$\operatorname{arcth}x=\frac{1}{2}\ln\frac{1+x}{1-x}\quad(-1<x<1),$$

分别称为反双曲正弦、反双曲余弦和反双曲正切,并统称为**反双曲函数**.

不难求出双曲函数与反双曲函数的导数如下:

$$(\operatorname{sh}x)'=\operatorname{ch}x,\qquad(\operatorname{ch}x)'=\operatorname{sh}x,\qquad(\operatorname{th}x)'=\frac{1}{\operatorname{ch}^2x},$$
$$(\operatorname{arcsh}x)'=\frac{1}{\sqrt{1+x^2}},\quad \operatorname{arcch}x=\frac{1}{\sqrt{x^2-1}},\quad \operatorname{arcth}x=\frac{1}{1-x^2}.$$

以上公式请读者自己证明.

习 题 2.2

1. 求下列函数的导数:

(1) $y=ax^2+bx+c$; (2) $y=\ln x-2\lg x+3\log_2 x$; (3) $y=x^2(2+\sqrt{x})$;

(4) $f(u)=(u+1)^2(u-1)$; (5) $y=x^2\cos x$; (6) $\rho(\varphi)=\sqrt{\varphi}\sin\varphi$;

(7) $y=3a^x-\dfrac{2}{x}$; (8) $y=(\sqrt{x}-a)(\sqrt{x}-b)(\sqrt{x}-c)$;

(9) $y=\dfrac{1}{1+x+x^2}$; (10) $y=\dfrac{1-\sin t}{1+\sin t}$;

(11) $y=\dfrac{ax+b}{cx+d}\ (ad-bc\neq 0)$; (12) $y=\sec x\tan x+3\sqrt[3]{x}\arctan x$.

2. 求下列函数的导数:

(1) $y=\dfrac{1}{\sqrt{a^2-x^2}}$; (2) $y=\dfrac{x^2}{\sqrt{a^2+x^2}}$; (3) $y=\sqrt[3]{\dfrac{1-x}{1+x}}$;

(4) $y=\sqrt{1+\ln^2 x}$; (5) $y=\sqrt{\tan\dfrac{x}{2}}$; (6) $y=\sin^2\dfrac{x}{3}\cot\dfrac{x}{2}$;

(7) $y=\sin^2(2x-1)$; (8) $y=\cos^2(\cos 2x)$; (9) $y=x^2\sin\dfrac{1}{x}$;

(10) $y=\sqrt{1+\tan\left(x+\dfrac{1}{x}\right)}$; (11) $y=\sqrt{x+\sqrt{x+\sqrt{x+\sqrt{x}}}}$;

(12) $y=2^{\frac{x}{\ln x}}$; (13) $y=\mathrm{e}^{\sin^3 x}$; (14) $y=\ln^3(x^2)$;

(15) $y=\ln[\ln(\ln x)]$; (16) $y=\arccos\dfrac{1}{x}$; (17) $y=\arccos\sqrt{1-3x}$;

(18) $y=\frac{\arcsin x}{\sqrt{1-x^2}}$； (19) $y=\left(\arccos\frac{1}{x}\right)^2 \mathrm{e}^{-x}$； (20) $y=\arcsin\sqrt{\frac{1-x}{1+x}}$；

(21) $y=\cos\left(\arccos\frac{1}{\sqrt{x}}\right)$； (22) $y=\frac{\arcsin x}{\arccos x}$； (23) $y=\mathrm{e}^{\arcsin x}+\arctan \mathrm{e}^x$；

(24) $y=\left(\frac{a}{b}\right)^x\left(\frac{b}{x}\right)^a\left(\frac{x}{a}\right)^b (a>0,b>0)$； (25) $y=\mathrm{e}^{-\sin^2\frac{1}{x}}$；

(26) $y=\ln(\arccos 2x)$； (27) $y=\mathrm{ch}(\mathrm{sh}x)$； (28) $y=\mathrm{th}(\ln x)$；

(29) $y=\mathrm{sh}x\,\mathrm{e}^{\mathrm{ch}x}$； (30) $y=\ln(\mathrm{ch}x)+\frac{1}{2\mathrm{ch}^2 x}$.

3. 求与曲线 $y=x^2+5$ 相切且通过点(1,2)的直线方程.

4. 抛物线 $y=x^2$ 上哪一点的切线与直线 $3x-y+1=0$ 交成45°角？

5. 求曲线 $y=\mathrm{e}^{2x}+x^2$ 上横坐标为 $x=0$ 处的法线方程，并求从原点到该法线的距离.

6. 设 $f(x)$ 对 x 可导，求 $\frac{\mathrm{d}y}{\mathrm{d}x}$：

(1) $y=f(x^2)$； (2) $y=f(\mathrm{e}^x)\mathrm{e}^{f(x)}$；

(3) $y=f[f(f(x))]$； (4) $y=f(\sin^2 x)+f(\cos^2 x)$.

§2.3 高阶导数

前面已经指出，若函数 $y=f(x)$ 在区间 I 上每一点的导数都存在，则它的导数 $f'(x)$ 在 I 上也是一个函数，自然可以考虑 $f'(x)$ 的可导性问题，这就产生了高阶导数的概念.

定义 若函数 $y=f'(x)$ 的导函数在点 x 可导，即极限

$$\lim_{\Delta x\to 0}\frac{f'(x+\Delta x)-f'(x)}{\Delta x}$$

存在且有限，则称函数 $y=f(x)$ 在点 x **二阶可导**，且称此极限为函数 $y=f(x)$ 在点 x 的**二阶导数**，记做

$$f''(x),\quad y'',\quad \frac{\mathrm{d}^2 y}{\mathrm{d}x^2}\quad 或\quad \frac{\mathrm{d}^2 f}{\mathrm{d}x^2}.$$

在物理学上，若一个作直线运动的质点的运动规律是 $s=f(t)$，则一阶导数 $s'=f'(t)$ 表示该质点在时刻 t 的瞬时速度，而二阶导数 $s''=f''(t)$ 就是“速度的变化率”，这个量叫做质点的加速度，因此加速度就是路程对时间的二阶导数.

类似可以定义函数 $y=f(x)$ 的三阶导数 $f'''(x)$. 一般地，函数 $y=f(x)$ 的 $n-1$ 阶导数的导数称为 $f(x)$ 的 n **阶导数**，记做

$$f^{(n)}(x),\quad y^{(n)},\quad \frac{\mathrm{d}^n y}{\mathrm{d}x^n}\quad 或\quad \frac{\mathrm{d}^n f}{\mathrm{d}x^n}.$$

$f(x)$的二阶及二阶以上的导数统称为$f(x)$的**高阶导数**，相对于高阶导数来说，$f'(x)$也称为一阶导数.

例 1 求 $f(x)=5x^4-3x+1$ 的 n 阶导数.

解 $f'(x)=20x^3-3$，$f''(x)=60x^2$，$f'''(x)=120x$，$f^{(4)}(x)=120$，由此可得

$$f^{(5)}(x)=f^{(6)}(x)=\cdots=f^{(n)}=0 \quad (n\geqslant 5).$$

例 2 设 $y=\mathrm{e}^{ax}$，求 $y^{(n)}$.

解 $y'=a\mathrm{e}^{ax}$，$y''=a^2\mathrm{e}^{ax}$，$y'''=a^3\mathrm{e}^{ax}$，$\cdots$，$y^{(n)}=a^n\mathrm{e}^{ax}$.

特别有 $(\mathrm{e}^x)^{(n)}=\mathrm{e}^x$.

例 3 求 $y=\sin x$ 的 n 阶导数.

解 $(\sin x)'=\cos x=\sin\left(x+\dfrac{\pi}{2}\right)$，

$(\sin x)''=\cos\left(x+\dfrac{\pi}{2}\right)=\sin\left(x+2\cdot\dfrac{\pi}{2}\right)$，

……

$(\sin x)^{(n)}=\cos\left(x+(n-1)\cdot\dfrac{\pi}{2}\right)=\sin\left(x+n\cdot\dfrac{\pi}{2}\right)$，

所以

$$(\sin x)^{(n)}=\sin\left(x+\frac{n\pi}{2}\right).$$

类似地，有

$$(\cos x)^{(n)}=\cos\left(x+\frac{n\pi}{2}\right).$$

例 4 求 $y=x^{\mu}$（μ 为任意实数）的 n 阶导数.

解 $y'=\mu x^{\mu-1}$，$y''=\mu(\mu-1)x^{\mu-2}$，$y'''=\mu(\mu-1)(\mu-2)x^{\mu-3}$.

一般地，有

$$y^{(n)}=(x^{\mu})^{(n)}=\mu(\mu-1)\cdots(\mu-n+1)x^{\mu-n}.$$

当 $\mu=n$ 时，得到$(x^n)^{(n)}=n(n-1)\cdot\cdots\cdot 3\cdot 2\cdot 1=n!$，而 $(x^n)^{(n+1)}=0$；

当 $\mu=-1$ 时，得到$\left(\dfrac{1}{x}\right)^{(n)}=(-1)^n\dfrac{n!}{x^{n+1}}$.

例 5 求 $y=\ln(1+x)$的 n 阶导数.

解 $y'=\dfrac{1}{1+x}=(1+x)^{-1}$. 利用例 4 的结果，有

$$y^{(n)}=[\ln(1+x)]^{(n)}=[(1+x)^{-1}]^{(n-1)}=(-1)^{n-1}\frac{(n-1)!}{(1+x)^n}.$$

如果函数 $u=u(x)$及 $v=v(x)$都在点 x 处具有 n 阶导数，那么显然 Cu（C 为常数），$u(x)\pm v(x)$也在点 x 处具有 n 阶导数，且

$$(Cu)^{(n)} = Cu^{(n)}, \quad (u \pm v)^{(n)} = u^{(n)} \pm v^{(n)}.$$

但对于乘积 $u(x)v(x)$ 的 n 阶导数就没有这么容易得到了. 可由 $(uv)'=u'v+uv'$ 首先得出

$$(uv)'' = u''v + 2u'v' + uv'',$$
$$(uv)''' = u'''v + 3u''v' + 3u'v'' + uv'''.$$

再用数学归纳法证明：

$$(uv)^{(n)} = u^{(n)}v + nu^{(n-1)}v' + \frac{n(n-1)}{2!}u^{(n-2)}v'' + \cdots + \frac{n(n-1)\cdots(n-k+1)}{k!}u^{(n-k)}v^{(k)} + \cdots + uv^{(n)}.$$

上式称为**莱布尼茨**(Leibniz)**公式**. 这个公式可以写成

$$(uv)^{(n)} = \sum_{k=0}^{n} \mathrm{C}_n^k u^{(n-k)} v^{(k)},$$

其中约定 $u^{(0)}=u, v^{(0)}=v$.

例 6 设 $y=x^2\sin x$, 求 $y^{(50)}$.

解 令 $u=\sin x, v=x^2$, 则

$$u^{(k)} = \sin\left(x + \frac{k\pi}{2}\right) \quad (k = 1,2,\cdots,50),$$
$$v' = 2x, \quad v'' = 2, \quad v^{(k)} = 0 \ (k \geqslant 3).$$

代入莱布尼茨公式, 得

$$y^{(50)} = x^2\sin\left(x + \frac{50\pi}{2}\right) + 50 \cdot 2x\sin\left(x + \frac{49\pi}{2}\right) + \frac{50 \times 49}{2} \cdot 2\sin\left(x + \frac{48\pi}{2}\right)$$
$$= -x^2\sin x + 100x\cos x + 2450\sin x.$$

例 7 设 $y=\dfrac{2x}{x^2-1}$, 求 $y^{(n)}$.

解 因为 $y=\dfrac{2x}{x^2-1}=\dfrac{1}{x-1}+\dfrac{1}{x+1}$, 利用例 4 的结果有

$$\left(\frac{1}{x-1}\right)^{(n)} = (-1)^{(n)}\frac{n!}{(x-1)^{n+1}} \quad 及 \quad \left(\frac{1}{x+1}\right)^{(n)} = (-1)^{(n)}\frac{n!}{(x+1)^{n+1}},$$

所以

$$y^{(n)} = \left(\frac{2x}{x^2-1}\right)^{(n)} = \left(\frac{1}{x-1}\right)^{(n)} + \left(\frac{1}{x+1}\right)^{(n)}$$
$$= (-1)^{(n)} n! \left[\frac{1}{(x-1)^{n+1}} + \frac{1}{(x+1)^{n+1}}\right].$$

习 题 2.3

1. 求下列函数的二阶导数：

(1) $y=x\cos x$;　　(2) $y=\sqrt{a^2-x^2}$;

(3) $y=\frac{2x^3+\sqrt{x}+4}{x}$;　　(4) $y=\tan x$;

(5) $y=(1+x^2)\arctan x$;　　(6) $y=e^{\sqrt{x}}$;

(7) $y=\ln\sin x$;　　(8) $y=\sin x\cdot\sin 2x\cdot\sin 3x$.

2. 若 $f''(x)$存在,求下列函数的二阶导数$\frac{d^2y}{dx^2}$:

(1) $y=f(x^2)$;　　(2) $y=f(\sin^2x)$;

(3) $y=\ln[f(x)]$.

3. 已知 $y=1-x^2-x^4$,求 y'',y'''.

4. 已知 $y=x^3\ln x$,求 $y^{(4)}$.

5. 已知 $f(x)=(x+10)^6$,求 $f'''(2)$.

6. 设 $x=\varphi(y)$为 $y=f(x)$的反函数,$y=f(x)$三阶可导,且 $y'\neq0$,试从$\frac{dx}{dy}=\frac{1}{y'}$导出:

(1) $\frac{d^2x}{dy^2}=-\frac{y''}{(y')^3}$;　　(2) $\frac{d^3x}{dy^3}=\frac{3(y'')^2-y'y'''}{(y')^5}$.

7. 验证函数 $y=c_1e^{\lambda_1x}+c_2e^{\lambda_2x}$($\lambda_1,\lambda_2,c_1,c_2$ 是常数),满足关系式

$$y''-(\lambda_1+\lambda_2)y'+\lambda_1\lambda_2y=0.$$

8. 求下列函数的高阶导数:

(1) $y=x^2e^{2x}$,求 $y^{(20)}$;

(2) $y=x^2\sin 2x$,求 $y^{(50)}$;

(3) $y=e^x\cos x$,求 $y^{(10)}$.

9. 求下列函数 n 阶导数的一般表达式:

(1) $y=\frac{1-x}{1+x}$;　　(2) $y=x\ln x$;　　(3) $y=\sin^2x$;

(4) $y=xe^x$;　　(5) $y=\frac{1}{x(1-x)}$;　　(6) $y=\frac{1}{x^2-3x+2}$;

(7) $y=e^x\sin x$;　　(8) $y=\sin x\sin 2x\sin 3x$.

§2.4 隐函数及由参数方程所表示的函数的导数·相关变化率

一、隐函数的导数

前面几节我们讨论的都是形如 $y=f(x)$或 $x=g(y)$的导数,这种函数的一个变量已经明显地表示为另一个变量的函数,称为**显函数**,例如 $y=2\sin x$,$y=2\ln x+\sqrt[3]{x^2+1}$等.在实际问题中我们还会遇到另一种情形:两个变量同处于一个等式中,但其中一个变量还没有(或根本不可能)明显地表示为另一个变量的函数.例如设 $0<\varepsilon<1$,则可以证明对每一个实数 x,有唯一的实数 y 满足

$$y-\varepsilon\sin y=x, \qquad ①$$

则由①式确定了 y 是 x 的函数，但 y 没有明显地表示为 x 的函数，这样的函数称为**隐函数**.

一般地说，如果在方程

$$F(x,y)=0 \qquad ②$$

中，当 x 在某区间 I 上取值时，相应地存在唯一的满足方程②的 y 值，此时就称方程 $F(x,y)=0$ 在区间 I 上确定了一个隐函数. 例如 $y=\sqrt{a^2-x^2}$ ($x\in[-a,a]$)是由方程 $x^2+y^2-a^2=0$ 所确定的隐函数.

有些方程所确定的隐函数很容易表示成显函数的形式，例如由方程 $2x^2+y-1=0$ 解出 y，可以得到显函数 $y=1-2x^2$；但有些隐函数化为显函数是困难的，甚至是不可能的，例如①中的函数 y 就无法表示成显函数的形式. 下面讨论不论由方程②能否解出 y，如何由方程 $F(x,y)=0$ 直接求出它所确定的隐函数 $y=y(x)$ 的导数 y'.

由于变量 y 是变量 x 的函数，所以方程②左边 $F(x,y)$ 是变量 x 的函数 $\varphi(x)=F(x,y(x))=F(x,y)$. 方程②表明 $\varphi(x)\equiv 0$，因此，$\varphi'(x)\equiv 0$. 实际计算时，由方程②两边对 x 求导后，就可解出 y'. 注意由方程②的左边 $F(x,y)$ 对 x 求导时 y 是 x 的函数，即 y 是复合函数 $F(x,y(x))$ 的中间变量，因此要按复合函数的求导法则进行. 例如，设 $F(x,y)=x^3+y^3$，则

$$\frac{\mathrm{d}F}{\mathrm{d}x}=\frac{\mathrm{d}(x^3)}{\mathrm{d}x}+\frac{\mathrm{d}(y^3)}{\mathrm{d}x}=3x^2+\frac{\mathrm{d}(y^3)}{\mathrm{d}y}\cdot\frac{\mathrm{d}y}{\mathrm{d}x}=3x^2+3y^2\cdot y'.$$

总之，上述求导是将 $F(x,y)$ 中的 y 看做 x 的函数，然后利用方程 $\frac{\mathrm{d}F}{\mathrm{d}x}=0$ 解出 y'. 这种求 y' 的方法叫做**隐函数求导法**.

例 1 设 $x^4-xy+y^4-1=0$，求 y'，$y'(0)$.

解 在方程 $x^4-xy+y^4-1=0$ 中把 y 看做 x 的函数，两边对 x 求导，得

$$4x^3-y-xy'+4y^3y'=0,$$

解得

$$y'=\frac{4x^3-y}{x-4y^3}.$$

当 $x=0$ 时，$y=1$，将它们代入 y' 的表达式，得到 $y'(0)=\frac{1}{4}$.

例 2 试求与椭圆 $\frac{x^2}{4}+y^2=1$ 相切且平行于直线 $y=-\frac{1}{2}x$ 的切线方程.

解 由 $\frac{x^2}{4}+y^2=1$ 两边对 x 求导，得

$$\frac{2x}{4}+2yy'=0, \quad 解出 \quad y'=-\frac{x}{4y}.$$

设点 (x_0,y_0) 在椭圆上，且过该点的切线与直线 $y=-\frac{1}{2}x$ 平行，则

$$-\frac{x_0}{4y_0}=-\frac{1}{2}, \quad 即 \quad y_0=\frac{1}{2}x_0.$$

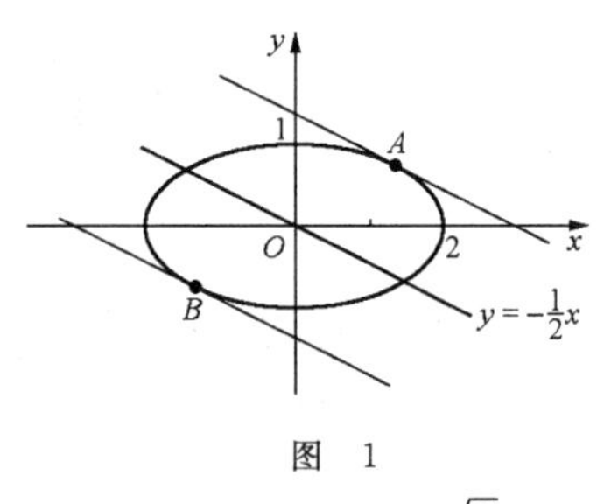

图 1

于是点$\left(x_0,\frac{1}{2}x_0\right)$在椭圆上，即 $x_0^2=2$，故 $x_0=\pm\sqrt{2}$，$y_0=\pm\frac{\sqrt{2}}{2}$，因此椭圆上有两个点 $A\left(\sqrt{2},\frac{\sqrt{2}}{2}\right)$及 $B\left(-\sqrt{2},-\frac{\sqrt{2}}{2}\right)$处切线与直线 $y=-\frac{1}{2}x$ 平行(见图 1)，这两条切线方程分别是

$$y-\frac{\sqrt{2}}{2}=-\frac{1}{2}(x-\sqrt{2}) \quad 和 \quad y+\frac{\sqrt{2}}{2}=-\frac{1}{2}(x+\sqrt{2}),$$

即
$$y=-\frac{1}{2}x+\sqrt{2} \quad 和 \quad y=-\frac{1}{2}x-\sqrt{2}.$$

例 3 设 $y=f(x)$是由方程 $e^y-xy=0$ 确定的隐函数，求 y'，y''.

解 方程两边对 x 求导，得

$$e^y y'-y-xy'=0,$$

解得

$$y'=\frac{y}{e^y-x}.$$

上式两边再对 x 求导，仍然把 y 看做 x 的函数，得到

$$y''=\frac{y'(e^y-x)-y(e^y\cdot y'-1)}{(e^y-x)^2},$$

将 $y'=\frac{y}{e^y-x}$代入上式并注意到 $e^y=xy$，化简得

$$y''=\frac{-y(y^2-2y+2)}{x^2(y-1)^3}.$$

在求 y''时，也可由 $e^y y'-y-xy'=0$ 两边对 x 求导，并将 y'与 y''都看做 x 的函数，有

$$e^y(y')^2+e^y y''-y'-y'-xy''=0,$$

解得 $y''=\frac{2y'-e^y(y')^2}{e^y-x}$，按上面的方法化简也可以得到结果.

例 4 设 $y=x^{x\tan x}(x>0)$，求 y'.

解 等式两边取对数得

$$\ln y=x\cdot\tan x\cdot\ln x.$$

上式两边再对 x 求导，注意到 y 是 x 的函数，有

$$\frac{1}{y}y'=\tan x\cdot\ln x+x\cdot\sec^2 x\cdot\ln x+\tan x,$$

所以
$$y'=x^{x\tan x}(\tan x\ln x+x\sec^2 x\ln x+\tan x).$$

一般地，形如 $f(x)=u(x)^{v(x)}(u(x)>0)$的函数称为**幂指函数**. 对于幂指函数的导数，仿

照例 4 的做法,先在函数的两边取对数,得

$$\ln f(x) = v(x) \cdot \ln u(x).$$

然后求导数

$$\frac{1}{f(x)} \cdot f'(x) = v'(x) \cdot \ln u(x) + v(x) \cdot \frac{u'(x)}{u(x)},$$

解出导数
$$f'(x) = u(x)^{v(x)}\left[v'(x) \cdot \ln u(x) + \frac{v(x)u'(x)}{u(x)}\right].$$

这样的求导方法叫做**对数求导法**. 对数求导法不仅适用于幂指函数的求导,而且对于下面例 5 所示的一类函数,也能简化导数的计算.

例 5 设 $y=\frac{\sqrt[3]{x-2}}{(x+1)^3(4-x)^2}$,求 y'.

解 用对数求导法. 由于 y 可看做是幂的连乘积

$$y = (x-2)^{\frac{1}{3}}(x+1)^{-3}(4-x)^{-2},$$

因此取对数,得

$$\ln|y| = \frac{1}{3}\ln|x-2| - 3\ln|x+1| - 2\ln|4-x|.$$

上式两端对 x 求导,得

$$\begin{aligned}\frac{1}{y}y' &= \frac{1}{3(x-2)}(x-2)' - \frac{3}{x+1}(x+1)' - \frac{2}{4-x}(4-x)' \\ &= \frac{1}{3(x-2)} - \frac{3}{x+1} + \frac{2}{4-x},\end{aligned}$$

于是所求导数为

$$y' = \frac{\sqrt[3]{x-2}}{(x+1)^3(4-x)^2}\left[\frac{1}{3(x-2)} - \frac{3}{x+1} + \frac{2}{4-x}\right].$$

关于幂指函数求导,除了取对数的方法,还可以采取化指数的方法. 例如 $y=x^x=\mathrm{e}^{x\ln x}$,这样就可把幂指函数求导转化为复合函数求导. 例如在求 $y=x^{\mathrm{e}^x}+\mathrm{e}^{x^{\mathrm{e}}}$ 的导数时,化指数方法比取对数方法来得简单,且不容易出错.

二、由参数方程所表示的函数的导数

由平面解析几何知,方程组

$$\begin{cases} x = \varphi(t), \\ y = \psi(t) \end{cases} \qquad ③$$

一般表示平面上的一条曲线,③式称为这条曲线的**参数方程**. 下面讨论 $\frac{\mathrm{d}y}{\mathrm{d}x}$ 的求法. 若从③式中消去 t,则变量 y 就表示为变量 x 的函数进而可由前面介绍的方法求 $\frac{\mathrm{d}y}{\mathrm{d}x}$. 但是对有些参数

方程消去参数 t 是困难的,或消去 t 后得到的 y 与 x 的关系式非常复杂,因此需要讨论直接由参数方程求出它所确定的函数的导数.

设函数 $\varphi(t),\psi(t)$ 的导数 $\varphi'(t),\psi'(t)$ 都存在,且函数 $x=\varphi(t)$ 具有单调连续的反函数 $t=\varphi^{-1}(x)$,于是当 $\varphi'(t)\neq 0$ 时,$\dfrac{\mathrm{d}t}{\mathrm{d}x}=\dfrac{1}{\varphi'(t)}$. 把 $t=\varphi^{-1}(x)$ 代入 $\psi(t)$,得到曲线的直角坐标方程

$$y=\psi[\varphi^{-1}(x)]=f(x).$$

将 $t=\varphi^{-1}(x)$ 看做中间变量,函数 y 为 x 的复合函数,根据复合函数的求导法则

$$y'=\frac{\mathrm{d}y}{\mathrm{d}x}=\frac{\mathrm{d}y}{\mathrm{d}t}\cdot\frac{\mathrm{d}t}{\mathrm{d}x}=\frac{\mathrm{d}y}{\mathrm{d}t}\cdot\frac{1}{\dfrac{\mathrm{d}x}{\mathrm{d}t}}=\frac{\psi'(t)}{\varphi'(t)},$$

即

$$\frac{\mathrm{d}y}{\mathrm{d}x}=\frac{\psi'(t)}{\varphi'(t)}\quad 或\quad \frac{\mathrm{d}y}{\mathrm{d}x}=\frac{\dfrac{\mathrm{d}y}{\mathrm{d}t}}{\dfrac{\mathrm{d}x}{\mathrm{d}t}}. \tag{④}$$

公式④就是由参数方程表示的函数的求导公式.

设 $t=t_0$ 时,曲线上对应点的坐标为 $x_0=\varphi(t_0),y_0=\psi(t_0)$,则曲线在该点的切线方程为

$$y-y_0=\frac{\psi'(t_0)}{\varphi'(t_0)}(x-x_0)\quad 或\quad \frac{x-x_0}{\varphi'(t_0)}=\frac{y-y_0}{\psi'(t_0)};$$

法线方程为

$$(x-x_0)\varphi'(t_0)+(y-y_0)\psi'(t_0)=0.$$

如果函数 $\varphi(t),\psi(t)$ 还是二阶可导的,则 y 对 x 的二阶导数为

$$\frac{\mathrm{d}^2y}{\mathrm{d}x^2}=\frac{\mathrm{d}}{\mathrm{d}x}\left(\frac{\mathrm{d}y}{\mathrm{d}x}\right)=\frac{\mathrm{d}}{\mathrm{d}t}\left(\frac{\psi'(t)}{\varphi'(t)}\right)\cdot\frac{\mathrm{d}t}{\mathrm{d}x}=\frac{\psi''(t)\varphi'(t)-\psi'(t)\varphi''(t)}{(\varphi'(t))^2}\cdot\frac{1}{\varphi'(t)},$$

即

$$\frac{\mathrm{d}^2y}{\mathrm{d}x^2}=\frac{\psi''(t)\varphi'(t)-\psi'(t)\varphi''(t)}{(\varphi'(t))^3}.$$

例 6 求摆线$\begin{cases}x=a(t-\sin t),\\ y=a(1-\cos t)\end{cases}$在 $t=\dfrac{\pi}{2}$ 所对应的点处的切线方程与法线方程.

解 摆线的图形见图 2. 当 $t=\dfrac{\pi}{2}$ 时,摆线上对应的点为 $\left(a\left(\dfrac{\pi}{2}-1\right),a\right)$,而

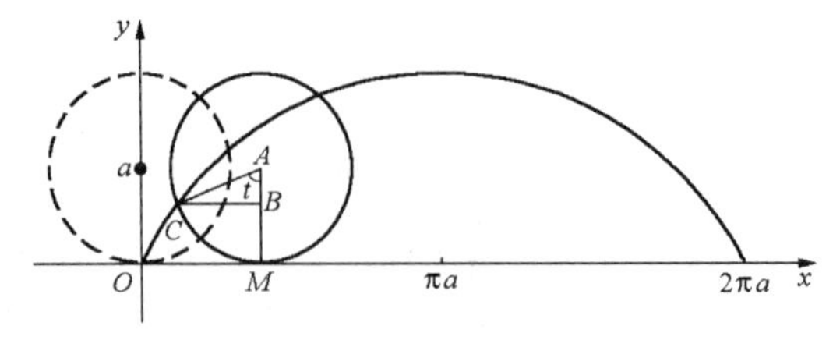

图 2

$$\frac{\mathrm{d}y}{\mathrm{d}x}=\frac{\frac{\mathrm{d}y}{\mathrm{d}t}}{\frac{\mathrm{d}x}{\mathrm{d}t}}=\frac{a(1-\cos t)'}{a(t-\sin t)'}=\frac{a\sin t}{a(1-\cos t)}=\frac{\sin t}{1-\cos t},$$

故

$$\left.\frac{\mathrm{d}y}{\mathrm{d}x}\right|_{t=\frac{\pi}{2}}=\frac{\sin\frac{\pi}{2}}{1-\cos\frac{\pi}{2}}=1.$$

切线方程为

$$y-a=x-a\left(\frac{\pi}{2}-1\right),\quad 即\quad y=x+a\left(2-\frac{\pi}{2}\right).$$

法线方程为

$$y-a=-\left[x-a\left(\frac{\pi}{2}-1\right)\right],\quad 即\quad y=-x+\frac{a\pi}{2}.$$

例 7 已知椭圆的参数方程$\begin{cases}x=a\cos t,\\ y=b\sin t,\end{cases}$求$\dfrac{\mathrm{d}^2y}{\mathrm{d}x^2}$.

解 利用公式④得

$$\frac{\mathrm{d}y}{\mathrm{d}x}=\frac{\psi'(t)}{\varphi'(t)}=\frac{b\cos t}{-a\sin t}=-\frac{b}{a}\cot t,$$

$$\frac{\mathrm{d}^2y}{\mathrm{d}x^2}=\frac{\frac{\mathrm{d}}{\mathrm{d}t}\left(\frac{\mathrm{d}y}{\mathrm{d}x}\right)}{\frac{\mathrm{d}x}{\mathrm{d}t}}=\frac{\left(-\frac{b}{a}\cot t\right)'}{(a\cos t)'}=\frac{-\frac{b}{a}(-\csc^2 t)}{-a\sin t}=-\frac{b}{a^2\sin^3 t}.$$

例 8 以初速度 v_0、仰角 α 发射炮弹，其运动方程为

$$\begin{cases}x=(v_0\cos\alpha)t,\\ y=(v_0\sin\alpha)t-\frac{1}{2}gt^2,\end{cases}$$

求炮弹在时刻 t 的运动方向及速度大小(图 3).

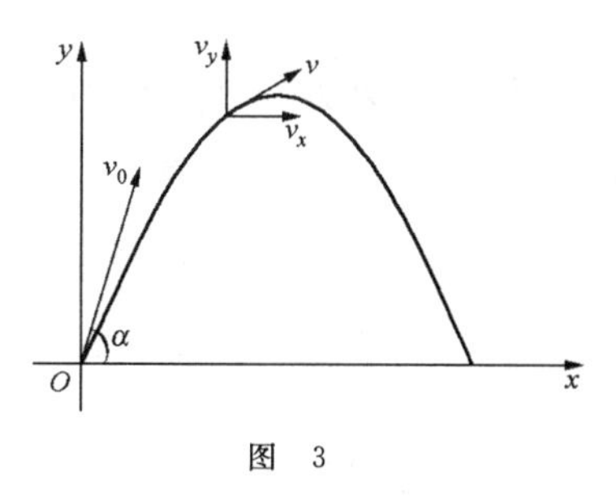

图 3

解 (1) 炮弹在时刻 t 的运动方向，就是炮弹运动轨迹在时刻 t 的切线方向，而切线方向可由切线的斜率 k 来反映. 由导数的几何意义，

$$k=\frac{\mathrm{d}y}{\mathrm{d}x}=\frac{\left[(v_0\sin\alpha)t-\frac{1}{2}gt^2\right]'}{[(v_0\cos\alpha)t]'}=\frac{v_0\sin\alpha-gt}{v_0\cos\alpha}.$$

(2) 先求炮弹沿 x 轴方向的分速度 $v_x=\dfrac{\mathrm{d}x}{\mathrm{d}t}$和沿 y 轴方向的分速度 $v_y=\dfrac{\mathrm{d}y}{\mathrm{d}t}$：

$$v_x=\frac{\mathrm{d}x}{\mathrm{d}t}=v_0\cos\alpha,\quad v_y=\frac{\mathrm{d}y}{\mathrm{d}t}=v_0\sin\alpha-gt.$$

所以炮弹在时刻 t 的速度大小为

$$v=\sqrt{v_x^2+v_y^2}=\sqrt{(v_0\cos\alpha)^2+(v_0\sin\alpha-gt)^2}=\sqrt{v_0^2-2v_0gt\sin\alpha+g^2t^2}.$$

三、相关变化率

设 $x=x(t)$ 及 $y=y(t)$ 都是可导函数，且变量 y 与 x 之间存在着某种关系，从而它们的变化率$\frac{\mathrm{d}y}{\mathrm{d}t}$与$\frac{\mathrm{d}x}{\mathrm{d}t}$之间也存在一定的关系，这两个相互依赖的变化率称之为**相关变化率**. 利用$\frac{\mathrm{d}y}{\mathrm{d}t}$与$\frac{\mathrm{d}x}{\mathrm{d}t}$之间的关系，可以从其中一个变化率求出另一个变化率.

例 9 将水注入深 8 m、上顶直径 8 m 的正圆锥形容器，其速率为 4 m^3/min，当水深为 5 m 时，其表面上升的速度是多少？

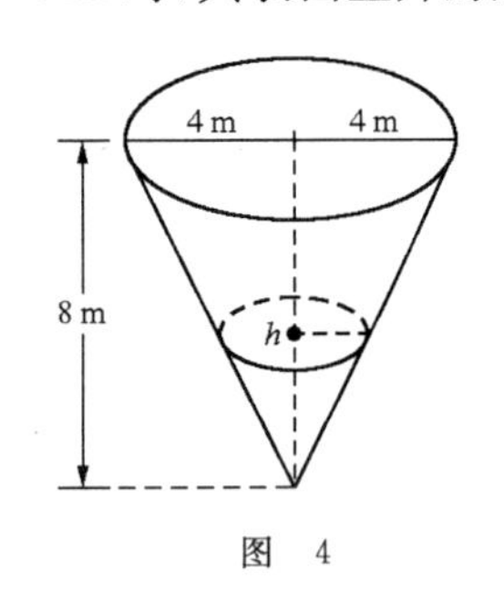

图 4

解 设时刻 t 容器内水面高度为 h，水的体积为 V(图 4)，则

$$V=\frac{1}{3}\pi\left(\frac{h}{2}\right)^2\cdot h=\frac{1}{12}\pi h^3.$$

两边对 t 求导，得 $\frac{\mathrm{d}V}{\mathrm{d}t}=\frac{1}{4}\pi h^2\frac{\mathrm{d}h}{\mathrm{d}t}$，而$\frac{\mathrm{d}V}{\mathrm{d}t}=4\ \mathrm{m}^3/\mathrm{min}$，于是当 $h=$ 5 m 时，

$$\frac{\mathrm{d}h}{\mathrm{d}t}=4\cdot 4\frac{1}{\pi\cdot 5^2}\ \mathrm{m/min}=\frac{16}{25\pi}\ \mathrm{m/min}.$$

习 题 2.4

1. 求下列方程所确定的隐函数 y 的导数：

(1) $x^2+xy+y^2=a^2$； (2) $xy=\mathrm{e}^{x+y}$； (3) $x^y=y^x$；

(4) $\ln\sqrt{x^2+y^2}=\arctan\frac{y}{x}$； (5) $x\cos y=\sin(x+y)$.

2. 求下列隐函数的二阶导数$\frac{\mathrm{d}^2y}{\mathrm{d}x^2}$：

(1) $x+\arctan y=y$； (2) $y=\sin(x+y)$.

3. 利用对数求导法求下列函数的导数：

(1) $y=(\ln x)^x$； (2) $y=(\sin x)^{\cos x}$； (3) $y=\sqrt{\frac{3x-2}{(5-2x)(x-1)}}$；

(4) $y=\sqrt[3]{\frac{x(x^2+1)}{(x^2-1)^2}}$； (5) $y=\sqrt{\mathrm{e}^{1/x}\sqrt{x\sin x}}$.

4. 求圆 $(x-1)^2+(y+3)^2=a^2$ 过点 $(2,1)$ 的切线方程.

5. 求下列各参数方程所确定的函数的导数 $\frac{\mathrm{d}y}{\mathrm{d}x},\frac{\mathrm{d}^2y}{\mathrm{d}x^2}$：

(1) $\begin{cases}x=t^2,\\y=4t;\end{cases}$ (2) $\begin{cases}x=a\cos^3\theta,\\y=a\sin^3\theta;\end{cases}$

(3) $\begin{cases}x=f'(t),\\y=tf'(t)-f(t)\end{cases}$ （设 $f''(t)$存在且不为零）.

6. 求下列曲线在给定点处的切线方程和法线方程：

(1) $\begin{cases}x=2\cos t,\\y=\sqrt{3}\sin t,\end{cases}$ 在 $t=\frac{\pi}{3}$处； (2) $\begin{cases}x=\frac{3at}{1+t^3},\\y=\frac{3at^2}{1+t^3},\end{cases}$ 在 $t=1$ 处.

7. 验证参数方程 $\begin{cases}x=\mathrm{e}^t\sin t,\\y=\mathrm{e}^t\cos t\end{cases}$ 所确定的函数 y 满足关系式：

$$(x+y)^2\frac{\mathrm{d}^2y}{\mathrm{d}x^2}=2\left(x\frac{\mathrm{d}y}{\mathrm{d}x}-y\right).$$

8. 一架直升机离开地面时，距离一观察者 120 m，它以 40 m/s 的速度垂直上飞，求起飞 15 s 后，飞机离开观察者的速度.

9. 有一长为 5 m 的梯子，靠在墙上，若它的下端沿地板以 3 m/s 的速率离开墙角滑动，问：

(1) 当其下端离开墙角多少米时，梯子的上、下端滑动的速率相同?

(2) 它的下端离开墙角 1.4 m 时，梯子上端下滑的速率是多少?

(3) 何时它的上端下滑的速率是 4 m/s?

10. 设一个等边三角形的边长(单位：m)为 a，若当边长以 10 m/s 的速率增长时，其面积就以 10 m^2/s 的速率增加，求 a 的值.

§2.5 函数的微分及其应用

一、微分的概念

在计算函数 $f(x)$的值时，由于所测定的自变量 x 的值难免有误差，记为 Δx，所以由它计算出的函数值，实际上是 $f(x+\Delta x)$ 而不是 $f(x)$，这样就产生了误差 $\Delta y=f(x+\Delta x)-f(x)$. 例如，在计算正方形面积时，由于测定边长时产生了误差 Δx，因此计算出的面积就产生了误差

$$\Delta y=f(x+\Delta x)-f(x)=(x+\Delta x)^2-x^2=2x\Delta x-(\Delta x)^2.$$

如果知道了 Δy，则函数值 $f(x)$经过下面的修正就可以得出来了：

$$f(x)=f(x+\Delta x)-\Delta y.$$

但是,对于一般函数 $f(x)$ 而言,当给定自变量 x 的增量 Δx 后,要计算出函数值的增量 Δy 往往很困难,甚至有时是不可能的.因此,如何用一种简便的方法来估计 Δy,就有很重要的实际意义.

假定函数 $f(x)$ 在点 x_0 处取得增量 Δx,要建立一个 Δy 的近似计算公式,自然要求该近似公式能很简便地由 Δx 计算出 Δy 的近似值,并且误差很小.理想的是函数的增量 Δy 可表示为

$$\Delta y=A\Delta x+o(\Delta x),$$

其中 A 是常数,这样用 Δx 的线性函数 $A\Delta x$ 近似 Δy,既便于计算且误差 $\Delta y-A\Delta x=o(\Delta x)$ 是 Δx 的高阶无穷小.

定义 设函数 $y=f(x)$ 在区间 I 上有定义,$x_0,x_0+\Delta x\in I$,如果函数的增量 $\Delta y=f(x_0+\Delta x)-f(x_0)$ 可表示为

$$\Delta y=A\Delta x+o(\Delta x), \tag{①}$$

其中 A 是不依赖于 Δx 的常数,那么称函数 $y=f(x)$ 在点 x_0 **可微**,$A\Delta x$ 称为函数 $f(x)$ 在点 x_0 相应于自变量增量 Δx 的**微分**,记做 $\mathrm{d}y$,即

$$\mathrm{d}y=A\Delta x.$$

微分 $\mathrm{d}y$ 是 Δx 的线性函数,称为增量 Δy 的**线性主部**,而 $\Delta y-\mathrm{d}y=o(\Delta x)$ 是比 Δx 较高阶的无穷小.

例 1 设 $y=f(x)=x^3$,求当 $x_0=1$,$\Delta x=0.1$ 及 $\Delta x=0.01$ 时,函数的增量和微分的值.

解 当 $x_0=1$ 时,函数的增量

$$\Delta y=f(1+\Delta x)-f(1)=(1+\Delta x)^3-1^3=3\Delta x+3(\Delta x)^2+(\Delta x)^3.$$

线性主部 $\mathrm{d}y=3\Delta x$; 高阶无穷小部分为 $o(\Delta x)=3(\Delta x)^2+(\Delta x)^3$.

当 $\Delta x=0.1$ 时,增量 $\Delta y=0.331$,微分 $\mathrm{d}y=0.3$;

当 $\Delta x=0.01$ 时,增量 $\Delta y=0.030301$,微分 $\mathrm{d}y=0.03$.

从这个例子可以看出,$\mathrm{d}y$ 的取值与 x_0 和 Δx 的取值有关,用线性主部作为增量的近似值是比较好的,而在线性主部中,关键是如何求 A 的值.

定理 函数 $y=f(x)$ 在点 x_0 可微的充分必要条件是 $f(x)$ 在点 x_0 可导.

证 *充分性* 如果 $y=f(x)$ 在点 x_0 可导,即

$$\lim_{\Delta x\to 0}\frac{\Delta y}{\Delta x}=f'(x_0)$$

存在,根据极限与无穷小的关系,上式可写成

$$\frac{\Delta y}{\Delta x}=f'(x_0)+\alpha,$$

其中 $\alpha\to 0(\Delta x\to 0)$.因此有

$$\Delta y = f'(x_0)\Delta x + \alpha\Delta x,$$

这里 $f'(x_0)=A$ 是常数，$\alpha\Delta x=o(\Delta x)$ 是 Δx 的高阶无穷小，根据微分的定义，$f(x)$ 在点 x_0 是可微的，且 $\mathrm{d}y=f'(x_0)\Delta x$.

必要性　设 $y=f(x)$ 在点 x_0 可微，由①式则有

$$\Delta y = A\Delta x + o(\Delta x) \quad (\Delta x \to 0).$$

以 $\Delta x\neq 0$ 除上式两边，并令 $\Delta x\to 0$ 取极限，得

$$\lim_{\Delta x\to 0}\frac{\Delta y}{\Delta x} = A,$$

所以 $y=f(x)$ 在点 x_0 可导，且 $f'(x_0)=A$.

定理表明，一元函数 $y=f(x)$ 在点 x_0 的可导性与可微性是等价的，且当 $f(x)$ 在点 x_0 可微时，$\mathrm{d}y=f'(x_0)\Delta x$.

若函数 $y=f(x)$ 在区间 I 上的每一点都可微，则称 $f(x)$ 在区间 I 上可微，或称 $f(x)$ 是 I 上的**可微函数**. 函数 $f(x)$ 在 I 上的微分记做

$$\mathrm{d}y = f'(x)\Delta x,$$

它不仅依赖于 Δx，而且也依赖于 x.

例 2　求函数 $y=\cos x$ 当 $x=\frac{\pi}{4}$，$\Delta x=0.01$ 时函数的微分.

解　函数 $y=\cos x$ 在任意点 x 的微分是

$$\mathrm{d}y = (\cos x)'\Delta x = -\sin x\cdot\Delta x.$$

当 $x=\frac{\pi}{4}$，$\Delta x=0.01$ 时函数的微分是

$$\mathrm{d}y\Big|_{\substack{x=\pi/4\\ \Delta x=0.01}} = [-\sin x\cdot\Delta x]\Big|_{\substack{x=\pi/4\\ \Delta x=0.01}} = -\frac{\sqrt{2}}{2}\cdot 0.01 \approx -0.007.$$

特别地，对于函数 $y=x$ 来说，由于 $(x)'=1$，则

$$\mathrm{d}x = (x)'\Delta x = \Delta x,$$

所以规定自变量的微分等于自变量的增量. 这样，函数 $y=f(x)$ 的微分可以写成

$$\mathrm{d}y = f'(x)\mathrm{d}x, \tag{②}$$

从而有

$$\frac{\mathrm{d}y}{\mathrm{d}x} = f'(x),$$

即函数的微分与自变量的微分之商等于函数的导数，因此导数又称为**微商**. 现在不难看出，用记号 $\frac{\mathrm{d}y}{\mathrm{d}x}$ 表示导数的方便之处，例如反函数的求导公式

$$\frac{\mathrm{d}y}{\mathrm{d}x} = \frac{1}{\frac{\mathrm{d}x}{\mathrm{d}y}}$$

可以看做 $\mathrm{d}y$ 与 $\mathrm{d}x$ 相除的一种代数变形.

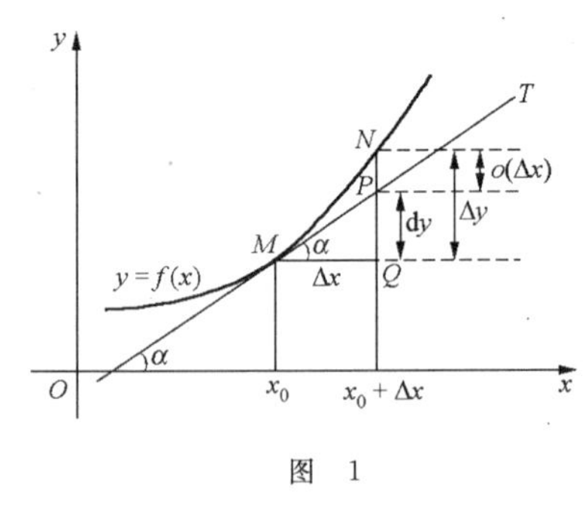

图 1

二、微分的几何意义

在函数 $y=f(x)$ 所表示的曲线上任取一点 $M(x_0,y_0)$，当自变量 x 有微小增量 Δx 时，就得到曲线上另一点 $N(x_0+\Delta x,y_0+\Delta y)$（图 1）. 从图 1 中可知：$MQ=\Delta x$，$QN=\Delta y$. 过点 M 作曲线的切线 MT，它的倾角为 α，则 $\tan\alpha=f'(x_0)$，且

$$QP=MQ\cdot\tan\alpha=\Delta x\cdot f'(x_0),\quad 即\quad \mathrm{d}y=QP.$$

可见，当 Δy 是曲线 $y=f(x)$ 上点的纵坐标增量时，$\mathrm{d}y$ 就是曲线切线的纵坐标对应增量. 当 $|\Delta x|$ 很小时，$|\Delta y-\mathrm{d}y|$ 比 $|\Delta x|$ 小得多，因此在点 M 的附近，我们可以用切线段来近似代替曲线段. 这就是微积分学中“以直代曲”或“线性逼近”的理论依据.

三、微分运算法则及一阶微分形式的不变性

根据导数与微分的关系式 $\mathrm{d}y=f'(x)\mathrm{d}x$，由导数公式就能得到相应的微分公式.

（一）基本初等函数的微分公式

(1) $\mathrm{d}(C)=0$；

(2) $\mathrm{d}(x^\mu)=\mu x^{\mu-1}\mathrm{d}x$；

(3) $\mathrm{d}(\sin x)=\cos x\mathrm{d}x$；

(4) $\mathrm{d}(\cos x)=-\sin x\mathrm{d}x$；

(5) $\mathrm{d}(\tan x)=\sec^2 x\mathrm{d}x$；

(6) $\mathrm{d}(\cot x)=-\csc^2 x\mathrm{d}x$；

(7) $\mathrm{d}(\sec x)=\sec x\tan x\mathrm{d}x$；

(8) $\mathrm{d}(\csc x)=-\csc x\cot x\mathrm{d}x$；

(9) $\mathrm{d}(a^x)=a^x\ln a\mathrm{d}x\ (a>0,a\neq1)$；

(10) $\mathrm{d}(\mathrm{e}^x)=\mathrm{e}^x\mathrm{d}x$；

(11) $\mathrm{d}(\log_a x)=\dfrac{1}{x\ln a}\mathrm{d}x\ (a>0,a\neq1)$；

(12) $\mathrm{d}(\ln x)=\dfrac{1}{x}\mathrm{d}x$；

(13) $\mathrm{d}(\arcsin x)=\dfrac{1}{\sqrt{1-x^2}}\mathrm{d}x$；

(14) $\mathrm{d}(\arccos x)=-\dfrac{1}{\sqrt{1-x^2}}\mathrm{d}x$；

(15) $\mathrm{d}(\arctan x)=\dfrac{1}{1+x^2}\mathrm{d}x$；

(16) $\mathrm{d}(\mathrm{arccot}\,x)=-\dfrac{1}{1+x^2}\mathrm{d}x$.

（二）函数和、差、积、商的微分法则

从导数的运算法则不难得到微分的运算法则：

$\mathrm{d}(u\pm v)=\mathrm{d}u\pm\mathrm{d}v$；　　$\mathrm{d}(Cu)=C\mathrm{d}u$；

$\mathrm{d}(uv)=v\mathrm{d}u+u\mathrm{d}v$；　　$\mathrm{d}\left(\dfrac{u}{v}\right)=\dfrac{v\mathrm{d}u-u\mathrm{d}v}{v^2}\ (v\neq0)$，

其中 u 与 v 都是可微函数.

（三）复合函数的微分法则

设 $y=f[\varphi(x)]$ 是由可微函数 $y=f(u)$ 和 $u=\varphi(x)$ 复合而成，则 $y=f[\varphi(x)]$ 对 x 可微，

且

$$d(f[\varphi(x)]) = f'[\varphi(x)]\varphi'(x)dx. \qquad ③$$

这是因为根据复合函数求导的链式法则

$$\frac{dy}{dx} = \frac{dy}{du} \cdot \frac{du}{dx} = f'(u)\varphi'(x) = f'[\varphi(x)]\varphi'(x),$$

所以 $y=f[\varphi(x)]$是 x 的可微函数,并且③式成立.

由于 $du=\varphi'(x)dx$,故③式可写做

$$dy = f'(u)du.$$

上式与 u 为自变量时,$y=f(u)$的微分(见②式)在形式上完全相同,即无论 u 是自变量还是中间变量,微分形式 $dy=f'(u)du$ 保持不变,这一性质称为**一阶微分形式的不变性**.

值得注意的是,如果 u 是中间变量,则由于一般 $\Delta u \neq du$,故 $dy \neq f'(u)\Delta u$,而只能写成

$$dy = f'(u)du.$$

类似于复合函数的求导,在求复合函数的微分时,可以不写出中间变量而直接利用一阶微分形式的不变性求函数的微分.

例 3 设 $y=e^{-x^2}\cos\frac{1}{x}$,求 dy.

解
$$\begin{aligned} dy &= \cos\frac{1}{x}d(e^{-x^2}) + e^{-x^2}d\left(\cos\frac{1}{x}\right) \\ &= \cos\frac{1}{x} \cdot e^{-x^2}d(-x^2) + e^{-x^2}\left(-\sin\frac{1}{x}\right)d\left(\frac{1}{x}\right) \\ &= e^{-x^2}\left(-2x\cos\frac{1}{x} + \frac{1}{x^2}\sin\frac{1}{x}\right)dx. \end{aligned}$$

例 4 设 $y=\frac{3x^2-1}{3x^3}+\ln\sqrt{1+x^2}+\arctan x$,求 dy.

解 先化简 $y=\frac{1}{x}-\frac{1}{3x^3}+\frac{1}{2}\ln(1+x^2)+\arctan x$,再求微分:

$$\begin{aligned} dy &= d\left(\frac{1}{x}\right) - \frac{1}{3}d\left(\frac{1}{x^3}\right) + \frac{1}{2}d(\ln(1+x^2)) + d(\arctan x) \\ &= -\frac{1}{x^2}dx + \frac{1}{x^4}dx + \frac{x}{1+x^2}dx + \frac{1}{1+x^2}dx \\ &= \frac{1+x^5}{x^4+x^6}dx. \end{aligned}$$

例 5 在下列等式左端的括号中填入适当的函数,使等式成立:

(1) $d(\quad)=kxdx$; (2) $d(\quad)=\cos\omega t dt$.

解 (1) 因为 $d(x^2)=2xdx$, 所以 $d\left(\frac{1}{2}kx^2\right)=kxdx$.

一般地,有 $\mathrm{d}\left(\frac{1}{2}kx^2+C\right)=kx\mathrm{d}x$ (C 为任意常数).

(2) 因为 $\mathrm{d}(\sin\omega t)=\omega\cos\omega t\mathrm{d}t$,所以

$$\cos\omega t\,\mathrm{d}t=\frac{1}{\omega}\mathrm{d}(\sin\omega t)=\mathrm{d}\left(\frac{1}{\omega}\sin\omega t\right).$$

一般地,有 $\mathrm{d}\left(\frac{1}{\omega}\sin\omega t+C\right)=\cos\omega t\mathrm{d}t$ (C 为任意常数).

四、微分在近似计算中的应用

(一) 函数值的近似计算

若函数 $y=f(x)$ 在点 x_0 的导数 $f'(x_0)\neq 0$,根据微分的定义

$$\Delta y=f'(x_0)\Delta x+o(\Delta x)\quad(\Delta x\to 0),$$

如果略去高阶无穷小,就得到近似公式

$$\Delta y\approx f'(x_0)\Delta x. \tag{④}$$

令 $\Delta x=x-x_0$,$\Delta y=f(x)-f(x_0)$,则上式变成

$$f(x)\approx f(x_0)+f'(x_0)(x-x_0). \tag{⑤}$$

一般说来,求微分的过程比求增量的过程要简便得多,所以当 Δx 很小时,可以用④或⑤式来计算函数增量 Δy 的近似值或函数值 $f(x)$ 的近似值.特别,当 $x_0=0$,且 $|x|$ 很小时,有

$$f(x)\approx f(0)+f'(0)x.$$

利用这个近似公式,可以推出几个常用的近似公式(当 $|x|$ 很小时):

(1) $\sin x\approx x$; (2) $\tan x\approx x$;

(3) $\mathrm{e}^x\approx 1+x$; (4) $\ln(1+x)\approx x$;

(5) $(1+x)^\alpha\approx 1+\alpha x$($\alpha$ 为实数).

例 6 半径为 10 cm 的金属圆片加热后,半径伸长了 0.05 cm,问面积大约增加了多少?

解 以 A,r 分别表示圆片的面积及半径,则 $A=\pi r^2$.

当 $r=10$ cm,$\Delta r=0.05$ cm 时,面积的增量

$$\Delta A\approx \mathrm{d}A=2\pi r\cdot\Delta r=2\pi\times 10\text{ cm}\times 0.05\text{ cm}=\pi\text{ cm}^2.$$

例 7 求 $\sin 30°13'$ 的近似值.

解 设 $f(x)=\sin x$,则 $f'(x)=\cos x$.

令 $x_0=30°=\frac{\pi}{6}$(弧度),$\Delta x=13'=\frac{13\pi}{60\times 180}=\frac{13\pi}{10800}$(弧度),则

$$\sin 30°13'=\sin\left(\frac{\pi}{6}+\frac{13\pi}{10800}\right)\approx\sin\frac{\pi}{6}+\cos\frac{\pi}{6}\times\frac{13\pi}{10800}$$

$$=\frac{1}{2}+\frac{\sqrt{3}}{2}\times\frac{13\pi}{10800}\approx 0.5033.$$

而 $\sin 30°13'$的精确值为 0.503271….

例 8 求 $\sqrt[3]{1.033}$的近似值.

解 $\sqrt[3]{1.033}=(1+0.033)^{\frac{1}{3}}\approx 1+\frac{1}{3}\times 0.033=1.011$.

(二) 函数的误差估计

首先介绍关于误差的几个术语. 设数 A 是某个量的精确值,数 a 是其近似值,则 $|A-a|$ 叫做近似值 a 的**绝对误差**,而绝对误差与 $|a|$ 的比值 $\frac{|A-a|}{|a|}$ 叫做近似值 a 的**相对误差**. 在实际问题中,因为精确值 A 往往无法知道,所以绝对误差或相对误差也就无法求得. 但如果已知绝对误差不超过某个数 δ_A,即 $|A-a|\leqslant\delta_A$,则称 δ_A 为近似值 a 的**绝对误差限**,而比值 $\frac{\delta_A}{|a|}$ 称为近似值 a 的**相对误差限**.

根据直接测量的 x 值由 $y=f(x)$ 来计算 y 的值时,由于 x 是近似值,那么 $f(x)$ 也是近似值. 如果 x 的绝对误差限是 δ_x,即 $|\Delta x|\leqslant\delta_x$,当 $y'\neq 0$ 时,y 的绝对误差为

$$|\Delta y|\approx|\mathrm{d}y|=|y'||\Delta x|\leqslant|y'|\ \delta_x,$$

即 y 的绝对误差限可取为 $\delta_y=|y'|\delta_x$,y 的相对误差限可取为

$$\frac{\delta_y}{|y|}=\left|\frac{y'}{y}\right|\delta_x.$$

实际上所考虑的误差都是绝对误差限和相对误差限,所以常把绝对误差限和相对误差限简称为绝对误差和相对误差.

例 9 计算球的体积可精确至 1%,若根据这个体积来推算球的半径 R,则 R 的相对误差是多少?

解 球的体积公式是 $V=\frac{4}{3}\pi R^3$,由于 $\mathrm{d}V=4\pi R^2\mathrm{d}R$,则

$$\frac{\mathrm{d}V}{V}=\frac{4\pi R^2\mathrm{d}R}{\frac{4}{3}\pi R^3}=\frac{3\mathrm{d}R}{R}.$$

V 的相对误差 $\tilde{\delta}_V=\frac{|\Delta V|}{V}\approx\frac{|\mathrm{d}V|}{V}$,$R$ 的相对误差 $\tilde{\delta}_R=\frac{|\Delta R|}{R}\approx\frac{|\mathrm{d}R|}{R}$,得到 $\tilde{\delta}_V\approx 3\tilde{\delta}_R$,因此

$$\tilde{\delta}_R\approx\frac{1}{3}\tilde{\delta}_V=\frac{1}{3}\times 1\%\approx 0.33\%.$$

习 题 2.5

1. 当自变量 x 由 $x=1$ 变到 $x=1.02$ 时,函数 $y=x^2$ 的增量 Δy 等于多少? Δy 的线性主部 $\mathrm{d}y$ 等于多少?

2. 设 $y=x^2+x$,计算在 $x=1$ 处,当 $\Delta x=10,1,0.1,0.01$ 时,函数的相应增量 Δy 和微

分 $\mathrm{d}y$，并观察两者之差 $\Delta y-\mathrm{d}y$ 随 Δx 减小的变化情况.

3. 求下列函数的微分：

(1) $y=5x^2+3x+1$；　(2) $y=(x^2+2x)(x-4)$；　(3) $y=\arcsin(2x^2-1)$；

(4) $s=\ln(\sec t+\tan t)$；　(5) $y=\dfrac{\cos 2x}{1+\sin x}$；　(6) $y=\arctan\dfrac{1-x^2}{1+x^2}$.

4. 求下列函数的微分：

(1) $y=\dfrac{1}{(\tan x+1)^2}$，当 x 从 $\dfrac{\pi}{6}$ 变到 $\dfrac{61\pi}{360}$ 时；

(2) $y=\mathrm{e}^{\sqrt{x}}$，当 x 从 9 变到 8.99 时.

5. 求由方程 $\cos(xy)=x^2y^2$ 所确定的 y 的微分.

6. 填空题：

(1) $\mathrm{d}(\quad)=2x\mathrm{d}x$；　(2) $\mathrm{d}(\quad)=\dfrac{1}{x}\mathrm{d}x$；　(3) $\mathrm{d}(\quad)=-\dfrac{1}{x^2}\mathrm{d}x$；

(4) $\mathrm{d}(\quad)=\mathrm{e}^{-x}\mathrm{d}x$；　(5) $\mathrm{d}(\quad)=\sin 2x\mathrm{d}x$；　(6) $\mathrm{d}(\quad)=\dfrac{\mathrm{d}x}{2\sqrt{x}}$；

(7) $\mathrm{d}(\quad)=\mathrm{e}^{x^2}\mathrm{d}x^2$；　(8) $\mathrm{d}(\sin x+\cos x)=\mathrm{d}(\quad)+\mathrm{d}(\cos x)=(\quad)\mathrm{d}x$；

(9) $\mathrm{d}(\sin^2 x)=(\quad)\mathrm{d}\sin x=(\quad)\mathrm{d}x$.

7. 利用微分近似计算：

(1) $\sin 29°$；　(2) $\sqrt[5]{1.01}$；　(3) $\ln 1.03$；　(4) $\mathrm{e}^{1.01}$.

8. 已知 $\ln 781\approx 6.66057$，求 $\ln 782$ 的近似值.

9. 有一个内直径为 15 cm 的空心薄壁铜球，壁厚 0.2 mm，试求该空心球的质量的近似值(铜的密度为 8.9 $\mathrm{g/cm^3}$).

10. 用卡尺测量得一根电阻丝的直径 D 为 2.02 mm，测量 D 的绝对误差 $\delta_D=0.05$ mm，即 $|\Delta D|<0.05$ mm. 试计算电阻丝的截面积 S，并估计它的绝对误差与相对误差.

总练习题二

1. 求下列函数的导数：

(1) $y=(x-1)\sqrt[3]{(3x+1)^2(2-x)}$，求 y'；

(2) $y=x^{a^a}+a^{x^a}+a^{a^x}\ (a>0)$，求 y'；

(3) $y=\dfrac{\sqrt{1+x}-\sqrt{1-x}}{\sqrt{1+x}+\sqrt{1-x}}$，求 y'；

(4) $y=x^{\frac{1}{x}}+\sqrt{\arctan(1+2x)}$，求 y'；

(5) $y=f[\ln(1+x)]$，求 y''；

(6) $\begin{cases}x=\ln(1+t^2),\\ y=t-\arctan t,\end{cases}$ 求$\dfrac{d^3y}{dx^3}$；

(7) $\sin(xy)-\ln\dfrac{x+1}{y}=1$，求$\left.\dfrac{dy}{dx}\right|_{x=0}$；

(8) $y=\sin^4x-\cos^4x$,求 $y^{(n)}$.

2. 设 $f(x)=(x^{2007}-1)g(x)$,其中 $g(x)$在 $x=1$ 处连续且 $g(1)=1$,求 $f'(1)$.

3. 设 $f(x)=\begin{cases}g(x)\cos\dfrac{1}{x}, & x\neq 0,\\ 0, & x=0,\end{cases}$ 且 $g(0)=g'(0)=0$,试求 $f'(0)$.

4. 设 $f(x)$在 $x=a$ 处可导,且 $f(a)\neq 0$,求 $\lim\limits_{x\to\infty}\left[\dfrac{f\left(a+\dfrac{1}{x}\right)}{f(a)}\right]^x$.

5. 设函数

$$f(x)=\begin{cases}x^k\sin\dfrac{1}{x}, & x\neq 0,\\ 0, & x=0,\end{cases}$$

问 k 满足什么条件,$f(x)$ 在 $x=0$ 处

(1) 连续但不可导； (2) 可导但导函数不连续； (3) 一阶导函数连续.

6. 设 $f(x)$是奇函数,且 $f'(0)$存在,问 $F(x)=\dfrac{f(x)}{x}$在 $x=0$ 处是何种间断点?

7. 设 $f(x)$在$(-\infty,+\infty)$内可导,证明:

(1) 若 $f(x)$为奇函数,则 $f'(x)$为偶函数；

(2) 若 $f(x)$为偶函数,则 $f'(x)$为奇函数；

(3) 若 $f(x)$为周期函数,则 $f'(x)$仍为周期函数.

8. 设已知二阶可导的函数 $f(x)$,应如何选择系数 a,b,c,使函数

$$F(x)=\begin{cases}f(x), & x\leqslant x_0,\\ a(x-x_0)^2+b(x-x_0)+c, & x>x_0\end{cases}$$

二阶可导?

9. 设函数 $f(x)=\dfrac{x}{\sqrt{1+x^2}}$,$f_n(x)=\underbrace{f(f(f(\cdots f(x))))}_{n\text{个}f}$,试求$\dfrac{df_n(x)}{dx}$.

10. 证明函数 $y=\arctan x$ 满足

$$(1+x^2)y^{(n)}+2(n-1)xy^{(n-1)}+(n-1)(n-2)y^{(n-2)}=0\quad(n>1).$$

11. 设 $f(x)$在$[a,b]$上连续,且 $f(a)=0,f(b)=0,f'_+(a)\cdot f'_-(b)>0$,证明在开区间$(a,b)$内至少存在一点 ξ,使 $f(\xi)=0$.

第三章 微分中值定理与导数应用

第二章中我们讲述的导数与微分的概念,它刻画的是函数在一点的局部性质,它为解决物理学中的瞬时速度及曲线在一点的切线问题提供了有力的工具.微分中值定理是构成微分学的理论基础,它是利用导数来研究函数(或曲线)整体性的理论工具.本章利用微分中值定理研究曲线的单调性、凹凸性以及极值应用问题,这些内容在微分学的理论和应用上都起着重要作用.

§3.1 微分中值定理

一、罗尔定理

罗尔(Roll)定理 如果函数 $f(x)$满足:

(1) 在闭区间$[a,b]$上连续;

(2) 在开区间(a,b)内可导;

(3) 在区间端点的函数值相等,即 $f(a)=f(b)$,

则至少有一点 ξ $(a<\xi<b)$,使得 $f'(\xi)=0$.

证 由于 $f(x)$在$[a,b]$上连续,根据闭区间上连续函数的最大值最小值定理,$f(x)$在$[a,b]$上必定取得它的最大值 M 和最小值 m.这样只有两种可能情形:

第一种情形:$M=m$. 此时 $f(x)$在$[a,b]$上必为常数. 由此知在(a,b)内处处有 $f'(x)=0$,因此任取 $\xi\in(a,b)$,都有 $f'(\xi)=0$.

第二种情形:$M>m$.因为 $f(a)=f(b)$,所以 M 和 m 这两个数中至少有一个不等于 $f(x)$在$[a,b]$的端点处的函数值(图 1).不妨设 $M\neq f(a)$(如果设 $m\neq f(a)$,证法完全类似),则必定在(a,b)内有一点 ξ,使 $f(\xi)=M$.

因为 ξ 是开区间(a,b)内的点,根据条件(2)可知 $f'(\xi)$存在,即极限

$$\lim_{\Delta x\to 0}\frac{f(\xi+\Delta x)-f(\xi)}{\Delta x}$$

存在. 而极限存在必定左、右极限都存在并相等,因此

$$f'(\xi)=\lim_{\Delta x\to 0^+}\frac{f(\xi+\Delta x)-f(\xi)}{\Delta x}=\lim_{\Delta x\to 0^-}\frac{f(\xi+\Delta x)-f(\xi)}{\Delta x}.$$

由于 $f(\xi)=M$ 是 $f(x)$ 在 $[a,b]$ 上的最大值,因此不论 Δx 是正的还是负的,只要 $\xi+\Delta x$ 在 $[a,b]$ 内,总有

$$f(\xi+\Delta x)\leqslant f(\xi),\quad 即\quad f(\xi+\Delta x)-f(\xi)\leqslant 0.$$

当 $\Delta x>0$ 时,$\dfrac{f(\xi+\Delta x)-f(\xi)}{\Delta x}\leqslant 0$,从而 $f'(\xi)=\lim\limits_{\Delta x\to 0^+}\dfrac{f(\xi+\Delta x)-f(\xi)}{\Delta x}\leqslant 0$;

当 $\Delta x<0$ 时,$\dfrac{f(\xi+\Delta x)-f(\xi)}{\Delta x}\geqslant 0$,从而 $f'(\xi)=\lim\limits_{\Delta x\to 0^-}\dfrac{f(\xi+\Delta x)-f(\xi)}{\Delta x}\geqslant 0$.

因此必然有

$$f'(\xi)=0.$$

罗尔定理的几何意义是:设函数 $f(x)$ 在 (a,b) 上可导,如果 $f(x)$ 表示的曲线弧两端点之连线平行于 x 轴,则在弧上非端点处有一点,使得过该点的切线也平行于 x 轴(图 1).

例 1 设 $a>0$,$f(x)$ 在 $[a,b]$ 上连续,在 (a,b) 内可导,并满足 $\dfrac{f(a)}{a}=\dfrac{f(b)}{b}$,试证:存在 $\xi\in(a,b)$,使得 $\xi f'(\xi)=f(\xi)$.

证 由于 $a>0$,$F(x)=\dfrac{f(x)}{x}$ 满足罗尔定理的三个条件,所以存在 $\xi\in(a,b)$,使得

$$F'(\xi)=0.$$

又因为 $F'(x)=\dfrac{xf'(x)-f(x)}{x^2}$,所以可得 $\dfrac{\xi f'(\xi)-f(\xi)}{\xi^2}=0$,而 $\xi\neq 0$,从而 $\xi f'(\xi)=f(\xi)$.

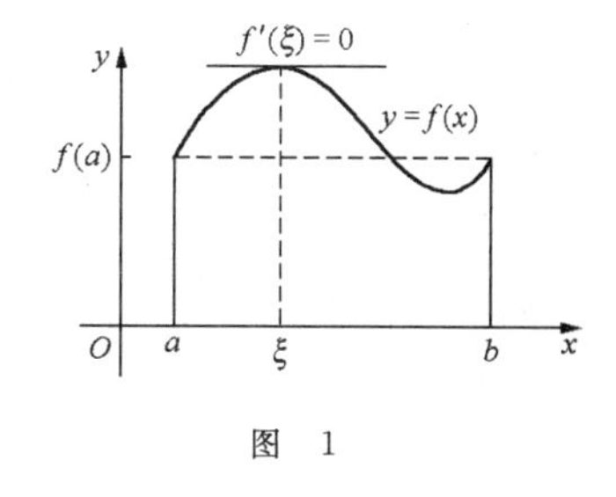

图 1

例 2 设 $f(x)=(x-1)(x-2)(x-3)(x-4)(x-5)$,问 $f'''(x)=0$ 有几个实根?

解 $f(x)$ 在 $(-\infty,+\infty)$ 内存在任意阶导数,且任意阶导数连续.

$f(1)=f(2)=0$,则至少存在一点 $\lambda_1\in(1,2)$,使得 $f'(\lambda_1)=0$;

$f(2)=f(3)=0$,则至少存在一点 $\lambda_2\in(2,3)$,使得 $f'(\lambda_2)=0$;

$f(3)=f(4)=0$,则至少存在一点 $\lambda_3\in(3,4)$,使得 $f'(\lambda_3)=0$;

$f(4)=f(5)=0$,则至少存在一点 $\lambda_4\in(4,5)$,使得 $f'(\lambda_4)=0$.

$f'(\lambda_1)=f'(\lambda_2)=0$,则至少存在一点 $\eta_1\in(\lambda_1,\lambda_2)$,使得 $f''(\eta_1)=0$;

$f'(\lambda_2)=f'(\lambda_3)=0$,则至少存在一点 $\eta_2\in(\lambda_2,\lambda_3)$,使得 $f''(\eta_2)=0$;

$f'(\lambda_3)=f'(\lambda_4)=0$,则至少存在一点 $\eta_3\in(\lambda_3,\lambda_4)$,使得 $f''(\eta_3)=0$.

$f''(\eta_1)=f''(\eta_2)=0$,则至少存在一点 $\xi_1\in(\eta_1,\eta_2)$,使得 $f'''(\xi_1)=0$;

$f''(\eta_2)=f''(\eta_3)=0$,则至少存在一点 $\xi_2\in(\eta_2,\eta_3)$,使得 $f'''(\xi_2)=0$.

由上述得到 $f'''(x)=0$ 至少有两个实根，又因 $f'''(x)=0$ 为一元二次方程，最多有两个实根，所以 $f'''(x)=0$ 只有两个实根.

本例说明罗尔定理对导(函)数依然适用，且可以连续使用.

二、拉格朗日中值定理

拉格朗日(Lagrange)中值定理 如果函数 $f(x)$满足：

(1) 在闭区间$[a,b]$上连续；

(2) 在开区间(a,b)内可导，

则至少有一点 $\xi(a<\xi<b)$，使得

$$f(b)-f(a)=f'(\xi)(b-a). \qquad ①$$

证 引进辅助函数

$$\varphi(x)=f(x)-f(a)-\frac{f(b)-f(a)}{b-a}(x-a).$$

容易验证函数 $\varphi(x)$满足罗尔定理的条件：$\varphi(x)$在$[a,b]$上连续，在(a,b)内可导，$\varphi(a)=\varphi(b)=0$，且

$$\varphi'(x)=f'(x)-\frac{f(b)-f(a)}{b-a}.$$

由罗尔定理，可知在(a,b)内至少有一点 ξ，使 $\varphi'(\xi)=0$，即

$$f'(\xi)-\frac{f(b)-f(a)}{b-a}=0.$$

由此得

$$\frac{f(b)-f(a)}{b-a}=f'(\xi), \quad 即 \quad f(b)-f(a)=f'(\xi)(b-a).$$

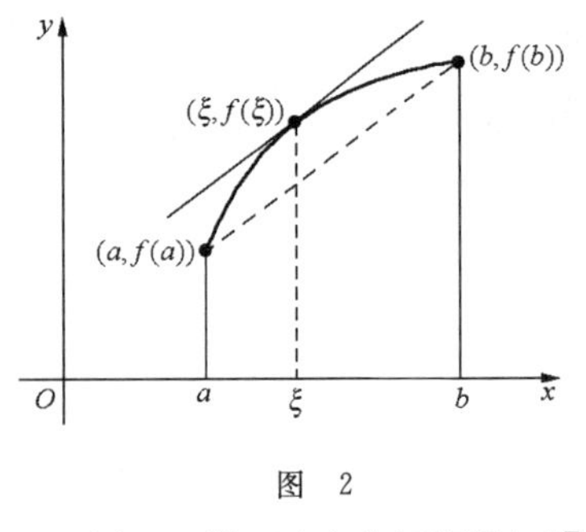

图 2

显然，拉格朗日中值定理的结论对于 $b<a$ 同样成立. 罗尔定理是拉格朗日中值定理的特例，拉格朗日中值定理是罗尔定理的推广. 公式①称为**微分中值公式**或**拉格朗日中值公式**.

拉格朗日中值定理的几何意义是：如果$[a,b]$上 $f(x)$所表示的连续曲线，除了端点外处处有不垂直于 x 轴的切线，那么在曲线弧上至少有一点$(\xi,f(\xi))$，曲线在该点处的切线平行于过曲线弧两个端点的弦(图 2).

例 3 设 $f(x)$在区间$[a,b]$上可导，且 $b-a\geqslant 4$，试证：存在 $\xi\in(a,b)$，使得

$$f'(\xi)<1+f^2(\xi).$$

证 考虑函数 $\arctan f(x)$，容易验证它在$[a,b]$上满足拉格朗日中值定理的条件，所以存在 $\xi\in(a,b)$，使得

$$\arctan f(b)-\arctan f(a)=\frac{f'(\xi)}{1+f^2(\xi)}(b-a).$$

因为 $b-a\geqslant 4$,而 $\arctan f(b)-\arctan f(a)<\pi$,所以有

$$\frac{f'(\xi)}{1+f^2(\xi)}\leqslant\frac{\pi}{4}<1,\quad 即\quad f'(\xi)<1+f^2(\xi).$$

例 4 证明不等式:$e^x>1+x\ (x>0)$.

证 令 $f(x)=e^x$,则 $f(x)$在$[0,x]$上满足拉格朗日中值定理条件,因此存在 $\xi\in(0,x)$,使得

$$f(x)-f(0)=f'(\xi)(x-0),$$

由此知 $$e^x-1=e^\xi\cdot x>1\cdot x,\quad 即\quad e^x>1+x.$$

推论 如果函数 $f(x)$在区间 I 上的导数恒为零,那么 $f(x)$在区间 I 上是一个常数.

证 在区间 I 上任取两点 $x_1,x_2(x_1<x_2)$,由拉格朗日中值定理得

$$f(x_2)-f(x_1)=f'(\xi)(x_2-x_1)\quad (x_1<\xi<x_2).$$

由已知条件,$f'(\xi)=0$,所以 $f(x_2)-f(x_1)=0$,即 $f(x_1)=f(x_2)$. 由于 x_1,x_2 是 I 上任意两点,表明 $f(x)$在 I 上的函数值总是相等的,这就是说,$f(x)$在区间 I 上是一个常数.

三、柯西中值定理

柯西(Cauchy)中值定理 如果函数 $f(x)$及 $F(x)$满足:

(1) 在闭区间$[a,b]$上连续;

(2) 在开区间(a,b)内可导;

(3) $F'(x)$在(a,b)内的每一点处均不为零,

则在(a,b)内至少有一点 ξ,使得

$$\frac{f(b)-f(a)}{F(b)-F(a)}=\frac{f'(\xi)}{F'(\xi)}.$$

证 构造辅助函数

$$\varphi(x)=f(x)-f(a)-\frac{f(b)-f(a)}{F(b)-F(a)}[F(x)-F(a)].$$

容易验证 $\varphi(x)$满足罗尔定理的条件:$\varphi(x)$在$[a,b]$连续,(a,b)内可导,$\varphi(a)=\varphi(b)=0$,且

$$\varphi'(x)=f'(x)-\frac{f(b)-f(a)}{F(b)-F(a)}\cdot F'(x).$$

由罗尔定理可知,在(a,b)内至少有一点 ξ,使得 $\varphi'(\xi)=0$,即

$$f'(\xi)-\frac{f(b)-f(a)}{F(b)-F(a)}\cdot F'(\xi)=0,$$

由此得

$$\frac{f(b)-f(a)}{F(b)-F(a)}=\frac{f'(\xi)}{F'(\xi)}.$$

很明显，如果取 $F(x)=x$，柯西中值定理就变成拉格朗日中值定理了. 所以拉格朗日中值定理是柯西中值定理的特例，柯西中值定理是拉格朗日中值定理的推广. 这种推广的主要意义是在于给出求极限的洛必达法则(见§3.2).

例 5 试证：对任给的 $x>0$，恒有 $e^x>1+x+\frac{1}{2}x^2$.

证 对函数 $f(u)=e^u$，$g(u)=1+u+\frac{1}{2}u^2$ 在区间 $[0,x]$ 上应用柯西中值定理，则存在 $\xi\in(0,x)$，使得

$$\frac{e^x-e^0}{\left(1+x+\frac{1}{2}x^2\right)-1}=\frac{e^\xi}{1+\xi}>1,$$

(上述不等式利用了例 4 的结果：$e^x>1+x$)从而

$$e^x>1+x+\frac{1}{2}x^2.$$

习 题 3.1

1. 验证拉格朗日中值定理对于函数 $y=x^3+3x^2+5x+7$ 在区间 $[-1,1]$ 上的正确性.

2. 证明对任给的 $x\in[-1,1]$，恒有 $\arcsin x+\arccos x=\frac{\pi}{2}$.

3. 设函数 $f(x)$ 在 $[0,1]$ 上连续，在 $(0,1)$ 内可导，且 $f(1)=0$，证明：至少存在一点 $\xi\in(0,1)$，使得 $f'(\xi)=-\frac{f(\xi)}{\xi}$.

4. 设 $f(x)$ 在 (a,b) 内具有连续的二阶导数，且 $f(x_1)=f(x_2)=f(x_3)$，其中 $a<x_1<x_2<x_3<b$，证明：至少存在一点 $\xi\in(a,b)$，使得 $f''(\xi)=0$.

5. 设 $f(x)$ 与 $g(x)$ 在 $[a,b]$ 上连续，在 (a,b) 内可导，证明：至少存在一点 $\xi\in(a,b)$，使得

$$\begin{vmatrix} f(a) & f'(\xi) \\ g(a) & g'(\xi) \end{vmatrix}=\frac{1}{b-a}\begin{vmatrix} f(a) & f(b) \\ g(a) & g(b) \end{vmatrix}.$$

6. 设 $f(x)$ 在 $[a,b]$ 上连续，在 (a,b) 内具有二阶导数，且 $f(a)=f(b)=0$，$f(c)<0(a<c<b)$，证明：至少存在一点 $\xi\in(a,b)$，使得 $f''(\xi)>0$.

7. 设 $f(x)$ 在 $[a,b]$ 上可导 $(a>0)$，证明：至少存在一点 $\xi\in(a,b)$，使得

$$2\xi[f(b)-f(a)]=(b^2-a^2)f'(\xi).$$

8. 设 $f(x)$ 在 $[a,b]$ 上可导，且 $ab>0$，证明：至少存在一点 $\xi\in(a,b)$，使得

$$\frac{1}{a-b}\begin{vmatrix} a & b \\ f(a) & f(b) \end{vmatrix}=f(\xi)-\xi f'(\xi).$$

9. 设 $a>b>0$，证明：$\frac{a-b}{a}<\ln\frac{a}{b}<\frac{a-b}{b}$.

10. 设 $a>b>0,n>1$，证明：$nb^{n-1}(a-b)<a^n-b^n<na^{n-1}(a-b)$.

§3.2 洛必达法则

如果当 $x\to a$（或 $x\to\infty$）时，函数 $f(x)$ 与 $F(x)$ 均趋于 0 或 ∞，那么极限 $\lim\frac{f(x)}{F(x)}$ 可能存在，也可能不存在，它取决于分子、分母趋于 0 或 ∞ 的速度. 我们常把 $\lim\frac{f(x)}{F(x)}$ 叫做 $\frac{0}{0}$ 或 $\frac{\infty}{\infty}$ 型**未定式**. 洛必达法则是求这类函数极限的有效方法，读者应熟练掌握它.

定理 设函数 $f(x)$ 和 $F(x)$ 满足下列条件：

(1) 当 $x\to a$ 时，函数 $f(x)$ 及 $F(x)$ 都趋于零；

(2) 在点 a 的某个去心邻域内，$f'(x)$ 及 $F'(x)$ 都存在且 $F'(x)\neq 0$；

(3) $\lim\limits_{x\to a}\frac{f'(x)}{F'(x)}$ 存在（或为无穷大），

那么

$$\lim_{x\to a}\frac{f(x)}{F(x)}=\lim_{x\to a}\frac{f'(x)}{F'(x)}.$$

通过分子、分母分别求导再求极限来确定未定式的值的方法称为**洛必达**（L'Hospital）**法则**.

证 因为求 $\frac{f(x)}{F(x)}$ 当 $x\to a$ 时的极限与 $f(a)$ 及 $F(a)$ 无关，所以可以假定 $f(a)=F(a)=0$，于是由条件(1)，(2)知道，$f(x)$ 及 $F(x)$ 在点 a 的某一邻域内是连续的. 设 x 是这邻域内的一点，那么在以 x 及 a 为端点的区间上，柯西中值定理的条件均能满足，因此有

$$\frac{f(x)}{F(x)}=\frac{f(x)-f(a)}{F(x)-F(a)}=\frac{f'(\xi)}{F'(\xi)}\quad(\xi\text{ 在 }x\text{ 与 }a\text{ 之间}).$$

令 $x\to a$，并对上式两端求极限，注意到 $x\to a$ 时 $\xi\to a$，再根据条件(3)便得要证明的结论.

如果 $\frac{f'(x)}{F'(x)}$ 当 $x\to a$ 时仍属 $\frac{0}{0}$ 型，且这时 $f'(x)$，$F'(x)$ 仍能满足定理 1 中 $f(x)$，$F(x)$ 所要求满足的条件，那么对 $\lim\limits_{x\to a}\frac{f'(x)}{F'(x)}$ 可以继续施用洛必达法则，即洛必达法则可以连续使用，即有

$$\lim_{x\to a}\frac{f(x)}{F(x)}=\lim_{x\to a}\frac{f'(x)}{F'(x)}=\lim_{x\to a}\frac{f''(x)}{F''(x)}.$$

例 1 求 $\lim\limits_{x\to 0}\frac{x-\sin x}{\sin^3 x}$.

解 $\lim\limits_{x\to0}\dfrac{x-\sin x}{\sin^3 x}\overset{\frac{0}{0}}{=\!=}\lim\limits_{x\to0}\dfrac{1-\cos x}{3\sin^2 x\cos x}\overset{\frac{0}{0}}{=\!=}\lim\limits_{x\to0}\dfrac{1-\cos x}{3\sin^2 x}\cdot\dfrac{1}{\cos x}$

$$=\lim_{x\to0}\frac{\sin x}{6\sin x\cdot\cos x}\cdot\frac{1}{\cos x}=\frac{1}{6}.$$

注 等号上面的$\frac{0}{0}$表示等号左边的式子已经验证是$\frac{0}{0}$形式的未定式，对其使用洛必达法则后得到等号右边的式子.

例 2 求 $\lim\limits_{x\to0}\dfrac{e^x-e^{-x}-2x}{x-\sin x}$.

解 $\lim\limits_{x\to0}\dfrac{e^x-e^{-x}-2x}{x-\sin x}\overset{\frac{0}{0}}{=\!=}\lim\limits_{x\to0}\dfrac{e^x+e^{-x}-2}{1-\cos x}\overset{\frac{0}{0}}{=\!=}\lim\limits_{x\to0}\dfrac{e^x-e^{-x}}{\sin x}\overset{\frac{0}{0}}{=\!=}\lim\limits_{x\to0}\dfrac{e^x+e^{-x}}{\cos x}=2.$

顺便指出，对于 $x\to\infty$时$\frac{0}{0}$型未定式，以及对于 $x\to a$ 或 $x\to\infty$时$\frac{\infty}{\infty}$型未定式，也有相应的洛必达法则：$\lim\dfrac{f(x)}{F(x)}=\lim\dfrac{f'(x)}{F'(x)}$.

例 3 求 $\lim\limits_{x\to+\infty}\dfrac{\frac{\pi}{2}-\arctan x}{\frac{1}{x}}$.

解 $\lim\limits_{x\to+\infty}\dfrac{\frac{\pi}{2}-\arctan x}{\frac{1}{x}}\overset{\frac{0}{0}}{=\!=}\lim\limits_{x\to+\infty}\dfrac{-\frac{1}{1+x^2}}{-\frac{1}{x^2}}=\lim\limits_{x\to+\infty}\dfrac{x^2}{1+x^2}=1.$

例 4 求 $\lim\limits_{x\to+\infty}\dfrac{\ln x}{x}$.

解 $\lim\limits_{x\to+\infty}\dfrac{\ln x}{x}\overset{\frac{\infty}{\infty}}{=\!=}\lim\limits_{x\to+\infty}\dfrac{\frac{1}{x}}{1}=\lim\limits_{x\to+\infty}\dfrac{1}{x}=0.$

其他尚有一些 $0\cdot\infty,\infty-\infty,0^0,1^\infty,\infty^0$ 型未定式，它们可通过变形后化成$\frac{0}{0}$或$\frac{\infty}{\infty}$型的未定式来计算.具体变形的方法如下所述：

$$0\cdot\infty=\frac{0}{\frac{1}{\infty}}=\frac{0}{0}\quad 或\quad 0\cdot\infty=\frac{\infty}{\frac{1}{0}}=\frac{\infty}{\infty};$$

$$\infty_1-\infty_2=\frac{\frac{1}{\infty_2}-\frac{1}{\infty_1}}{\frac{1}{\infty_1\infty_2}}=\frac{0}{0}(多数情况分式相减，通分即可);$$

$$1^{\infty} \xlongequal{\text{令}} y, \ln y = \ln 1^{\infty} = \infty \cdot \ln 1 = \infty \cdot 0;$$
$$\infty^{0} \xlongequal{\text{令}} y, \ln y = \ln \infty^{0} = 0 \cdot \ln \infty = 0 \cdot \infty;$$
$$0^{0} \xlongequal{\text{令}} y, \ln y = \ln 0^{0} = 0 \cdot \ln 0 = 0 \cdot \infty.$$

注意：若 $\lim \ln y = A$，则 $\lim y = \mathrm{e}^{A}$.

例 5 求 $\lim\limits_{x \to 0^+} x^{10} \ln x$.

解 这是 $0 \cdot \infty$ 型未定式. 先变形化为 $\frac{\infty}{\infty}$ 型未定式，然后利用洛必达法则.

$$\lim_{x \to 0^+} x^{10} \ln x = \lim_{x \to 0^+} \frac{\ln x}{x^{-10}} \xlongequal{\frac{\infty}{\infty}} \lim_{x \to 0^+} \frac{\frac{1}{x}}{-10x^{-11}} = \lim_{x \to 0^+} \left(\frac{-x^{10}}{10} \right) = 0.$$

例 6 求 $\lim\limits_{x \to \frac{\pi}{2}} (\sec x - \tan x)$.

解 这是 $\infty - \infty$ 型未定式，通分后化为 $\frac{0}{0}$ 型未定式，然后利用洛必达法则.

$$\lim_{x \to \frac{\pi}{2}} (\sec x - \tan x) = \lim_{x \to \frac{\pi}{2}} \frac{1 - \sin x}{\cos x} \xlongequal{\frac{0}{0}} \lim_{x \to \frac{\pi}{2}} \frac{-\cos x}{-\sin x} = 0.$$

例 7 求 $\lim\limits_{x \to 0^+} x^{\sin x}$（$0^0$ 型）.

解 设 $y = x^{\sin x}$，取对数得 $\ln y = \sin x \ln x$. 由于

$$\lim_{x \to 0^+} \ln y = \lim_{x \to 0^+} \sin x \ln x = \lim_{x \to 0^+} \frac{\ln x}{\csc x} \xlongequal{\frac{\infty}{\infty}} \lim_{x \to 0^+} \frac{\frac{1}{x}}{-\csc x \cdot \cot x}$$
$$= -\lim_{x \to 0^+} \frac{\sin^2 x}{x \cos x} = \lim_{x \to 0^+} \frac{\sin x}{x} \cdot \frac{\sin x}{\cos x} = 0,$$

所以

$$\lim_{x \to 0^+} x^{\sin x} = \lim_{x \to 0^+} y = \mathrm{e}^{0} = 1.$$

例 8 求 $\lim\limits_{x \to 0} \left(\frac{1}{x \tan x} - \frac{1}{x^2} \right)$（$\infty - \infty$ 型）.

解 $\lim\limits_{x \to 0} \left(\frac{1}{x \tan x} - \frac{1}{x^2} \right) = \lim\limits_{x \to 0} \frac{x - \tan x}{x^2 \tan x} = \lim\limits_{x \to 0} \frac{x - \tan x}{x^3} \xlongequal{\frac{0}{0}} \lim\limits_{x \to 0} \frac{1 - \sec^2 x}{3x^2}$

$$= -\lim_{x \to 0} \frac{\tan^2 x}{3x^2} = -\frac{1}{3}.$$

习　题　3.2

1. 求下列各式的极限：

(1) $\lim\limits_{x \to a} \frac{\sin x - \sin a}{x - a}$；　(2) $\lim\limits_{x \to a} \frac{x^m - a^m}{x^n - a^n}$ $(a \neq 0)$；　(3) $\lim\limits_{x \to \pi} \frac{\tan 3x}{\sin 5x}$；

(4) $\lim\limits_{x\to 0}x^2 e^{\frac{1}{x^2}}$； (5) $\lim\limits_{x\to 1^+}\ln x\cdot\ln(x-1)$； (6) $\lim\limits_{x\to 1}\left(\frac{x}{x-1}-\frac{1}{\ln x}\right)$；

(7) $\lim\limits_{x\to+\infty}\frac{\ln\left(1+\frac{1}{x}\right)}{\operatorname{arccot}x}$； (8) $\lim\limits_{x\to 1}\left(\frac{2}{x^2-1}-\frac{1}{x-1}\right)$； (9) $\lim\limits_{x\to 0^+}(\cot x)^{\frac{1}{\ln x}}$；

(10) $\lim\limits_{x\to 0}\left(\frac{\sin x}{x}\right)^{\frac{1}{1-\cos x}}$； (11) $\lim\limits_{x\to 0}\left(\frac{a_1^x+a_2^x+\cdots+a_n^x}{n}\right)^{\frac{1}{x}}(a_1,a_2,\cdots,a_n>0)$.

2. 讨论函数

$$f(x)=\begin{cases}\left[\dfrac{(1+x)^{1/x}}{e}\right]^{1/x}, & x>0,\\ e^{-1/2}, & x\leqslant 0\end{cases}$$

在 $x=0$ 点的连续性.

3. 设函数 $f(x)$在$(a-\pi,a+\pi)$内具有连续的二阶导数,且 $f(a)=0$,证明：函数

$$g(x)=\begin{cases}\dfrac{f(x)}{\sin(x-a)}, & x\in(a-\pi,a)\cup(a,a+\pi),\\ f'(a), & x=a\end{cases}$$

在$(a-\pi,a+\pi)$内具有一阶连续导数.

§3.3 泰勒公式

将一个复杂的函数表示成简单函数或者说用多项式函数来近似,在数值计算中是常用的方法.泰勒(Taylor)公式给出将一个函数用多项式近似表示的方法,并将这种表示的误差用高阶导数来估计.泰勒公式在函数逼近论以及求函数的极限与数值计算中有重要应用.

第二章§2.5 中讲述微分在近似计算中的应用时,曾导出可微函数 $f(x)$在点 x_0 处的估计式：

$$f(x)\approx f(x_0)+f'(x_0)(x-x_0),$$

上式右端是线性函数(一次多项式),其误差是 $o(x-x_0)$,当 $x-x_0$ 较大时,误差也大.如果加上略去的误差,上式变为

$$f(x)=f(x_0)+f'(x_0)(x-x_0)+o(x-x_0).$$

这启发我们思考这样的问题：在点 x_0 附近,能否用一个更高阶的 n 次多项式 $p_n(x)$来近似代替 $f(x)$,而使误差$|f(x)-p_n(x)|$变得更小?回答是肯定的,泰勒公式很好地解决了这个问题,但 $f(x)$的条件要加强：要求在 x_0 的某个邻域内 $f^{(n+1)}(x)$存在.

设 $p_n(x)$是一个关于$(x-x_0)$的 n 次多项式：

$$p_n(x)=a_0+a_1(x-x_0)+a_2(x-x_0)^2+\cdots+a_n(x-x_0)^n. \qquad ①$$

逐项将①式求 n 次导数：

$$p_n'(x)=a_1+2a_2(x-x_0)+3a_3(x-x_0)^2+\cdots+na_n(x-x_0)^{n-1},$$
$$p_n''(x)=1\cdot 2a_2+2\cdot 3\cdot a_3(x-x_0)+\cdots+(n-1)na_n(x-x_0)^{n-2},$$
$$p_n'''(x)=1\cdot 2\cdot 3\cdot a_3+\cdots+(n-2)(n-1)\cdot na_n(x-x_0)^{n-3},$$
$$\cdots\cdots\cdots\cdots$$
$$p_n^{(n)}(x)=1\cdot 2\cdot 3\cdot\cdots\cdot na_n.$$

令 $x=x_0$,可得多项式的系数

$$a_0=p_n(x_0),\quad a_1=\frac{p_n'(x_0)}{1!},\quad a_2=\frac{p_n''(x_0)}{2!},$$
$$a_3=\frac{p_n'''(x_0)}{3!},\quad \cdots,\quad a_n=\frac{p_n^{(n)}(x_0)}{n!},$$

从而①式变为

$$p_n(x)=p_n(x_0)+\frac{p_n'(x_0)}{1!}(x-x_0)+\frac{p_n''(x_0)}{2!}(x-x_0)^2+\cdots+\frac{p_n^{(n)}(x_0)}{n!}(x-x_0)^n. \quad ②$$

若函数 $f(x)$在 x_0 的某个邻域内有直到 n 阶导数,且在 x_0 处 $f(x)$的各阶导数与 $p_n(x)$的各阶导数值相同,便有

$$p_n(x)=f(x_0)+f'(x_0)(x-x_0)+\frac{f''(x_0)}{2!}(x-x_0)^2+\cdots+\frac{f^{(n)}(x_0)}{n!}(x-x_0)^n. \quad ③$$

泰勒中值定理 如果函数 $f(x)$在 x_0 的某个开区间(a,b)内具有直到$(n+1)$阶导数,则当 x 在(a,b)内时,$f(x)$可以表示为$(x-x_0)$的一个 n 次多项式 $p_n(x)$(见③式)与一个余项 $R_n(x)$之和,即

$$f(x)=f(x_0)+f'(x_0)(x-x_0)+\frac{f''(x_0)}{2!}(x-x_0)^2+\cdots+\frac{f^{(n)}(x_0)}{n!}(x-x_0)^n+R_n(x), \quad ④$$

其中

$$R_n(x)=\frac{f^{(n+1)}(\xi)}{(n+1)!}(x-x_0)^{n+1}, \quad ⑤$$

这里 ξ 是 x_0 与 x 之间的某个值.

证 令 $R_n(x)=f(x)-p_n(x)$. 只需证明出

$$R_n(x)=\frac{f^{(n+1)}(\xi)}{(n+1)!}(x-x_0)^{n+1}\quad(\xi\text{ 在 }x_0\text{ 与 }x\text{ 之间}).$$

由假设可知,$R_n(x)$在(a,b)内具有直到$(n+1)$阶导数,且

$$R_n(x_0)=R_n'(x_0)=R_n''(x_0)=\cdots=R_n^{(n)}(x_0)=0.$$

对 $R_n(x)$和$(x-x_0)^{n+1}$在以 x_0 及 x 为端点的区间上应用柯西中值定理,得

$$\frac{R_n(x)}{(x-x_0)^{n+1}}=\frac{R_n(x)-R_n(x_0)}{(x-x_0)^{n+1}-0}=\frac{R_n'(\xi_1)}{(n+1)(\xi_1-x_0)^n}\quad(\xi_1\text{ 在 }x_0\text{ 与 }x\text{ 之间}).$$

再对函数 $R_n'(x)$ 和 $(n+1)(x-x_0)^n$ 在以 x_0 及 ξ_1 为端点的区间上应用柯西中值定理，得

$$\frac{R_n'(\xi_1)}{(n+1)(\xi_1-x_0)^n}=\frac{R_n'(\xi_1)-R_n'(x_0)}{(n+1)(\xi_1-x_0)^n-0}=\frac{R_n''(\xi_2)}{n(n+1)(\xi_2-x_0)^{n-1}}\quad(\xi_2\text{ 在 }x_0\text{ 与 }\xi_1\text{ 之间}).$$

照此方法继续做下去，经过 $(n+1)$ 次后，得

$$\frac{R_n(x)}{(x-x_0)^{n+1}}=\frac{R_n^{(n+1)}(\xi)}{(n+1)!}\quad(\xi\text{ 在 }x_0\text{ 与 }\xi_n\text{ 之间，因而也在 }x_0\text{ 与 }x\text{ 之间}).$$

注意到 $R_n^{(n+1)}(x)=f^{(n+1)}(x)-p_n^{(n+1)}(x)=f^{(n+1)}(x)$，则由上式得

$$R_n(x)=\frac{f^{(n+1)}(\xi)}{(n+1)!}(x-x_0)^{n+1}\quad(\xi\text{ 在 }x_0\text{ 与 }x\text{ 之间}).$$

多项式③称为函数 $f(x)$ 按 $(x-x_0)$ 的幂展开的 n 次近似多项式，公式④称为 $f(x)$ 按 $(x-x_0)$ 的幂展开带有拉格朗日余项的 n 阶**泰勒公式**，而 $R_n(x)$ 的表达式⑤称为**拉格朗日余项**.

特别当 $n=0$ 时，泰勒公式变成拉格朗日中值公式：

$$f(x)=f(x_0)+f'(\xi)(x-x_0)\quad(\xi\text{ 在 }x_0\text{ 与 }x\text{ 之间}).$$

因此，泰勒中值定理是拉格朗日中值定理的推广.

由泰勒中值定理可知，用多项式 $p_n(x)$ 近似表达函数 $f(x)$ 时，其误差为 $|R_n(x)|$. 如果对于某个固定的 n，当 x 在开区间 (a,b) 内变动时，$|f^{(n+1)}(x)|$ 总超不过一个常数 M，则有估计式

$$|R_n(x)|=\left|\frac{f^{(n+1)}(\xi)}{(n+1)!}(x-x_0)^{n+1}\right|\leqslant\frac{M}{(n+1)!}|x-x_0|^{n+1}\qquad ⑥$$

及

$$\lim_{x\to x_0}\frac{R_n(x)}{(x-x_0)^n}=0.$$

由此可见，当 $x\to x_0$ 时误差 $|R_n(x)|$ 是比 $(x-x_0)^n$ 高阶的无穷小，即

$$R_n(x)=o[(x-x_0)^n].$$

在不需要余项的精确表达式时，n 阶泰勒公式也可写成

$$f(x)=f(x_0)+f'(x_0)(x-x_0)+\cdots+\frac{f^{(n)}(x_0)}{n!}(x-x_0)^n+o[(x-x_0)^n].\qquad ⑦$$

公式⑦称为 $f(x)$ 按 $(x-x_0)$ 的幂展开的带有佩亚诺(Peano)余项的泰勒公式，而 $o[(x-x_0)^n]$ 称为**佩亚诺余项**.

在泰勒公式④中，如果取 $x_0=0$，则 ξ 在 0 与 x 之间，因此可令 $\xi=\theta x\ (0<\theta<1)$，泰勒公式变为较简单的形式，又称为**麦克劳林**(Maclaurin)**公式**：

$$f(x)=f(0)+f'(0)x+\frac{f''(0)}{2!}x^2+\cdots+\frac{f^{(n)}(0)}{n!}x^n$$
$$+\frac{f^{(n+1)}(\theta x)}{(n+1)!}x^{n+1}\quad(0<\theta<1)\qquad ⑧$$

或写做

$$f(x)=f(0)+f'(0)x+\frac{f''(0)}{2!}x^2+\cdots+\frac{f^{(n)}(0)}{n!}x^n+o(x^n).$$

由此得近似公式

$$f(x)\approx f(0)+f'(0)x+\frac{f''(0)}{2!}x^2+\cdots+\frac{f^{(n)}(0)}{n!}x^n.$$

误差估计式⑥相应地变成

$$|R_n(x)|\leqslant\frac{M}{(n+1)!}|x|^{n+1}.$$

例 1 写出函数 $f(x)=\mathrm{e}^x$ 的 n 阶麦克劳林公式.

解 因为 $f'(x)=f''(x)=\cdots=f^{(n)}(x)=\mathrm{e}^x$，所以

$$f(0)=f'(0)=f''(0)=\cdots=f^{(n)}(0)=1.$$

把这些值代入公式⑧，并注意到 $f^{(n+1)}(\theta x)=\mathrm{e}^{\theta x}$，便得

$$\mathrm{e}^x=1+x+\frac{x^2}{2!}+\cdots+\frac{x^n}{n!}+\frac{\mathrm{e}^{\theta x}}{(n+1)!}x^{n+1}\quad(0<\theta<1).$$

由这个公式可知，把 e^x 用它的 n 次近似多项式表达为

$$\mathrm{e}^x\approx 1+x+\frac{x^2}{2!}+\cdots+\frac{x^n}{n!},$$

它所产生的误差为

$$|R_n(x)|=\left|\frac{\mathrm{e}^{\theta x}}{(n+1)!}x^{n+1}\right|<\frac{\mathrm{e}^{|x|}}{(n+1)!}|x|^{n+1}\quad(0<\theta<1).$$

如果取 $x=1$，则得无理数 e 的近似式为 $\mathrm{e}\approx 1+1+\frac{1}{2!}+\cdots+\frac{1}{n!}$，其误差

$$|R_n|<\frac{\mathrm{e}}{(n+1)!}<\frac{3}{(n+1)!}.$$

当 $n=10$ 时，可算出 $\mathrm{e}\approx 2.718282$，其误差不超过 10^{-6}.

例 2 写出函数 $f(x)=\mathrm{e}^{x^2}$ 的 n 阶麦克劳林公式.

解 将例 1 中的 x 换成 x^2 可得

$$\mathrm{e}^{x^2}=1+x^2+\frac{x^4}{2!}+\cdots+\frac{x^{2n}}{n!}+\frac{\mathrm{e}^{\theta x^2}}{(n+1)!}x^{2n+2}\quad(0<\theta<1).$$

本例说明可用已知函数的麦克劳林公式求解相关函数的麦克劳林公式.

例 3 求 $f(x)=\sin x$ 的 n 阶麦克劳林公式.

解 因为 $f(x)=\sin x$ 的各阶导数为

$$f'(x)=\cos x,\quad f''(x)=-\sin x,\quad f'''(x)=-\cos x,$$

$$f^{(4)}(x)=\sin x,\quad\cdots,\quad f^{(n)}(x)=\sin\left(x+\frac{n\pi}{2}\right),$$

所以

$$f(0)=0,\quad f'(0)=1,\quad f''(0)=0,\quad f'''(0)=-1,\quad f^{(4)}(0)=0,\quad \cdots,$$
$$f^{(2k)}(0)=0,\quad f^{(2k+1)}(0)=(-1)^k\quad (k=0,1,2,\cdots).$$

于是按公式⑧得(令 $n=2m$,并注意 $f^{(2m)}(0)=0$)

$$\sin x=x-\frac{x^3}{3!}+\frac{x^5}{5!}-\cdots+(-1)^{m-1}\frac{x^{2m-1}}{(2m-1)!}+R_{2m}(x),$$

其中 $$R_{2m}(x)=\frac{\sin\left[\theta x+(2m+1)\frac{\pi}{2}\right]}{(2m+1)!}x^{2m+1}\quad (0<\theta<1).$$

如果取 $m=1$,则得近似公式 $\sin x\approx x$,这时误差为

$$|R_2(x)|=\left|\frac{\sin\left(\theta x+\frac{3}{2}\pi\right)}{3!}x^3\right|\leqslant\frac{|x|^3}{6}\quad (0<\theta<1).$$

如果 m 分别取 2 和 3,则可得 $\sin x$ 的 3 次和 5 次近似多项式

$$\sin x\approx x-\frac{1}{3!}x^3\quad 和\quad \sin x\approx x-\frac{1}{3!}x^3+\frac{1}{5!}x^5,$$

其误差的绝对值依次不超过$\frac{1}{5!}|x|^5$ 和$\frac{1}{7!}|x|^7$.

图 1 是这三个多项式与 $y=\sin x$ 的直观比较.

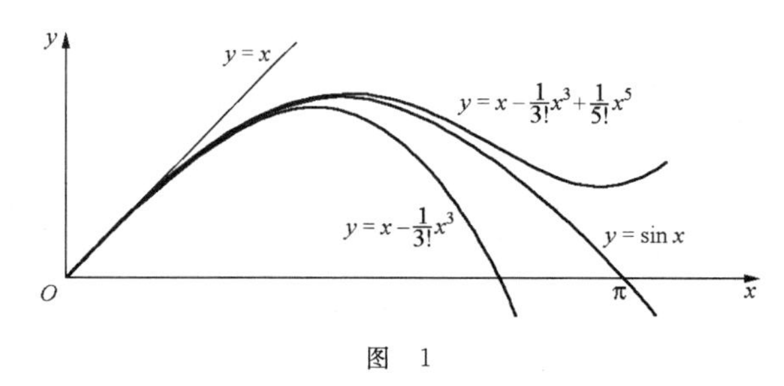

图 1

同理,利用$(\cos x)^{(n)}=\cos\left(x+\frac{n\pi}{2}\right)$, $[\ln(1+x)]^{(n)}=(-1)^{n-1}\frac{(n-1)!}{(1+x)^n}$, $[(1+x)^\alpha]^{(n)}=\alpha(\alpha-1)\cdots(\alpha-n+1)x^{\alpha-n}$可以分别得到 $\cos x,\ln(1+x),(1+x)^\alpha$ 的 n 阶麦克劳林公式:

$$\cos x=1-\frac{x^2}{2!}+\frac{x^4}{4!}-\cdots+(-1)^m\frac{x^{2m}}{(2m)!}+R_{2m+1}(x),$$

其中 $$R_{2m+1}(x)=\frac{\cos[\theta x+(m+1)\pi]}{(2m+2)!}x^{2m+2}\quad (0<\theta<1).$$

$$\ln(1+x)=x-\frac{x^2}{2}+\frac{x^3}{3}-\cdots+(-1)^{n-1}\frac{x^n}{n}+R_n(x),$$

其中 $$R_n(x)=\frac{(-1)^n}{(n+1)(1+\theta x)^{n+1}}x^{n+1}\quad (0<\theta<1).$$

$$(1+x)^{\alpha}=1+\alpha x+\frac{\alpha(\alpha-1)}{2!}x^{2}+\cdots+\frac{\alpha(\alpha-1)\cdots(\alpha-n+1)}{n!}x^{n}+R_{n}(x),$$

其中 $$R_{n}(x)=\frac{\alpha(\alpha-1)(\alpha-2)\cdots(\alpha-n)}{(n+1)!}(1+\theta x)^{\alpha-n-1}x^{n+1}\quad(0<\theta<1).$$

特别地，当 $\alpha=-1$ 时，有以下常见 n 阶麦克劳林公式：

$$\frac{1}{1+x}=1-x+x^{2}-x^{3}+\cdots+(-1)^{n}x^{n}+(-1)^{n+1}(1+\theta x)^{-n-2}x^{n+1}\quad(0<\theta<1);$$

$$\frac{1}{1-x}=1+x+x^{2}+x^{3}+\cdots+x^{n}+(1-\theta x)^{-n-2}x^{n+1}\quad(0<\theta<1).$$

例 4 求极限 $\lim\limits_{x\to0}\dfrac{2(\mathrm{e}^{x}-1-x)-x\sin x}{\sin x-x\cos x}$.

解 这是 $\dfrac{0}{0}$ 型未定式. 首先把分子、分母无穷小的阶找出来，然后再求极限. 为此目的，用 $\mathrm{e}^{x},\sin x,\cos x$ 的麦克劳林公式得：

$$\begin{aligned}2(\mathrm{e}^{x}-1-x)&=2\left(1+x+\frac{1}{2!}x^{2}+\frac{1}{3!}x^{3}+\cdots+\frac{1}{n!}x^{n}+o(x^{n})-1-x\right)\\&=x^{2}+\frac{1}{3}x^{3}+o(x^{3}),\\x\sin x&=x\left(x-\frac{1}{3!}x^{3}+\frac{1}{5!}x^{5}+o(x^{5})\right)=x^{2}-\frac{1}{6}x^{4}+o(x^{6}),\\x\cos x&=x\left(1-\frac{1}{2!}x^{2}+\frac{1}{4!}x^{4}+o(x^{4})\right)=x-\frac{1}{2}x^{3}+\frac{1}{24}x^{5}+o(x^{5}).\end{aligned}$$

由此得

$$2(\mathrm{e}^{x}-1-x)-x\sin x=\frac{1}{3}x^{3}+o(x^{3}),$$

$$\sin x-x\cos x=\frac{1}{3}x^{3}+o(x^{3}),$$

所以 $$\lim_{x\to0}\frac{2(\mathrm{e}^{x}-1-x)-x\sin x}{\sin x-x\cos x}=\lim_{x\to0}\frac{\frac{1}{3}x^{3}+o(x^{3})}{\frac{1}{3}x^{3}+o(x^{3})}=1.$$

这里我们用到了下述事实：

$$o(x^{3})x=o(x^{4}),\quad o(x^{5})x=o(x^{6}),\quad o(x^{3})+o(x^{6})=o(x^{3}).$$

习 题 3.3

1. 将 $f(x)=x^{3}+3x^{2}-2x+4$ 展开成 $(x+1)$ 的多项式.

2. 将 $f(x)=(x+5)\mathrm{e}^{2x}$ 展开成 n 阶麦克劳林近似公式.

3. 将 $f(x)=\dfrac{1}{x+1}$ 展开成 $(x+2)$ 的泰勒公式,并写出其拉格朗日型余项.

4. 验证当 $0<x\leqslant\dfrac{1}{2}$ 时,按公式 $\mathrm{e}^x\approx 1+x+\dfrac{x^2}{2}+\dfrac{x^3}{6}$ 计算 e^x 的近似值时,所产生的误差小于0.01.

5. 用泰勒公式求下列极限:

(1) $\lim\limits_{x\to 0}\dfrac{\mathrm{e}^x\sin x-x(1+x)}{x^3}$;　　(2) $\lim\limits_{x\to\infty}\left[x-x^2\ln\left(1+\dfrac{1}{x}\right)\right]$;

(3) $\lim\limits_{x\to 0}\dfrac{\mathrm{e}^{\arctan x}-\dfrac{1}{1-x}+\dfrac{x^2}{2}}{\ln\left(\dfrac{1+x}{1-x}\right)-2x}$;　　(4) $\lim\limits_{x\to 0}\left(\dfrac{2\tan x}{x+\sin x}\right)^{\frac{1}{1-\cos x}}$.

6. 设 $f(x)$ 在 $[a,b]$ 上二次可微,且对任意 $x\in(a,b)$ 有 $|f''(x)|\leqslant M$, $f(a)=f(b)$,证明:

$$|f'(x)|\leqslant\frac{M}{2}(b-a),\quad x\in(a,b).$$

§3.4 函数的单调与极值

一、函数的单调性

定义1 设函数 $f(x)$ 的定义域为 D,区间 $I\subset D$.

如果对于区间 I 上任意两点 x_1 和 x_2,当 $x_1<x_2$ 时,恒有 $f(x_1)<f(x_2)$,则称函数 $f(x)$ 在区间 I 上是**单调增加的**;

如果对于区间 I 上任意两点 x_1 和 x_2,当 $x_1<x_2$ 时,恒有 $f(x_1)>f(x_2)$,则称函数 $f(x)$ 在区间 I 上是**单调减少的**.

单调增加和单调减少的函数统称为**单调函数**.

设函数 $f(x)$ 在 $[a,b]$ 上连续,在 (a,b) 内可导,在 $[a,b]$ 上任取两点 x_1,x_2(不妨设 $x_1<x_2$),应用拉格朗日中值定理,得到

$$f(x_2)-f(x_1)=f'(\xi)(x_2-x_1)\quad(x_1<\xi<x_2).\qquad ①$$

在①式中,由于 $x_2-x_1>0$,因此,如果在 (a,b) 内导数 $f'(x)$ 保持正号,即 $f'(x)>0$,那么也有 $f'(\xi)>0$. 于是

$$f(x_2)-f(x_1)=f'(\xi)(x_2-x_1)>0,$$

即 $f(x_1)<f(x_2)$,这表明函数 $f(x)$ 在 $[a,b]$ 上单调增加.

同理,如果在 (a,b) 内导数 $f'(x)$ 保持负号,即 $f'(x)<0$,那么 $f'(\xi)<0$. 于是 $f(x_2)-f(x_1)<0$,即 $f(x_1)>f(x_2)$,这表明函数 $f(x)$ 在 $[a,b]$ 上单调减少.

归纳以上讨论,即得

定理 1(函数单调性的判定法) 设函数 $f(x)$在$[a,b]$上连续,在(a,b)内可导.

(1) 如果在(a,b)内 $f'(x)>0$,那么函数 $y=f(x)$在$[a,b]$上单调增加;

(2) 如果在(a,b)内 $f'(x)<0$,那么函数 $y=f(x)$在$[a,b]$上单调减少.

如果把这个判定法中的闭区间换成其他各种区间(包括无穷区间),那么上述结论也成立.

例 1 讨论函数 $y=e^x-2x-2$ 的单调性.

解 函数 $y=e^x-2x-2$ 的定义域为$(-\infty,+\infty)$.求导得 $y'=e^x-2$.

因为在$(-\infty,\ln 2)$内 $y'<0$,所以函数 $y=e^x-2x-2$ 在$(-\infty,\ln 2]$上单调减少;

因为在$(\ln 2,+\infty)$内 $y'>0$,所以函数 $y=e^x-2x-2$ 在$[\ln 2,+\infty)$上单调增加.

例 2 确定函数 $f(x)=2x^3-9x^2+12x-13$ 的单调区间.

解 这函数的定义域为$(-\infty,+\infty)$.求这函数的导数得

$$f'(x)=6x^2-18x+12=6(x-1)(x-2).$$

解方程 $f'(x)=0$,得出它在函数定义域$(-\infty,+\infty)$内的两个根 $x_1=1,x_2=2$.这两个根把$(-\infty,+\infty)$分成三个部分,即$(-\infty,1]$,$[1,2]$及$[2,+\infty)$.

在区间$(-\infty,1)$内,$f'(x)>0$,因此,函数 $f(x)$在$(-\infty,1]$内单调增加;

在区间$(1,2)$内,$f'(x)<0$,因此,函数 $f(x)$在$[1,2]$上单调减少;

在区间$(2,+\infty)$内,$f'(x)>0$,因此,函数 $f(x)$在$[2,+\infty)$上单调增加.

例 3 证明:当 $x>1$ 时,$2\sqrt{x}>3-\dfrac{1}{x}$.

证 令 $f(x)=2\sqrt{x}-\left(3-\dfrac{1}{x}\right)$,则

$$f'(x)=\frac{1}{\sqrt{x}}-\frac{1}{x^2}=\frac{1}{x^2}(x\sqrt{x}-1).$$

$f(x)$在$[1,+\infty)$上连续,又在$(1,+\infty)$内 $f'(x)>0$,因此 $f(x)$在$[1,+\infty)$上单调增加,从而当 $x>1$ 时,$f(x)>f(1)$.

由于 $f(1)=0$,故 $f(x)>f(1)=0$,即 $2\sqrt{x}-\left(3-\dfrac{1}{x}\right)>0$,亦即

$$2\sqrt{x}>3-\frac{1}{x}\quad(x>1).$$

二、函数的极值

定义 2 设函数 $f(x)$在区间(a,b)内连续,x_0 是(a,b)内的一个点.

若存在点 x_0 的一个去心邻域,对于此去心邻域内的任何点 x,$f(x)<f(x_0)$均成立,则称 $f(x_0)$是函数 $f(x)$的一个**极大值**;

若存在点 x_0 的一个去心邻域，对于此去心邻域内的任何点 x，$f(x)>f(x_0)$ 均成立，则称 $f(x_0)$ 是函数 $f(x)$ 的一个**极小值**.

函数的极大值与极小值统称为函数的**极值**，使函数取得极值的点 x_0 称为**极值点**.

定理 2(极值存在的必要条件) 设函数 $f(x)$ 在点 x_0 处可导，且在 x_0 处取得极值，那么函数 $f(x)$ 在 x_0 处的导数为零，即 $f'(x_0)=0$.

证 不妨先假定 $f(x_0)$ 是极大值. 根据极大值的定义，在 x_0 的某个去心邻域内，对于任何点 x，使 $f(x)<f(x_0)$ 均成立. 于是

当 $x<x_0$ 时，$\dfrac{f(x)-f(x_0)}{x-x_0}>0$，因此

$$f'(x_0)=\lim_{x\to x_0^-}\frac{f(x)-f(x_0)}{x-x_0}\geqslant 0;$$

当 $x>x_0$ 时，$\dfrac{f(x)-f(x_0)}{x-x_0}<0$，因此

$$f'(x_0)=\lim_{x\to x_0^+}\frac{f(x)-f(x_0)}{x-x_0}\leqslant 0.$$

从而得到 $f'(x_0)=0$.

极小值的情形可类似证明.

使导数为零的点(即方程 $f'(x)=0$ 的实根)叫做函数 $f(x)$ 的**驻点**. 定理 2 就是说：可导函数 $f(x)$ 的极值点必定是它的驻点. 但反过来，函数的驻点却不一定是极值点. 例如 $y=x^3$，$y'=3x^2$，$x=0$ 是函数 $y=x^3$ 的驻点，但 $x=0$ 不是极值点. 另一方面，如果去掉可导的条件，函数的极值点也不一定是驻点. 例如 $y=|x|$，它在 $x=0$ 取极小值，但它不是驻点，因为 $y=|x|$ 在 $x=0$ 导数不存在.

定理 2 给出了可导函数取得极值的必要条件，但并没有给出判断函数取得极值的方法. 下面的定理 3 给出了利用在 x_0 点左、右侧邻域内 $f'(x)$ 的正、负符号，给出函数取得极值的充分条件.

定理 3(极值存在的第一充分条件) 设函数 $f(x)$ 在点 x_0 的一个邻域内可导且 $f'(x_0)=0$.

(1) 如果当 x 取 x_0 左侧邻近的值时，$f'(x)$ 恒为正；当 x 取 x_0 右侧邻近的值时，$f'(x)$ 恒为负，那么函数 $f(x)$ 在 x_0 处取得极大值.

(2) 如果当 x 取 x_0 左侧邻近的值时，$f'(x)$ 恒为负；当 x 取 x_0 右侧邻近的值时，$f'(x)$ 恒为正，那么函数 $f(x)$ 在 x_0 处取得极小值.

(3) 如果当 x 取 x_0 左、右两侧邻近的值时，$f'(x)$ 恒为正或恒为负，那么函数 $f(x)$ 在 x_0 处没有极值.

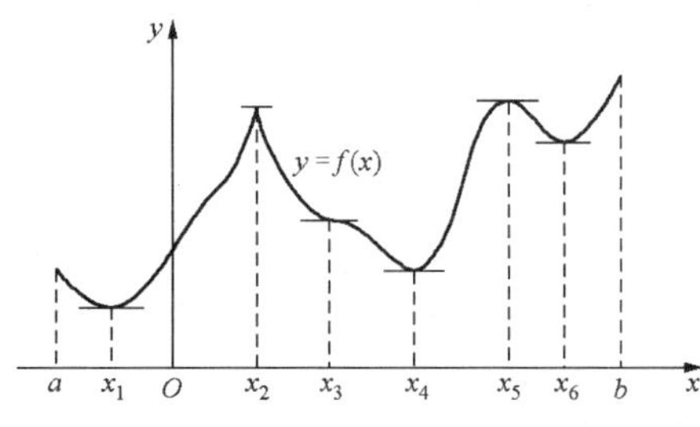

图 1

注意 $f'(x)$ 不存在的点也可能是极值点(图 1).

求函数 $f(x)$ 的极值点和极值的步骤：

(1) 求出导数 $f'(x)$；

(2) 求出 $f'(x)=0$ 的实根及 $f'(x)$ 不存在的点；

(3) 考查 $f'(x)$ 的符号在上述点的左、右侧邻近的正负情形，以便确定该点是否是极值点，如果是极值点，还要按定理 3 确定对应的函数值是极大值还是极小值；

(4) 求出各极值点处的函数值，就得函数 $f(x)$ 的全部极值.

例 4 求函数 $f(x)=x^3-3x^2-9x+5$ 的极值.

解 $f'(x)=3x^2-6x-9=3(x+1)(x-3)$. 令 $f'(x)=0$ 得

$$3(x+1)(x-3)=0,$$

求得驻点
$$x_1=-1,\quad x_2=3.$$

由 $f'(x)=3(x+1)(x-3)$ 来确定 $f'(x)$ 的符号：

当 x 在 -1 的左侧邻近时，$f'(x)>0$；当 x 在 -1 的右侧邻近时，$f'(x)<0$. 因此，按定理 3，函数 $f(x)$ 在 $x=-1$ 处取得极大值，极大值为 $f(-1)=10$；

同理，函数在 $x=3$ 处取得极小值，极小值为 $f(3)=-22$.

例 5 求函数 $f(x)=1-(x-2)^{2/3}$ 的极值.

解 当 $x\neq 2$ 时，$f'(x)=-\dfrac{2}{3\sqrt[3]{x-2}}$；当 $x=2$ 时，$f'(x)$ 不存在.

在 $(-\infty,2)$ 内 $f'(x)>0$，函数 $f(x)$ 单调增加；在 $(2,+\infty)$ 内 $f'(x)<0$，函数单调减少.

当 $x=2$ 时，$f'(x)$ 不存在，但函数 $f(x)$ 在该点连续，再由上面得到的函数的单调性，可知 $f(2)=1$ 是函数 $f(x)$ 的极大值.

当函数 $f(x)$ 在驻点处的二阶导数存在且不为零时，也可以利用下列定理来判定 $f(x)$ 在驻点处取得极大值还是极小值.

定理 4(极值存在的第二充分条件) 设函数 $f(x)$ 在点 x_0 处具有二阶导数且 $f'(x_0)=0$，$f''(x_0)\neq 0$，那么

(1) 当 $f''(x_0)<0$ 时，函数 $f(x)$ 在点 x_0 处取得极大值；

(2) 当 $f''(x_0)>0$ 时，函数 $f(x)$ 在点 x_0 处取得极小值.

证 (1) 由于 $f''(x_0)<0$，按二阶导数的定义，有

$$f''(x_0)=\lim_{x\to x_0}\frac{f'(x)-f'(x_0)}{x-x_0}<0.$$

根据函数极限的局部保号性，当 x 在 x_0 的足够小的去心邻域内变化时，有

$$\frac{f'(x)-f'(x_0)}{x-x_0}<0.$$

但 $f'(x_0)=0$，所以上式即 $\dfrac{f'(x)}{x-x_0}<0$，从而知道，对于这个去心邻域内的 x 来说，$f'(x)$ 与 $x-x_0$ 符号相反. 因此，

当 $x-x_0<0$ 即 $x<x_0$ 时，$f'(x)>0$；

当 $x-x_0>0$ 即 $x>x_0$ 时，$f'(x)<0$.

于是根据定理 3 知道，$f(x)$在点 x_0 处取得极大值.

(2) 同理可证.

定理 4 的另一种证明方法是应用泰勒公式. 设 $f'(x_0)=0$，$f''(x_0)<0$，那么

$$f(x)=f(x_0)+\frac{1}{2!}f''(x_0)(x-x_0)^2+o((x-x_0)^2)$$

$$=f(x_0)+\left[\frac{1}{2}f''(x_0)+\alpha(x)\right](x-x_0)^2,$$

其中 $\alpha(x)$是一个无穷小量($x\to x_0$ 时). 当 x 充分靠近 x_0 时，能使$|\alpha(x)|<-\frac{1}{2}f''(x_0)$，即 $\alpha(x)+\frac{1}{2}f''(x_0)<0$. 于是有$\left[\frac{1}{2}f''(x_0)+\alpha(x)\right](x-x_0)^2<0$. 由此推出当 x 充分靠近 x_0 时，有 $f(x)<f(x_0)$，即 $f(x)$在点 x_0 处取得极大值.

这个证明的好处在于它可以推广到更一般的情况：设 $f(x)$在 x_0 有 $2n$ 阶导数，且

$$f'(x_0)=f''(x_0)=\cdots=f^{(2n-1)}(x_0)=0.$$

若 $f^{(2n)}(x_0)<0$，则 x_0 为 $f(x)$的极大值点；若 $f^{(2n)}(x_0)>0$，则 x_0 为 $f(x)$的极小值点.

注 由上述泰勒公式的证明方法得知：当 $f''(x_0)=0$ 时，可以考查其三阶导数 $f'''(x_0)$的情况. 如果 $f'''(x_0)\neq 0$，则该驻点 x_0 必不是极值点.

例 6 求函数 $f(x)=x^3\mathrm{e}^{-x}$的极值.

解 由 $f'(x)=(3x^2-x^3)\mathrm{e}^{-x}=0$ 得驻点 $x=0$，$x=3$. 容易计算

$$f''(x)=(x^3-6x^2+6x)\mathrm{e}^{-x},$$

于是 $f''(0)=0$，$f''(3)=-9\mathrm{e}^{-3}<0$. 根据定理 4，$x=3$ 是极大值点，且 $f(3)=27\mathrm{e}^{-3}$. 但$f''(0)=0$，不能用定理 4 判断 $x=0$ 是否为极值点. 再考虑 $f(x)$的三阶导数：

$$f'''(x)=(-x^3+9x^2-18x+6)\mathrm{e}^{-x},$$

由于 $f'''(0)=6>0$，可知 $x=0$ 不是 $f(x)$的极值点.

例 7 求函数 $f(x)=(x^2-1)^3+1$ 的极值.

解 由 $f'(x)=6x(x^2-1)^2=0$ 得驻点 $x_1=-1$，$x_2=0$，$x_3=1$. 又

$$f''(x)=6(x^2-1)(5x^2-1).$$

下面利用 $f''(x)$的表达式，来判断驻点是否是 $f(x)$的极值点.

因 $f''(0)=6>0$，故 $f(x)$在 $x=0$ 处取得极小值，极小值为 $f(0)=0$.

因 $f''(-1)=f''(1)=0$，故用定理 4 无法判别. 考查一阶导数 $f'(x)=6x(x^2-1)^2$ 在驻点 $x_1=-1$ 及 $x_3=1$ 左、右邻近的符号：

当 x 取 -1 左侧邻近的值时，$f'(x)<0$；当 x 取 -1 右侧邻近的值时，$f'(x)<0$；因为 $f'(x)$的符号没有改变，所以 $f(x)$在 $x=-1$ 处没有极值.

同理 $f(x)$ 在 $x=1$ 处也没有极值.

习 题 3.4

1. 证明函数 $y=x^3+x$ 单调增加.

2. 证明函数 $y=\dfrac{x^2-1}{x}$ 在不含 $x=0$ 点的任何区间内都单调增加.

3. 求下列函数的单调区间:

(1) $y=x^3-3x^2-9x-17$; (2) $y=(x-2)^5(2x+1)^4$; (3) $y=\dfrac{(2x-1)^4}{(x-2)^5}$;

(4) $y=\sqrt[3]{(2x-a)(a-x)^2}\ (a>0)$; (5) $y=2x^2-\ln x$; (6) $y=\dfrac{a^3}{x^2+a^2}$;

(7) $y=x+\cos x$; (8) $y=x+|\sin 2x|$.

4. 证明下列不等式:

(1) $1+x\ln(x+\sqrt{1+x^2})>\sqrt{1+x^2}\ (x>0)$; (2) $\sin x>\dfrac{2}{\pi}x\ (0<x<\pi/2)$;

(3) $2^x>x^2\ (x>4)$; (4) $x^2\cos x<\sin^2 x\ (0<x<\pi/2)$.

5. 讨论方程 $\ln x=ax(a>0)$ 有几个实根?

6. 求下列函数的极值:

(1) $y=12x^5+15x^4-40x^3$; (2) $y=(x-2)\sqrt[3]{(x+1)^2}$; (3) $y=e^x\cos x$;

(4) $y=x^{\frac{1}{x}}$; (5) $y=3-2(x+1)^{\frac{1}{3}}$;

(6) $y=\dfrac{\left(x+\dfrac{N+2}{N}\right)^3}{\left(x+\dfrac{N+1}{N}\right)^2}$ (N 为正整数).

7. 问 a 为何值时,函数 $f(x)=a\sin x+\dfrac{1}{3}\sin 3x$ 在 $x=\dfrac{\pi}{3}$ 处取得极值? 是极大值还是极小值? 并求此极值.

8. 设函数 $f(x)$ 在 $(-\infty,+\infty)$ 内满足 $xf''(x)+3x[f'(x)]^2=1-e^{-x}$,又 $f(x)$ 在 x_0 $(x_0\neq 0)$ 处取得极值. 证明: $f(x_0)$ 为 $f(x)$ 的极小值.

§3.5 函数的最大值与最小值

在实际问题中,我们寻求的不是函数的极值,而是要找出函数在一个闭区间上的最大值或最小值,解决用料最省、梁的抗弯强度最大等问题. 此类问题的解法是: 比较 $f(x)$ 在 (a,b) 内的驻点、导数不存在的点及端点处的函数值的大小,其中最大的便是 $f(x)$ 在 $[a,b]$ 上的最大值,最小的便是 $f(x)$ 在 $[a,b]$ 上的最小值.

例 1 求函数 $y=2x^3+3x^2-12x+14$ 在$[-3,4]$上的最大值与最小值.

解 设 $f(x)=2x^3+3x^2-12x+14$,由

$$f'(x)=6x^2+6x-12=6(x+2)(x-1)=0,$$

得到驻点 $x_1=-2,x_2=1$. 由于

$$f(-3)=2(-3)^3+3(-3)^2-12(-3)+14=23,$$
$$f(-2)=2(-2)^3+3(-2)^2-12(-2)+14=34,$$
$$f(1)=2+3-12+14=7,$$
$$f(4)=2\times 4^3+3\times 4^2-12\times 4+14=142,$$

因此经比较可得 $f(x)$在 $x=4$ 取得它在$[-3,4]$上的最大值 $f(4)=142$,在 $x=1$ 取得它在$[-3,4]$上的最小值 $f(1)=7$.

例 2 欲制做一个容积为 500 cm³ 的圆柱形的铝罐. 为使所用材料最省,铝罐的底半径和高的尺寸应是多少?

解 这是在容积一定的条件下,使用料最省的问题. 我们的目标自然就是使铝罐的表面积最小. 铝罐有圆形的上底和下底,还有一个展开后是长方形的侧面(图 1).

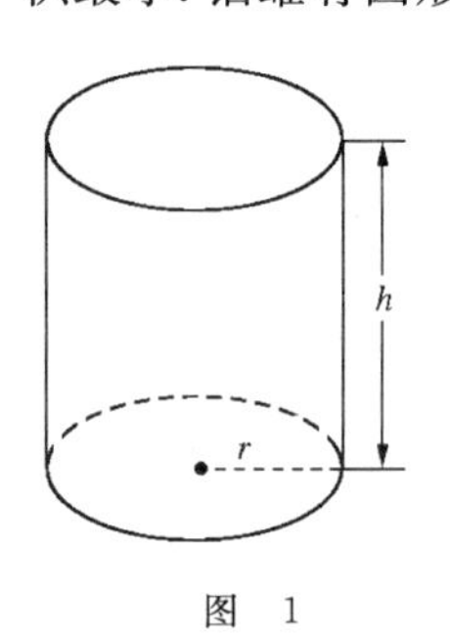

图 1

设铝罐的底半径为 r,高为 h(单位:cm),表面积为 A(单位:cm²),则

$$A=\text{两底圆面积}+\text{侧面面积}=2\pi r^2+2\pi rh.$$

由于铝罐的容积为 500 cm³,所以有

$$\pi r^2 h=500,\quad h=\frac{500}{\pi r^2}.$$

于是,表面积 A 与底半径 r 的函数关系为

$$A=2\pi r^2+\frac{1000}{r},\quad r\in(0,+\infty).$$

由
$$\frac{\mathrm{d}A}{\mathrm{d}r}=4\pi r-\frac{1000}{r^2}=0,$$

可解得唯一驻点 $r=\sqrt[3]{\frac{250}{\pi}}$ cm≈4.3013 cm. 又

$$\frac{\mathrm{d}^2A}{\mathrm{d}r^2}=4\pi+\frac{2000}{r^3},\quad \left.\frac{\mathrm{d}^2A}{\mathrm{d}r^2}\right|_{r=4.3}>0,$$

所以,$r=4.3013$ cm 是极小值点,也是取最小值的点. 由上面 h 的表达式可得

$$h=\frac{500\ \mathrm{cm}^3}{\pi r^2}=2\sqrt[3]{\frac{250}{\pi}}\ \mathrm{cm}=2r\approx 8.6026\ \mathrm{cm}.$$

因此,当底半径 $r=4.3013$ cm,侧面高 $h=2r=8.6026$ cm 时,所做铝罐用料最省.

例 3 把一根直径为 d 的圆木锯成截面为矩形的梁(如图 2). 问矩形截面的高 h 和宽 b 应如何选择才能使梁的抗弯截面模量最大?

解 由力学分析知道:矩形梁的抗弯截面模量为

$$W=\frac{1}{6}bh^2.$$

由图2可知，b与h有下面的关系：$h^2=d^2-b^2$，因而

$$W=\frac{1}{6}(d^2b-b^3).$$

这样，W就是自变量b的函数，b的变化范围是$(0,d)$. 现在，求W对b的导数：

$$W'=\frac{1}{6}(d^2-3b^2).$$

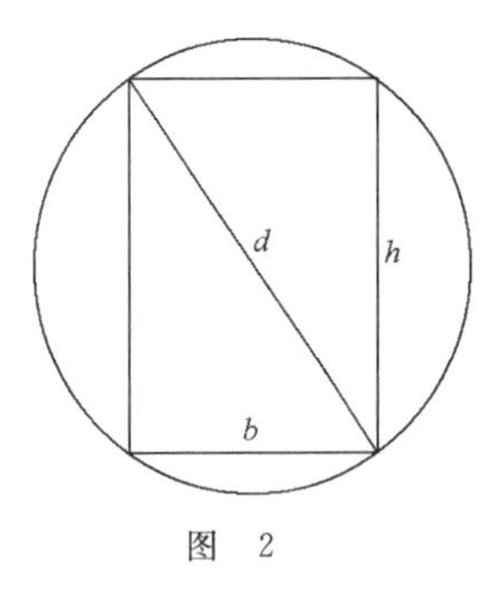

图 2

令$W'=0$，解方程$\frac{1}{6}(d^2-3b^2)=0$得驻点

$$b=\sqrt{\frac{1}{3}}d.$$

由于梁的最大抗弯截面模量一定存在，而且在$(0,d)$内部取得，又$W'=0$在$(0,d)$内只有一个根$b=\sqrt{\frac{1}{3}}d$，所以当$b=\sqrt{\frac{1}{3}}d$时，W的值最大. 这时$h^2=d^2-b^2=d^2-\frac{1}{3}d^2=\frac{2}{3}d^2$，即$h=\sqrt{\frac{2}{3}}d$. 由此可知，当$d:h:b=\sqrt{3}:\sqrt{2}:1$时，梁的抗弯截面模量最大.

求最大值与最小值需要注意以下三种情况：

(1) 若$f(x)$在某一区间(有限或无限、开或闭)内可导且只有一个驻点x_0，当这个驻点的函数值$f(x_0)$是极大(小)值时，$f(x_0)$就是$f(x)$在该区间的最大(小)值.

(2) 若求在一个无限区间上的最大值与最小值时，该区间内一阶导数为零及不存在点不止一个，就需要同时求出函数在该区间端点的极限，然后进行比较，此时在该区间内部可能就不存在最大值与最小值.

(3) 实际应用中，因为所求的最大值或最小值问题客观存在，所以在只有一个极值的时候，所求出的极大(小)值就是最大(小)值，一般不用讨论和判断.

习 题 3.5

1. 函数$y=x^2-\frac{54}{x}(x<0)$在何处取得最小值？

2. 函数$y=\frac{2x}{x^2+1}(x\geqslant 0)$在何处取得最大值？

3. 将8分为两部分，使它们的立方之和为最小.

4. 设一球的半径为R，内接于此球的圆柱体的高为h. 问h为多大时圆柱的体积最大？

5. 过平面上一已知点$P(1,4)$引一条直线，要使它在两坐标轴上的截距都为正，且它们之和为最小，求此直线方程.

6. 对某个量x进行n次测量，得到n个测量值：$x_1,x_2,\cdots,x_n$. 试证：当x取这n个数的平均值

$$\frac{x_1+x_2+\cdots+x_n}{n}$$

时，所产生的误差的平方和$(x-x_1)^2+(x-x_2)^2+\cdots+(x-x_n)^2$ 最小.

7. 某隧道的截面拟建成矩形上加半圆，截面的面积为 25 m². 问底宽 x 为多少时才能使截面的周长最小？

8. 宽为 1 m 的走廊与另一走廊垂直相连，如果长为 8 m 的细杆能水平地通过拐角，问另一走廊的宽度至少是多少米？

§3.6 曲线的凹凸性与拐点

设函数 $f(x)$在区间 I 上有定义. 为了较准确地描绘出 $f(x)$所表示的曲线的性状，在§3.4 讲述的函数的单调性与极值对了解函数的性态有很大的作用，但是，仅仅知道这些还不能够很准确描绘函数的图像，还需要了解曲线单调上升(下降)时弯曲的方向. 讨论曲线的凹凸性就是讨论曲线的弯曲方向问题. 为此，先给出函数 $f(x)$在区间 I 上所表示的曲线凹凸性的定义.

定义 1 设函数 $f(x)$在区间 I 上连续，如果对 I 上任意两点 x_1,x_2，恒有

$$f\left(\frac{x_1+x_2}{2}\right)<\frac{f(x_1)+f(x_2)}{2},$$

则称 $f(x)$在 I 上的曲线是**凹的**(或**下凸的**)；如果恒有

$$f\left(\frac{x_1+x_2}{2}\right)>\frac{f(x_1)+f(x_2)}{2},$$

则称 $f(x)$在 I 上的曲线是**凸的**(或**上凸的**).

有时为叙述简便，也称函数 $f(x)$在区间 I 上是凹的或凸的.

从 $f(x)$所表示的曲线上看出：若曲线在区间 I 上是凹的，那么对 I 上任取的两点 x_1，x_2，连接曲线上点$(x_1,f(x_1))$与$(x_2,f(x_2))$的弦总在这两点间曲线弧的上方(图 1(a))；若曲线在区间 I 上是凸的，连接曲线上点$(x_1,f(x_1))$与$(x_2,f(x_2))$的弦总在这两点间曲线弧的下方(图 1(b)).

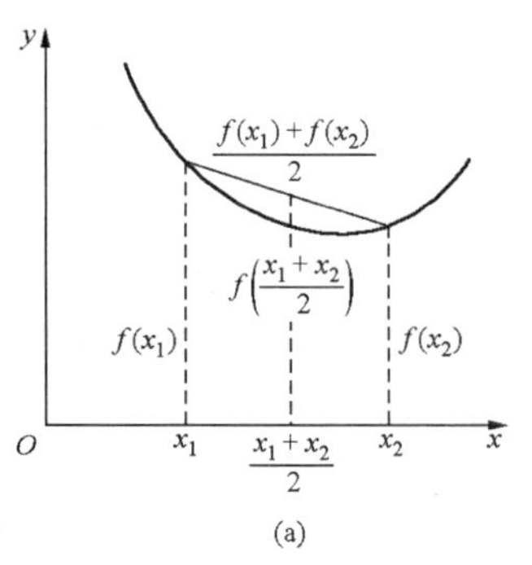

(a)

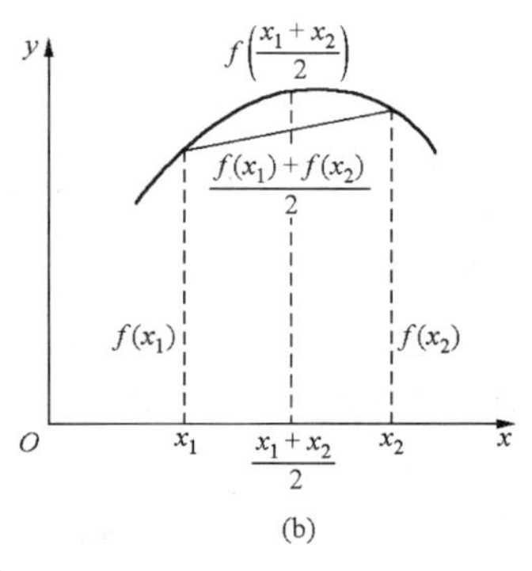

(b)

图 1

如果函数 $f(x)$在 I 内具有二阶导数，那么可利用二阶导数的符号来判定曲线的凹凸性. 下面仅就 I 为闭区间的情形来叙述定理，当 I 不是闭区间时，定理类同.

定理 设 $f(x)$在$[a,b]$上连续，在(a,b)内具有一阶和二阶导数，那么

(1) 若在(a,b)内 $f''(x)>0$，则 $f(x)$在$[a,b]$上的曲线是凹的；

(2) 若在(a,b)内 $f''(x)<0$，则 $f(x)$在$[a,b]$上的曲线是凸的.

证 (1) 设 x_1 和 x_2 为$[a,b]$内任意两点且 $x_1<x_2$，记$\frac{x_1+x_2}{2}=x_0$，并记 $x_2-x_0=x_0-x_1=h$，则 $x_1=x_0-h$，$x_2=x_0+h$，由拉格朗日中值公式，得

$$f(x_0+h)-f(x_0)=f'(x_0+\theta_1 h)h,\quad 0<\theta_1<1,$$
$$f(x_0)-f(x_0-h)=f'(x_0-\theta_2 h)h,\quad 0<\theta_2<1.$$

两式相减，得

$$f(x_0+h)+f(x_0-h)-2f(x_0)=[f'(x_0+\theta_1 h)-f'(x_0-\theta_2 h)]h.$$

对 $f'(x)$在区间$[x_0-\theta_2 h,x_0+\theta_1 h]$上再利用拉格朗日中值公式得

$$[f'(x_0+\theta_1 h)-f'(x_0-\theta_2 h)]h=f''(\xi)(\theta_1+\theta_2)h^2,$$

其中 $x_0-\theta_2 h<\xi<x_0+\theta_1 h$. 由(1)的假设，$f''(\xi)>0$，故有

$$f(x_0+h)+f(x_0-h)-2f(x_0)>0,$$

即$\frac{f(x_0+h)+f(x_0-h)}{2}>f(x_0)$，亦即

$$\frac{f(x_1)+f(x_2)}{2}>f\left(\frac{x_1+x_2}{2}\right),$$

所以 $f(x)$在$[a,b]$上的曲线是凹的.

同理可证明(2)的结论.

例 1 判断曲线 $y=\ln(x+1)$的凹凸性.

解 函数 $y=\ln(x+1)$定义域为$(-1,+\infty)$. 因为 $y'=\frac{1}{x+1}$，$y''=-\frac{1}{(x+1)^2}$，所以在函数 $y=\ln(x+1)$的定义域内，$y''<0$，由定理 1，曲线 $y=\ln(x+1)$在$(-1,+\infty)$内是凸的(图 2).

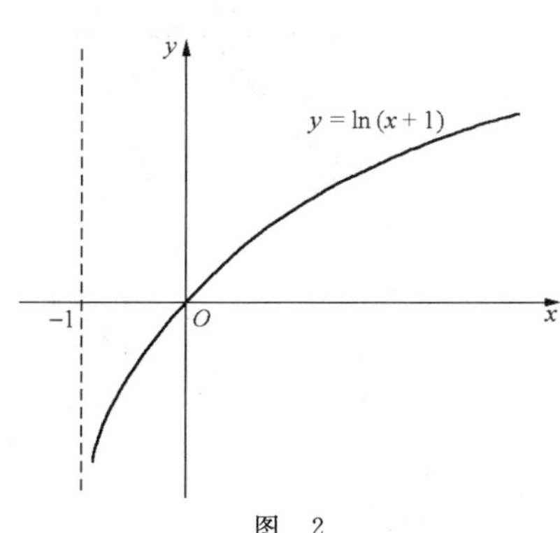

图 2

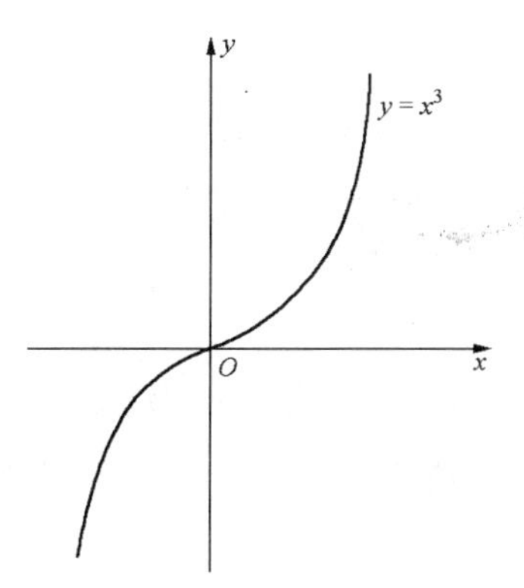

图 3

例 2 判断曲线 $y=x^3$ 的凹凸性.

解 函数 $y=x^3$ 的定义域为$(-\infty,+\infty)$. 求导得 $y'=3x^2$，$y''=6x$. 因为当 $x<0$ 时，$y''<0$，所以曲线在$(-\infty,0]$内为凸弧；当 $x>0$ 时，$y''>0$，所以曲线 $y=x^3$ 在$[0,+\infty)$内为凹弧(图 3).

定义 2 连续曲线 $y=f(x)$上凹弧与凸弧所在的区间称为**凹凸区间**，凹凸弧的分界点称为该曲线的**拐点**.

由 $f''(x)$的符号可以判定曲线的凹凸性. 如果 x_0 是 $f''(x)=0$ 或 $f''(x)$不存在的点，而 $f''(x)$在 x_0 的左、右两侧邻近分别保持一定符号，那么当两侧的符号相反时，点$(x_0,f(x_0))$是拐点；当两侧的符号相同时，点$(x_0,f(x_0))$不是拐点.

例 3 求曲线 $y=x^4-\frac{4}{3}x^3+1$ 的拐点及凹凸区间.

解 函数 $y=x^4-\frac{4}{3}x^3+1$ 的定义域为$(-\infty,+\infty)$. 对函数求一、二阶导数，得

$$y'=4x^3-4x^2,\quad y''=12x^2-8x=12x(x-2/3).$$

由 $y'=0$ 得驻点 $x=0,1$. 由 $y''=0$，得 $x_1=0$，$x_2=2/3$.

$x_1=0$ 及 $x_2=2/3$ 把函数的定义域$(-\infty,+\infty)$分成三个部分区间：$(-\infty,0]$，$(0,2/3)$，$[2/3,+\infty)$.

在$(-\infty,0)$，$[2/3,+\infty)$内，$y''>0$，因此在区间$(-\infty,0]$，$[2/3,+\infty)$上曲线是凹的.

在$(0,2/3)$内，$y''<0$，因此在区间$\left(0,\frac{2}{3}\right)$内曲线是凸的.

由于 $f''(0)=f''(2/3)=0$，且 $f(0)=1$，$f(2/3)=65/81$，所以点 $A(0,1)$ 和点 $B(2/3,65/81)$是曲线的两个拐点(图 4).

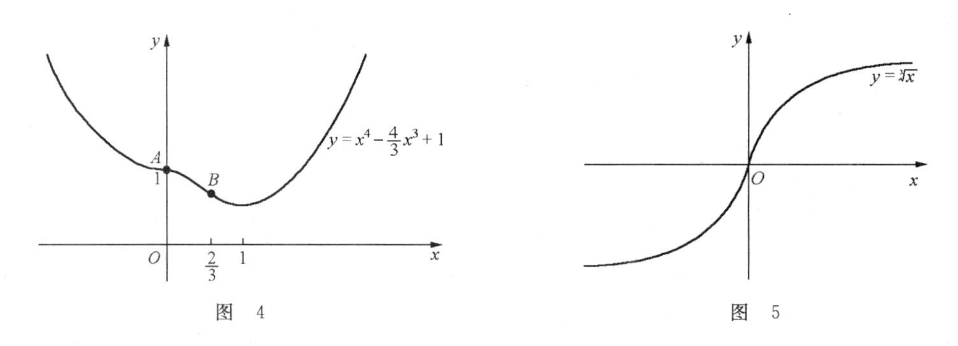

图 4　　图 5

例 4 求曲线 $y=\sqrt[3]{x}$的拐点.

解 函数 $y=\sqrt[3]{x}$在$(-\infty,+\infty)$内连续，并且当 $x\neq 0$ 时，

$$y'=\frac{1}{3\sqrt[3]{x^2}},\quad y''=-\frac{2}{9x\sqrt[3]{x^2}}.$$

$x=0$ 是函数 $y=\sqrt[3]{x}$的一、二阶导数不存在的点.

$x=0$ 是 y''不存在的点，它把$(-\infty,+\infty)$分成两个部分区间：$(-\infty,0]$，$(0,+\infty)$.

在$(-\infty,0)$内，$y''>0$，曲线在$(-\infty,0]$上是凹的；在$(0,+\infty)$内，$y''<0$，曲线在$(0,+\infty)$上是凸的.

由 $f(0)=0$，故点 $O(0,0)$是曲线的一个拐点(图 5).

习 题 3.6

1. 求下列函数的凹凸区间与拐点：

(1) $y=x^3-5x^2+3x+5$；　(2) $y=x\arctan x$；　(3) $y=x+\dfrac{\ln x}{x}\ (x>0)$；

(4) $y=x\mathrm{e}^{-x}$；　(5) $\begin{cases} x=1+\cot t, \\ y=\dfrac{\cos 2t}{\sin t} \end{cases}\ (0<t<\pi)$；

(6) $y=\ln(x^2+1)$；　(7) $y=a-\sqrt[3]{x-b}$；　(8) $y=\dfrac{|x-1|}{x\sqrt{x}}$.

2. 证明下列不等式：

(1) $\dfrac{1}{2}(\sin x+\sin y)<\sin\dfrac{x+y}{2}\ \left(0<x<y<\dfrac{\pi}{2}\right)$；　(2) $\dfrac{1}{2}(\mathrm{e}^x+\mathrm{e}^y)\geqslant \mathrm{e}^{\frac{x+y}{2}}$；

(3) $x^p+(1-x)^p\geqslant 2^{1-p}\ (p>1,0\leqslant x\leqslant 1)$.

3. 证明曲线 $y=\dfrac{x-1}{x^2+1}$有三个拐点在一条直线上.

4. 问 a,b 为何值时，点$(1,3)$为曲线 $y=ax^3+bx^2$ 的拐点？

5. 试确定 k，使曲线 $y=k(x^2-3)^2$ 在拐点处的法线通过原点.

6. 设函数 $f(x)$满足 $f''(x)+(f'(x))^2=x$，且 $f'(0)=0$，问 $x=0$ 是否为 $f(x)$的拐点？

7. 设连续函数 $f(x)$在(a,b)内是大于 0 的凸函数，试证$\dfrac{1}{f(x)}$在(a,b)内为凹函数.

§3.7 函数图形的描绘

描点作图是作函数图形的基本方法.现在我们从学过的微分学的知识可求出函数的驻点、拐点、单调区间及极值点，这为较准确地做出函数的图形提供了有利条件.

利用函数的各种特征描绘函数图形的一般步骤如下：

第一步，确定函数 $y=f(x)$的定义域，并求出函数的一阶导数 $f'(x)$和二阶导数 $f''(x)$；

第二步，根据 $f'(x)=0$ 及 $f'(x)$不存在的点确定函数的单调区间与极值；

第三步，根据 $f''(x)=0$ 及 $f''(x)$不存在的点确定函数的凹凸区间和拐点；

第四步，确定函数图形的水平、垂直、斜渐近线；

第五步，列出易求点及其对应的函数值；

第六步，综合列表然后做出函数的图形.

为了较准确作图，还需要引进曲线渐近线的概念.

定义 1　若 $\lim\limits_{x\to x_0} f(x)=\infty$，则称 $x=x_0$ 为**垂直渐近线**(图 1)；

定义 2　若 $\lim\limits_{x\to\infty} f(x)=A$，则称 $y=A$ 为**水平渐近线**(图 2)；

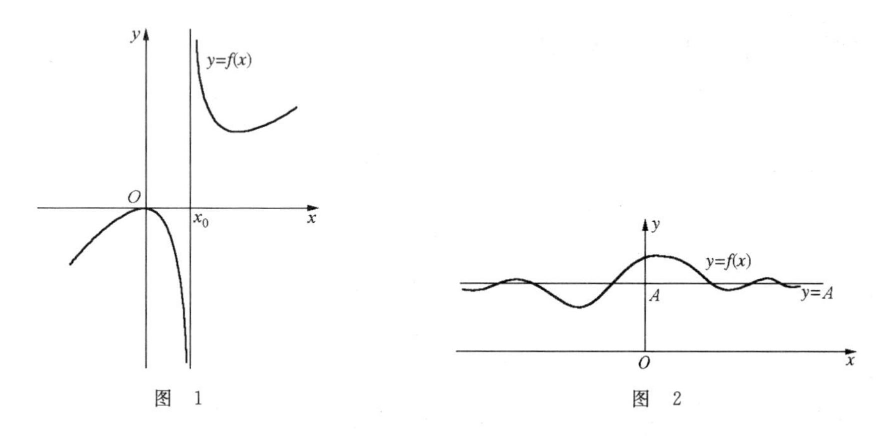

图　1　　　　图　2

定义 3　设函数 $y=f(x)$ 在 $(a,+\infty)$ 定义，若曲线上点 $(x,f(x))$ 到直线 $y=ax+b$ 的距离 d 当 $x\to+\infty$ 时趋于零，则称直线 $y=ax+b$ 是曲线 $y=f(x)$ 当 $x\to+\infty$ 时的**斜渐近线**(图 3).

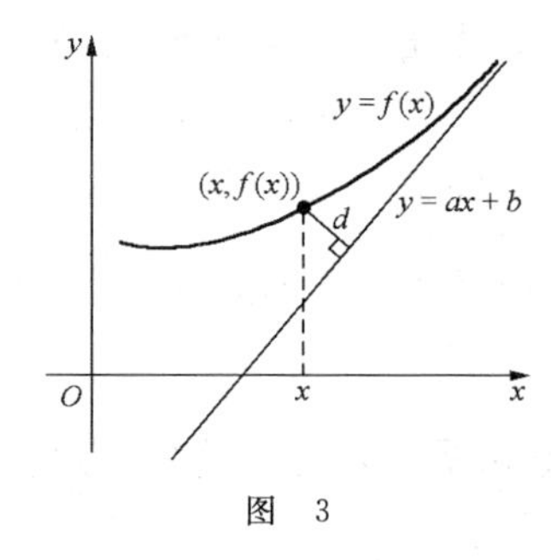

图　3

容易证明：若 $y=ax+b$ 为 $y=f(x)$ 的斜渐近线，则

$$\lim_{x\to+\infty}(f(x)-ax-b)=0,\quad 即\quad \lim_{x\to+\infty}\left(\frac{f(x)}{x}-a-\frac{b}{x}\right)=0,$$

从而有

$$a=\lim_{x\to+\infty}\frac{f(x)}{x},\quad b=\lim_{x\to+\infty}(f(x)-ax).$$

同样可以定义 $f(x)$当 $x\to-\infty$时的斜渐近线 $y=ax+b$,有时在作图时也需要绘出这样的斜渐近线.

例 1 作函数 $y=\dfrac{\ln x}{x}$的图形.

解 (1) 所给函数的定义域为$(0,+\infty)$.求函数 $f(x)$的一、二阶导数,得

$$f'(x)=\frac{1-\ln x}{x^2},\quad f''(x)=\frac{-3+2\ln x}{x^3}.$$

(2) 求解 $f'(x)=0$,得驻点 $x=\mathrm{e}$. 点 $x=\mathrm{e}$ 依次把定义域$(0,+\infty)$划分成$(0,\mathrm{e})$,$(\mathrm{e},+\infty)$两个区间.

当 $x\in(0,\mathrm{e})$时,$f'(x)>0$,曲线上升;当 $x\in(\mathrm{e},+\infty)$时,$f'(x)<0$,曲线下降. $x=\mathrm{e}$ 为极大值点,$f(\mathrm{e})$为极大值.

(3) 求解 $f''(x)=0$,得 $x=\mathrm{e}^{3/2}$. 当 $x\in(0,\mathrm{e})$时,$f''(x)<0$,曲线是凸的;当 $x\in(\mathrm{e},\mathrm{e}^{3/2})$时,$f''(x)<0$,曲线是凸的;当 $x\in(\mathrm{e}^{3/2},+\infty)$时,$f''(x)>0$,曲线是凹的,拐点为$\left(\mathrm{e}^{3/2},\dfrac{3}{2\mathrm{e}^{3/2}}\right)$.

(4) 由于 $\lim\limits_{x\to+\infty}\dfrac{\ln x}{x}=0$,所以直线 $y=0$ 是曲线的水平渐近线. 由于 $\lim\limits_{x\to0^+}\dfrac{\ln x}{x}=-\infty$,所以 $x=0$ 是曲线的垂直渐近线.

(5) 易计算 $f(1)=0$,$f(\mathrm{e})=\dfrac{1}{\mathrm{e}}$. 可补充描出点$(1,0)$,$\left(\mathrm{e},\dfrac{1}{\mathrm{e}}\right)$.

(6) 结合以上信息列表 1,并画出 $y=\dfrac{\ln x}{x}$的图形(图 4).

表 1

x	$(0,\mathrm{e})$	e	$(\mathrm{e},\mathrm{e}^{3/2})$	$\mathrm{e}^{3/2}$	$(\mathrm{e}^{3/2},+\infty)$
y'	+	0	−	−	−
y''	−	−	−	0	+
y	↗凸	$\dfrac{1}{\mathrm{e}}$,极大	↘凸	$\dfrac{3}{2\mathrm{e}^{3/2}}$,拐点	↘凹

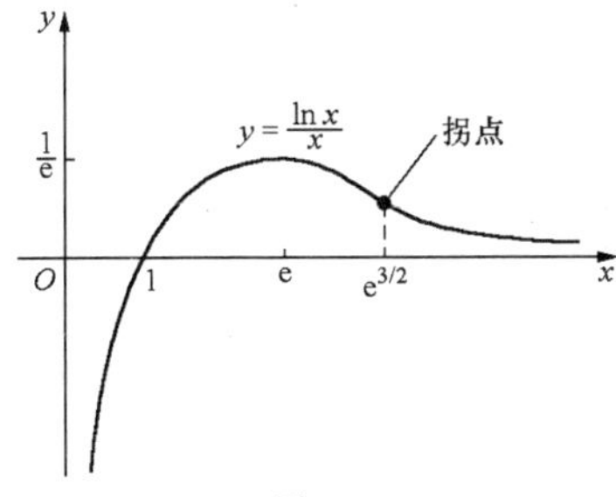

图 4

例 2 作函数 $y=x^3-x^2-x+1$ 的图形.

解 (1) 所给函数 $f(x)$ 的定义域为 $(-\infty,+\infty)$. 求 $f(x)$ 的一、二阶导数,得

$$f'(x)=3x^2-2x-1=(3x+1)(x-1),\quad f''(x)=6x-2=2(3x-1).$$

(2) 解出 $f'(x)=0$ 的根为 $x=-1/3$ 和 1. 点 $x=-1/3,1$ 依次把定义域 $(-\infty,+\infty)$ 划分成三个区间:

$$(-\infty,-1/3),\quad (-1/3,1),\quad (1,+\infty).$$

当 $x\in(-\infty,-1/3]$ 时,$f'(x)>0$,曲线上升;当 $x\in(-1/3,1)$ 时,$f'(x)<0$,曲线下降;当 $x\in[1,+\infty)$ 时,$f'(x)>0$,曲线上升. 极大值点为 $\left(-\dfrac{1}{3},\dfrac{32}{27}\right)$,极小值点为 $(1,0)$.

(3) 解出 $f''(x)=0$ 的根为 $x=1/3$. 当 $x\in(-\infty,1/3]$ 时,$f''(x)<0$,曲线是凸的;当 $x\in(1/3,+\infty)$ 时,$f''(x)>0$,曲线是凹的. 拐点为 $\left(\dfrac{1}{3},\dfrac{16}{27}\right)$.

(4) 无水平、垂直及斜渐近线. 当 $x\to+\infty$ 时,$y\to+\infty$;当 $x\to-\infty$ 时,$y\to-\infty$.

(5) 易计算 $f(-1)=0$,$f(0)=1$. 可补充描出点 $(-1,0)$,$(0,1)$.

(6) 结合以上信息列表 2,并画出 $y=x^3-x^2-x+1$ 的图形(图 5).

表 2

x	$\left(-\infty,-\frac{1}{3}\right)$	$-\frac{1}{3}$	$\left(-\frac{1}{3},\frac{1}{3}\right)$	$\frac{1}{3}$	$\left(\frac{1}{3},1\right)$	1	$(1,+\infty)$
y'	+	0	−	−	−	0	+
y''	−	−	−	0	+	+	+
y	↗ 凸	$\frac{32}{27}$,极大	↘ 凸	$\frac{16}{27}$,拐点	↘ 凹	0,极小	↗ 凹

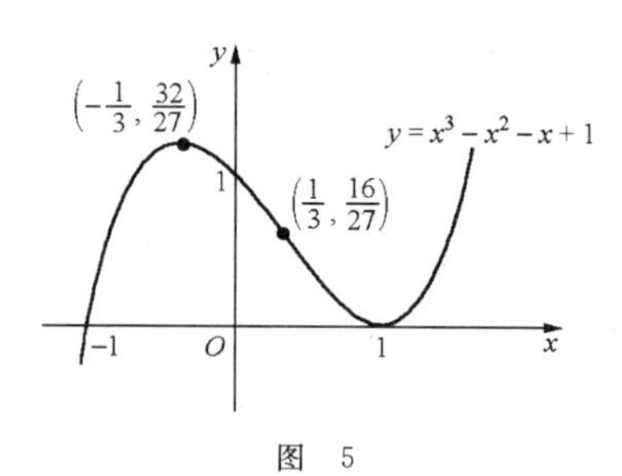

图 5

例 3 作函数 $y=1+\dfrac{36x}{(x+3)^2}$ 的图形.

解 (1) 所给函数 $f(x)$ 的定义域为 $(-\infty,-3)$,$(-3,+\infty)$. 求 $f(x)$ 的一、二阶导数,得

$$f'(x)=\frac{36(3-x)}{(x+3)^3},\quad f''(x)=\frac{72(x-6)}{(x+3)^4}.$$

(2) 解出 $f'(x)=0$ 的根为 $x=3$. 由于 $x=-3$ 是 $f(x)$的间断点,所以 $x=3,-3$ 将其定义域划分成三个区间:

$$(-\infty,-3),\quad (-3,3),\quad (3,+\infty).$$

当 $x\in(-\infty,-3)$时,$f'(x)<0$,曲线下降;当 $x\in(-3,3)$时,$f'(x)>0$,曲线上升;当 $x\in(3,+\infty)$时,$f'(x)<0$,曲线下降. 极大值点为 $M_1(3,4)$.

(3) 解出 $f''(x)=0$ 的根为 $x=6$. 当 $x\in(-\infty,-3)$时,$f''(x)<0$,曲线是凸的;当 $x\in(-3,6)$,$f''(x)<0$,曲线是凸的;当 $x\in(6,+\infty)$,$f''(x)>0$,曲线是凹的. 拐点为 $M_2\left(6,\dfrac{11}{3}\right)$.

(4) 由 $\lim\limits_{x\to\infty}f(x)=1$,得一条水平渐近线 $y=1$;由 $\lim\limits_{x\to-3}f(x)=-\infty$,得一条垂直渐近线 $x=-3$;无斜渐近线.

(5) 易计算 $f(0)=1$, $f(-1)=-8$, $f(-9)=-8$. 可补充描出点:$M_3(0,1)$, $M_4(-1,-8)$, $M_5(-9,-8)$.

(6) 结合以上信息列表 3,并画出 $y=1+\dfrac{36x}{(x+3)^2}$的图形(图 6).

表 3

x	$(-\infty,-3)$	-3	$(-3,3)$	3	$(3,6)$	6	$(6,+\infty)$
y'	$-$	不存在	$+$	0	$-$	$-$	$-$
y''	$-$	不存在	$-$	$-$	$-$	0	$+$
y	↘凸	∞	↗凸	4,极大	↘凸	$\dfrac{11}{3}$,拐点	↘凹

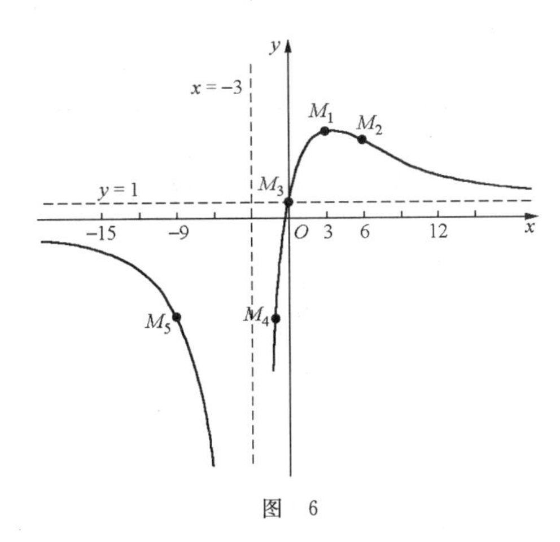

图 6

例 4 作函数 $y=\sqrt{\dfrac{x^3}{x-1}}$的图形.

解 (1) 所给函数 $f(x)$ 的定义域为 $(-\infty,0]$，$(1,+\infty)$. 求 $f(x)$ 的一、二阶导数，得

$$f'(x)=\left(x-\frac{3}{2}\right)\sqrt{\frac{x}{(x-1)^3}},\quad f''(x)=\frac{3}{4\sqrt{x(x-1)^5}}.$$

(2) 解出 $f'(x)=0$ 的根为 $x=3/2$，$x=3/2$，它们将函数定义域划分为三个区间：

$$(-\infty,0],\quad (1,3/2),\quad (3/2,+\infty).$$

当 $x\in(-\infty,0)$ 时，$f'(x)<0$，曲线下降；当 $x\in(1,3/2)$ 时，$f'(x)<0$，曲线下降；当 $x\in(3/2,+\infty)$ 时，$f'(x)>0$，曲线上升. 极小值点为 $M\left(\frac{3}{2},\frac{3\sqrt{3}}{2}\right)$.

(3) 由于 $f''(x)>0$，所以曲线总是凹的，故无拐点.

(4) 由 $\lim\limits_{x\to1^+}f(x)=+\infty$，得一条垂直渐近线 $x=1$；

由 $a=\lim\limits_{x\to+\infty}\frac{f(x)}{x}=1$，$b=\lim\limits_{x\to+\infty}(f(x)-x)=\frac{1}{2}$，得一条斜渐近线 $y=x+\frac{1}{2}$；

同法当 $x\to-\infty$ 时，可得另一条斜渐近线 $y=-x-\frac{1}{2}$.

(5) 易计算 $f(0)=0$. 可补充描出点 $O(0,0)$.

(6) 结合以上信息列表 4，并画出 $y=\sqrt{\frac{x^3}{x-1}}$ 的图形（图 7）.

表 4

x	$(-\infty,0)$	0	$(1,3/2)$	$3/2$	$(3/2,+\infty)$
y'	$-$	0	$-$	0	$+$
y''	$+$	不存在	$+$	$+$	$+$
y	↘ 凹	0	↘ 凹	$3\sqrt{3}/2$，极小	↗ 凹

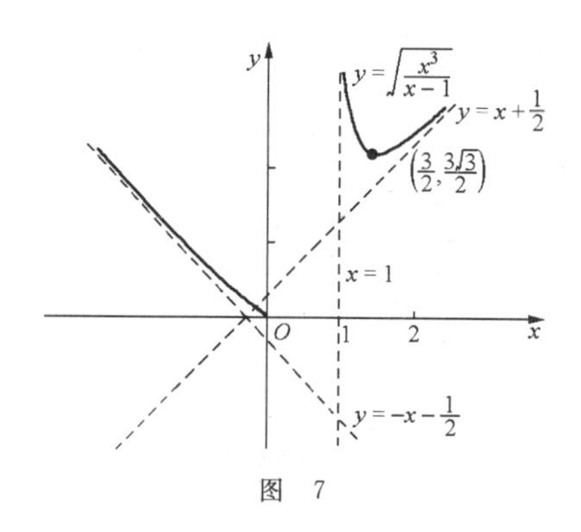

图 7

习 题 3.7

1. 绘出函数 $y=\ln(x^2+1)$的图形.
2. 绘出函数 $y=\mathrm{e}^{-(x-1)^2}$ 的图形.
3. 绘出函数 $y=\dfrac{x^3}{(x-1)^2}$的图形.
4. 绘出函数 $y=\sqrt{\dfrac{x^3-2x^2}{x-3}}$的图形.

§3.8 曲 率

在§3.6,我们用函数 $f(x)$的二阶导数 $f''(x)$的符号判定了曲线的凹凸向,或者说,判定了曲线弯曲的方向.但是,从直观上看,曲线还有弯曲程度的问题.例如,同一个圆上的各部分弯曲的程度是一样的;但若有半径不同的圆在一点相切,则显见半径小的圆在这一点的弯曲程度比半径大的圆的弯曲程度来得厉害.这一些感性的知识仅仅提供了我们对曲线弯曲程度的“定性”的了解.而在力学及许多工程技术问题中,仅有定性的判断是不够的,还必须“定量”地给出曲线弯曲程度.曲率就是用来定量地刻画曲线的弯曲程度,它的数值是通过函数的一阶导数和二阶导数的绝对值来计算.

我们知道:直线不弯曲,抛物线 $y=x^2$ 在顶点附近弯曲得比远离顶点的部分厉害些.如何用 $f''(x)$来刻画曲线的弯曲程度,这就是我们要解决的曲率问题.

在图 1(a)中可以看出,弧段$\overset{\frown}{M_1M_2}$比较平直,当动点沿这段弧从 M_1 移动到 M_2 时,切线转过的角度 φ_1 不大,而弧段$\overset{\frown}{M_2M_3}$弯曲得比较厉害,切线转过的角度 φ_2 就比较大.

另外,切线转过的角度的大小还不能完全反映曲线弯曲的程度.例如从图 1(b)中可以看出,两段曲线弧$\overset{\frown}{M_1M_2}$及$\overset{\frown}{N_1N_2}$尽管切线转过的角度都是 φ,然而弯曲程度并不相同,短弧段比长弧段弯曲得厉害些.由此可见,曲线弧的弯曲程度还与弧段的长度有关.

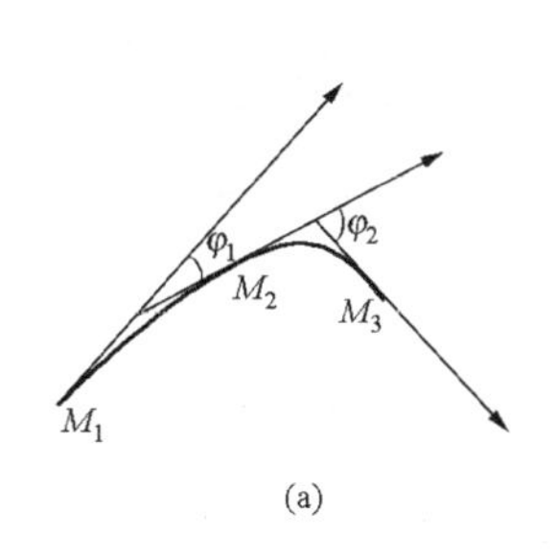

(a) (b)

图 1

综合上面的分析,我们引入刻画曲线的弯曲程度——曲率的概念如下.

设 $y=f(x)$ 是定义在 $[a,b]$ 上的连续函数，且在 (a,b) 内具有二阶导数，任取 $x\in(a,b)$，此时曲线弧 $y=f(x)$ 上点 $(x,f(x))$ 处的切线与 x 轴的夹角

$$\varphi(x)=\arctan f'(x).$$

任固定 $x_0\in(a,b)$，并考虑改变量 Δx，使 $x_0+\Delta x\in(a,b)$，那么点 $M(x_0,f(x_0))$ 处的切线与点 $M'(x_0+\Delta x,f(x_0+\Delta x))$ 处的切线间方向角的改弯量(图 2)是

$$\Delta\varphi=\varphi(x_0+\Delta x)-\varphi(x_0)=\arctan f'(x_0+\Delta x)-\arctan f'(x_0).$$

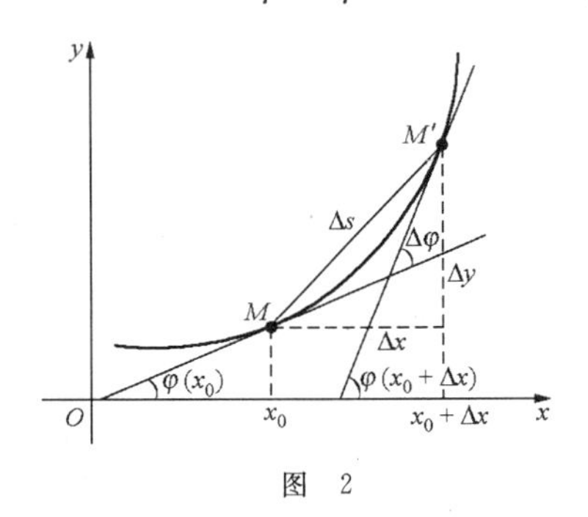

图 2

又点 $M(x_0,f(x_0))$ 到点 $M'(x_0+\Delta x,f(x_0+\Delta x))$ 曲线弧的长度近似为

$$|\Delta s|=\sqrt{\Delta x^2+\Delta y^2}=\sqrt{1+\left(\frac{\Delta y}{\Delta x}\right)^2}\Delta x.$$

现在用比值 $\left|\dfrac{\Delta\varphi}{\Delta s}\right|$，即单位弧上切线转过的角度的大小来表达 $\overset{\frown}{MM'}$ 弧的平均弯曲程度，把这个比值叫做该弧段的平均曲率，并记做 $\overline{K}$，即

$$\overline{K}=\frac{|\Delta\varphi|}{|\Delta s|}.$$

当 $\Delta x\to 0$ 时(即 $M'\to M$)，上述平均曲率的极限叫做曲线弧在点 M 处的**曲率**，记做 K，即

$$K=\lim_{\Delta x\to 0}\frac{|\Delta\varphi|}{|\Delta s|}.$$

下面求出 K 的具体表达式. 由于

$$\lim_{\Delta x\to 0}\frac{\Delta\varphi}{\Delta x}=\lim_{\Delta x\to 0}\varphi'(x)=\frac{f''(x_0)}{1+[f'(x_0)]^2},$$

$$\lim_{\Delta x\to 0}\frac{\Delta s}{\Delta x}=\lim_{\Delta x\to 0}\frac{\sqrt{1+\left(\frac{\Delta y}{\Delta x}\right)^2}\Delta x}{\Delta x}=\sqrt{1+[f'(x_0)]^2},$$

所以

$$K=\lim_{\Delta x\to 0}\frac{|\Delta\varphi|}{|\Delta s|}=\lim_{\Delta x\to 0}\frac{\frac{|\Delta\varphi|}{|\Delta x|}}{\frac{|\Delta s|}{|\Delta x|}}=\frac{|f''(x_0)|}{\left(\sqrt{1+[f'(x_0)]^2}\right)^3}.$$

将 x_0 换成 x，则得 $y=f(x)$ 在 x 处的**曲率公式**为

$$K=\frac{|f''(x)|}{(1+[f'(x)]^2)^{3/2}}=\frac{|y''|}{(1+(y')^2)^{3/2}}.\qquad ①$$

设平面上一条曲线由参数方程

$$\begin{cases}x=\varphi(t),\\ y=\psi(t)\end{cases}\quad(\alpha\leqslant t\leqslant\beta)$$

给出,其中 $\varphi(t)$,$\psi(t)$在(α,β)内有二阶导数,则可由参数方程所确定的函数的求导法,求出

$$y'=\frac{\psi'(t)}{\varphi'(t)},\quad y''=\frac{\psi''(t)\varphi'(t)-\psi'(t)\varphi''(t)}{(\varphi'(t))^3},$$

然后代入①式,便得到由参数方程所表示的曲线的曲率公式:

$$K=\frac{|\varphi'(t)\psi''(t)-\varphi''(t)\psi'(t)|}{[(\varphi'(t))^2+(\psi'(t))^2]^{3/2}}. \qquad ②$$

例 1 计算等边双曲线 $xy=1$ 在点(1,1)处的曲率.

解 由 $y=\frac{1}{x}$,得 $y'=-\frac{1}{x^2}$,$y''=\frac{2}{x^3}$. 因此,$y'\Big|_{x=1}=-1$,$y''\Big|_{x=1}=2$.

把它们代入公式①,便得曲线 $xy=1$ 在点(1,1)处的曲率为

$$K=\frac{2}{[1+(-1)^2]^{3/2}}=\frac{1}{\sqrt{2}}=\frac{\sqrt{2}}{2}.$$

例 2 求抛物线 $y=ax^2+bx+c(a\neq 0)$的曲率,判断抛物线上哪一点处的曲率最大?

解 由 $y=ax^2+bx+c$,得 $y'=2ax+b$,$y''=2a$,代入公式②,得

$$K=\frac{|2a|}{[1+(2ax+b)^2]^{3/2}}.$$

因为 K 的分子是常数$|2a|$,所以只要分母最小,K 就最大. 容易看出,当 $2ax+b=0$,即 $x=-\frac{b}{2a}$时,K 的分母最小,因而 K 有最大值$|2a|$. 而 $x=-\frac{b}{2a}$所对应的点为抛物线的顶点. 因此,抛物线在顶点处的曲率最大.

例 3 求参数方程

$$\begin{cases}x=r\cos t,\\ y=r\sin t\end{cases}$$

确定的圆周曲线在 t 处的曲率.

解 由公式②得

$$K=\frac{|(-r\sin t)(-r\sin t)-(-r\cos t)(r\cos t)|}{[(-r\sin t)^2+(r\cos t)^2]^{3/2}}=\frac{1}{r},$$

可见圆的曲率恒等于半径的倒数.

由例 3 我们看到:半径为 r 的圆周的曲率是半径的倒数 $1/r$. 由此,对于一般曲线 $y=f(x)$,我们给出曲线上某点 $M(x_0,y_0)$的曲率圆、曲率半径和曲率圆心的概念.

设 $M(x_0,y_0)$是曲线 $y=f(x)$上的一点,在曲线凹的一侧与曲线 $y=f(x)$相切于点 $M(x_0,y_0)$,且与曲线 $y=f(x)$曲率相同的圆,称做曲线 $y=f(x)$在点 $M(x_0,y_0)$的**曲率圆**.

曲线 $y=f(x)$ 在点 $M(x_0,y_0)$ 的曲率的倒数 $\frac{1}{K}$，称做曲线 $y=f(x)$ 在点 $M(x_0,y_0)$ 的**曲率半径**(图 3). 曲率圆的圆心称为**曲率圆心**，通过计算，可以推导出过给定点 $M(x_0,y_0)$ 的曲率圆的圆心坐标 (α,β) 的计算公式为

$$\alpha = x_0 - \left.\frac{y'(1+(y')^2)}{y''}\right|_{x=x_0}, \quad \beta = y_0 + \left.\frac{1+(y')^2}{y''}\right|_{x=x_0}.$$

曲率圆及曲率圆心的概念在某些工件设计中有应用价值.

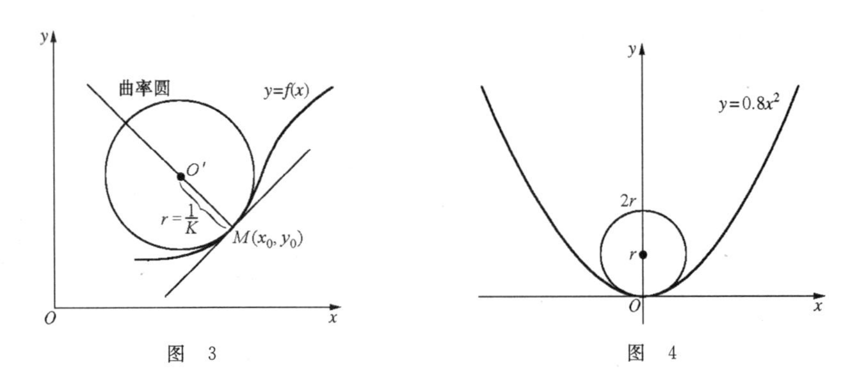

图 3　　图 4

例 4 设一个工件内表面的截线为抛物线 $y=0.8x^2$ (图 4). 现在要用砂轮磨光其内表面，问用直径多大的砂轮才比较合适?

解 按题设要求，所选砂轮的半径应当等于或小于该抛物线上曲率半径的最小值时，工件内表面与砂轮接触处的附近才不会被砂轮磨削太多. 由例 2 知，抛物线在其顶点处曲率 K 最大，其值为

$$K = |2a|\Big|_{a=0.8} = 1.6,$$

由此得 $r=\frac{1}{1.6}=0.625$. 当砂轮直径不超过 1.25 时，才适用于在顶点附近磨光工件的内表面，而不致于削磨太多的工件内壁.

习 题 3.8

1. 求曲线 $y=\ln\sec x$ 在点 (x,y) 处的曲率及曲率半径.
2. 求抛物线 $y^2=2px$ 的曲率半径.
3. 求摆线 $x=a(t-\sin t), y=a(1-\cos t)$ 的曲率半径.

*4. 求曲线 $(5y-8)^2=14-10x$ 在点 $(1,2)$ 处的曲率圆方程.

*5. 在曲线 $y=\ln x\,(x>0)$ 上求曲率最大点的坐标.

*§3.9 函数方程的数值解法

一、二分法

我们已经熟悉求解一元一次方程、一元二次方程以及某些特殊类型的高次代数方程或非线性方程的方法.这些方法都是代数解法,求出的根是方程的准确根.但是在许多实际问题中遇到的方程,例如代数方程 $x^3-x-1=0$,超越方程 $e^{-x}-\cos\frac{\pi x}{3}=0$ 等,看上去形式简单,但却不易求其准确根.为此,只能求方程达到一定精度的近似根.现在只讨论一元非线性方程,即 $f(x)=0$ 的情形.

函数方程的近似根一般是通过数值解法求得.近似根的求法大致可分三个步骤进行:

(1) 判定根的存在性.

(2) 确定根的分布范围,即将每一个根用区间隔离开来,使在此区间内只有一个根.

(3) 根要逐步精确化,直至满足预先要求的精度为止.

若 $f(x)$在区间$[a,b]$上连续且具有单调性,满足 $f(a)f(b)<0$,由连续函数的介值定理知 $f(x)=0$ 在区间(a,b)仅有一个实根 ξ,称区间$[a,b]$为这个根的一个**隔离区间**.

取区间中点 $\xi_1=\frac{a+b}{2}$,计算 $f(\xi_1)$;

若 $f(\xi_1)=0$,则取 $\xi=\xi_1$;

若 $f(\xi_1)$与 $f(b)$同号(图 1(a)),则取 $a_1=a,b_1=\xi_1,b_1-a_1=\frac{1}{2}(b-a)$;

若 $f(\xi_1)$与 $f(a)$同号(图 1(b)),则取 $a_1=\xi_1,b_1=b,b_1-a_1=\frac{1}{2}(b-a)$.

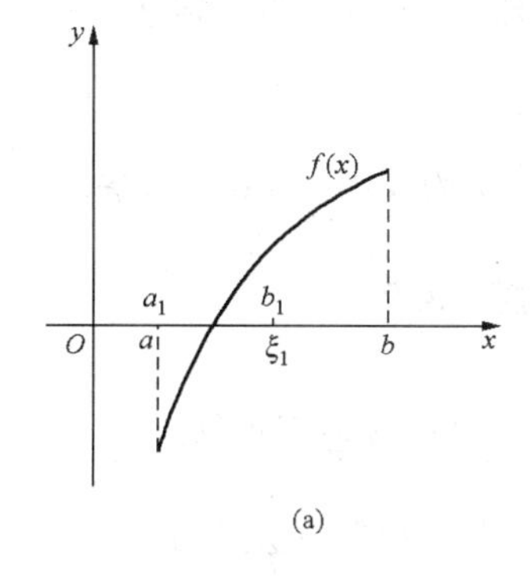

(a)

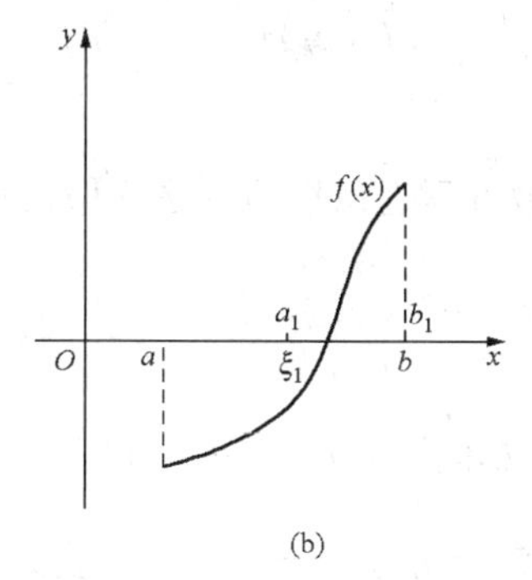

(b)

图 1

以$[a_1,b_1]$为新的隔离区间，重复上述做法. 如此重复 n 次后，得到 $a_n<\xi<b_n$，且

$$b_n-a_n=\frac{1}{2^n}(b-a).$$

由此取 $\xi_n=\frac{b_n-a_n}{2}$作为函数方程 $f(x)=0$ 的根 ξ 的近似值，则误差$|\xi_n-\xi|$小于$\frac{1}{2^{n+1}}(b-a)$.

上述求函数方程近似根的方法称为**二分法**.

二、切线法

设函数方程 $f(x)=0$ 在区间$[a,b]$内有唯一的实根 x^*（图 2），则$[a,b]$为方程 $f(x)=0$ 的隔离区间，又设函数 $y=f(x)$在区间(a,b)内可导.

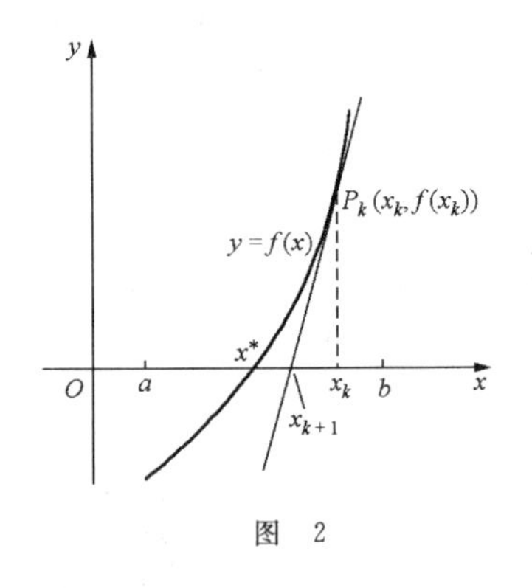

图 2

在区间(a,b)内任取一点 x_0，过曲线 $y=f(x)$上一点 $P_0(x_0,f(x_0))$作曲线 $y=f(x)$的切线，切线方程为

$$y-f(x_0)=f'(x_0)(x-x_0),$$

它与 x 轴的交点为 $x_1=x_0-\frac{f(x_0)}{f'(x_0)}$，可见 x_1 比 x_0 更接近 x^*（图 2）. 再在曲线上过点 $P_1(x_1,f(x_1))$作 $f(x)$的切线，该切线与 x 轴的交点为 $x_2=x_1-\frac{f(x_1)}{f'(x_1)}$. 如此继续下去，这样就得出逐步趋近 x^* 的迭代公式

$$x_{k+1}=x_k-\frac{f(x_k)}{f'(x_k)}.$$

当$|x_{k+1}-x_k|=\frac{|f(x_k)|}{|f'(x_k)|}<10^{-n}$（误差要求）时，取 x_{k+1}作为方程 $f(x)=0$ 的根 x^* 的近似值.

上述求函数方程近似根的方法称做**切线法**，也称为**牛顿**(Newdon)**法**.

习 题 3.9

1. 用二分法求方程 $x^3-2=0$ 在$[1,2]$上的近似根. 误差要求$|b_n-a_n|<\frac{1}{2^8}$.

2. 用牛顿法求方程 $x^2-2=0$ 的近似根，取初值 $x_0=2$. 误差小于 10^{-8}.

总练习题三

1. 设 $f(x)=\begin{cases}\dfrac{3-x^2}{2}, & 0\leqslant x\leqslant 1,\\ \dfrac{1}{x}, & 1<x\leqslant 2,\end{cases}$ 研究函数 $f(x)$ 在 $[0,2]$ 上能用中值定理的可能性，若能，求中值 ξ.

2. 设 $f(x)$ 与 $g(x)$ 在 $[a,b]$ 上存在二阶导数，且 $g''(x)\neq 0$，$f(a)=f(b)=g(a)=g(b)=0$. 证明：

(1) 在开区间 (a,b) 内 $g(x)\neq 0$；

(2) 在开区间 (a,b) 内至少存在一点 ξ，使得 $\dfrac{f(\xi)}{g(\xi)}=\dfrac{f''(\xi)}{g''(\xi)}$.

3. 若 $f(x)$ 在 $[0,1]$ 上连续，在 $(0,1)$ 内可导，且 $f(0)=0$，$f(1)=1$，试证对任意给定的正数 a,b，在 $(0,1)$ 中必存在不同的两个数 c,d，使得

$$\frac{a}{f'(c)}+\frac{b}{f'(d)}=a+b.$$

4. 设 $f(x)$ 在 $[a,b]$ 上连续，在 (a,b) 内可导，且 $ab>0$，证明在 (a,b) 内必存在 ξ,η，使得

$$abf'(\xi)=\eta^2 f'(\eta).$$

5. 设 $f(x)$ 在 $[0,1]$ 上连续，在 $(0,1)$ 内存在二阶导数，且 $f''(x)<0$，$f(0)=0$，证明：对于 $(0,1)$ 内的任何一点 a，都有 $f(a)\leqslant 2f(a/2)$.

6. 试求一个二次三项式 $P(x)$，使 $2^x=P(x)+o(x^2)\,(x\to 0)$.

7. 设 $f(x)$ 在 $[0,+\infty)$ 上二次可微，且 $f(0)=-1$，$f'(0)>0$，又 $x>0$ 时，$f''(x)\geqslant 0$，证明：方程 $f(x)=0$ 在 $(0,+\infty)$ 内只有一个实根.

8. 设 $f(x)$ 有 n 阶导数，且 $a<b$，$f(a)=f(b)=f'(b)=f''(b)=\cdots=f^{(n-1)}(b)=0$，则在 (a,b) 内至少存在一点 ξ，使得 $f^{(n)}(\xi)=0$.

9. 设 $f(x)$ 在 $[-1,1]$ 上具有三阶连续导数，且 $f(-1)=0$，$f(1)=1$，$f'(0)=0$，证明：在 $(-1,1)$ 内至少存在一点 ξ，使得 $f'''(\xi)=3$.

10. 设 $f(x)$ 在 $(-\infty,+\infty)$ 上具有任意阶导数，且满足

(1) 存在常数 $L>0$，使对一切 $x\in(-\infty,+\infty)$，$n\in N$，有 $|f^{(n)}(x)|\leqslant L$；

(2) $f\left(\dfrac{1}{n}\right)=0\,(n=1,2,\cdots)$.

证明：$f(x)\equiv 0, x\in(-\infty,+\infty)$.

11. 利用泰勒公式求 $\lim\limits_{n\to\infty} n^{\frac{3}{2}}(\sqrt{n+1}+\sqrt{n-1}-2\sqrt{n})$.

12. 证明方程 $x^n+x^{n-1}+\cdots+x^2+x=1$ 在$(0,1)$内只有一个实数根，并求 $\lim\limits_{n\to\infty} x_n$ $(n=2,3,4,\cdots)$.

13. 证明方程 $2^x-x^2=1$ 只有三个实数根.

14. 证明：$\dfrac{|a+b|}{1+|a+b|}\leqslant\dfrac{|a|}{1+|a|}+\dfrac{|b|}{1+|b|}$.

第四章 不定积分

第二章我们讨论了：已知路程 $s=s(t)$，求瞬时速度 $s'(t)=v(t)$，并由此引入了导数的概念.在工程及科学技术中常常会遇到这类相反问题，即已知质点的瞬时速度，要求其运动的路程 $s=s(t)$.从数学上描述这类问题就是：已知某个函数的导数是 $f(x)$，要求函数 $F(x)$，使得 $F'(x)=f(x)$.这是求导运算的逆运算问题.由此我们引入原函数和不定积分的概念以及求不定积分的各种方法.这是积分学的基本问题之一.

§4.1 不定积分的概念与性质

一、原函数与不定积分的概念

定义 1 设 $f(x)$是区间 I 上定义的一个函数.如果存在一个在区间 I 上可微的函数 $F(x)$，其导数

$$F'(x)=f(x), \quad x\in I,$$

则称 $F(x)$为 $f(x)$在区间 I 上的一个**原函数**.

若 $F(x)$是 $f(x)$在 I 上的一个原函数，则对任意的常数 C，函数 $F(x)+C$ 也是 $f(x)$的一个原函数.可见一个函数的原函数不止一个，而是有无穷多个.反之，$f(x)$的任意一个原函数都可表成 $F(x)+C$.事实上，若 $H(x)$是 $f(x)$在 I 上的一个原函数，则 $H(x)-F(x)$的导数在 I 上恒为零.利用第三章§3.1定理1知：一个区间内导数恒等于零的函数必为常数.所以有 $H(x)-F(x)\equiv C$（C 为常数），也即 $H(x)=F(x)+C$.

由此得到以下定理：

定理 若在区间 I 上，$F(x)$是 $f(x)$的一个原函数，则 $F(x)+C$（C 为任意常数）表示了 $f(x)$的全部原函数.

由上述定理，我们引进如下的不定积分定义：

定义 2 在区间 I 上，函数 $f(x)$的所有原函数 $F(x)+C$ 称为 $f(x)$的**不定积分**，记为 $\int f(x)\mathrm{d}x$，即

$$\int f(x)\mathrm{d}x = F(x) + C,$$

其中 C 是任意常数,符号"$\int$"称为**积分号**,$f(x)$称为**被积函数**,$f(x)\mathrm{d}x$ 称为**被积表达式**,x 称为**积分变量**.

因此,求已知函数的不定积分,就可归结为求出它的一个原函数,再加上任意常数 C.

例 1 求$\int 4x^3\mathrm{d}x$.

解 因为$(x^4)'=4x^3$(或 $\mathrm{d}x^4=4x^3\mathrm{d}x$),所以 x^4 是 $4x^3$ 的一个原函数,因此

$$\int 4x^3\mathrm{d}x = x^4 + C.$$

例 2 求$\int \frac{1}{x}\mathrm{d}x$.

解 当 $x>0$ 时,$(\ln x)'=\frac{1}{x}$,因此

$$\int \frac{1}{x}\mathrm{d}x = \ln x + C \quad (x>0);$$

当 $x<0$ 时,$[\ln(-x)]'=\frac{1}{-x}(-1)=\frac{1}{x}$,因此

$$\int \frac{1}{x}\mathrm{d}x = \ln(-x) + C \quad (x<0).$$

综合上面两式,得到

$$\int \frac{1}{x}\mathrm{d}x = \ln|x| + C \quad (x \neq 0).$$

例 3 求经过点(1,3),且其切线的斜率为 $2x$ 的曲线方程.

解 设所求的曲线方程为 $y=f(x)$,按题设,曲线上任一点(x,y)处的切线斜率为

$$\frac{\mathrm{d}y}{\mathrm{d}x} = 2x,$$

即 $f(x)$是 $2x$ 的一个原函数.由

$$\int 2x\mathrm{d}x = x^2 + C$$

得曲线族 $y=x^2+C$.因所求曲线通过点(1,3),故

$$3 = 1 + C, \quad C = 2.$$

于是所求曲线方程为

$$y = x^2 + 2.$$

函数 $f(x)$的原函数的图形称为 $f(x)$的**积分曲线**.因为 C 可以取任意值,因此,不定积分表示 $f(x)$的一簇积分曲线,而 $f(x)$正是积分曲线在横坐标 x 处切线的斜率.本例即是求

函数 $2x$ 的通过点 $A(1,3)$ 的那条积分曲线. 这条积分曲线可以由另外一条积分曲线(如 $y=x^2$)经 y 轴方向平移得到,而在横坐标点 x 处,它们的切线互相平行(图 1).

例 4 设物体运动的路程 $s=s(t)$ 满足下列方程:

$$\frac{\mathrm{d}^2 s}{\mathrm{d}t^2}=-g,$$

其中 g 为常数,且 $s(0)=h_0$,$s'(0)=v_0$,h_0 及 v_0 为已知常数,求 $s=s(t)$ 的表达式.

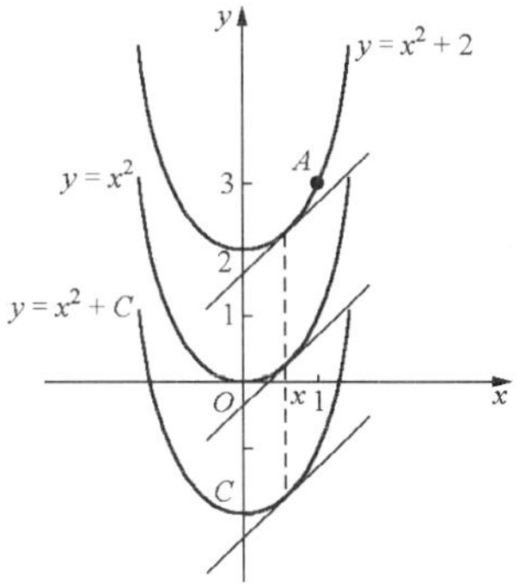

图 1

解 显然,若不考虑 $s(t)$ 及 $s'(t)$ 在 $t=0$ 的限制,那么 $\frac{\mathrm{d}s}{\mathrm{d}t}$ 的一般表达式应为

$$\frac{\mathrm{d}s}{\mathrm{d}t}=-\int g\mathrm{d}t=-gt+C_1,$$

而 $s=s(t)$ 的一般表达式应为

$$s=\int(-gt+C_1)\mathrm{d}t=-\frac{1}{2}gt^2+C_1t+C_2,$$

其中 C_1 与 C_2 为常数. 再考虑 s 与 s' 在 $t=0$ 的条件,得

$$C_1=v_0,\quad C_2=h_0,$$

所以得

$$s=-\frac{1}{2}gt^2+v_0t+h_0.$$

例 4 的最后结果实际上是质量为 m 的物体离地面 h_0 处以初速 v_0 向上抛出,在忽略空气阻力的情况下物体运动的规律. 这里 $\frac{\mathrm{d}^2 s}{\mathrm{d}t^2}=-g$ 是根据牛顿第二定律列出的方程(称为微分方程),而不定积分为解这种方程提供了工具. 这是一个较简单的例子,但说明了求不定积分的意义.

二、基本积分公式

为了求不定积分,首先就要熟记下面的基本积分公式. 这些公式是利用第二章 §2.2 中的基本初等函数的导数公式来验证的. 读者要牢记并达到熟练运用的程度.

(1) $\int 0\mathrm{d}x=C$;　　(2) $\int k\mathrm{d}x=kx+C$ (k 为常数);

(3) $\int x^\mu \mathrm{d}x=\frac{x^{\mu+1}}{\mu+1}+C$ ($\mu\neq-1$);　　(4) $\int \frac{1}{x}\mathrm{d}x=\ln|x|+C$;

(5) $\int \frac{\mathrm{d}x}{1+x^2}=\arctan x+C$ $\left(或\int\frac{1}{1+x^2}\mathrm{d}x=-\operatorname{arccot}x+C\right)$;

(6) $\int \frac{\mathrm{d}x}{\sqrt{1-x^2}}=\arcsin x+C$ $\left(或\int\frac{\mathrm{d}x}{\sqrt{1-x^2}}=-\arccos x+C\right)$;

(7) $\int \cos x\mathrm{d}x=\sin x+C$；　(8) $\int \sin x\mathrm{d}x=-\cos x+C$；

(9) $\int \frac{\mathrm{d}x}{\cos^2 x}=\int \sec^2 x\mathrm{d}x=\tan x+C$；　(10) $\int \frac{\mathrm{d}x}{\sin^2 x}=\int \csc^2 x\mathrm{d}x=-\cot x+C$；

(11) $\int \sec x\tan x\mathrm{d}x=\sec x+C$；　(12) $\int \csc x\cot x\mathrm{d}x=-\csc x+C$；

(13) $\int a^x\mathrm{d}x=\frac{a^x}{\ln a}+C\ (a>0,a\neq 1)$；　(14) $\int \mathrm{e}^x\mathrm{d}x=\mathrm{e}^x+C.$

以上 14 个基本积分公式是求不定积分的基础，其他函数的不定积分往往经过运算变形后，最终都归结为这些不定积分，它是我们求复杂函数不定积分的工具.

三、不定积分的性质

从不定积分的定义知，若 $F(x)$是 $f(x)$的一个原函数，即 $F'(x)=f(x)$，则

$$\left[\int f(x)\mathrm{d}x\right]'=[F(x)+C]'=f(x)\quad 或\quad \mathrm{d}\left[\int f(x)\mathrm{d}x\right]=f(x)\mathrm{d}x.$$

这说明被积函数先求不定积分再求导就等于被积函数本身，或者说，当记号 d 和 $\int$ 连在一起时可互相抵消. 它是微分和积分互为逆运算的一种体现.

由不定积分的定义可推得以下两个性质：

性质 1 设函数 $f(x)$及 $g(x)$的原函数存在，则

$$\int[f(x)+g(x)]\mathrm{d}x=\int f(x)\mathrm{d}x+\int g(x)\mathrm{d}x. \qquad ①$$

证 要证明这个等式，只需验证等号右端的导数等于左端的被积函数.

将①式右端求导，得

$$\left[\int f(x)\mathrm{d}x+\int g(x)\mathrm{d}x\right]'=\left[\int f(x)\mathrm{d}x\right]'+\left[\int g(x)\mathrm{d}x\right]'=f(x)+g(x).$$

这表明①式右端是 $f(x)+g(x)$的原函数，又①式右端有两个积分记号，形式上含两个任意常数，因为任意常数之和仍为任意常数，故实际上含一个任意常数. 因此①式右端是 $f(x)+g(x)$的不定积分.

这个性质可以推广到任意有限多个函数的代数和的情况.

性质 2 设函数 $f(x)$的原函数存在，k 为非零常数，则

$$\int kf(x)\mathrm{d}x=k\int f(x)\mathrm{d}x.$$

性质 2 的证明方法同性质 1.

利用基本积分公式和不定积分的性质，就可以求出许多函数的不定积分.

例 5 求 $\int(3-\sqrt{x})x\mathrm{d}x$.

解 $\int(3-\sqrt{x})x\mathrm{d}x=\int(3x-x^{\frac{3}{2}})\mathrm{d}x=\int 3x\mathrm{d}x-\int x^{\frac{3}{2}}\mathrm{d}x$

$$=\frac{3}{2}x^2-\frac{x^{\frac{3}{2}+1}}{\frac{3}{2}+1}+C=\frac{3}{2}x^2-\frac{2}{5}x^{\frac{5}{2}}+C.$$

注 (1) 检验积分结果是否正确,只要对结果求导,看求出的导数是否等于被积函数,若相等则结果正确,否则结果是错误的.

(2) 积分时若积分表中没有这种类型的积分,可以先把被积函数变形,化为表中所列类型的积分之后,再逐项求积分.

例 6 求 $\int(\mathrm{e}^x-2\sin x)\mathrm{d}x$.

解 $\int(\mathrm{e}^x-2\sin x)\mathrm{d}x=\int\mathrm{e}^x\mathrm{d}x-2\int\sin x\mathrm{d}x=\mathrm{e}^x+2\cos x+C.$

例 7 求 $\int 3^x\mathrm{e}^x\mathrm{d}x$.

解 $\int 3^x\mathrm{e}^x\mathrm{d}x=\int(3\mathrm{e})^x\mathrm{d}x=\frac{(3\mathrm{e})^x}{\ln(3\mathrm{e})}+C=\frac{3^x\mathrm{e}^x}{1+\ln 3}+C.$

例 8 求 $\int\frac{x^4}{1+x^2}\mathrm{d}x$.

解 $\int\frac{x^4}{1+x^2}\mathrm{d}x=\int\frac{x^4-1+1}{1+x^2}\mathrm{d}x=\int\frac{(x^2+1)(x^2-1)+1}{1+x^2}\mathrm{d}x$

$$=\int\left(x^2-1+\frac{1}{1+x^2}\right)\mathrm{d}x$$

$$=\int x^2\mathrm{d}x-\int\mathrm{d}x+\int\frac{1}{1+x^2}\mathrm{d}x$$

$$=\frac{x^3}{3}-x+\arctan x+C.$$

例 9 求 $\int\cos^2\frac{x}{2}\mathrm{d}x$.

解 $\int\cos^2\frac{x}{2}\mathrm{d}x=\int\frac{1+\cos x}{2}\mathrm{d}x=\frac{1}{2}\int\mathrm{d}x+\frac{1}{2}\int\cos x\mathrm{d}x$

$$=\frac{1}{2}x+\frac{1}{2}\sin x+C.$$

同理可得 $\int\sin^2\frac{x}{2}\mathrm{d}x=\frac{1}{2}(x-\sin x)+C.$

例 10 求 $\int\tan^2 x\mathrm{d}x$.

解 $\int\tan^2 x\mathrm{d}x=\int(\sec^2 x-1)\mathrm{d}x=\int\sec^2 x\mathrm{d}x-\int\mathrm{d}x=\tan x-x+C.$

习 题 4.1

1. 求下列不定积分：

(1) $\int x^3 \mathrm{d}x$；　(2) $\int \frac{1}{x^3}\mathrm{d}x$；　(3) $\int x^2\sqrt{x}\mathrm{d}x$；

(4) $\int \frac{1}{x\sqrt[3]{x}}\mathrm{d}x$；　(5) $\int (1-3x^2)\mathrm{d}x$；　(6) $\int (2^x+x^2)\mathrm{d}x$；

(7) $\int \frac{x^2}{1+x^2}\mathrm{d}x$；　(8) $\int \left(2\mathrm{e}^x+\frac{3}{x}\right)\mathrm{d}x$；　(9) $\int \left(\sqrt[3]{x}-\frac{1}{\sqrt{x}}\right)\mathrm{d}x$；

(10) $\int \left(\frac{x}{3}-\frac{1}{x}+\frac{3}{x^3}-\frac{4}{x^4}\right)\mathrm{d}x$；　(11) $\int \frac{(x+1)^3}{x^2}\mathrm{d}x$；　(12) $\int \frac{x^2+\sqrt{x^3}+3}{\sqrt{x}}\mathrm{d}x$；

(13) $\int \sin^2\frac{x}{2}\mathrm{d}x$；　(14) $\int \cot^2 x\mathrm{d}x$；　(15) $\int \sqrt{x\sqrt{x\sqrt{x}}}\mathrm{d}x$；

(16) $\int \frac{\mathrm{e}^{2t}-1}{\mathrm{e}^t-1}\mathrm{d}t$；　(17) $\int \frac{\cos 2x}{\cos x+\sin x}\mathrm{d}x$；　(18) $\int \frac{1}{x^2(1+x^2)}\mathrm{d}x$；

(19) $\int \frac{\mathrm{d}x}{1+\cos 2x}$；　(20) $\int \frac{1}{\sin^2 x\cos^2 x}\mathrm{d}x$.

2. 已知在曲线上任一点切线的斜率为 $2x$，并且曲线经过点 $(1,-2)$，求此曲线的方程.

3. 已知质点在时刻 t 的加速度为 t^2+1，且当 $t=0$ 时，速度 $v=1$，距离 $s=0$，求此质点的运动方程.

§4.2 换元积分法

换元积分法是求不定积分的一种常见而有效的方法. 它是把复合函数的微分法反过来用于求不定积分，利用中间变量的代换，得到复合函数的积分法，这就是通常所说的不定积分的换元积分法，简称换元法. 换元积分法通常分为第一换元法和第二换元法.

一、第一换元法(凑微分法)

第一换元法是引入新变量，其目的在于将复合函数(例如 $x-c$ 或 $ax+b$ 的函数)的积分化为比较简单函数的积分.

设函数 $f(u)$ 有原函数 $F(u)$，即 $F'(u)=f(u)$，$u=\varphi(x)$ 可导，则由复合函数的微商公式有

$$\frac{\mathrm{d}}{\mathrm{d}x}F(\varphi(x)) = F'(\varphi(x))\varphi'(x) = f(\varphi(x))\varphi'(x),$$

于是 $F(\varphi(x))$ 是 $f(\varphi(x))\varphi'(x)$ 的一个原函数，由不定积分的定义，有

$$\int f(\varphi(x))\varphi'(x)\mathrm{d}x = F(\varphi(x)) + C.$$

我们把上面的论述用定理表述为：

定理 1 设 $f(u)$具有原函数 $F(u)$，$u=\varphi(x)$可导，则有换元公式：

$$\int f[\varphi(x)]\varphi'(x)\mathrm{d}x = F[\varphi(x)] + C. \qquad ①$$

利用公式①求不定积分的方法称为第一换元法. 如果我们形式上约定

$$\int f[\varphi(x)]\varphi'(x)\mathrm{d}x = \int f[\varphi(x)]\mathrm{d}\varphi(x),$$

则①式变为

$$\int f[\varphi(x)]\varphi'(x)\mathrm{d}x = \int f[\varphi(x)]\mathrm{d}\varphi(x) = \left[\int f(u)\mathrm{d}u\right]_{u=\varphi(x)} = F[\varphi(x)] + C. \qquad ②$$

公式②告诉我们：求不定积分 $\int f(\varphi(x))\varphi'(x)\mathrm{d}x$ 时，可将被积函数分为两部分，其中第一部分 $f(\varphi(x))$可以看做是某个中间变量 u 的函数，且此函数的原函数 $F(u)$是已知的，而第二部分 $\varphi'(x)$恰好是中间变量 u 的导数，或者说 $\varphi'(x)\mathrm{d}x$ 形式上是中间变量 u 的微分 $\mathrm{d}u$，这时不定积分就可以求出来了. 因此，我们把第一换元法也称为**凑微分法**.

例 1 求 $\int 3\cos 3x\mathrm{d}x$.

解 被积函数中 $\cos 3x$ 是复合函数，令 $\cos 3x=\cos u$，$u=3x$，有

$$\int 3\cos 3x\mathrm{d}x = \int \cos 3x \cdot 3\mathrm{d}x = \int \cos 3x\mathrm{d}(3x)$$
$$= \int \cos u\mathrm{d}u = \sin u + C.$$

再将 $u=3x$ 代入上式得

$$\int 3\cos 3x\mathrm{d}x = \sin 3x + C.$$

例 2 求 $\int \frac{\mathrm{d}x}{3x+1}$.

解 令 $u=3x+1$，则 $\mathrm{d}u=3\mathrm{d}x$，$\mathrm{d}x=\frac{1}{3}\mathrm{d}u$. 代入原式得

$$\int \frac{\mathrm{d}x}{3x+1} = \frac{1}{3}\int \frac{1}{u}\mathrm{d}u = \frac{1}{3}\ln|u| + C.$$

再将 $u=3x+1$ 代入上式得

$$\int \frac{\mathrm{d}x}{3x+1} = \frac{1}{3}\ln|3x+1| + C.$$

例 3 求 $\int x\sqrt{x^2-1}\mathrm{d}x$.

解 令 $u=x^2-1$,则 $\mathrm{d}u=2x\mathrm{d}x, x\mathrm{d}x=\frac{1}{2}\mathrm{d}u$. 代入原式得

$$\int x\sqrt{x^2-1}\mathrm{d}x=\frac{1}{2}\int u^{\frac{1}{2}}\mathrm{d}u=\frac{1}{3}u^{\frac{3}{2}}+C,$$

所以

$$\int x\sqrt{x^2-1}\mathrm{d}x=\frac{1}{3}(x^2-1)^{\frac{3}{2}}+C.$$

当运算熟练后,可以不必把中间变量 u 写出来,直接计算.

例 4
$$\begin{aligned}\int\sin 3x\cos 2x\mathrm{d}x&=\frac{1}{2}\int(\sin 5x+\sin x)\mathrm{d}x\\&=\frac{1}{10}\int\sin 5x\mathrm{d}(5x)+\frac{1}{2}\int\sin x\mathrm{d}x\\&=-\frac{1}{10}\cos 5x-\frac{1}{2}\cos x+C.\end{aligned}$$

这里我们用了三角函数的积化和差公式:

$$\sin\alpha\cos\beta=\frac{1}{2}[\sin(\alpha+\beta)+\sin(\alpha-\beta)].$$

例 5 求 $\int xe^{x^2}\mathrm{d}x$.

解 $\int xe^{x^2}\mathrm{d}x=\frac{1}{2}\int e^{x^2}\mathrm{d}(x^2)=\frac{1}{2}e^{x^2}+C.$

例 6 求 $\int\tan x\mathrm{d}x$.

解 $\int\tan x\mathrm{d}x=\int\frac{\sin x}{\cos x}\mathrm{d}x=-\int\frac{\mathrm{d}\cos x}{\cos x}=-\ln|\cos x|+C.$

类似可得 $\int\cot x\mathrm{d}x=\ln|\sin x|+C.$

例 7 求 $\int\frac{1}{x^2-a^2}\mathrm{d}x$.

解 由于

$$\frac{1}{x^2-a^2}=\frac{1}{2a}\left(\frac{1}{x-a}-\frac{1}{x+a}\right),$$

所以

$$\begin{aligned}\int\frac{1}{x^2-a^2}\mathrm{d}x&=\frac{1}{2a}\int\left(\frac{1}{x-a}-\frac{1}{x+a}\right)\mathrm{d}x=\frac{1}{2a}\left(\int\frac{1}{x-a}\mathrm{d}x-\int\frac{1}{x+a}\mathrm{d}x\right)\\&=\frac{1}{2a}\left[\int\frac{1}{x-a}\mathrm{d}(x-a)-\int\frac{1}{x+a}\mathrm{d}(x+a)\right]\\&=\frac{1}{2a}(\ln|x-a|-\ln|x+a|)+C=\frac{1}{2a}\ln\left|\frac{x-a}{x+a}\right|+C.\end{aligned}$$

例 8 求 $\int \frac{\mathrm{d}x}{\sqrt{a^2-x^2}}\ (a>0)$.

解 $\int \frac{\mathrm{d}x}{\sqrt{a^2-x^2}}=\int \frac{1}{a}\frac{\mathrm{d}x}{\sqrt{1-\left(\frac{x}{a}\right)^2}}=\int \frac{\mathrm{d}\frac{x}{a}}{\sqrt{1-\left(\frac{x}{a}\right)^2}}=\arcsin\frac{x}{a}+C.$

例 9 求 $\int \csc x\mathrm{d}x$.

解

$$\int \csc x\mathrm{d}x=\int \frac{\mathrm{d}x}{\sin x}=\int \frac{\mathrm{d}x}{2\sin\frac{x}{2}\cos\frac{x}{2}}=\int \frac{\mathrm{d}\frac{x}{2}}{\tan\frac{x}{2}\cos^2\frac{x}{2}}$$

$$=\int \frac{\mathrm{d}\tan\frac{x}{2}}{\tan\frac{x}{2}}=\ln\left|\tan\frac{x}{2}\right|+C.$$

因为

$$\tan\frac{x}{2}=\frac{\sin\frac{x}{2}}{\cos\frac{x}{2}}=\frac{2\sin^2\frac{x}{2}}{\sin x}=\frac{1-\cos x}{\sin x}=\csc x-\cot x,$$

所以该不定积分又可表为

$$\int \csc x\mathrm{d}x=\ln|\csc x-\cot x|+C.$$

由于 $\cos x=\sin\left(x+\frac{\pi}{2}\right)$，可得

$$\int \sec x\mathrm{d}x=\int \frac{1}{\cos x}\mathrm{d}x=\ln|\sec x+\tan x|+C.$$

例 10 求 $\int \cos^2 x\mathrm{d}x$.

解

$$\int \cos^2 x\mathrm{d}x=\int \frac{1+\cos 2x}{2}\mathrm{d}x=\frac{1}{2}\left(\int \mathrm{d}x+\int \cos 2x\mathrm{d}x\right)$$

$$=\frac{1}{2}\int \mathrm{d}x+\frac{1}{4}\int \cos 2x\mathrm{d}(2x)=\frac{x}{2}+\frac{\sin 2x}{4}+C.$$

类似可得 $\int \sin^2 x\mathrm{d}x=\frac{x}{2}-\frac{\sin 2x}{4}+C.$

熟记一些凑微分公式是十分必要的. 下面给出一些常见的凑微分形式：

(1) $\int f(ax+b)\mathrm{d}x=\frac{1}{a}\int f(ax+b)\mathrm{d}(ax+b)\ (a\neq 0)$；

(2) $\int f(x^{\mu})x^{\mu-1}\mathrm{d}x = \frac{1}{\mu}\int f(x^{\mu})\mathrm{d}x^{\mu}$ $(\mu \neq 0)$;

(3) $\int f(a^{x})a^{x}\mathrm{d}x = \frac{1}{\ln a}\int f(a^{x})\mathrm{d}a^{x}$ $(a > 0, a \neq 1)$,

$\int f(\mathrm{e}^{x})\mathrm{e}^{x}\mathrm{d}x = \int f(\mathrm{e}^{x})\mathrm{d}\mathrm{e}^{x}$;

(4) $\int f(\ln x)\frac{\mathrm{d}x}{x} = \int f(\ln x)\mathrm{d}\ln x$;

(5) $\int f(\sin x)\cos x\mathrm{d}x = \int f(\sin x)\mathrm{d}\sin x$;

(6) $\int f(\cos x)\sin x\mathrm{d}x = -\int f(\cos x)\mathrm{d}\cos x$;

(7) $\int f(\tan x)\sec^2 x\mathrm{d}x = \int f(\tan x)\mathrm{d}\tan x$;

(8) $\int f(\cot x)\csc^2 x\mathrm{d}x = -\int f(\cot x)\mathrm{d}\cot x$;

(9) $\int f(\arcsin x)\frac{\mathrm{d}x}{\sqrt{1-x^2}} = \int f(\arcsin x)\mathrm{d}\arcsin x$;

(10) $\int f(\arctan x)\frac{\mathrm{d}x}{1+x^2} = \int f(\arctan x)\mathrm{d}\arctan x$.

二、第二换元法(代入法)

在第一换元法中,是引入了一个中间变量 $u=\varphi(x)$,将 $\int f[\varphi(x)]\varphi'(x)\mathrm{d}x$ 化为积分 $\int f(u)\mathrm{d}u$,从而利用 $f(u)$ 的原函数 $F(u)$ 使不定积分便于计算. 而现在考虑的是将积分变量 x 作为中间变量,适当选取变量代换 $x=\varphi(t)$,代入被积表达式 $f(x)\mathrm{d}x$,把积分 $\int f(x)\mathrm{d}x$ 化为积分 $\int f[\varphi(t)]\varphi'(t)\mathrm{d}t$. 这是另一种形式的变量代换,可表达为

$$\int f(x)\mathrm{d}x = \int f[\varphi(t)]\varphi'(t)\mathrm{d}t.$$

经过这样的变换后,如果 $f[\varphi(t)]\varphi'(t)$ 的原函数为已知的,比如是 $F(t)$,那么

$$\int f(x)\mathrm{d}x = F(t) + C = F[\varphi^{-1}(x)] + C,$$

其中 φ^{-1} 为 φ 的反函数. 这种求不定积分的方法称为**第二换元法**.

在使用第二换元法时,要求变量替换函数 $x=\varphi(t)$ 一定有反函数 $t=\varphi^{-1}(x)$,并且在最后的结果中要将 t 换成 x 的函数.

我们把以上论述用定理表述为:

定理 2 设 $x=\varphi(t)$ 是单调、可导的函数，并且 $\varphi'(t)\neq 0$. 又设 $f[\varphi(t)]\varphi'(t)$ 具有原函数 $F(t)$，则有换元公式

$$\int f(x)\mathrm{d}x=\left[\int f[\varphi(t)]\varphi'(t)\mathrm{d}t\right]_{t=\varphi^{-1}(x)}=F(\varphi^{-1}(x))+C,$$

其中 $\varphi^{-1}(x)$ 是 $x=\varphi(t)$ 的反函数.

该定理可用复合函数和反函数的求导法则来证明. 证明略.

例 11 求 $\int\frac{x\mathrm{d}x}{\sqrt{x-2}}$.

解 被积函数中有 $\sqrt{x-2}$，则令 $t=\sqrt{x-2}$，即 $x=t^2+2(t>0)$，此时 $\mathrm{d}x=2t\mathrm{d}t$，于是

$$\int\frac{x\mathrm{d}x}{\sqrt{x-2}}=\int\frac{t^2+2}{t}\cdot 2t\mathrm{d}t=2\int(t^2+2)\mathrm{d}t=2\left(\frac{t^3}{3}+2t\right)+C.$$

再将 $t=\sqrt{x-2}$ 代回后整理，得

$$\int\frac{x\mathrm{d}x}{\sqrt{x-2}}=\frac{2}{3}(x+4)(x-2)^{\frac{1}{2}}+C.$$

例 12 求 $\int\sqrt{a^2-x^2}\mathrm{d}x\ (a>0)$.

解 利用三角公式 $\sin^2t+\cos^2t=1$. 设 $x=a\sin t,-\frac{\pi}{2}<t<\frac{\pi}{2}$，则 $\mathrm{d}x=a\cos t\mathrm{d}t$，而

$$\sqrt{a^2-x^2}=\sqrt{a^2-a^2\sin^2t}=a\cos t,$$

所以

$$\int\sqrt{a^2-x^2}\mathrm{d}x=\int a\cos t\cdot a\cos t\mathrm{d}t=a^2\int\cos^2t\mathrm{d}t.$$

利用例 10 的结果得

$$\int\sqrt{a^2-x^2}\mathrm{d}x=a^2\left(\frac{t}{2}+\frac{\sin 2t}{4}\right)+C=\frac{a^2}{2}t+\frac{a^2}{2}\sin t\cos t+C.$$

由于 $x=a\sin t,-\frac{\pi}{2}<t<\frac{\pi}{2}$，所以 $t=\arcsin\frac{x}{a}$，而

$$\cos t=\sqrt{1-\sin^2t}=\sqrt{1-\left(\frac{x}{a}\right)^2}=\frac{\sqrt{a^2-x^2}}{a},$$

所以

$$\int\sqrt{a^2-x^2}\mathrm{d}x=\frac{a^2}{2}\arcsin\frac{x}{a}+\frac{1}{2}x\sqrt{a^2-x^2}+C.$$

例 13 求 $\int\frac{\mathrm{d}x}{\sqrt{x^2+a^2}}\ (a>0)$.

解 利用三角公式 $1+\tan^2t=\sec^2t$. 设 $x=a\tan t,-\frac{\pi}{2}<t<\frac{\pi}{2}$，则 $\mathrm{d}x=a\sec^2t\mathrm{d}t$，而

$$\sqrt{a^2+x^2}=\sqrt{a^2\tan^2 t+a^2}=a\sec t,$$

所以

$$\begin{aligned}\int\frac{\mathrm{d}x}{\sqrt{x^2+a^2}}&=\int\frac{a\sec^2 t}{a\sec t}\mathrm{d}t=\int\sec t\mathrm{d}t\\&\xlongequal{\text{用例 9}}\ln|\sec t+\tan t|+C_1\\&=\ln|\sqrt{1+\tan^2 t}+\tan t|+C_1\\&=\ln\left|\sqrt{1+\left(\frac{x}{a}\right)^2}+\frac{x}{a}\right|+C_1\\&=\ln|x+\sqrt{x^2+a^2}|+C\quad(\text{其中 } C=C_1-\ln a).\end{aligned}\qquad ③$$

注意：把 $\sec t$ 及 $\tan t$ 换成 x 的函数，可以根据 $\tan t=\dfrac{x}{a}$ 作辅助直角三角形(图 1)，便有 $\sec t=\dfrac{\sqrt{x^2+a^2}}{a}$，直接代入到③式得积分结果.

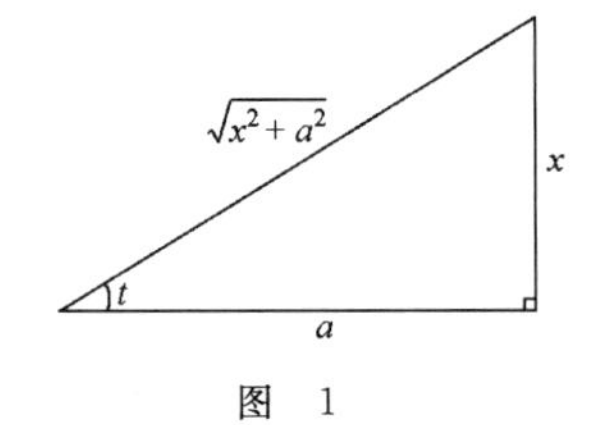

图 1

例 14 求 $\displaystyle\int\frac{\mathrm{d}x}{\sqrt{x^2-a^2}}\ (a>0)$.

解 利用三角公式 $\sec^2 t-1=\tan^2 t$. 设 $x=a\sec t, t\in\left(0,\dfrac{\pi}{2}\right)$，则 $\mathrm{d}x=a\sec t\tan t\mathrm{d}t$，而

$$\sqrt{x^2-a^2}=\sqrt{a^2\sec^2 t-a^2}=a\tan t,$$

所以

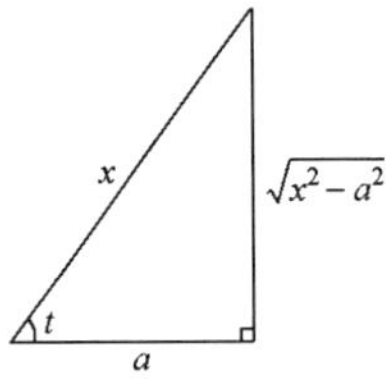

$$\begin{aligned}\int\frac{\mathrm{d}x}{\sqrt{x^2-a^2}}&=\int\frac{1}{a\tan t}a\sec t\tan t\mathrm{d}t\\&=\int\sec t\mathrm{d}t=\ln|\sec t+\tan t|+C_1\\&=\ln|\sec t+\sqrt{\sec t^2-1}|+C_1\\&=\ln\left|\frac{x}{a}+\sqrt{\left(\frac{x}{a}\right)^2-1}\right|+C_1\\&=\ln|x+\sqrt{x^2-a^2}|+C\quad(\text{其中 } C=C_1-\ln a).\end{aligned}\qquad ④$$

x $\sqrt{x^2-a^2}$ t a

图 2

合并例 13 和例 14，得

$$\int\frac{\mathrm{d}x}{\sqrt{x^2\pm a^2}}=\ln|x+\sqrt{x^2\pm a^2}|+C.$$

注 上述不定积分也可由 $\sec t=\dfrac{x}{a}$ 作直角三角形(图 2)得 $\tan t=\dfrac{\sqrt{x^2-a^2}}{a}$，代入④式得结果.

例 15 求 $\int \frac{\mathrm{d}x}{(a^2+x^2)^{3/2}}$.

解 设 $x=a\tan t, -\frac{\pi}{2}<t<\frac{\pi}{2}$，则 $\mathrm{d}x=a\sec^2 t\mathrm{d}t, (a^2+x^2)^{3/2}=a^3\sec^3 t$，所以

$$\int \frac{\mathrm{d}x}{(a^2+x^2)^{3/2}} = \int \frac{a\sec^2 t}{a^3\sec^3 t}\mathrm{d}t = \frac{1}{a^2}\int \cos t\mathrm{d}t = \frac{1}{a^2}\sin t = \frac{1}{a^2}\cdot\frac{x}{\sqrt{a^2+x^2}}.$$

下面介绍一种很有用的代换——倒代换，利用它常可消去被积函数分母中的变量因子 x. 特别当分母的次数远高于分子的次数时，可首先考虑用倒代换.

例 16 求 $\int \frac{1}{x\sqrt{x^2+4x-4}}\mathrm{d}x$.

解 设 $x=\frac{1}{t}$，那么

$$\sqrt{x^2+4x-4} = \frac{1}{t}\sqrt{1+4t-4t^2}, \quad \mathrm{d}x=-\frac{1}{t^2}\mathrm{d}t,$$

于是

$$\int \frac{1}{x\sqrt{x^2+4x-4}}\mathrm{d}x = -\int \frac{1}{\sqrt{1+4t-4t^2}}\mathrm{d}t = -\frac{1}{2}\int \frac{1}{\sqrt{2-(2t-1)^2}}\mathrm{d}(2t-1)$$
$$= -\frac{1}{2}\arcsin\frac{2t-1}{\sqrt{2}}+C = -\frac{1}{2}\arcsin\frac{2-x}{\sqrt{2}x}+C.$$

习 题 4.2

计算下列不定积分：

1. $\int \frac{1}{a^2+x^2}\mathrm{d}x$.
2. $\int \frac{\mathrm{d}x}{x(1+2\ln x)}$.
3. $\int \frac{\mathrm{e}^{\sqrt{x}}}{\sqrt{x}}\mathrm{d}x$.
4. $\int \sin^3 x\mathrm{d}x$.
5. $\int \sin^2 x\cos^5 x\mathrm{d}x$.
6. $\int \cos^4 x\mathrm{d}x$.
7. $\int \sec^6 x\mathrm{d}x$.
8. $\int \tan^5 x\sec^3 x\mathrm{d}x$.
9. $\int \cos 3x\cos 2x\mathrm{d}x$.
10. $\int \frac{\cos\sqrt{t}}{\sqrt{t}}\mathrm{d}t$.
11. $\int \frac{\mathrm{d}x}{x\ln x\ln\ln x}$.
12. $\int \tan\sqrt{1+x^2}\,\frac{x\mathrm{d}x}{\sqrt{1+x^2}}$.
13. $\int \frac{\mathrm{e}^{\frac{1}{x}}}{x^2}\mathrm{d}x$.
14. $\int \frac{\mathrm{d}x}{\sqrt{1+\mathrm{e}^{2x}}}$.
15. $\int x\mathrm{e}^{-2x^2}\mathrm{d}x$.
16. $\int \frac{x}{\sqrt{2-3x^2}}\mathrm{d}x$.
17. $\int \frac{\cos x}{\sin^3 x}\mathrm{d}x$.
18. $\int \frac{\cos x-\sin x}{\sqrt[3]{\sin x+\cos x}}\mathrm{d}x$.
19. $\int \frac{\mathrm{d}x}{\sqrt{x-x^2}}$.
20. $\int \frac{x^3}{9+x^2}\mathrm{d}x$.
21. $\int \frac{\mathrm{d}x}{(x-1)(x+2)}$.

22. $\int \sin^3 x\mathrm{d}x$.　　23. $\int \frac{\sin 2x}{\sqrt{4-\cos^4 x}}\mathrm{d}x$.　　24. $\int \frac{\mathrm{d}x}{\sqrt{x}\sqrt{1+\sqrt{x}}}$.

25. $\int \frac{1+\ln x}{(x\ln x)^2}\mathrm{d}x$.　　26. $\int \frac{x^2}{\sqrt{a^2-x^2}}\mathrm{d}x\ (a>0)$.　　27. $\int \frac{\mathrm{d}x}{x\sqrt{x^2-1}}$.

28. $\int \frac{\mathrm{d}x}{1+\sqrt{2x}}$.　　29. $\int \frac{\mathrm{d}x}{1+\sqrt{1-x^2}}$.　　30. $\int \frac{\sqrt{a^2-x^2}}{x^4}\mathrm{d}x$.

§4.3 分部积分法

分部积分法是另一种求不定积分的常用方法.

设 $u=u(x)$ 与 $v=v(x)$ 都是可微函数,根据函数乘法的求导公式,有

$$uv' = (uv)' - u'v,$$

两边取不定积分,即得

$$\int uv'\mathrm{d}x = uv - \int u'v\mathrm{d}x, \quad ①$$

或者写成

$$\int u\mathrm{d}v = uv - \int v\mathrm{d}u. \quad ②$$

这就是所谓的**分部积分公式**.利用分部积分公式去求不定积分的方法称为**分部积分法**.

分部积分法的**基本思想**是:将要求的不定积分 $\int u\mathrm{d}v$ 转化为求不定积分 $\int v\mathrm{d}u$.如果求 $\int u\mathrm{d}v$ 有困难,而求 $\int v\mathrm{d}u$ 比较容易时,这种方法就给我们提供了一种变换积分的有效工具.

例 1 求 $\int \ln x\mathrm{d}x$.

解 设 $u=\ln x,\mathrm{d}v=\mathrm{d}x$,则 $\mathrm{d}u=\frac{1}{x}\mathrm{d}x,v=x$.于是应用分部积分公式,得

$$\int \ln x\mathrm{d}x = x\ln x - \int x\cdot\frac{\mathrm{d}x}{x} = x\ln x - x + C.$$

例 2 求 $\int x\cos x\mathrm{d}x$.

解 设 $u=x,\mathrm{d}v=\cos x\mathrm{d}x=\mathrm{d}\sin x$,则 $\mathrm{d}u=\mathrm{d}x,v=\sin x$.于是应用分部积分公式①,得

$$\int x\cos x\mathrm{d}x = x\sin x - \int \sin x\mathrm{d}x = x\sin x + \cos x + C.$$

在计算熟练后,分部积分法的替换过程可以省略.例如:运用分部积分公式②的形式,例 2 的求解过程可表述为

$$\int x\cos x\mathrm{d}x = \int x\mathrm{d}\sin x = x\sin x - \int \sin x\mathrm{d}x = x\sin x + \cos x + C.$$

使用分部积分法需注意：

(1) 分部积分法关键在于 u 和 $\mathrm{d}v$ 的选择，如果选择不当，就求不出结果. 选取 u 和 $\mathrm{d}v$ 一般要考虑下面两点：

(i) v 要容易求得；

(ii) $\int v\mathrm{d}u$ 要比 $\int u\mathrm{d}v$ 容易积分.

(2) 优先选 u 的一般顺序：对数函数→反三角函数→代数函数→三角函数→指数函数，在具体运用时要依据问题具体分析.

例 3 求 $\int x^2\mathrm{e}^x\mathrm{d}x$.

解 设 $u=x^2, \mathrm{d}v=\mathrm{e}^x\mathrm{d}x$，则

$$\begin{aligned}\int x^2\mathrm{e}^x\mathrm{d}x &= \int x^2\mathrm{d}(\mathrm{e}^x) = x^2\mathrm{e}^x - 2\int x\mathrm{e}^x\mathrm{d}x = x^2\mathrm{e}^x - 2\int x\mathrm{d}\mathrm{e}^x \\ &= x^2\mathrm{e}^x - 2x\mathrm{e}^x + 2\mathrm{e}^x + C = (x^2 - 2x + 2)\mathrm{e}^x + C.\end{aligned}$$

例 4 求 $\int \mathrm{e}^x\sin x\mathrm{d}x$.

解

$$\begin{aligned}\int \mathrm{e}^x\sin x\mathrm{d}x &= \int \mathrm{e}^x\mathrm{d}(-\cos x) = -\mathrm{e}^x\cos x + \int \mathrm{e}^x\cos x\mathrm{d}x \\ &= -\mathrm{e}^x\cos x + \int \mathrm{e}^x\mathrm{d}(\sin x) \\ &= -\mathrm{e}^x\cos x + \mathrm{e}^x\sin x - \int \mathrm{e}^x\sin x\mathrm{d}x,\end{aligned}$$

即

$$\int \mathrm{e}^x\sin x\mathrm{d}x = -\mathrm{e}^x\cos x + \mathrm{e}^x\sin x - \int \mathrm{e}^x\sin x\mathrm{d}x.$$

将上式整理再添上任意常数，得

$$\int \mathrm{e}^x\sin x\mathrm{d}x = \frac{1}{2}(\sin x - \cos x)\mathrm{e}^x + C.$$

同样的方法可得

$$\int \mathrm{e}^{ax}\sin bx\,\mathrm{d}x = \frac{1}{a^2+b^2}(a\sin bx - b\cos bx)\mathrm{e}^{ax} + C,$$

$$\int \mathrm{e}^{ax}\cos bx\,\mathrm{d}x = \frac{1}{a^2+b^2}(a\cos bx + b\sin bx)\mathrm{e}^{ax} + C.$$

例 5 求 $\int x\arctan x\mathrm{d}x$.

解 $\int x\arctan x\mathrm{d}x = \int \arctan x\mathrm{d}\left(\frac{1}{2}x^2\right)$

$$=\frac{1}{2}x^2\arctan x-\frac{1}{2}\int x^2\ \frac{dx}{1+x^2}$$

$$=\frac{1}{2}x^2\arctan x-\frac{1}{2}\int\frac{1+x^2-1}{1+x^2}dx$$

$$=\frac{1}{2}x^2\arctan x-\frac{1}{2}\int\left(1-\frac{1}{1+x^2}\right)dx$$

$$=\frac{1}{2}x^2\arctan x-\frac{x}{2}+\frac{1}{2}\arctan x+C$$

$$=\frac{1+x^2}{2}\arctan x-\frac{x}{2}+C.$$

例 6　求 $I_n=\int\frac{dx}{(x^2+a^2)^n}$,其中 n 是正整数.

解　$I_n=\int\frac{dx}{(x^2+a^2)^n}=\frac{1}{a^2}\int\frac{x^2+a^2-x^2}{(x^2+a^2)^n}dx$

$$=\frac{1}{a^2}\int\frac{dx}{(x^2+a^2)^{n-1}}-\frac{1}{a^2}\int\frac{x^2}{(x^2+a^2)^n}dx$$

$$=\frac{1}{a^2}I_{n-1}-\frac{1}{2a^2}\int x\ \frac{d(x^2+a^2)}{(x^2+a^2)^n}$$

$$=\frac{1}{a^2}I_{n-1}+\frac{1}{2(n-1)a^2}\int x d\left(\frac{1}{(x^2+a^2)^{n-1}}\right)$$

$$=\frac{1}{a^2}I_{n-1}+\frac{1}{2(n-1)a^2}\left[\frac{x}{(x^2+a^2)^{n-1}}-\int\frac{1}{(x^2+a^2)^{n-1}}dx\right]$$

$$=\frac{1}{a^2}I_{n-1}+\frac{1}{2(n-1)a^2}\cdot\frac{x}{(x^2+a^2)^{n-1}}-\frac{1}{2(n-1)a^2}I_{n-1}.$$

将右端整理后,得

$$I_n=\frac{x}{2(n-1)a^2(x^2+a^2)^{n-1}}+\frac{2(n-1)-1}{2(n-1)a^2}I_{n-1},\qquad ③$$

其中 $I_{n-1}=\int\frac{dx}{(x^2+a^2)^{n-1}}$.

公式③是一个递推公式,由于

$$I_1=\int\frac{dx}{(x^2+a^2)}=\frac{1}{a}\arctan\frac{x}{a}+C,$$

于是可以逐项利用公式③得到

$$I_2=\frac{x}{2a^2(x^2+a^2)}+\frac{1}{2a^3}\arctan\frac{x}{a}+C,$$

$$I_3=\frac{x}{4a^2(x^2+a^2)^2}+\frac{3x}{8a^4(x^2+a^2)}+\frac{3}{8a^5}\arctan\frac{x}{a}+C.$$

求不定积分要注意以下两点:

(1) 不论是换元法，还是分部积分法，都是原理简单，但使用却十分灵活，技巧性很强，需要多加练习，才能掌握这些技巧. 这些方法和技巧实质是把要求的积分转化为基本积分表中的一个初等积分.

(2) 在一个具体题目中应该用什么方法，要对题目多加观察和分析，通过摸索和不断总结才能找到窍门.

除了基本积分表外，建议读者还要记住下列不定积分公式，这对解题大有好处，因为它们通常也被当做公式使用(其中常数 $a>0$)：

$$\int \tan x\mathrm{d}x = -\ln|\cos x| + C; \qquad \int \cot x\mathrm{d}x = \ln|\sin x| + C;$$

$$\int \sec x\mathrm{d}x = \ln|\sec x + \tan x| + C; \qquad \int \csc x\mathrm{d}x = \ln|\csc x - \cot x| + C;$$

$$\int \frac{\mathrm{d}x}{a^2 + x^2} = \frac{1}{a}\arctan\frac{x}{a} + C; \qquad \int \frac{\mathrm{d}x}{x^2 - a^2} = \frac{1}{2a}\ln\left|\frac{x-a}{x+a}\right| + C;$$

$$\int \frac{\mathrm{d}x}{\sqrt{a^2 - x^2}} = \arcsin\frac{x}{a} + C; \qquad \int \frac{\mathrm{d}x}{\sqrt{x^2 \pm a^2}} = \ln|x + \sqrt{x^2 \pm a^2}| + C.$$

在结束本节前还要指出，并非所有初等函数的不定积分都是可以“积出来”的，确切地说，就是并非所有初等函数的原函数都是初等函数，例如已经证明

$$\int \frac{\mathrm{d}x}{\sqrt{1+x^4}}, \quad \int \frac{1}{\ln x}\mathrm{d}x, \quad \int \mathrm{e}^{-x^2}\mathrm{d}x, \quad \int \frac{\cos x}{x}\mathrm{d}x, \quad \int \frac{\sin x}{x}\mathrm{d}x$$

等均不能用初等函数表示，尽管它们的被积函数都十分简单.

习 题 4.3

求下列不定积分：

1. $\int x\mathrm{e}^x\mathrm{d}x$.
2. $\int x\sin x\mathrm{d}x$.
3. $\int \ln(x^2+1)\mathrm{d}x$.
4. $\int \arctan x\mathrm{d}x$.
5. $\int \frac{\ln x}{x^2}\mathrm{d}x$.
6. $\int x^n\ln x\mathrm{d}x \ (n\neq -1)$.
7. $\int x^2\mathrm{e}^{-x}\mathrm{d}x$.
8. $\int x^3(\ln x)^2\mathrm{d}x$.
9. $\int \mathrm{e}^x\cos x\mathrm{d}x$.
10. $\int \sec^3 x\mathrm{d}x$.
11. $\int \mathrm{e}^{\sqrt{x}}\mathrm{d}x$.
12. $\int x^2\arctan x\mathrm{d}x$.
13. $\int x\tan^2 x\mathrm{d}x$.
14. $\int t\mathrm{e}^{-2t}\mathrm{d}t$.
15. $\int \frac{\ln\sin x}{\sin^2 x}\mathrm{d}x$.
16. $\int \frac{(\ln x)^2}{x}\mathrm{d}x$.
17. $\int \arctan\sqrt{x}\mathrm{d}x$.

§4.4 特殊类型函数的积分

前面指出有些被积函数的原函数不是初等函数,那么这类不定积分是“积不出来”的.人们自然会想到底哪些函数是可以“积出来”的呢?本节告诉读者:关于有理函数、三角函数的有理式以及某些根式的有理式都是可以“积出来”的.

一、有理函数的不定积分

有理函数是指两个多项式之比,即

$$\frac{P(x)}{Q(x)}=\frac{a_0x^n+a_1x^{n-1}+\cdots+a_{n-1}x+a_n}{b_0x^m+b_1x^{m-1}+\cdots+b_{m-1}x+b_m},$$

其中 n 和 m 都是非负整数;$a_0,a_1,\cdots,a_n$ 及 $b_0,b_1,\cdots,b_m$ 都是实数;$a_0\neq0,b_0\neq0$.通常我们假定 $P(x)$ 与 $Q(x)$ 没有公因子.

当 $m>n$ 时,上述有理函数称为真分式;否则称为假分式.我们仅讨论真分式就足够了,因为任何一个假分式都可利用多项式除法将其表示成一个多项式与一个真分式之和的形式,而多项式的积分是容易求的.

对于一个有理真分式 $\frac{P(x)}{Q(x)}$,求不定积分的关键是将 $\frac{P(x)}{Q(x)}$ 表示成**部分分式**之和.所谓部分分式是指下面四种最简单的真分式:

$$\frac{A}{x-a},\quad \frac{A}{(x-a)^n};\quad \frac{Bx+C}{x^2+px+q},\quad \frac{Bx+C}{(x^2+px+q)^n}, \tag{①}$$

其中 A,B,C,a,p,q 为常数,n 为大于 1 的自然数,x^2+px+q 是一个没有实根的二次三项式,也即 $p^2<4q$.

如果多项式 $Q(x)$ 在实数范围内能分解成一次因式和二次因式的乘积,如

$$Q(x)=(x-a)^k\cdots(x-b)^t(x^2+px+q)^l\cdots(x^2+rx+s)^h,$$

其中 $a,\cdots,b,p,q,\cdots,r,s$ 为常数;且 $p^2-4q<0,\cdots,r^2-4s<0$;$k,\cdots,t,l,\cdots,h$ 为正整数,那么真分式 $\frac{P(x)}{Q(x)}$ 可以分解成如下部分分式之和:

$$\begin{aligned}\frac{P(x)}{Q(x)}=&\frac{A_1}{x-a}+\frac{A_2}{(x-a)^2}+\cdots+\frac{A_k}{(x-a)^k}+\cdots\\&+\frac{B_1}{x-b}+\frac{B_2}{(x-b)^2}+\cdots+\frac{B_t}{(x-b)^t}\\&+\frac{C_1x+D_1}{x^2+px+q}+\frac{C_2x+D_2}{(x^2+px+q)^2}+\cdots+\frac{C_lx+D_l}{(x^2+px+q)^l}+\cdots\\&+\frac{E_1x+F_1}{x^2+rx+s}+\frac{E_2x+F_2}{(x^2+rx+s)^2}+\cdots+\frac{E_hx+F_h}{(x^2+rx+s)^h},\end{aligned}$$

其中 $A_1,A_2,\cdots,A_k;B_1,B_2,\cdots,B_t;C_1,C_2,\cdots,C_l;D_1,D_2,\cdots,D_l;E_1,E_2,\cdots,E_h;F_1,F_2,\cdots,F_h$ 都是常数.

简单地说,如果 $Q(x)$ 中有因式 $(x-a)^k$,那么 $\dfrac{P(x)}{Q(x)}$ 的部分分式中一定包含下列形式的 k 个部分分式之和:

$$\frac{A_1}{x-a}+\frac{A_2}{(x-a)^2}+\cdots+\frac{A_k}{(x-a)^k};$$

而如果 $Q(x)$ 中有因式 $(x^2+px+q)^k\ (p^2-4q<0)$,那么 $\dfrac{P(x)}{Q(x)}$ 的部分分式中一定包含下列形式的 k 个部分分式之和:

$$\frac{C_1x+D_1}{x^2+px+q}+\frac{C_2x+D_2}{(x^2+px+q)^2}+\cdots+\frac{C_kx+D_k}{(x^2+px+q)^k}.$$

将 $Q(x)$ 的全部因子对应的这些部分分式之和加起来,就等于 $\dfrac{P(x)}{Q(x)}$.

例如

$$\frac{2x-1}{x^2-5x+6}=\frac{2x-1}{(x-3)(x-2)}=\frac{A}{x-3}+\frac{B}{x-2},$$

上式中的 A,B 称为**待定系数**.确定待定系数的方法通常有两种,一种方法是将分解式两端通分消去分母,得到一个 x 的恒等式,比较恒等式的两端 x 同次幂项的系数,可得到一线性方程组,解该方程组,即可求出待定系数.另一种方法是将两端通分消去分母后,给 x 以适当的值代入恒等式,从而可得出一组线性方程,解该方程组,即可求出待定系数.

例1 将 $\dfrac{2x-1}{x^2-5x+6}$ 分解为部分分式.

解法1 设

$$\frac{2x-1}{x^2-5x+6}=\frac{A}{x-3}+\frac{B}{x-2}.$$

两端去分母后,得

$$2x-1=A(x-2)+B(x-3), \tag{②}$$

即

$$2x-1=(A+B)x-(2A+3B).$$

比较两端同次幂项系数,得

$$\begin{cases}A+B=2,\\ 2A+3B=1.\end{cases}$$

解此方程组,得 $A=5,B=-3$.因此

$$\frac{2x-1}{x^2-5x+6}=\frac{5}{x-3}-\frac{3}{x-2}.$$

解法2 在上面恒等式②中,令 $x=2$,得 $B=-3$;令 $x=3$,得 $A=5$. 这与解法1的结果

相同.

以上说明了：任一真分式都可分解成若干项部分分式之和，并指明了具体的分解方法.

这样全部的问题就归结为求①式四种类型的部分分式的不定积分.

对于第一、二种部分分式，其不定积分式很容易求得：

$$\int \frac{A\mathrm{d}x}{x-a} = A\ln|x-a| + C,$$

$$\int \frac{A\mathrm{d}x}{(x-a)^n} = \frac{A}{1-n}(x-a)^{1-n} + C \quad (n>1).$$

而求第三种部分分式的不定积分也是不难的：

$$\int \frac{(Bx+C)\mathrm{d}x}{x^2+px+q} = \frac{B}{2}\int \frac{\mathrm{d}\left(x+\frac{p}{2}\right)^2}{\left(x+\frac{p}{2}\right)^2+\left(q-\frac{p^2}{4}\right)} + \left(C-\frac{Bp}{2}\right)\int \frac{\mathrm{d}x}{\left(x+\frac{p}{2}\right)^2+\left(q-\frac{p^2}{4}\right)}$$

$$= \frac{B}{2}\ln|x^2+px+q| + \frac{C-\frac{Bp}{2}}{\sqrt{q-\frac{p^2}{4}}}\arctan\frac{x+\frac{p}{2}}{\sqrt{q-\frac{p^2}{4}}} + C.$$

对于第四种部分分式，有

$$\int \frac{(Bx+C)\mathrm{d}x}{(x^2+px+q)^n} = \frac{B}{2}\int \frac{\mathrm{d}\left(x+\frac{p}{2}\right)^2}{\left[\left(x+\frac{p}{2}\right)^2+\left(q-\frac{p^2}{4}\right)\right]^n}$$

$$+ \left(C-\frac{Bp}{2}\right)\int \frac{\mathrm{d}x}{\left[\left(x+\frac{p}{2}\right)^2+\left(q-\frac{p^2}{4}\right)\right]^n}$$

$$= \frac{B}{2(1-n)}\left[\left(x+\frac{p}{2}\right)^2+\left(q-\frac{p^2}{4}\right)\right]^{1-n}$$

$$+ \left(C-\frac{Bp}{2}\right)\int \frac{\mathrm{d}x}{\left[\left(x+\frac{p}{2}\right)^2+\left(q-\frac{p^2}{4}\right)\right]^n}.$$

而最后一个不定积分可以用§4.3例6中的递推公式求解.

以上我们证明了有理函数是可以“积出来的”，并且提供了求解这种不定积分的方法.

例2 求 $\int \frac{2x-1}{x^2-5x+6}\mathrm{d}x$.

解 由例1知 $\frac{2x-1}{x^2-5x+6} = \frac{5}{x-3} - \frac{3}{x-2}$，所以

$$\int \frac{2x-1}{x^2-5x+6}\mathrm{d}x = \int\left(\frac{5}{x-3} - \frac{3}{x-2}\right)\mathrm{d}x$$

$$= 5\int \frac{1}{x-3}\mathrm{d}x - 3\int \frac{1}{x-2}\mathrm{d}x$$
$$= 5\ln|x-3| - 3\ln|x-2| + C.$$

例 3 求 $\int \frac{x-5}{(x+1)(x-2)^2}\mathrm{d}x$.

解 因为 $\frac{x-5}{(x+1)(x-2)^2}=\frac{-\frac{2}{3}}{x+1}+\frac{\frac{2}{3}}{x-2}+\frac{-1}{(x-2)^2}$,所以

$$\int \frac{x-5}{(x+1)(x-2)^2}\mathrm{d}x = -\frac{2}{3}\int \frac{1}{x+1}\mathrm{d}x + \frac{2}{3}\int \frac{1}{x-2}\mathrm{d}x - \int \frac{1}{(x-2)^2}\mathrm{d}x$$
$$= \frac{1}{x-2} + \frac{2}{3}\ln\left|\frac{x-2}{x+1}\right| + C.$$

例 4 求 $\int \frac{4}{x(x^2+4)}\mathrm{d}x$.

解 设 $\frac{4}{x(x^2+4)}=\frac{A}{x}+\frac{Bx+C}{x^2+4}$,等式两端通分,消去分母得 $4=A(x^2+4)+x(Bx+C)$.
可解得 $A=1,B=-1,C=0$. 由此得到

$$\frac{4}{x(x^2+4)} = \frac{1}{x} - \frac{x}{x^2+4},$$

所以

$$\int \frac{4}{x(x^2+4)}\mathrm{d}x = \ln|x| - \frac{1}{2}\ln(x^2+4) + C.$$

二、三角函数有理式的不定积分

所谓三角函数的有理式是指对三角函数进行有限次加、减、乘、除所得的表达式. 对于三角函数有理式,求不定积分的一般方法是作变量替换

$$t = \tan\frac{x}{2}.$$

这个替换俗称**万能替换**,通过该替换可将三角函数有理式变为关于 t 的有理函数,而有理函数总是可积的.

设 $R(x,y)$ 是关于 x,y 的有理式,要求的不定积分是

$$\int R(\sin x,\cos x)\,\mathrm{d}x.$$

在变换 $t=\tan\frac{x}{2}$ 之下,有 $x=2\arctan t$, $\mathrm{d}x=\frac{2}{1+t^2}\mathrm{d}t$,而

$$\sin x = \frac{2\tan\frac{x}{2}}{1+\tan^2\frac{x}{2}} = \frac{2t}{1+t^2},\quad \cos x = \frac{1-\tan^2\frac{x}{2}}{1+\tan^2\frac{x}{2}} = \frac{1-t^2}{1+t^2},$$

所以
$$\int R(\sin x,\cos x)\mathrm{d}x=\int R\left(\frac{2t}{1+t^2},\frac{1-t^2}{1+t^2}\right)\cdot\frac{2}{1+t^2}\mathrm{d}t.$$

例 5 求 $\displaystyle\int\frac{2+\sin x}{\sin x(1+\cos x)}\mathrm{d}x$.

解 利用万能替换 $t=\tan\dfrac{x}{2}$,得

$$\begin{aligned}\int\frac{2+\sin x}{\sin x(1+\cos x)}\mathrm{d}x&=\int\frac{\left(2+\dfrac{2t}{1+t^2}\right)\dfrac{2\mathrm{d}t}{1+t^2}}{\dfrac{2t}{1+t^2}\left(1+\dfrac{1-t^2}{1+t^2}\right)}\\&=\int\left(t+1+\frac{1}{t}\right)\mathrm{d}t=\left(\frac{t^2}{2}+t+\ln|t|\right)+C\\&=\frac{1}{2}\tan^2\frac{x}{2}+\tan\frac{x}{2}+\ln\left|\tan\frac{x}{2}\right|+C.\end{aligned}$$

万能替换虽然对一般三角函数有理式总是适用的,但有时比较麻烦.因此,对一个具体的问题,若可以用其他方法求出积分时,则不一定要用这种替换,如下例.

例 6 求 $\displaystyle\int\frac{\sin x\cos x}{1+\sin^2x}\mathrm{d}x$.

解 根据被积函数的形式,令 $t=\sin x,\mathrm{d}t=\cos x\mathrm{d}x$,则
$$\int\frac{\sin x\cos x}{1+\sin^2x}\mathrm{d}x=\int\frac{t\mathrm{d}t}{1+t^2}=\frac{1}{2}\ln(1+t^2)+C=\frac{1}{2}\ln(1+\sin^2x)+C.$$

三、某些根式的不定积分

如果被积函数中含有简单根式 $\sqrt[n]{\dfrac{ax+b}{cx+d}}$ 或 $\sqrt[n]{ax+b}$,可以经过变量替换,即令这个简单根式为 u 来求不定积分.由于这样的变换具有反函数,且反函数是 u 的有理函数,因此可以求出其积分.

例 7 求 $\displaystyle\int\frac{\sqrt{x-3}}{x}\mathrm{d}x$.

解 设 $t=\sqrt{x-3}$,得 $x=t^2+3,\mathrm{d}x=2t\mathrm{d}t$,从而
$$\begin{aligned}\int\frac{\sqrt{x-3}}{x}\mathrm{d}x&=\int\frac{t}{t^2+3}\cdot 2t\mathrm{d}t=2\int\left(1-\frac{3}{t^2+(\sqrt{3})^2}\right)\mathrm{d}t\\&=2\left(t-\sqrt{3}\arctan\frac{t}{\sqrt{3}}\right)+C\\&=2\left(\sqrt{x-3}-\sqrt{3}\arctan\frac{\sqrt{x-3}}{\sqrt{3}}\right)+C.\end{aligned}$$

例 8 求$\int \frac{1}{x}\sqrt{\frac{1+x}{x}}\mathrm{d}x$.

解 设$t=\sqrt{\frac{1+x}{x}}$,得$x=\frac{1}{t^2-1}$,$\mathrm{d}x=-\frac{2t\mathrm{d}t}{(t^2-1)^2}$,从而

$$\begin{aligned}\int \frac{1}{x}\sqrt{\frac{1+x}{x}}\mathrm{d}x&=\int (t^2-1)t\cdot\frac{-2t}{(t^2-1)^2}\mathrm{d}t=-2\int\frac{t^2}{t^2-1}\mathrm{d}t\\&=-2\int\left(1+\frac{1}{t^2-1}\right)\mathrm{d}t=-2t-\ln\left|\frac{t-1}{t+1}\right|+C\\&=-2t+2\ln(t+1)-\ln|t^2-1|+C\\&=-2\sqrt{\frac{1+x}{x}}+2\ln\left(\sqrt{\frac{1+x}{x}}+1\right)+\ln|x|+C.\end{aligned}$$

习 题 4.4

求下列不定积分:

1. $\int\frac{x+3}{x^2-5x+6}\mathrm{d}x$.
2. $\int\frac{x-2}{x^2+2x+3}\mathrm{d}x$.
3. $\int\frac{1}{x(x-1)^2}\mathrm{d}x$.
4. $\int\frac{1}{(1+2x)(1+x^2)}\mathrm{d}x$.
5. $\int\frac{1}{(x-1)(x-2)}\mathrm{d}x$.
6. $\int\frac{\mathrm{d}x}{9-x^2}$.
7. $\int\frac{x}{(x^2+1)(x^2+4)}\mathrm{d}x$.
8. $\int\frac{\mathrm{d}x}{(x^2+1)(x^2+x+1)}$.
9. $\int\frac{1}{x^4+1}\mathrm{d}x$.
10. $\int\frac{x\mathrm{d}x}{(x+2)(x+3)^2}$.
11. $\int\frac{1}{2+\cos x}\mathrm{d}x$.
12. $\int\frac{\mathrm{d}x}{3+\sin^2 x}$.
13. $\int\frac{1}{1+\sin x}\mathrm{d}x$.
14. $\int\frac{\sin x\mathrm{d}x}{1+\sin x+\cos x}$.
15. $\int\frac{\mathrm{d}x}{2\sin x-\cos x+5}$.
16. $\int\frac{\sqrt{x-1}}{x}\mathrm{d}x$.
17. $\int\frac{1}{1+\sqrt[3]{x+2}}\mathrm{d}x$.
18. $\int\frac{x+1}{x\sqrt{x-2}}\mathrm{d}x$.

总练习题四

求下列不定积分:

1. $\int\frac{\arctan\sqrt{x}}{\sqrt{x}(1+x)}\mathrm{d}x$.
2. $\int\frac{\cos x-\sin x}{1+\sin x\cos x}\mathrm{d}x$.
3. $\int\frac{\sin^2 x}{(x\cos x-\sin x)^2}\mathrm{d}x$.
4. $\int\frac{\ln\ln x}{x}\mathrm{d}x$.
5. $\int x\sin^2 x\mathrm{d}x$.
6. $\int\tan^4 x\mathrm{d}x$.
7. $\int\frac{(x+1)}{x(1+x\mathrm{e}^x)}\mathrm{d}x$.
8. $\int\frac{1}{x(x^6+4)}\mathrm{d}x$.
9. $\int\sqrt{\frac{a+x}{a-x}}\mathrm{d}x\ (a>0)$.

10. $\int \frac{1}{\sqrt{x(4-x)}}\mathrm{d}x$. 11. $\int \sqrt{x}\sin\sqrt{x}\mathrm{d}x$. 12. $\int \frac{\ln x}{(1-x)^2}\mathrm{d}x$.

13. $\int \frac{\sin^2 x}{\cos^3 x}\mathrm{d}x$. 14. $\int \arctan\sqrt{x}\mathrm{d}x$. 15. $\int \frac{\mathrm{d}x}{x^4-1}$.

16. $\int \mathrm{e}^{2x}(\tan x+1)^2\mathrm{d}x$. 17. $\int \frac{\ln x-1}{x^2}\mathrm{d}x$. 18. $\int \frac{\sqrt[3]{x}}{x(\sqrt{x}+\sqrt[3]{x})}\mathrm{d}x$.

19. $\int \frac{\mathrm{d}x}{\mathrm{e}^x+\mathrm{e}^{-x}}$. 20. $\int \frac{x^2\arctan x}{1+x^2}\mathrm{d}x$.

第五章 定积分及其应用

本章将讨论一元函数积分学的另一个基本问题——定积分.不定积分概念是由研究求导问题的逆问题而引入的,而定积分是从大量的几何、物理等实际问题中抽象出来的,因而在自然科学与工程技术中有着广泛的应用.本章我们先从实例出发由研究微小量的无限累积问题而引入定积分的概念,然后讨论定积分的性质、计算方法以及应用.

§5.1 定积分的概念及性质

一、问题的提出

我们将从求解曲边梯形的面积和变速直线运动的路程两个实际例子来引出定积分的概念.

(一) 曲边梯形的面积

在中学数学的学习中,我们掌握了一些特殊的规则图形面积的计算方法,但是对由一般曲线围成的图形面积却未加讨论,而一般曲线所围成的平面图形的面积的计算,依赖于曲边梯形面积的计算.所以我们先讨论曲边梯形的面积.

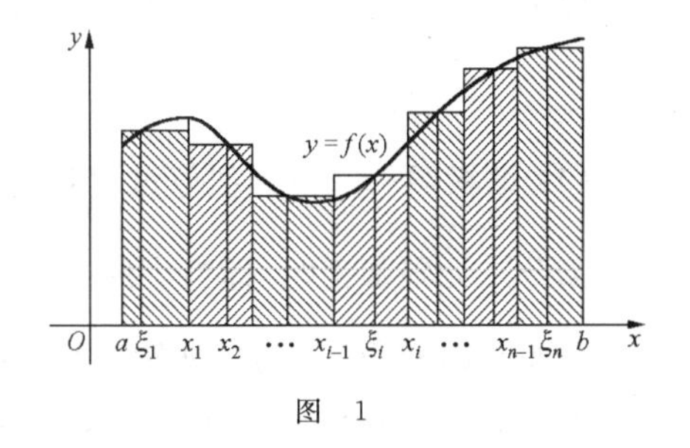

图 1

如图 1 所示,我们把区间$[a,b]$上取正值的函数 $f(x)$对应的曲线与直线 $x=a$ 和 $x=b$ 及 x 轴所围成的图形,称为曲边梯形. 其中曲线弧称为曲边.

设 $y=f(x)$在$[a,b]$上连续且 $f(x)\geqslant 0$. 接下来我们要来求图 1 所示的曲边梯形的面积 A. 我们知道矩形的面积=底×高,但曲边梯形在底边上各点处的高 $f(x)$是 x 的函数,是变化的高,因此它的面积就不能用矩形面积公式来计算.为此,我们用以下方法来解决这个问题.把$[a,b]$划分成许多小区间,相应地将曲边梯形划分成许多窄曲边梯形,由于曲边梯形的高 $f(x)$在区间$[a,b]$上是连续变化的,在很小的区间段上变化很小,近似于不变,因此,每个窄曲边梯形就可近似的看成窄矩形,将所有窄矩形面积求和来近似曲边梯形面积.若把区间$[a,b]$无限细分下去,也就是使每个小区间的长度都趋于零,这时所有窄矩形面积之和的极限就定义为曲边梯形的面积.

上述想法具体可分成四步:

(1) **分割**——将曲边梯形任意分割成 n 个窄曲边梯形.

在区间$[a,b]$上任意依次插入 $n-1$ 个分点

$$a = x_0 < x_1 < x_2 < \cdots < x_{n-1} < x_n = b,$$

上述分点把区间$[a,b]$分成了 n 个小区间

$$[x_0,x_1],\ [x_1,x_2],\ \cdots,\ [x_{i-1},x_i],\ \cdots,\ [x_{n-1},x_n].$$

记 $\Delta x_i = x_i - x_{i-1}(i=1,2,\cdots,n)$,它表示小区间$[x_{i-1},x_i]$的长度.用直线 $x=x_i(i=1,2,\cdots,n-1)$把曲边梯形分成 n 个窄曲边梯形,如图 1,并记其面积分别为 $\Delta A_i(i=1,2,\cdots,n)$,记

$$A = \sum_{i=1}^{n} \Delta A_i.$$

(2) **取近似**——以每个窄矩形面积来近似取代每个窄曲边梯形面积.

在每个子区间$[x_{i-1},x_i]$上任取一点 ξ_i,以$[x_{i-1},x_i]$为底,以 $f(\xi_i)$为高,求得第 i 个窄曲边梯形面积的近似值为

$$\Delta A_i \approx f(\xi_i)\Delta x_i \quad (i=1,2,\cdots,n).$$

(3) **求和**——求 n 个小矩形面积之和.

以 n 个窄矩形面积之和作为曲边梯形面积 A 的近似值,即

$$A = \sum_{i=1}^{n} \Delta A_i \approx \sum_{i=1}^{n} f(\xi_i)\Delta x_i.$$

(4) **取极限**——由近似值过渡到精确值.

当分点无限加密时,即当小区间的长度趋于零时,上述求和的近似值 $\sum\limits_{i=1}^{n} f(\xi_i)\Delta x_i$ 就越接近于真正的面积A.为保证所有小区间的长度都趋于零,我们要求小区间长度中的最大值趋于零,记 $\lambda=\max\{\Delta x_1,\Delta x_2,\cdots,\Delta x_n\}$,若 $\lambda\to 0$(这时 n 无限增多,即 $n\to\infty$) 时,上述和式 $\sum\limits_{i=1}^{n} f(\xi_i)\Delta x_i$ 的极限存在,便定义曲边梯形的面积

$$A = \lim_{\lambda\to 0}\sum_{i=1}^{n} f(\xi_i)\Delta x_i.$$

(二) 变速直线运动的路程

设某物体做变速直线运动,已知速度 $v(t)$是时间间隔$[T_1,T_2]$上的一个连续函数,并且

$v(t)\geqslant 0$,计算该物体在这段时间内所经过的路程 s.

我们知道匀速直线运动的路程=速度×时间,但是变速直线运动中物体的速度 $v(t)$是随时间 t 的变化而变化的变量,因此不能用匀速直线运动的路程公式来计算. 但由于 $v(t)$是 t 的连续函数,当 t 变化很小时,$v(t)$变化也很小,因此在小段时间内,变速运动可近似地看做匀速运动,那么,就可以算出小段时间内的路程的近似值,再求和,得到整个路程的近似值. 若把$[T_1,T_2]$无限细分下去,近似值之和的极限即为总路程的精确值. 基于以上分析,我们仍可以用求曲边梯形面积的方法来求变速直线运动的路程.

(1) **分割**——划分整个时间间隔为 n 个小时间段.

在时间间隔$[T_1,T_2]$中任意插入 $n-1$ 个分点

$$T_1 = t_0 < t_1 < t_2 < \cdots < t_{n-1} < t_n = T_2,$$

将区间分成 n 个小区间$[t_0,t_1]$,$[t_1,t_2]$,…,$[t_{i-1},t_i]$,…,$[t_{n-1},t_n]$. 记 $\Delta t_i=t_i-t_{i-1}$,它表示小时间段$[t_{i-1},t_i]$的长度($i=1,2,\cdots,n$),相应地在该时间段内物体经过的路程为 Δs_i($i=1,2,\cdots,n$),记 $s=\sum\limits_{i=1}^{n}\Delta s_i$.

(2) **取近似**——以匀代变.

任取 $\tau_i\in[t_{i-1},t_i]$,以 τ_i 时刻的速度 $v(\tau_i)$来代替$[t_{i-1},t_i]$上各个时刻的速度,得到该时间段内物体所经过路程的近似值:

$$\Delta s_i \approx v(\tau_i)\Delta t_i \quad (i = 1,2,\cdots,n).$$

(3) **求和**——求 n 个小时间段内位移之和.

将 n 个小时间段上的位移的近似值求和便得到物体变速直线运动的总路程 s 的近似值:

$$s = \sum_{i=1}^{n}\Delta s_i \approx \sum_{i=1}^{n} v(\tau_i)\Delta t_i.$$

(4) **取极限**——由近似值过渡到精确值.

记小区间的最大长度 $\lambda=\max\{\Delta t_1,\Delta t_2,\cdots,\Delta t_n\}$,若 $\lambda\to 0$ 时,上述和式极限存在,便得到所求路程的精确值

$$s = \lim_{\lambda\to 0}\sum_{i=1}^{n} v(\tau_i)\Delta t_i.$$

二、定积分的定义

从以上两个例子可以看出,所要计算的量,即曲边梯形的面积 A 及变速直线运动的路程 s,前者为几何量,后者为物理量,尽管实际意义不同,但却具有以下共性:

(1) 这两个量都决定于一个函数及其自变量的变化区间;

(2) 计算这两个量的方法完全一样——分割,取近似,求和,取极限. 它们都归结为具有

相同结构的一种特定和式的极限：

$$A=\lim_{\lambda\to 0}\sum_{i=1}^{n}f(\xi_i)\Delta x_i,\quad s=\lim_{\lambda\to 0}\sum_{i=1}^{n}v(\tau_i)\Delta t_i.$$

在科学技术中还有很多问题都可以归结为求这种特定和式的极限，为了研究这类问题在数量关系上的共同本质与特性，我们抽象出下述定积分的概念.

定义 设函数 $f(x)$ 在 $[a,b]$ 上有界，在区间 $[a,b]$ 中任意插入 $n-1$ 个分点

$$a=x_0<x_1<x_2<\cdots<x_{i-1}<x_i<x_{i+1}<\cdots<x_{n-1}<x_n=b,$$

把区间 $[a,b]$ 分成 n 个小区间

$$[x_0,x_1],\ [x_1,x_2],\ \cdots,\ [x_{i-1},x_i],\ \cdots,\ [x_{n-1},x_n],$$

记 $\Delta x_i=x_i-x_{i-1}(i=1,2,\cdots,n)$ 为第 i 个小区间的长度，在每个小区间 $[x_{i-1},x_i]$ 上任取一点 $\xi_i(x_{i-1}\leqslant\xi_i\leqslant x_i)$，作乘积 $f(\xi_i)\Delta x_i(i=1,2,\cdots,n)$，并作和式

$$S=\sum_{i=1}^{n}f(\xi_i)\Delta x_i.$$

记 $\lambda=\max\{\Delta x_1,\Delta x_2,\cdots,\Delta x_n\}$，若不论对 $[a,b]$ 怎样分法，也不论在小区间 $[x_{i-1},x_i]$ 上点 ξ_i 怎样取法，只要当 $\lambda\to 0$ 时，S 的极限 I 总存在，这时我们称 I 为函数 $f(x)$ 在区间 $[a,b]$ 上的**定积分**（简称积分），记做

$$\int_a^b f(x)\mathrm{d}x=I=\lim_{\lambda\to 0}\sum_{i=1}^{n}f(\xi_i)\Delta x_i,$$

其中 $f(x)$ 称为**被积函数**，$f(x)\mathrm{d}x$ 称为**被积表达式**，x 称为**积分变量**，a 称为**积分下限**，b 称为**积分上限**，$[a,b]$ 称为**积分区间**，$\sum\limits_{i=1}^{n}f(\xi_i)\Delta x_i$ 称为**积分和**.

如果 $f(x)$ 在 $[a,b]$ 上的定积分存在，则称 $f(x)$ 在 $[a,b]$ 上**可积**.

关于定积分的定义，作以下几点说明：

(1) 积分值仅与被积函数及积分区间有关，而与积分变量的字母记法无关，即

$$\int_a^b f(x)\mathrm{d}x=\int_a^b f(t)\mathrm{d}t=\int_a^b f(u)\mathrm{d}u.$$

(2) 定义中区间的分法与 ξ_i 的取法是任意的. 在已知 $f(x)$ 可积的情况下，利用定积分的定义直接计算定积分 $\int_a^b f(x)\mathrm{d}x$ 时，往往采取对 $[a,b]$ 的特殊分法（如把区间 n 等分）及对 ξ_i 的特殊取法（如小区间的左端点或右端点），以简化极限的具体计算.

(3) 定义中涉及的极限过程中要求 $\lambda\to 0$，表示对区间 $[a,b]$ 无限细分的过程，随 $\lambda\to 0$，必有 $n\to\infty$，反之 $n\to\infty$ 并不能保证 $\lambda\to 0$.

(4) 定积分的实质是求某种特殊和式的极限.

三、定积分的存在定理

函数 $f(x)$ 在区间 $[a,b]$ 上满足怎样的条件，才能在 $[a,b]$ 上一定可积？下面我们不加证

明地给出函数 $f(x)$ 在区间 $[a,b]$ 上可积的两个充分条件.

定理 1 若函数 $f(x)$ 在区间 $[a,b]$ 上连续，则 $f(x)$ 在 $[a,b]$ 上可积.

定理 2 若函数 $f(x)$ 在区间 $[a,b]$ 上有界，且只有有限个间断点，则 $f(x)$ 在区间上可积.

利用定积分的定义，前面所讨论的两个实例可以分别表述如下：

由曲线 $y=f(x)$ $(f(x)\geqslant 0)$，x 轴及两条直线 $x=a$，$x=b$ 所围成的曲边梯形的面积 A 等于函数 $f(x)$ 在区间 $[a,b]$ 上的定积分，即 $A=\int_a^b f(x)\mathrm{d}x$.

物体以 $v=v(t)$ $(v(t)\geqslant 0)$ 作变速直线运动，在时间间隔 $[T_1,T_2]$ 内所经过的路程 s 等于函数 $v(t)$ 在区间 $[T_1,T_2]$ 上的定积分，即 $s=\int_{T_1}^{T_2} v(t)\mathrm{d}t$.

四、定积分的几何意义

对于定义在区间 $[a,b]$ 上的连续函数 $f(x)$，当 $f(x)\geqslant 0$ 时，我们已经知道，定积分 $\int_a^b f(x)\mathrm{d}x$ 在几何上表示由曲线 $y=f(x)$，$x=a$，$x=b$ 及 x 轴所围成的曲边梯形的面积；当 $f(x)\leqslant 0$ 时，围成的曲边梯形位于 x 轴下方，定积分 $\int_a^b f(x)\mathrm{d}x$ 在几何上表示曲边梯形面积的负值；若 $f(x)$ 在 $[a,b]$ 上既取得正值又取得负值时，定积分 $\int_a^b f(x)\mathrm{d}x$ 的几何意义是：它是介于 x 轴，曲线 $y=f(x)$，$x=a$，$x=b$ 之间的各部分曲边梯形面积的代数和(如图 2).

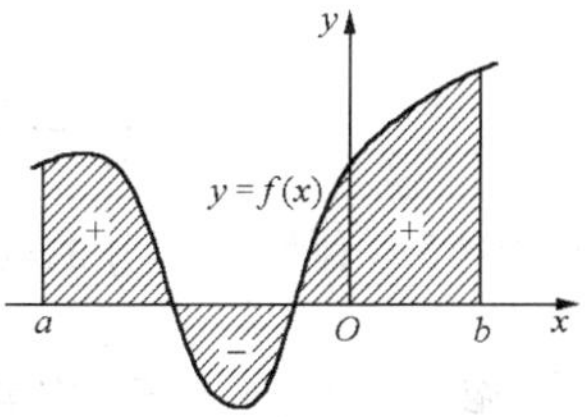

图 2

例 1 利用定义计算定积分 $\int_0^1 x^2\mathrm{d}x$.

解 $f(x)$ 在 $[0,1]$ 上连续，则可积. 依说明(2)，为便于计算，不妨把区间 $[0,1]$ 作 n 等分，分点 $x_i=\frac{i}{n}$ $(i=1,2,\cdots,n-1)$，$\Delta x_i=\frac{1}{n}$ $(i=1,2,\cdots,n)$；取 ξ_i 为区间的右端点 x_i $(i=1,2\cdots,n)$，得积分和

$$\sum_{i=1}^{n} f(\xi_i)\Delta x_i=\sum_{i=1}^{n}\left(\frac{i}{n}\right)^2\left(\frac{1}{n}\right)=\frac{1}{n^3}\sum_{i=1}^{n} i^2=\frac{1}{n^3}\cdot\frac{1}{6}n(n+1)(2n+1).$$

当 $\lambda=\max\limits_{1\leqslant i\leqslant n}\Delta x_i=\frac{1}{n}\to 0$，即 $n\to\infty$ 时，上述和式的极限即为 $f(x)=x^2$ 在 $[0,1]$ 上的定积分，即

$$\int_0^1 x^2\mathrm{d}x=\lim_{\lambda\to 0}\sum_{i=1}^{n}\xi_i^2\cdot\Delta x_i=\lim_{n\to\infty}\frac{1}{6n^2}(n+1)(2n+1)=\frac{1}{3}.$$

若上述区间为一般情况下的$[a,b]$，求$\int_a^b x^2\mathrm{d}x$. 同样采取把区间$[a,b]$作n等分，每个小区间的长度为$\Delta x_i=\frac{b-a}{n}(i=1,2,\cdots,n)$，再取$\xi_i=a+\frac{(b-a)}{n}i$，并作和式

$$\begin{aligned}\sum_{i=1}^{n} f(\xi_i)\Delta x_i &= \sum_{i=1}^{n}\left(a+\frac{(b-a)i}{n}\right)^2\cdot\frac{b-a}{n}=\sum_{i=1}^{n}\left(a^2+\frac{2a(b-a)i}{n}+\frac{(b-a)^2 i^2}{n^2}\right)\cdot\frac{b-a}{n}\\ &= a^2(b-a)+\frac{2a(b-a)^2}{n^2}\sum_{i=1}^{n} i+\frac{(b-a)^3}{n^3}\sum_{i=1}^{n} i^2\\ &= a^2(b-a)+\frac{2a(b-a)^2}{n^2}\cdot\frac{n(n+1)}{2}+\frac{(b-a)^3}{n^3}\cdot\frac{1}{6}n(n+1)(2n+1).\end{aligned}$$

令$n\to\infty$，则得

$$\int_a^b x^2\mathrm{d}x=\frac{1}{3}b^3-\frac{1}{3}a^3.$$

例 2　将和式极限

$$\lim_{n\to\infty}\frac{1}{n}\left[\sin\frac{\pi}{n}+\sin\frac{2\pi}{n}+\cdots+\sin\frac{(n-1)\pi}{n}\right]$$

表示成定积分.

解　原式$=\lim\limits_{n\to\infty}\frac{1}{n}\left[\sin\frac{\pi}{n}+\sin\frac{2\pi}{n}+\cdots+\sin\frac{(n-1)\pi}{n}+\sin\frac{n\pi}{n}\right]$

$$=\lim_{n\to\infty}\frac{1}{n}\sum_{i=1}^{n}\sin\frac{i}{n}\pi=\frac{1}{\pi}\lim_{n\to\infty}\sum_{i=1}^{n}\sin\frac{i\pi}{n}\cdot\frac{\pi}{n}=\frac{1}{\pi}\int_0^{\pi}\sin x\mathrm{d}x.$$

例 3　利用定积分的几何意义求$\int_0^1\sqrt{1-x^2}\mathrm{d}x$.

解　从几何上看，定积分$\int_0^1\sqrt{1-x^2}\mathrm{d}x$表示的是由$x$轴，$x=0$，$x=1$与曲线$y=\sqrt{1-x^2}$所围成的图形的面积，也就是单位圆在第一象限部分的面积，即$\frac{\pi}{4}$，由此可得

$$\int_0^1\sqrt{1-x^2}\mathrm{d}x=\frac{\pi}{4}.$$

五、定积分的性质

为了以后计算及应用方便起见，并根据定积分的几何意义，我们先对定积分作以下两点补充规定：

(1) 当$a>b$时，$\int_a^b f(x)\mathrm{d}x=-\int_b^a f(x)\mathrm{d}x$.

(2) 当$a=b$时，$\int_a^a f(x)\mathrm{d}x=0$.

下面我们讨论定积分的性质.设函数 $f(x)$,$g(x)$在所讨论的区间上可积,各性质中积分上、下限的大小,如不特别指明,均不加以限制.

性质 1 $\int_a^b[f(x)\pm g(x)]\mathrm{d}x=\int_a^b f(x)\mathrm{d}x\pm\int_a^b g(x)\mathrm{d}x.$

证
$$\int_a^b[f(x)\pm g(x)]\mathrm{d}x=\lim_{\lambda\to 0}\sum_{i=1}^n[f(\xi_i)\pm g(\xi_i)]\Delta x_i$$
$$=\lim_{\lambda\to 0}\sum_{i=1}^n f(\xi_i)\Delta x_i\pm\lim_{\lambda\to 0}g(\xi_i)\Delta x_i$$
$$=\int_a^b f(x)\mathrm{d}x\pm\int_a^b g(x)\mathrm{d}x.$$

性质 2 $\int_a^b kf(x)\mathrm{d}x=k\int_a^b f(x)\mathrm{d}x$ (k 是常数).

证
$$\int_a^b kf(x)\mathrm{d}x=\lim_{\lambda\to 0}\sum_{i=1}^n kf(\xi_i)\Delta x_i=\lim_{\lambda\to 0}k\sum_{i=1}^n f(\xi_i)\Delta x_i$$
$$=k\lim_{\lambda\to 0}\sum_{i=1}^n f(\xi_i)\Delta x_i=k\int_a^b f(x)\mathrm{d}x.$$

性质 1 和性质 2 称为定积分的**线性性质**.

性质 3(对区间的可加性) 不管 a,b,c 的相对位置如何,总有等式
$$\int_a^b f(x)\mathrm{d}x=\int_a^c f(x)\mathrm{d}x+\int_c^b f(x)\mathrm{d}x.$$

证 (1) 当 $a<c<b$ 时,因为函数 $f(x)$在区间$[a,b]$上可积,所以不论对区间$[a,b]$怎样划分,积分和的极限总是不变的,因此在划分区间时,可选定 $x=c$ 永远为一分点,则$[a,b]$上的积分和等于$[a,c]$上的积分和加$[c,b]$上的积分和,记为
$$\sum_{[a,b]}f(\xi_i)\Delta x_i=\sum_{[a,c]}f(\xi_i)\Delta x_i+\sum_{[c,b]}f(\xi_i)\Delta x_i.$$
令 $\lambda\to 0$,上式两端同时取极限,即得
$$\int_a^b f(x)\mathrm{d}x=\int_a^c f(x)\mathrm{d}x+\int_c^b f(x)\mathrm{d}x.$$

(2) 当 $a<b<c$ 时,利用(1)有
$$\int_a^c f(x)\mathrm{d}x=\int_a^b f(x)\mathrm{d}x+\int_b^c f(x)\mathrm{d}x,$$
则
$$\int_a^b f(x)\mathrm{d}x=\int_a^c f(x)\mathrm{d}x-\int_b^c f(x)\mathrm{d}x=\int_a^c f(x)\mathrm{d}x+\int_c^b f(x)\mathrm{d}x.$$

同理可证,当 $c<a<b$ 时,仍有该式成立.

性质 4 如果在区间$[a,b]$上,$f(x)\equiv 1$,则
$$\int_a^b 1\mathrm{d}x=\int_a^b\mathrm{d}x=b-a.$$

证　$\int_a^b \mathrm{d}x = \lim\limits_{\lambda\to 0}\sum\limits_{i=1}^{n}\Delta x_i = \Delta x_1 + \Delta x_2 + \cdots + \Delta x_n = b - a.$

从几何意义上看,数值 $b-a$ 表示长为 $b-a$,高为 1 的矩形的面积.

性质 5(保号性)　如果在区间$[a,b]$上,$f(x)\geqslant 0$,则

$$\int_a^b f(x)\mathrm{d}x \geqslant 0.$$

证　因为在区间$[a,b]$上,$f(x)\geqslant 0$,所以 $f(\xi_i)\geqslant 0(i=1,2,\cdots,n)$. 又因为 $\Delta x_i\geqslant 0(i=1,2,\cdots,n)$,所以积分和 $\sum\limits_{i=1}^{n} f(\xi_i)\Delta x_i \geqslant 0$. 令 $\lambda=\max\{\Delta x_1,\cdots,\Delta x_n\}\to 0$,对积分和取极限可得到 $\int_a^b f(x)\mathrm{d}x \geqslant 0$.

由性质 5 很容易得到如下两个推论,请读者自行证明.

推论 1　设 $f(x)\leqslant g(x)$,$x\in[a,b]$,则 $\int_a^b f(x)\mathrm{d}x \leqslant \int_a^b g(x)\mathrm{d}x$.

推论 2　$\left|\int_a^b f(x)\mathrm{d}x\right| \leqslant \int_a^b |f(x)|\mathrm{d}x\ (a<b)$.

例 4　比较积分值 $\int_0^1 \mathrm{e}^x\mathrm{d}x$ 和 $\int_0^1 x\mathrm{d}x$ 的大小.

解　令 $f(x)=\mathrm{e}^x-x$,则 $f'(x)=\mathrm{e}^x-1$. 在$[0,1]$上有 $f'(x)\geqslant 0$,则 $f(x)$是单调增函数. 当 $x\neq 0$ 时,有 $f(x)>f(0)=1>0$,则 $\mathrm{e}^x>x$. 依性质 5,可知 $\int_0^1 \mathrm{e}^x\mathrm{d}x > \int_0^1 x\mathrm{d}x$.

性质 6(估值定理)　设 M 及 m 分别是函数 $f(x)$在区间$[a,b]$上的最大值和最小值,则

$$m(b-a) \leqslant \int_a^b f(x)\mathrm{d}x \leqslant M(b-a).$$

证　因为 $m\leqslant f(x)\leqslant M$,依性质 5 的推论 1,得

$$\int_a^b m\mathrm{d}x \leqslant \int_a^b f(x)\mathrm{d}x \leqslant \int_a^b M\mathrm{d}x.$$

又依性质 2 及性质 4,即得所要证的不等式.

利用性质 6,由被积函数在积分区间上的最大值及最小值可以估计积分值的大致范围.

例 5　估计定积分 $\int_0^{\pi} \frac{1}{3+\sin^3 x}\mathrm{d}x$ 的值的范围.

解　令 $f(x)=\frac{1}{3+\sin^3 x}$,$x\in[0,\pi]$,因 $0\leqslant\sin^3 x\leqslant 1$,故$\frac{1}{4}\leqslant\frac{1}{3+\sin^3 x}\leqslant\frac{1}{3}$. 依性质 6,得

$$\frac{\pi}{4} \leqslant \int_0^{\pi} \frac{1}{3+\sin^3 x}\mathrm{d}x \leqslant \frac{\pi}{3}.$$

性质 7(定积分中值定理)　设函数 $f(x)$在区间$[a,b]$上连续,则在积分区间$[a,b]$上至少存在一点 ξ,使得下式成立:

$$\int_a^b f(x)\mathrm{d}x = f(\xi)(b-a) \quad (a \leqslant \xi \leqslant b).$$

这个公式称为**定积分中值公式**.

证 把性质 6 变形,可得 $m \leqslant \dfrac{1}{b-a}\displaystyle\int_a^b f(x)\mathrm{d}x \leqslant M$. 根据闭区间上连续函数的介值定理,在$[a,b]$上至少存在一点 ξ,使得 $f(\xi)=\dfrac{1}{b-a}\displaystyle\int_a^b f(x)\mathrm{d}x$,从而得到所要证的不等式.

积分中值公式的几何解释:在区间$[a,b]$上至少存在一点 ξ,使得以区间$[a,b]$为底边,以曲线 $y=f(x)$(不妨设 $f(x)\geqslant 0$)为曲边的曲边梯形的面积等于同底边而高为 $f(\xi)$矩形的面积(图 3). 因 $f(\xi)$可看做图中曲边梯形的平均高度,故通常把

$$f(\xi) = \frac{1}{b-a}\int_a^b f(x)\mathrm{d}x$$

称为 $f(x)$在区间$[a,b]$上的平均值.

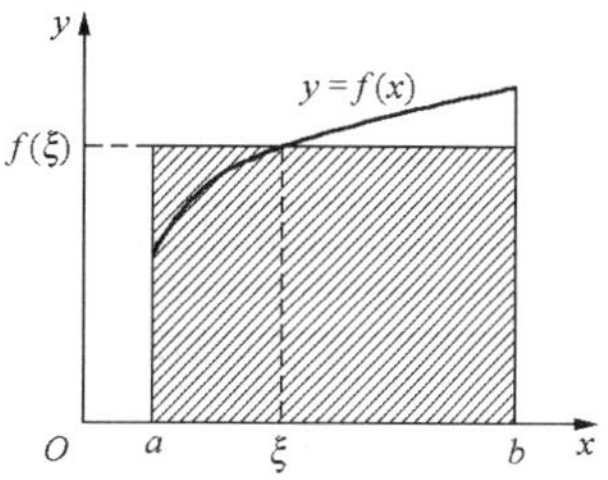

图 3

最后我们来看如何利用定积分中值公式求带有定积分号的极限问题.

例 6 设 $f(x)$可导,且 $\lim\limits_{x\to+\infty} f(x)=1$,求 $\lim\limits_{x\to+\infty}\displaystyle\int_x^{x+2} t\sin\frac{3}{t}f(t)\mathrm{d}t$.

解 由积分中值定理知,存在 $\xi\in[x,x+2]$,使得

$$\int_x^{x+2} t\sin\frac{3}{t}f(t)\mathrm{d}t = \xi\cdot\sin\frac{3}{\xi}\cdot f(\xi)\cdot(x+2-x) = 6\cdot\frac{\sin\frac{3}{\xi}}{\frac{3}{\xi}}f(\xi).$$

当 $x\to+\infty$时,$\xi\to+\infty$,因此

$$\lim_{x\to+\infty}\int_x^{x+2} t\sin\frac{3}{t}f(t)\mathrm{d}t = 6\lim_{\xi\to+\infty}\frac{\sin\frac{3}{\xi}}{\frac{3}{\xi}}f(\xi) = 6\lim_{\xi\to+\infty}f(\xi) = 6.$$

习 题 5.1

1. 利用定积分定义计算下列定积分:

(1) $\displaystyle\int_0^1 x\mathrm{d}x$;　　　　(2) $\displaystyle\int_0^1 \mathrm{e}^x\mathrm{d}x$.

2. 利用定积分的几何意义求下列定积分的值:

(1) $\displaystyle\int_0^1 2x\mathrm{d}x$;　　　　(2) $\displaystyle\int_0^a \sqrt{a^2-x^2}\mathrm{d}x$;

(3) $\displaystyle\int_{-\pi}^{\pi} \sin x\mathrm{d}x$;　　　　(4) $\displaystyle\int_0^1 \sqrt{2x-x^2}\mathrm{d}x$.

3. 估计下列定积分的值：

(1) $\int_1^3 (1+x^2)\mathrm{d}x$； (2) $\int_{\frac{\sqrt{3}}{3}}^{\sqrt{3}} x\arctan x\mathrm{d}x$；

(3) $\int_{\frac{\pi}{2}}^{\frac{5\pi}{4}} (1+\sin^2 x)\mathrm{d}x$； (4) $\int_2^0 \mathrm{e}^{x^2-x}\mathrm{d}x$.

4. 比较下列各组定积分的大小关系：

(1) $\int_1^2 x^2\mathrm{d}x$ 与 $\int_1^2 x^3\mathrm{d}x$； (2) $\int_0^1 x\mathrm{d}x$ 与 $\int_0^1 \ln(x+1)\mathrm{d}x$；

(3) $\int_0^{\frac{\pi}{2}} \sin x\mathrm{d}x$ 与 $\int_0^{\frac{\pi}{2}} x\mathrm{d}x$； (4) $\int_1^{\mathrm{e}} \ln x\mathrm{d}x$ 与 $\int_1^{\mathrm{e}} (\ln x)^2\mathrm{d}x$.

5. 证明下列不等式：

(1) $\int_1^2 \sqrt{x+1}\mathrm{d}x \geqslant \sqrt{2}$； (2) $\frac{2}{5} < \int_1^2 \frac{x}{1+x^2}\mathrm{d}x < \frac{1}{2}$；

(3) $\frac{\pi}{2} < \int_0^{\frac{\pi}{2}} (1+\sin x)\mathrm{d}x < \pi$； (4) $3\mathrm{e}^{-4} < \int_{-1}^2 \mathrm{e}^{-x^2}\mathrm{d}x < 3$.

6. 设 $f(x)$ 及 $g(x)$ 在 $[a,b]$ 上连续，证明：

(1) 若在 $[a,b]$ 上，$f(x)\geqslant 0$，且 $\int_a^b f(x)\mathrm{d}x = 0$，则在 $[a,b]$ 上 $f(x)\equiv 0$；

(2) 若在 $[a,b]$ 上，$f(x)\geqslant 0$，且 $f(x)$ 不恒为零，则 $\int_a^b f(x)\mathrm{d}x > 0$；

(3) 若在 $[a,b]$ 上，$f(x)\leqslant g(x)$，且 $\int_a^b f(x)\mathrm{d}x = \int_a^b g(x)\mathrm{d}x$，则在 $[a,b]$ 上 $f(x)\equiv g(x)$.

§5.2 微积分基本公式

回顾§5.1中的例1，尽管被积函数 $f(x)=x^2$ 是简单的二次幂函数，但直接按定义来计算它的定积分已很麻烦，如果被积函数是其他更复杂的函数，其计算之烦琐可想而知. 本节，我们将揭示定积分与微分的内在联系，寻求一个简便有效的计算定积分的方法.

为此，我们先对变速直线运动的位置函数 $s(t)$ 与速度函数 $v(t)$ 之间的联系作进一步的研究.

一、变速直线运动中位置函数与速度函数之间的联系

设某物体作变速直线运动，已知速度 $v=v(t)$ 是时间间隔 $[T_1,T_2]$ 上的一个连续函数，且 $v(t)\geqslant 0$，由上一节知，物体在这段时间内所经过的路程可以用定积分表示为 $\int_{T_1}^{T_2} v(t)\mathrm{d}t$，

而这段路程又可表示为位置函数 $s(t)$ 在区间 $[T_1,T_2]$ 上的增量 $s(T_2)-s(T_1)$，因此我们得到下述关系：

$$\int_{T_1}^{T_2} v(t)\mathrm{d}t = s(T_2)-s(T_1), \qquad ①$$

其中 $s'(t)=v(t)$. 所以关系式①表明速度函数 $v(t)$ 在区间 $[T_1,T_2]$ 上的定积分等于 $v(t)$ 的原函数 $s(t)$ 在区间 $[T_1,T_2]$ 上的增量.

事实上这一结论在一定条件下具有普遍意义，即若函数 $f(x)$ 在 $[a,b]$ 上连续，则 $f(x)$ 在 $[a,b]$ 上的定积分就等于 $f(x)$ 的原函数（设为 $F(x)$）在区间 $[a,b]$ 上的增量 $F(b)-F(a)$.

为了得到这个结论，我们先来介绍积分上限函数及其导数.

二、积分上限函数及其导数

设函数 $f(x)$ 在区间 $[a,b]$ 上连续，取 x 为 $[a,b]$ 上任一点，则 $f(x)$ 在 $[a,x]$ 上可积. 在部分区间 $[a,x]$ 上的定积分为 $\int_a^x f(x)\mathrm{d}x$，此时 x 既表示积分变量，又表示定积分的上限，但两者含义不同. 因为定积分与积分变量的记法无关，所以可改用其他符号. 例如用 t 表示积分变量，则上面的定积分可写成 $\int_a^x f(t)\mathrm{d}t$，该积分会随着 x 的取定而唯一确定，随 x 的变化而变化. 所以 $\int_a^x f(t)\mathrm{d}t$ 是定义在 $[a,b]$ 上 x 的函数，记做 $\Phi(x)$：

$$\Phi(x) = \int_a^x f(t)\mathrm{d}t \quad (a \leqslant x \leqslant b),$$

并称该函数为**积分上限函数**或**变上限积分**，它具有下面定理所指出的重要性质.

定理 1 如果函数 $f(x)$ 在区间 $[a,b]$ 上连续，则积分上限函数 $\Phi(x)=\int_a^x f(t)\mathrm{d}t$ 在 $[a,b]$ 上可导，且导数为

$$\Phi'(x) = \frac{\mathrm{d}}{\mathrm{d}x}\int_a^x f(t)\mathrm{d}t = f(x) \quad (a \leqslant x \leqslant b).$$

证 如图 1 所示，任意选取两点 $x, x+\Delta x \in [a,b]$，不妨设 $\Delta x>0$，有

$$\Phi(x+\Delta x) = \int_a^{x+\Delta x} f(t)\mathrm{d}t.$$

由此得到函数的增量

$$\begin{aligned}\Delta\Phi &= \Phi(x+\Delta x)-\Phi(x) = \int_a^{x+\Delta x} f(t)\mathrm{d}t - \int_a^x f(t)\mathrm{d}t \\ &= \int_x^a f(t)\mathrm{d}t + \int_a^{x+\Delta x} f(t)\mathrm{d}t \\ &= \int_x^{x+\Delta x} f(t)\mathrm{d}t.\end{aligned}$$

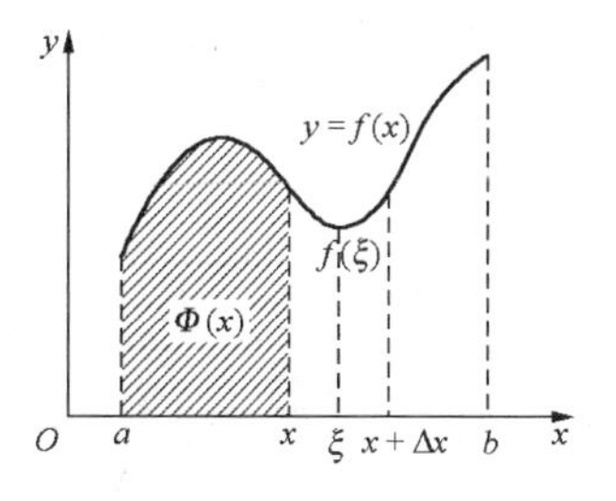

图 1

再应用定积分中值定理，即有等式

$$\Delta\Phi = f(\xi)\cdot\Delta x \quad (\xi \text{ 在 } x \text{ 与 } x+\Delta x \text{ 之间}),$$

于是有
$$\frac{\Delta\Phi}{\Delta x} = f(\xi).$$

因为 $f(x)$在$[a,b]$上连续，而 $\Delta x\to 0$ 时，必有 $\xi\to x$，所以 $\lim\limits_{\Delta x\to 0} f(\xi)=f(x)$，从而有

$$\Phi'(x) = \lim_{\Delta x\to 0}\frac{\Delta\Phi}{\Delta x} = \lim_{\Delta x\to 0} f(\xi) = f(x).$$

由此说明，$\Phi(x)$在点 x 处可导，且 $\Phi'(x)=f(x)$.

从定理 1 中我们不难得到一个重要结论：对连续函数 $f(x)$取变上限的定积分，然后再求导，结果还原为 $f(x)$本身，即 $\Phi(x)$是 $f(x)$的一个原函数.

定理 2（**原函数存在定理**） 如果函数 $f(x)$在$[a,b]$上连续，则函数 $\Phi(x)=\int_a^x f(t)\mathrm{d}t$ $(a\leqslant x\leqslant b)$ 就是 $f(x)$ 在$[a,b]$ 上的一个原函数.

定理 2 的重要意义是：

(1) 肯定了连续函数的原函数是存在的；

(2) 揭示了积分学中的定积分与原函数之间的联系.

因此我们有可能通过这种关系来用原函数计算定积分.

我们下面给出积分上限函数求导的一个更一般的定理，并讨论其应用.

定理 3 如果函数 $f(t)$在区间 I_1 上连续，$a(x)$，$b(x)$在区间 I_2 上都可导，并且 $f[a(x)]$，$f[b(x)]$构成 I_2 上的复合函数，则 $F(x)=\int_{a(x)}^{b(x)} f(t)\mathrm{d}t$ 在 I_2 上可导，且

$$F'(x) = \frac{\mathrm{d}}{\mathrm{d}x}\int_{a(x)}^{b(x)} f(t)\mathrm{d}t = f[b(x)]\cdot b'(x) - f[a(x)]\cdot a'(x).$$

证 设 c 为区间 I_1 中一点. 因

$$F(x) = \int_{a(x)}^{c} f(t)\mathrm{d}t + \int_{c}^{b(x)} f(t)\mathrm{d}t = \int_{c}^{b(x)} f(t)\mathrm{d}t - \int_{c}^{a(x)} f(t)\mathrm{d}t,$$

故若记 $\Phi(X)=\int_c^X f(t)\mathrm{d}t$，其中 $X=X(x)$为 x 的函数，则

$$\begin{aligned} F'(x) &= \frac{\mathrm{d}}{\mathrm{d}x}\left(\int_{c}^{b(x)} f(t)\mathrm{d}t - \int_{c}^{a(x)} f(t)\mathrm{d}t\right) \\ &= \frac{\mathrm{d}}{\mathrm{d}x}[\Phi(b(x)) - \Phi(a(x))] \\ &= f[b(x)]\cdot b'(x) - f[a(x)]\cdot a'(x). \end{aligned}$$

例 1 计算$\dfrac{\mathrm{d}}{\mathrm{d}x}\displaystyle\int_{x^2}^{x^3}\frac{\mathrm{d}t}{\sqrt{1+t^4}}$.

解 依定理 3，有

$$\frac{\mathrm{d}}{\mathrm{d}x}\int_{x^2}^{x^3}\frac{\mathrm{d}t}{\sqrt{1+t^4}}=\frac{1}{\sqrt{1+x^{12}}}\cdot 3x^2-\frac{1}{\sqrt{1+x^8}}\cdot 2x.$$

例 2 求 $\lim\limits_{x\to 0}\dfrac{\int_{\cos x}^{1}\mathrm{e}^{-t^2}\mathrm{d}t}{x^2}$.

解 易知这是一个$\dfrac{0}{0}$型的未定式,我们可以利用洛必达法则来计算.因为

$$\left[\int_{\cos x}^{1}\mathrm{e}^{-t^2}\mathrm{d}t\right]'=\mathrm{e}^{-1}\cdot 0-\mathrm{e}^{-\cos^2 x}\cdot(-\sin x)=\sin x\cdot\mathrm{e}^{-\cos^2 x},$$

所以

$$\lim_{x\to 0}\frac{\int_{\cos x}^{1}\mathrm{e}^{-t^2}\mathrm{d}t}{x^2}=\lim_{x\to 0}\frac{\sin x\cdot\mathrm{e}^{-\cos^2 x}}{2x}=\frac{1}{2\mathrm{e}}.$$

三、牛顿-莱布尼茨公式

下面我们给出用原函数计算定积分的牛顿-莱布尼茨公式.

定理 4 设函数 $f(x)$在$[a,b]$上连续,函数 $F(x)$是 $f(x)$的一个原函数,则有

$$\int_a^b f(x)\mathrm{d}x=F(b)-F(a).$$

这个公式称为**牛顿-莱布尼茨**(Newton-Leibniz)**公式**.

证 已知 $F(x)$是 $f(x)$的一个原函数,又知 $\Phi(x)=\int_a^x f(t)\mathrm{d}t$ 也是 $f(x)$ 的一个原函数,所以

$$F(x)-\Phi(x)=C,\quad x\in[a,b].$$

令 $x=a$,有 $F(a)-\Phi(a)=C$,又 $\Phi(a)=\int_a^a f(t)\mathrm{d}t=0$,则 $F(a)=C$.所以有

$$\int_a^x f(t)\mathrm{d}t=F(x)-C=F(x)-F(a).$$

上式中令 $x=b$,得

$$\int_a^b f(x)\mathrm{d}x=F(b)-F(a).$$

上式对 $a>b$ 的情形同样成立.

为方便起见,通常把 $F(b)-F(a)$简记为 $F(x)\Big|_a^b$,或$[F(x)]_a^b$,则公式又可写成

$$\int_a^b f(x)\mathrm{d}x=F(x)\Big|_a^b=F(b)-F(a).$$

牛顿-莱布尼茨公式揭示了定积分与原函数之间的联系,它表明:一个连续函数在区间$[a,b]$上的定积分等于它的任意一个原函数在区间$[a,b]$上的增量.而原函数的全体就是不定积分,故该公式将求定积分和求不定积分这两个基本问题有机地联系了起来,从而使微分

学和积分学构成了一个统一的整体. 牛顿-莱布尼茨公式的重要性不言而喻,因此人们把定理 4 称为**微积分基本定理**,而将 $\int_a^b f(x)\mathrm{d}x = F(b) - F(a)$ 称为**微积分基本公式**.

例 3 计算 §5.1 中的定积分 $\int_0^1 x^2\mathrm{d}x$.

解 由于 $\left(\frac{x^3}{3}\right)' = x^2$,所以依牛顿-莱布尼茨公式有 $\int_0^1 x^2\mathrm{d}x = \left.\frac{x^3}{3}\right|_0^1 = \frac{1}{3}$.

显然这比按定义计算简便很多.

例 4 计算定积分 $\int_{\frac{1}{\sqrt{3}}}^{\sqrt{3}} \frac{1}{1+x^2}\mathrm{d}x$.

解 由于 $(\arctan x)' = \frac{1}{1+x^2}$,所以依牛顿-莱布尼茨公式有

$$\int_{\frac{1}{\sqrt{3}}}^{\sqrt{3}} \frac{1}{1+x^2}\mathrm{d}x = \arctan x\Big|_{\frac{1}{\sqrt{3}}}^{\sqrt{3}} = \frac{\pi}{6}.$$

例 5 计算定积分 $\int_{-1}^{2} |x-1|\mathrm{d}x$.

解 由于 $|x-1| = \begin{cases} 1-x, & x \leqslant 1, \\ x-1, & x > 1, \end{cases}$ 所以 $x=1$ 将积分区间 $[-1,2]$ 分成 $[-1,1] \cup [1,2]$,从而有

$$\begin{aligned} \int_{-1}^{2} |x-1|\mathrm{d}x &= \int_{-1}^{1}(1-x)\mathrm{d}x + \int_{1}^{2}(x-1)\mathrm{d}x \\ &= \int_{-1}^{1} 1\mathrm{d}x - \int_{-1}^{1} x\mathrm{d}x + \int_{1}^{2} x\mathrm{d}x - \int_{1}^{2} 1\mathrm{d}x = \frac{5}{2}. \end{aligned}$$

该定积分从几何上看就是求图 2 中两个阴影部分三角形面积之和.

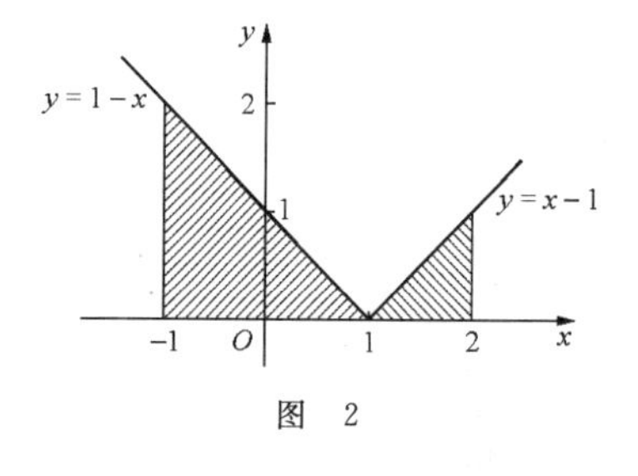

图 2

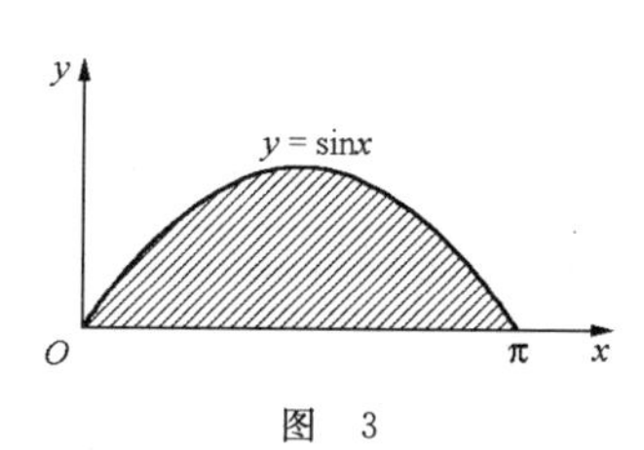

图 3

例 6 计算由正弦曲线 $y=\sin x$ 在 $[0,\pi]$ 上与 x 轴所围成的平面图形的面积(图 3).

解 这图形是曲边梯形的一个特例,它的面积 $A = \int_0^{\pi} \sin x\mathrm{d}x$. 由于

$$(-\cos x)' = \sin x,$$

所以
$$A=\int_0^{\pi}\sin x\,\mathrm{d}x=[-\cos x]_0^{\pi}=2.$$

例 7 设

$$f(x)=\begin{cases}\dfrac{1}{2}\sin x, & 0\leqslant x\leqslant\pi,\\ 0, & x<0\ \text{或}\ x>\pi,\end{cases}$$

求 $\varphi(x)=\int_0^x f(t)\mathrm{d}t$ 在 $(-\infty,+\infty)$ 内的表达式.

解 因为被积函数是分段函数，所以通过计算定积分确定 $\varphi(x)$ 的表达式时也要分段考虑.

当 $x<0$ 时，$\varphi(x)=\int_0^x f(t)\mathrm{d}t=\int_0^x 0\mathrm{d}t=0$；

当 $0\leqslant x\leqslant\pi$ 时，$\varphi(x)=\int_0^x f(t)\mathrm{d}t=\int_0^x\dfrac{1}{2}\sin t\mathrm{d}t=\dfrac{1}{2}(1-\cos x)$；

当 $x>\pi$ 时，$\varphi(x)=\int_0^x f(t)\mathrm{d}t=\int_0^{\pi}\dfrac{1}{2}\sin t\mathrm{d}t+\int_{\pi}^x 0\mathrm{d}t=1.$

综上所述，

$$\varphi(x)=\begin{cases}0, & x<0,\\ \dfrac{1}{2}(1-\cos x), & 0\leqslant x\leqslant\pi,\\ 1, & x>\pi.\end{cases}$$

例 8 设 $f(x)=\begin{cases}\dfrac{1}{1+x}, & x\geqslant 0,\\ \dfrac{1}{1+\mathrm{e}^x}, & x<0,\end{cases}$ 求 $\int_{-1}^1 f(x)\mathrm{d}x$ 的值.

解 $f(x)$ 在 $[-1,1]$ 上分段连续，$x=0$ 是 $f(x)$ 的第一类间断点，采取分段积分，从而

$$\int_{-1}^1 f(x)\mathrm{d}x=\int_{-1}^0\frac{1}{1+\mathrm{e}^x}\mathrm{d}x+\int_0^1\frac{1}{1+x}\mathrm{d}x=\int_{-1}^0\frac{\mathrm{e}^{-x}}{(1+\mathrm{e}^{-x})}\mathrm{d}x+\int_0^1\frac{1}{1+x}\mathrm{d}x$$
$$=-\ln(1+\mathrm{e}^{-x})\Big|_{-1}^0+\ln(1+x)\Big|_0^1=\ln(1+\mathrm{e}).$$

习　题　5.2

1. 求下列函数 $y=y(x)$ 的一阶导数：

(1) $y=\int_0^x\sin t^2\mathrm{d}t$；　(2) $y=\int_{\frac{1}{x}}^{\ln x}f(t)\mathrm{d}t$；　(3) $y=\int_{\cos x}^{\sin x}\mathrm{e}^{t^2}\mathrm{d}t$；

(4) $y=\int_0^{x^2}\dfrac{\sin t^2}{1+\mathrm{e}^t}\mathrm{d}t$；　(5) $\int_0^y\mathrm{e}^t\mathrm{d}t+\int_0^{xy}\cos t\mathrm{d}t=0$；　(6) $y=\int_a^x f(x)\mathrm{d}t$；

(7) $y=\int_{x}^{x^2} t^2 e^{-t} dt$；　　(8) $y=\int_{x}^{-2} \sqrt[3]{t}\ln(1+t^2)dt$.

2. 求下列极限：

(1) $\lim\limits_{x\to 0}\dfrac{\int_0^x \ln(1+t)dt}{x^2}$；　(2) $\lim\limits_{x\to 0}\dfrac{\left(\int_0^x e^{t^2}dt\right)^2}{\int_0^x te^{2t^2}dt}$；　(3) $\lim\limits_{x\to 0}\dfrac{\int_0^x \cos^2 t dt}{x}$；　(4) $\lim\limits_{x\to 0}\dfrac{\int_0^{x^3}\sin t dt}{x^4\sin^2 x}$.

3. 设 $f(x)$连续，且 $\int_0^x f(t)dt = x^2(1+x)$，求 $f(2)$.

4. 设 $I(x)=\int_0^x te^{-t^2}dt$，不求积分，讨论当 x 为何值时，$I(x)$有极值.

5. 计算下列各定积分：

(1) $\int_1^2\left(x+\dfrac{1}{x}\right)^2 dx$；　(2) $\int_1^{\sqrt{3}}\dfrac{1+2x^2}{x^2(1+x^2)}dx$；　(3) $\int_4^9\sqrt{x}(1+\sqrt{x})dx$；

(4) $\int_{\frac{1}{e}}^{e}\dfrac{|\ln x|}{x}dx$；　(5) $\int_0^1\dfrac{xdx}{\sqrt{1+x^2}}$；　(6) $\int_0^{\frac{\pi}{4}}\tan^3\theta d\theta$；

(7) $\int_{-\frac{1}{2}}^{\frac{1}{2}}\dfrac{dx}{\sqrt{1-x^2}}$；　(8) $\int_{-e-1}^{-2}\dfrac{dx}{1+x}$；　(9) $\int_0^{\pi}\sqrt{1+\cos 2x}dx$；

(10) $\int_0^2|1-x|dx$；　(11) $\int_0^{\frac{\pi}{2}}|\sin x-\cos x|dx$；　(12) $\int_0^1\dfrac{dx}{x^2-x+1}$.

6. 已知 $f(x)=\begin{cases}\tan^2 x, & 0\leqslant x\leqslant\dfrac{\pi}{4},\\ \sin x\cos^3 x, & \dfrac{\pi}{4}<x\leqslant\dfrac{\pi}{2},\end{cases}$ 计算 $\int_0^{\frac{\pi}{2}}f(x)dx$.

7. 设函数 $f(x)=\dfrac{1}{1+x^2}+\sqrt{1-x^2}\int_0^1 f(x)dx$，求$\int_0^1 f(x)dx$.

8. 设

$$f(x)=\begin{cases}x^2, & x\in[0,1),\\ x, & x\in[1,2],\end{cases}$$

求 $\Phi(x)=\int_0^x f(t)dt$ 在$[0,2]$上的表达式，并讨论 $\Phi(x)$在$(0,2)$内的连续性.

9. 设 $f(x)$在$[a,b]$上连续，且在(a,b)内可导，又有 $f'(x)\leqslant 0$，令

$$F(x)=\frac{1}{x-a}\int_a^x f(t)dt,$$

证明在(a,b)内有 $F'(x)\leqslant 0$.

§5.3 定积分的换元积分法和分部积分法

由§5.2的结果知道,计算连续函数 $f(x)$的定积分 $\int_a^b f(x)\mathrm{d}x$ 的简便方法是把它转化为求 $f(x)$ 的原函数在区间$[a,b]$上的增量. 在第四章我们学习了用换元积分法和分部积分法计算一些函数的原函数. 本节我们通过定积分的计算与不定积分之间的密切联系来讨论定积分的换元积分法和分部积分法.

一、定积分的换元积分法

定理1 如果函数 $f(x)$在区间$[a,b]$上连续且函数 $x=\varphi(t)$满足下列条件:

(1) $\varphi(\alpha)=a,\varphi(\beta)=b$;

(2) 在$[\alpha,\beta]$(或$[\beta,\alpha]$)上,$\varphi(t)$具有连续导数且其值域 $R_\varphi\subset[a,b]$,

则有

$$\int_a^b f(x)\mathrm{d}x=\int_\alpha^\beta f[\varphi(t)]\varphi'(t)\mathrm{d}t. \qquad ①$$

此公式称为定积分的换元公式.

证 由于 $f(x)$在$[a,b]$上连续,$\varphi'(t)$连续,所以 $f[\varphi(t)]\varphi'(t)$在$[\alpha,\beta]$(或$[\beta,\alpha]$)上连续. 所以①式两端被积函数的原函数都存在,并可应用牛顿-莱布尼茨公式. 假设 $F(x)$是 $f(x)$的一个原函数,则 $F[\varphi(t)]$是 $f[\varphi(t)]\varphi'(t)$的一个原函数,这是因为

$$(F[\varphi(t)])'=\frac{\mathrm{d}F}{\mathrm{d}x}\cdot\frac{\mathrm{d}x}{\mathrm{d}t}=f(x)\varphi'(t)=f[\varphi(t)]\varphi'(t).$$

于是①式等号左端:

$$\int_a^b f(x)\mathrm{d}x=F(b)-F(a);$$

等号右端:

$$\int_\alpha^\beta f[\varphi(t)]\varphi'(t)\mathrm{d}t=F[\varphi(\beta)]-F[\varphi(\alpha)]=F(b)-F(a).$$

所以

$$\int_a^b f(x)\mathrm{d}x=F(b)-F(a)=\int_\alpha^\beta f[\varphi(t)]\varphi'(t)\mathrm{d}t.$$

在定积分 $\int_a^b f(x)\mathrm{d}x$ 中的 $\mathrm{d}x$,并没有独立的含意;在定积分的定义中,$f(x)\mathrm{d}x$ 作为一个整体在分割求积分和时构成 $f(\xi_i)\Delta x_i$,几何上表示第 i 个小矩形的面积. 此时的 $\mathrm{d}x$ 也不表示微分. 在定理1中,当 $x=\varphi(t)$满足所给条件时,定积分记号中的 $\mathrm{d}x$,确实可以作为微分的记号来看待. 应用换元公式①时,若把 $\int_a^b f(x)\mathrm{d}x$ 中的 x 换成 $\varphi(t)$,$\mathrm{d}x$ 换成 $\varphi'(t)\mathrm{d}t$,正好是

$x=\varphi(t)$ 的微分 $\mathrm{d}x$.

应用换元公式时应注意：

(1) 换元必换限，即用 $x=\varphi(t)$ 把积分变量 x 换成新积分变量 t 时，积分限一定要换成相应于新积分变量 t 的积分限；

(2) 求出 $f[\varphi(t)]\varphi'(t)$ 的一个原函数 $F[\varphi(t)]$ 后，不必像计算不定积分那样再把 $F[\varphi(t)]$ 换成原积分变量 x 的函数，而只要把新变量 t 的上、下限分别代入 $F[\varphi(t)]$ 中，然后相减就行了.

例 1 计算 $\int_0^a \sqrt{a^2-x^2}\,\mathrm{d}x\ (a>0)$.

解 利用换元积分法，设 $x=a\sin t$，则 $\mathrm{d}x=a\cos t\mathrm{d}t$，且当 $x=0$ 时，$t=0$；当 $x=a$ 时，$t=\frac{\pi}{2}$，于是

$$\int_0^a \sqrt{a^2-x^2}\,\mathrm{d}x=a^2\int_0^{\frac{\pi}{2}}\cos^2 t\mathrm{d}t=\frac{a^2}{2}\int_0^{\frac{\pi}{2}}(1+\cos 2t)\mathrm{d}t$$

$$=\frac{a^2}{2}\left(\frac{\pi}{2}+\frac{1}{2}\sin 2t\Big|_0^{\frac{\pi}{2}}\right)=\frac{\pi}{4}a^2.$$

实际上，由定积分的几何意义知，$\int_0^a \sqrt{a^2-x^2}\,\mathrm{d}x$ 表示圆 $x^2+y^2=a^2$ 位于第一象限部分的面积，即四分之一圆面积，从而 $\int_0^a \sqrt{a^2-x^2}\,\mathrm{d}x=\frac{\pi}{4}a^2$.

另外换元公式也可反过来使用，为了使用方便，把换元公式中左、右两边对调位置，同时把 t 改记为 x，而 x 改记为 t，得

$$\int_a^b f[\varphi(x)]\varphi'(x)\mathrm{d}x=\int_\alpha^\beta f(t)\mathrm{d}t.$$

这样，我们可用 $t=\varphi(x)$ 来引入新变量 t，而 $\alpha=\varphi(a)$，$\beta=\varphi(b)$.

例 2 计算 $\int_0^{\frac{\pi}{2}}\sin^4 x\cos x\mathrm{d}x$.

解 设 $t=\sin x$，则 $\mathrm{d}t=\cos x\mathrm{d}x$，且当 $x=0$ 时，$t=0$；当 $x=\frac{\pi}{2}$ 时，$t=1$，于是

$$\int_0^{\frac{\pi}{2}}\sin^4 x\cos x\mathrm{d}x=\int_0^1 t^4\mathrm{d}t=\left[\frac{t^5}{5}\right]_0^1=\frac{1}{5}.$$

注意，在例 2 中，如果我们不明显地写出新变量 t，积分变量仍为 x，则定积分的上、下限就不需要变更，于是有

$$\int_0^{\frac{\pi}{2}}\sin^4 x\cos x\mathrm{d}x=\int_0^{\frac{\pi}{2}}\sin^4 x\mathrm{d}(\sin x)=\frac{\sin^5 x}{5}\Big|_0^{\frac{\pi}{2}}=\frac{1}{5}.$$

例 3 计算$\int_{\sqrt{e}}^{e}\frac{dx}{x\sqrt{\ln x(1-\ln x)}}$.

解 $$\int_{\sqrt{e}}^{e}\frac{dx}{x\sqrt{\ln x(1-\ln x)}}=\int_{\sqrt{e}}^{e}\frac{d(\ln x)}{\sqrt{\ln x(1-\ln x)}}=\int_{\sqrt{e}}^{e}\frac{d(\ln x)}{\sqrt{\ln x}\cdot\sqrt{1-\ln x}}$$
$$=2\int_{\sqrt{e}}^{e}\frac{d(\sqrt{\ln x})}{\sqrt{1-(\sqrt{\ln x})^2}}=2\left[\arcsin(\sqrt{\ln x})\right]_{\sqrt{e}}^{e}=\frac{\pi}{2}.$$

例 4 计算$\int_{0}^{4}\frac{x+1}{\sqrt{2x+1}}dx$.

解 令$t=\sqrt{2x+1}$,则$x=\frac{t^2-1}{2}$,$dx=tdt$,且当$x=0$时,$t=1$;当$x=4$时,$t=3$,于是
$$\int_{0}^{4}\frac{x+1}{\sqrt{2x+1}}dx=\int_{1}^{3}\frac{\frac{t^2-1}{2}+1}{t}\cdot tdt=\frac{1}{2}\int_{1}^{3}(t^2+1)dt=\frac{1}{2}\left(\frac{t^3}{3}\Big|_{1}^{3}+2\right)=\frac{16}{3}.$$

例 5 已知$f(x)$在$(-\infty,+\infty)$上连续,$\int_{0}^{x}tf(x-t)dt=1-\cos x$,求$\int_{0}^{\frac{\pi}{2}}f(x)dx$的值.

解 令$u=x-t$,则有$t=x-u$,$dt=-du$,且当$t=0$时,$u=x$;当$t=x$时,$u=0$,从而
$$\int_{0}^{x}tf(x-t)dt=\int_{x}^{0}(x-u)f(u)(-du)=\int_{0}^{x}(x-u)f(u)du$$
$$=\int_{0}^{x}xf(u)du-\int_{0}^{x}uf(u)du,$$
于是有
$$x\int_{0}^{x}f(u)du-\int_{0}^{x}uf(u)du=1-\cos x.$$
两边对x求导,得
$$\int_{0}^{x}f(u)du+xf(x)-xf(x)=\sin x,$$
即
$$\int_{0}^{x}f(u)du=\sin x.$$
在上式中,令$x=\frac{\pi}{2}$,得$\int_{0}^{\frac{\pi}{2}}f(u)du=1$,即$\int_{0}^{\frac{\pi}{2}}f(x)dx=1$.

例 6 若$f(x)$在$[-a,a]$上连续,证明:

(1) 当$f(x)$为奇函数时,$\int_{-a}^{a}f(x)dx=0$;

(2) 当$f(x)$为偶函数时,$\int_{-a}^{a}f(x)dx=2\int_{0}^{a}f(x)dx$.

证 (1) 当$f(x)$为奇函数时,有$f(-x)=-f(x)$,$x\in[-a,a]$,于是

$$\int_{-a}^{a} f(x)\mathrm{d}x = \int_{-a}^{0} f(x)\mathrm{d}x + \int_{0}^{a} f(x)\mathrm{d}x.$$

令 $x=-t$,得

$$\int_{-a}^{0} f(x)\mathrm{d}x = \int_{a}^{0} f(-t)(-\mathrm{d}t) = -\int_{0}^{a} f(t)\mathrm{d}t = -\int_{0}^{a} f(x)\mathrm{d}x,$$

因此

$$\int_{-a}^{a} f(x)\mathrm{d}x = -\int_{0}^{a} f(x)\mathrm{d}x + \int_{0}^{a} f(x)\mathrm{d}x = 0.$$

(2) 当 $f(x)$为偶函数时,有 $f(-x)=f(x)$,$x\in[-a,a]$,于是

$$\int_{-a}^{a} f(x)\mathrm{d}x = \int_{-a}^{0} f(x)\mathrm{d}x + \int_{0}^{a} f(x)\mathrm{d}x.$$

令 $x=-t$,得

$$\int_{-a}^{0} f(x)\mathrm{d}x = \int_{a}^{0} f(-t)(-\mathrm{d}t) = \int_{0}^{a} f(t)\mathrm{d}t = \int_{0}^{a} f(x)\mathrm{d}x,$$

因此

$$\int_{-a}^{a} f(x)\mathrm{d}x = \int_{0}^{a} f(x)\mathrm{d}x + \int_{0}^{a} f(x)\mathrm{d}x = 2\int_{0}^{a} f(x)\mathrm{d}x.$$

例 6 的结论,可用来简化被积函数为奇、偶函数在关于原点对称的区间上的定积分.

例 7 计算 $\displaystyle\int_{-1}^{1} \frac{2x^2 + x\cos x}{1+\sqrt{1-x^2}}\mathrm{d}x$.

解 原式$=\displaystyle\int_{-1}^{1} \frac{2x^2}{1+\sqrt{1-x^2}}\mathrm{d}x + \int_{-1}^{1} \frac{x\cos x}{1+\sqrt{1-x^2}}\mathrm{d}x$. 由于前者是偶函数,后者是奇函数,则

$$\begin{aligned}
\text{原式} &= 4\int_{0}^{1} \frac{x^2}{1+\sqrt{1-x^2}}\mathrm{d}x + 0 = 4\int_{0}^{1} \frac{x^2\left(1-\sqrt{1-x^2}\right)}{1-(1-x^2)}\mathrm{d}x \\
&= 4\int_{0}^{1} \left(1-\sqrt{1-x^2}\right)\mathrm{d}x = 4 - 4\int_{0}^{1} \sqrt{1-x^2}\,\mathrm{d}x \\
&= 4 - \pi \quad (\pi \text{ 为单位圆的面积}).
\end{aligned}$$

例 8 设 $f(x)$在$[0,1]$上连续,证明:

(1) $\displaystyle\int_{0}^{\frac{\pi}{2}} f(\sin x)\mathrm{d}x = \int_{0}^{\frac{\pi}{2}} f(\cos x)\mathrm{d}x$;

(2) $\displaystyle\int_{0}^{\pi} x f(\sin x)\mathrm{d}x = \frac{\pi}{2}\int_{0}^{\pi} f(\sin x)\mathrm{d}x$.

证 (1) 设 $x=\dfrac{\pi}{2}-t$,则 $\mathrm{d}x=-\mathrm{d}t$,且当 $x=0$ 时,$t=\dfrac{\pi}{2}$;当 $x=\dfrac{\pi}{2}$时,$t=0$,于是

$$\int_{0}^{\frac{\pi}{2}} f(\sin x)\mathrm{d}x = -\int_{\frac{\pi}{2}}^{0} f\left[\sin\left(\frac{\pi}{2}-t\right)\right]\mathrm{d}t = \int_{0}^{\frac{\pi}{2}} f(\cos t)\mathrm{d}t = \int_{0}^{\frac{\pi}{2}} f(\cos x)\mathrm{d}x.$$

(2) 设 $x=\pi-t$，则 $\mathrm{d}x=-\mathrm{d}t$，且当 $x=0$ 时，$t=\pi$；当 $x=\pi$ 时，$t=0$，于是

$$\begin{aligned}\int_0^{\pi} xf(\sin x)\mathrm{d}x &= -\int_{\pi}^{0}(\pi-t)f[\sin(\pi-t)]\mathrm{d}t\\ &= \int_0^{\pi}(\pi-t)f(\sin t)\mathrm{d}t\\ &= \pi\int_0^{\pi}f(\sin t)\mathrm{d}t-\int_0^{\pi}tf(\sin t)\mathrm{d}t\\ &= \pi\int_0^{\pi}f(\sin x)\mathrm{d}x-\int_0^{\pi}xf(\sin x)\mathrm{d}x,\end{aligned}$$

所以

$$\int_0^{\pi} xf(\sin x)\mathrm{d}x=\frac{\pi}{2}\int_0^{\pi}f(\sin x)\mathrm{d}x.$$

二、定积分的分部积分法

不定积分的分部积分公式是：

$$\int uv'\mathrm{d}x=uv-\int u'v\mathrm{d}x \quad 或 \quad \int u\mathrm{d}v=uv-\int v\mathrm{d}u.$$

由此利用牛顿-莱布尼茨公式即可得到定积分的分部积分公式.

定理 2 若函数 $u=u(x)$，$v=v(x)$ 在闭区间 $[a,b]$ 上具有连续导数，则有

$$\int_a^b u\mathrm{d}v=uv\Big|_a^b-\int_a^b v\mathrm{d}u.$$

证 因为 $u=u(x)$，$v=v(x)$ 在闭区间 $[a,b]$ 上可导，所以有

$$(uv)'=u'v+uv',$$

又因 $u'(x)$，$v'(x)$ 在区间 $[a,b]$ 上连续，于是上式两端的定积分都存在，而

$$\int_a^b (uv)'\mathrm{d}x=uv\Big|_a^b,$$

从而有

$$uv\Big|_a^b=\int_a^b u'v\mathrm{d}x+\int_a^b uv'\mathrm{d}x,$$

即

$$\int_a^b uv'\mathrm{d}x=uv\Big|_a^b-\int_a^b u'v\mathrm{d}x \quad 或 \quad \int_a^b u\mathrm{d}v=uv\Big|_a^b-\int_a^b v\mathrm{d}u.$$

这就是定积分的分部积分公式.

例 9 计算 $\int_0^1 \mathrm{e}^{\sqrt{x}}\mathrm{d}x$.

解 令 $\sqrt{x}=t$，则 $x=t^2$，$\mathrm{d}x=2t\mathrm{d}t$，且当 $x=0$ 时，$t=0$；当 $x=1$ 时，$t=1$，于是

$$\int_0^1 \mathrm{e}^{\sqrt{x}}\mathrm{d}x=\int_0^1 \mathrm{e}^t\cdot 2t\mathrm{d}t=2\int_0^1 t\mathrm{d}(\mathrm{e}^t)$$

$$= 2\left(te^t\Big|_0^1 - \int_0^1 e^t dt\right) = 2\left(e - e^t\Big|_0^1\right) = 2.$$

例 10 计算 $\int_1^4 \frac{\ln x}{\sqrt{x}}dx$.

解 根据定积分的分部积分公式,得

$$\int_1^4 \frac{\ln x}{\sqrt{x}}dx = 2\int_1^4 \ln x d(\sqrt{x}) = 2\sqrt{x}\cdot\ln x\Big|_1^4 - 2\int_1^4 \sqrt{x}d(\ln x)$$

$$= 4\ln 4 - 2\int_1^4 \sqrt{x}\cdot\frac{1}{x}dx = 4\ln 4 - 4\sqrt{x}\Big|_1^4 = 4(\ln 4 - 1).$$

例 11 计算 $\int_0^{\sqrt{3}} \arctan x dx$.

解 根据定积分的分部积分公式,得

$$\int_0^{\sqrt{3}} \arctan x dx = x\arctan x\Big|_0^{\sqrt{3}} - \int_0^{\sqrt{3}} xd(\arctan x)$$

$$= \sqrt{3}\arctan\sqrt{3} - \int_0^{\sqrt{3}} \frac{x}{1+x^2}dx$$

$$= \frac{\sqrt{3}}{3}\pi - \frac{1}{2}\ln(1+x^2)\Big|_0^{\sqrt{3}} = \frac{\sqrt{3}}{3}\pi - \ln 2.$$

例 12 证明:

$$I_n = \int_0^{\frac{\pi}{2}} \sin^n x dx\left(=\int_0^{\frac{\pi}{2}} \cos^n x dx\right)$$

$$= \begin{cases} \frac{n-1}{n}\cdot\frac{n-3}{n-2}\cdot\cdots\cdot\frac{3}{4}\cdot\frac{1}{2}\cdot\frac{\pi}{2}, & n \text{ 为偶数}, \\ \frac{n-1}{n}\cdot\frac{n-3}{n-2}\cdot\cdots\cdot\frac{4}{5}\cdot\frac{2}{3}, & n \text{ 为大于 1 的奇数}. \end{cases}$$

证 由例 8 的结论,便有

$$I_n = \int_0^{\frac{\pi}{2}} \sin^n x dx = \int_0^{\frac{\pi}{2}} \cos^n x dx.$$

接下来推导递推公式:

当 $n=0$ 时,$I_0 = \int_0^{\frac{\pi}{2}} dx = \frac{\pi}{2}$;

当 $n=1$ 时,$I_1 = \int_0^{\frac{\pi}{2}} \sin x dx = -\cos x\Big|_0^{\frac{\pi}{2}} = 1$;

当 $n\geqslant 2$ 时,用分部积分法,有

$$I_n = \int_0^{\frac{\pi}{2}} \sin^n x dx = \int_0^{\frac{\pi}{2}} \sin^{n-1} x\sin x dx = -\int_0^{\frac{\pi}{2}} \sin^{n-1} x d\cos x$$

$$=-\cos x\sin^{n-1}x\Big|_0^{\frac{\pi}{2}}+(n-1)\int_0^{\frac{\pi}{2}}\cos^2x\sin^{n-2}x\,dx$$
$$=0+(n-1)\int_0^{\frac{\pi}{2}}\sin^{n-2}x(1-\sin^2x)\,dx$$
$$=(n-1)\int_0^{\frac{\pi}{2}}\sin^{n-2}x\,dx-(n-1)\int_0^{\frac{\pi}{2}}\sin^nx\,dx$$
$$=(n-1)I_{n-2}-(n-1)I_n,$$

移项,得到 I_n 的递推公式

$$I_n=\frac{n-1}{n}I_{n-2}.$$

重复利用递推公式,再由 $I_0=\frac{\pi}{2}$,$I_1=1$,可得到

(1) 当 n 为正偶数时,

$$I_n=\frac{n-1}{n}I_{n-2}=\frac{n-1}{n}\cdot\frac{n-3}{n-2}I_{n-4}=\cdots=\frac{n-1}{n}\cdot\frac{n-3}{n-2}\cdot\cdots\cdot\frac{3}{4}\cdot\frac{1}{2}\cdot I_0$$
$$=\frac{n-1}{n}\cdot\frac{n-3}{n-2}\cdot\cdots\cdot\frac{3}{4}\cdot\frac{1}{2}\cdot\frac{\pi}{2}=\frac{(n-1)!!}{n!!}\cdot\frac{\pi}{2}.$$

(2) 当 n 为大于 1 的正奇数时,

$$I_n=\frac{n-1}{n}I_{n-2}=\frac{n-1}{n}\cdot\frac{n-3}{n-2}I_{n-4}=\cdots=\frac{n-1}{n}\cdot\frac{n-3}{n-2}\cdot\cdots\cdot\frac{4}{5}\cdot\frac{2}{3}\cdot I_1$$
$$=\frac{n-1}{n}\cdot\frac{n-3}{n-2}\cdot\cdots\cdot\frac{4}{5}\cdot\frac{2}{3}=\frac{(n-1)!!}{n!!}.$$

习　题　5.3

1. 计算下列定积分:

(1) $\int_0^{\frac{\pi}{2}}\cos^5x\sin x\,dx$;　(2) $\int_{-2}^{-\sqrt{2}}\frac{dx}{\sqrt{x^2-1}}$;　(3) $\int_4^9\frac{\sqrt{x}}{\sqrt{x}-1}dx$;

(4) $\int_{-3}^{-1}\frac{dx}{x^2+4x+5}$;　(5) $\int_1^2\frac{e^{\frac{1}{x}}}{x^2}dx$;　(6) $\int_0^1\frac{dx}{e^x+e^{-x}}$;

(7) $\int_{-1}^1\frac{dx}{(1+x^2)^2}$;　(8) $\int_0^1(1-x^2)^2\sqrt{1-x^2}\,dx$;　(9) $\int_1^{e^2}\frac{dx}{x\sqrt{1+\ln x}}$;

(10) $\int_{-\frac{\pi}{2}}^{\frac{\pi}{2}}4\cos^4\theta\,d\theta$;　(11) $\int_{\frac{\sqrt{2}}{2}}^1\frac{\sqrt{1-x^2}}{x^2}dx$;　(12) $\int_0^a x\sqrt{a^2-x^2}\,dx\ (a>0)$;

(13) $\int_{-1}^1\frac{x\,dx}{\sqrt{5-4x}}$;　(14) $\int_0^1 2te^{-\frac{t^2}{2}}dt$;　(15) $\int_{-\frac{\pi}{2}}^{\frac{\pi}{2}}\sqrt{\cos x-\cos^3x}\,dx$;

(16) $\int_{-\frac{\pi}{2}}^{\frac{\pi}{2}}(x^3+\sin^2 x)\cos^2 x\mathrm{d}x$.

2. 利用函数的奇偶性计算下列定积分：

(1) $\int_{-\pi}^{\pi}x^6\sin x\mathrm{d}x$；　(2) $\int_{-\frac{\pi}{3}}^{\frac{\pi}{3}}\frac{x^3}{1+\cos x}\mathrm{d}x$；　(3) $\int_{-\frac{1}{2}}^{\frac{1}{2}}\frac{x\arcsin x}{\sqrt{1-x^2}}\mathrm{d}x$；

(4) $\int_{-1}^{1}(\sqrt{1+x^2}+x)^2\mathrm{d}x$.

3. 设 $f(x)=\begin{cases}xe^{-x^2}, & x\geqslant 0,\\ \frac{1}{1+\cos x}, & -1<x<0,\end{cases}$ 计算 $\int_1^4 f(x-2)\mathrm{d}x$.

4. 设 $F(x)=\int_0^{x^2}xf(x-t)\mathrm{d}t$，求 $\frac{\mathrm{d}F}{\mathrm{d}x}$.

5. 已知 $f(x)=\tan^2 x$，求 $\int_0^{\frac{\pi}{4}}f'(x)f''(x)\mathrm{d}x$.

6. 设 $f(x)$ 在 $[a,b]$ 上连续，证明

$$\int_a^b f(x)\mathrm{d}x=\int_a^b f(a+b-x)\mathrm{d}x.$$

7. 证明：$\varphi(t)=\int_0^{\pi}\ln(t^2+2t\cos x+1)\mathrm{d}x$ 为偶函数.

8. 证明：$\int_0^{\pi}\sin^n x\mathrm{d}x=2\int_0^{\frac{\pi}{2}}\sin^n x\mathrm{d}x$.

9. 计算下列定积分：

(1) $\int_0^{\frac{1}{2}}\arcsin x\mathrm{d}x$；　(2) $\int_1^{e}\sin(\ln x)\mathrm{d}x$；　(3) $\int_{\frac{1}{e}}^{e}|\ln x|\mathrm{d}x$；

(4) $\int_0^{\frac{\pi}{2}}e^x\cos x\mathrm{d}x$；　(5) $\int_{\frac{\pi}{4}}^{\frac{\pi}{3}}\frac{x}{\sin^2 x}\mathrm{d}x$；　(6) $\int_{100-\frac{\pi}{2}}^{100+\frac{\pi}{2}}\tan^2 x\cdot\sin^2 2x\mathrm{d}x$；

(7) $\int_0^1 xe^{2x}\mathrm{d}x$；　(8) $\int_0^{\frac{\pi^2}{4}}\cos\sqrt{x}\mathrm{d}x$；　(9) $\int_0^{\frac{\pi}{4}}\frac{x\mathrm{d}x}{1+\cos 2x}$；

(10) $\int_0^{\frac{\pi}{2}}\frac{x+\sin x}{1+\cos x}\mathrm{d}x$.

§5.4 广义积分

前面我们所讨论的定积分，其积分区间在有限区间且被积函数在积分区间上有界. 但在一些实际问题中，我们常遇到积分区间为无穷区间或被积函数在积分区间上为无界函数的

情况.这两种情况下的积分显然不是本章前面所讨论的定积分(称为常义积分),它们是定积分的推广,称为广义积分或反常积分.

一、无穷限的广义积分

定义 1 设函数 $f(x)$ 在区间 $[a,+\infty)$ 上连续,取 $b>a$,如果极限

$$\lim_{b\to+\infty}\int_a^b f(x)\mathrm{d}x$$

存在,则称此极限为**函数 $f(x)$ 在无穷区间 $[a,+\infty)$ 上的广义积分**,记做 $\int_a^{+\infty} f(x)\mathrm{d}x$,即

$$\int_a^{+\infty} f(x)\mathrm{d}x=\lim_{b\to+\infty}\int_a^b f(x)\mathrm{d}x.$$

这时也称**广义积分** $\int_a^{+\infty} f(x)\mathrm{d}x$ **收敛**.如果上述极限不存在,则称该**广义积分发散**.这时函数 $f(x)$ 在无穷区间 $[a,+\infty)$ 上的广义积分没有意义,记号 $\int_a^{+\infty} f(x)\mathrm{d}x$ 不再表示数值.

当 $f(x)\geqslant 0$ 时,广义积分 $\int_a^{+\infty} f(x)\mathrm{d}x$ 收敛几何上表示以 $[a,+\infty)$ 为底,曲线 $y=f(x)$ 为曲边的曲边梯形面积有限(图 1).

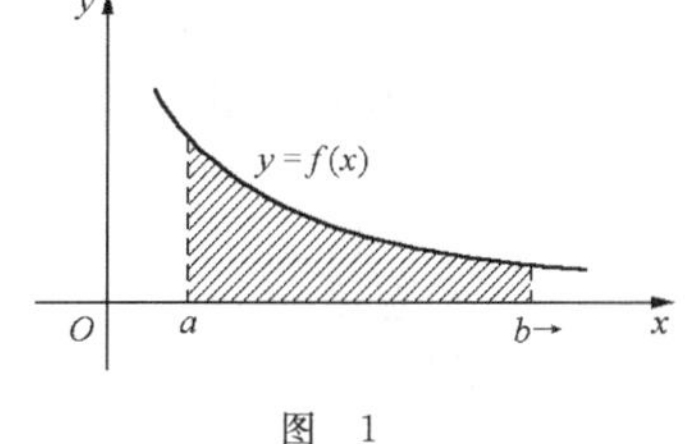

图 1

类似地,设函数 $f(x)$ 在区间 $(-\infty,b]$ 上连续,取 $a<b$,如果极限 $\lim\limits_{a\to-\infty}\int_a^b f(x)\mathrm{d}x$ 存在,则称此极限为**函数 $f(x)$ 在无穷区间 $(-\infty,b]$ 上的广义积分**,记做 $\int_{-\infty}^b f(x)\mathrm{d}x$,即

$$\int_{-\infty}^b f(x)\mathrm{d}x=\lim_{a\to-\infty}\int_a^b f(x)\mathrm{d}x.$$

这时也称**广义积分** $\int_{-\infty}^b f(x)\mathrm{d}x$ **收敛**.如果上述极限不存在,则称该**广义积分发散**.

设函数 $f(x)$ 在区间 $(-\infty,+\infty)$ 上连续,如果广义积分

$$\int_{-\infty}^0 f(x)\mathrm{d}x \quad 和 \quad \int_0^{+\infty} f(x)\mathrm{d}x$$

都收敛,则称上述两广义积分之和为函数 $f(x)$ 在无穷区间 $(-\infty,+\infty)$ 上的广义积分,记做 $\int_{-\infty}^{+\infty} f(x)\mathrm{d}x$,即

$$\begin{aligned}\int_{-\infty}^{+\infty} f(x)\mathrm{d}x&=\int_{-\infty}^0 f(x)\mathrm{d}x+\int_0^{+\infty} f(x)\mathrm{d}x\\&=\lim_{a\to-\infty}\int_a^0 f(x)\mathrm{d}x+\lim_{b\to+\infty}\int_0^b f(x)\mathrm{d}x,\end{aligned}$$

此时也称**广义积分** $\int_{-\infty}^{+\infty} f(x)\mathrm{d}x$ **收敛**；否则就称该**广义积分发散**.

上述广义积分统称为无穷限的广义积分.

依据上述定义及牛顿-莱布尼茨公式，可得到如下简洁写法：

设函数 $F(x)$ 为 $f(x)$ 在 $[a,+\infty)$ 上的一个原函数，即 $F'(x)=f(x)$. 若 $\lim\limits_{x\to+\infty}F(x)$ 存在，记为 $F(+\infty)$，则广义积分

$$\int_a^{+\infty} f(x)\mathrm{d}x = F(x)\Big|_a^{+\infty} = \lim_{x\to+\infty}F(x) - F(a) = F(+\infty) - F(a).$$

若 $\lim\limits_{x\to\infty}F(x)$ 不存在，则广义积分 $\int_a^{+\infty} f(x)\mathrm{d}x$ 发散.

类似地，若在 $(-\infty,b]$ 上，$F'(x)=f(x)$，则当 $F(-\infty)$ 存在时，广义积分

$$\int_{-\infty}^{b} f(x)\mathrm{d}x = F(x)\Big|_{-\infty}^{b} = F(b) - \lim_{x\to-\infty}F(x) = F(b) - F(-\infty).$$

若在 $(-\infty,+\infty)$ 内，$F'(x)=f(x)$，则当 $F(-\infty)$ 与 $F(+\infty)$ 都存在时，广义积分

$$\int_{-\infty}^{+\infty} f(x)\mathrm{d}x = F(x)\Big|_{-\infty}^{+\infty} = F(+\infty) - F(-\infty).$$

当 $F(-\infty)$ 与 $F(+\infty)$ 至少有一个不存在时，广义积分 $\int_{-\infty}^{+\infty} f(x)\mathrm{d}x$ 发散.

例 1 计算广义积分 $\int_{-\infty}^{+\infty} \dfrac{\mathrm{d}x}{1+x^2}$.

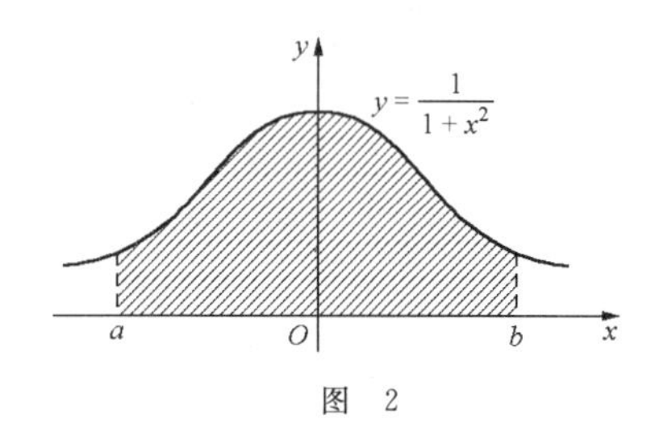

图 2

解

$$\begin{aligned}\int_{-\infty}^{+\infty} \frac{\mathrm{d}x}{1+x^2} &= \arctan x\Big|_{-\infty}^{+\infty} \\ &= \lim_{x\to+\infty}\arctan x - \lim_{x\to-\infty}\arctan x \\ &= \frac{\pi}{2} - \left(-\frac{\pi}{2}\right) = \pi.\end{aligned}$$

这个广义积分值的几何意义是：当 $a\to-\infty$，$b\to+\infty$ 时，虽然图 2 中阴影部分向左、右无限延伸，但其面积却有极限值 π，即位于曲线 $y=\dfrac{1}{1+x^2}$ 的下方，x 轴上方的图形面积为 π.

例 2 计算广义积分 $\int_{-\infty}^{+\infty} \mathrm{e}^{-|x|}\mathrm{d}x$.

解 $\int_{-\infty}^{+\infty} \mathrm{e}^{-|x|}\mathrm{d}x = \int_{-\infty}^{0} \mathrm{e}^{x}\mathrm{d}x + \int_{0}^{+\infty} \mathrm{e}^{-x}\mathrm{d}x = \mathrm{e}^{x}\Big|_{-\infty}^{0} - \mathrm{e}^{-x}\Big|_{0}^{+\infty} = 2.$

例 3 计算广义积分 $\int_{0}^{+\infty} \dfrac{\arctan x}{(1+x^2)^{\frac{3}{2}}}\mathrm{d}x$.

解 令 $\arctan x=t$，即 $x=\tan t$，则 $\mathrm{d}x=\sec^2 t\mathrm{d}t$，且当 $x=0$ 时，$t=0$；当 $x\to+\infty$ 时，$t\to\frac{\pi}{2}$，于是

$$\begin{aligned}\int_0^{+\infty}\frac{\arctan x}{(1+x^2)^{\frac{3}{2}}}\mathrm{d}x&=\int_0^{\frac{\pi}{2}}\frac{t}{(1+\tan^2 t)^{\frac{3}{2}}}\sec^2 t\mathrm{d}t\\&=\int_0^{\frac{\pi}{2}}t\cos t\mathrm{d}t=t\sin t\Big|_0^{\frac{\pi}{2}}-\int_0^{\frac{\pi}{2}}\sin t\mathrm{d}t\\&=\frac{\pi}{2}+\cos t\Big|_0^{\frac{\pi}{2}}=\frac{\pi}{2}-1.\end{aligned}$$

例 4 证明广义积分 $\int_1^{+\infty}\frac{1}{x^p}\mathrm{d}x$ 当 $p>1$ 时收敛，当 $p\leqslant1$ 时发散.

证 (1) 当 $p=1$ 时，$\int_1^{+\infty}\frac{1}{x^p}\mathrm{d}x=\int_1^{+\infty}\frac{1}{x}\mathrm{d}x=[\ln x]_1^{+\infty}=+\infty$；

(2) 当 $p\neq1$ 时，$\int_1^{+\infty}\frac{1}{x^p}\mathrm{d}x=\left[\frac{x^{1-p}}{1-p}\right]_1^{+\infty}=\begin{cases}+\infty, & p<1,\\ \frac{1}{p-1}, & p>1.\end{cases}$

综上所述：当 $p>1$ 时广义积分收敛，其值为 $\frac{1}{p-1}$；当 $p\leqslant1$ 时广义积分发散.

例 5 证明广义积分 $\int_a^{+\infty}\mathrm{e}^{-px}\mathrm{d}x$ 当 $p>0$ 时收敛，当 $p<0$ 时发散.

证 因为

$$\begin{aligned}\int_a^{+\infty}\mathrm{e}^{-px}\mathrm{d}x&=\lim_{b\to+\infty}\int_a^b\mathrm{e}^{-px}\mathrm{d}x=\lim_{b\to+\infty}\frac{\mathrm{e}^{-px}}{-p}\Big|_a^b\\&=\lim_{b\to+\infty}\left(\frac{\mathrm{e}^{-pa}}{p}-\frac{\mathrm{e}^{-pb}}{p}\right)=\begin{cases}\frac{\mathrm{e}^{-ap}}{p}, & p>0,\\ +\infty, & p<0.\end{cases}\end{aligned}$$

故命题得证.

二、无界函数的广义积分

类似于利用对定积分取极限导出无穷区间上广义积分的处理，下面我们来引入无界函数的广义积分.

如果函数 $f(x)$ 在点 a 的任一邻域内都无界，那么点 a 称为函数 $f(x)$ 的**瑕点**，无界函数的广义积分又称为**瑕积分**.

定义 2 设函数 $f(x)$ 在区间 $(a,b]$ 上连续，点 a 为 $f(x)$ 的瑕点. 取 $t>a$，如果极限

$$\lim_{t\to a^+}\int_t^b f(x)\mathrm{d}x$$

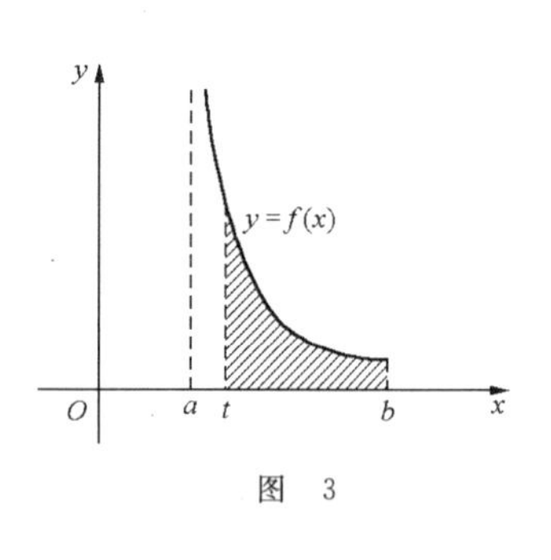

图 3

存在,则称此极限为**函数 $f(x)$ 在 $(a,b]$ 上的广义积分**,记做 $\int_a^b f(x)\mathrm{d}x$,即

$$\int_a^b f(x)\mathrm{d}x = \lim_{t\to a^+}\int_t^b f(x)\mathrm{d}x.$$

这时也称**广义积分** $\int_a^b f(x)\mathrm{d}x$ **收敛**(图 3). 如果上述极限不存在,就称**广义积分** $\int_a^b f(x)\mathrm{d}x$ **发散**.

类似地,设函数 $f(x)$ 在区间 $[a,b)$ 上连续,点 b 为 $f(x)$ 的瑕点. 取 $t<b$,如果极限

$$\lim_{t\to b^-}\int_a^t f(x)\mathrm{d}x$$

存在,则称此极限为**函数 $f(x)$ 在 $[a,b)$ 上的广义积分**,记做 $\int_a^b f(x)\mathrm{d}x$,即

$$\int_a^b f(x)\mathrm{d}x = \lim_{t\to b^-}\int_a^t f(x)\mathrm{d}x.$$

这时也称**广义积分** $\int_a^b f(x)\mathrm{d}x$ **收敛**. 否则,就称**广义积分** $\int_a^b f(x)\mathrm{d}x$ **发散**.

设函数 $f(x)$ 在区间 $[a,b]$ 上除点 $c(a<c<b)$ 外连续,点 c 为 $f(x)$ 的瑕点. 如果两个广义积分 $\int_a^c f(x)\mathrm{d}x$ 和 $\int_c^b f(x)\mathrm{d}x$ 都收敛,则称广义积分

$$\int_a^b f(x)\mathrm{d}x = \int_a^c f(x)\mathrm{d}x + \int_c^b f(x)\mathrm{d}x = \lim_{t\to c^-}\int_a^t f(x)\mathrm{d}x + \lim_{t\to c^+}\int_t^b f(x)\mathrm{d}x$$

收敛. 否则,就称广义积分 $\int_a^b f(x)\mathrm{d}x$ 发散.

计算无界函数的广义积分,也可借助于牛顿-莱布尼茨公式.

设 $x=a$ 为 $f(x)$ 的瑕点,在 $(a,b]$ 上 $F'(x)=f(x)$,如果极限 $\lim\limits_{x\to a^+}F(x)$ 存在,记为 $F(a+0)$,则广义积分

$$\int_a^b f(x)\mathrm{d}x = F(b) - \lim_{x\to a^+}F(x) = F(b) - F(a+0).$$

这里仍用记号 $F(x)\Big|_a^b$ 来表示 $F(b)-F(a+0)$,即

$$\int_a^b f(x)\mathrm{d}x = F(x)\Big|_a^b.$$

如果 $\lim\limits_{x\to a^+}F(x)$ 不存在,则广义积分 $\int_a^b f(x)\mathrm{d}x$ 发散.

对于 $[a,b)$ 上的连续函数 $f(x)$,b 为瑕点的广义积分仍有以上类似的计算公式,这里不再赘述.

例 6 计算广义积分 $\int_0^1 \ln x \mathrm{d}x$.

解 因为 $\lim\limits_{x\to 0^+}\ln x=-\infty$,所以 $x=0$ 是瑕点. 于是

$$\int_0^1 \ln x \mathrm{d}x = x\ln x\Big|_0^1 - \int_0^1 \mathrm{d}x = 0 - \lim_{x\to 0^+} x\ln x - 1$$

$$= -\lim_{x\to 0^+}\frac{\ln x}{\frac{1}{x}} - 1 = -\lim_{x\to 0^+}\frac{\frac{1}{x}}{-\frac{1}{x^2}} - 1 = -1.$$

这个广义积分的几何意义是：位于 x 轴之下，曲线 $y=\ln x$ 之上，直线 $x=0$ 与 $x=1$ 之间的图形(图 4)面积为 1.

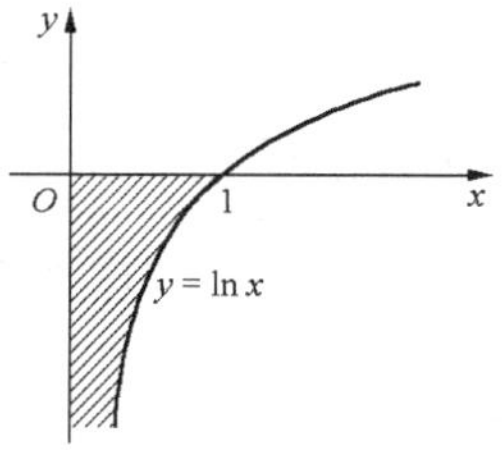

图 4

例 7 讨论广义积分 $\int_{-1}^1 \frac{1}{x^2}\mathrm{d}x$ 的收敛性.

解 被积函数 $f(x)=\frac{1}{x^2}$ 在$[-1,1]$上除 $x=0$ 外连续，且 $\lim\limits_{x\to 0}\frac{1}{x^2}=+\infty$,则 $x=0$ 为 $f(x)=\frac{1}{x^2}$的瑕点. 由于

$$\int_0^1 \frac{1}{x^2}\mathrm{d}x = -\frac{1}{x}\Big|_0^1 = -1 + \lim_{x\to 0^+}\frac{1}{x} = +\infty,$$

则广义积分 $\int_0^1 \frac{1}{x^2}\mathrm{d}x$ 发散，因此广义积分 $\int_{-1}^1 \frac{1}{x^2}\mathrm{d}x$ 发散.

注意：如果疏忽了 $x=0$ 是被积函数的瑕点，就会得到以下错误结果：

$$\int_{-1}^1 \frac{1}{x^2}\mathrm{d}x = -\frac{1}{x}\Big|_{-1}^1 = -1 + (-1) = -2.$$

例 8 证明广义积分 $\int_0^1 \frac{1}{x^p}\mathrm{d}x$ 当 $p<1$ 时收敛，当 $p\geqslant 1$ 时发散.

证 当 $p=1$ 时，

$$\int_0^1 \frac{1}{x^p}\mathrm{d}x = \int_0^1 \frac{1}{x}\mathrm{d}x = \ln x\Big|_0^1 = 0 - \lim_{x\to 0^+}\ln x = +\infty.$$

当 $p\neq 1$ 时，

$$\int_0^1 \frac{1}{x^p}\mathrm{d}x = \frac{x^{1-p}}{1-p}\Big|_0^1 = \frac{1}{1-p} - \lim_{x\to 0^+}\frac{x^{1-p}}{1-p} = \begin{cases}\dfrac{1}{1-p}, & p<1,\\ +\infty, & p>1.\end{cases}$$

因此广义积分 $\int_0^1 \frac{1}{x^p}\mathrm{d}x$ 当 $p<1$ 时收敛，当 $p\geqslant 1$ 时发散.

例 8 的结果可作为结论来判断其他广义积分的敛散性.

例 9 计算广义积分 $\int_0^3 \frac{\mathrm{d}x}{(x-1)^{\frac{2}{3}}}$.

解 $p=\frac{2}{3}<1$,由上例结果可知此瑕积分收敛. 由于 $x=1$ 是瑕点,得

$$\int_0^3 \frac{\mathrm{d}x}{(x-1)^{\frac{2}{3}}}=\int_0^1 \frac{\mathrm{d}x}{(x-1)^{\frac{2}{3}}}+\int_1^3 \frac{\mathrm{d}x}{(x-1)^{\frac{2}{3}}}=3(x-1)^{\frac{1}{3}}\Big|_0^1+3(x-1)^{\frac{1}{3}}\Big|_1^3$$
$$=\lim_{x\to1^-}3(x-1)^{\frac{1}{3}}+3+3\sqrt[3]{2}-\lim_{x\to1^+}3(x-1)^{\frac{1}{3}}=3+3\sqrt[3]{2}.$$

对于广义积分 $\int_a^b f(x)\mathrm{d}x$,其中 $f(x)$ 在开区间 (a,b) 内连续,a 可以是 $-\infty$,b 可以是 $+\infty$,a,b 也可以是被积函数的瑕点,在计算时,除另加换元函数单调的假定外,可以像定积分那样作换元.

例 10 计算广义积分 $\int_1^{+\infty} \frac{\mathrm{d}x}{x\sqrt{x-1}}$.

解 此广义积分的积分区间是无穷限的,并且积分区间内有瑕点 $x=1$,即此积分既是无穷限积分又是瑕积分,是混合型的广义积分. 利用积分性质有

$$\int_1^{+\infty} \frac{\mathrm{d}x}{x\sqrt{x-1}}=\int_1^2 \frac{\mathrm{d}x}{x\sqrt{x-1}}+\int_2^{+\infty} \frac{\mathrm{d}x}{x\sqrt{x-1}}.$$

令 $\sqrt{x-1}=t$,即 $x=t^2+1$,则 $\mathrm{d}x=2t\mathrm{d}t$,并且当 $x\to1$ 时,$t\to0$;当 $x=2$ 时,$t=1$;当 $x\to+\infty$ 时,$t\to+\infty$,于是

$$\int_1^2 \frac{\mathrm{d}x}{x\sqrt{x-1}}=\int_0^1 \frac{2t\mathrm{d}t}{t(t^2+1)}=2\arctan t\Big|_0^1=\frac{\pi}{2},$$
$$\int_2^{+\infty} \frac{\mathrm{d}x}{x\sqrt{x-1}}=\int_1^{+\infty} \frac{2t\mathrm{d}t}{t(t^2+1)}=2\arctan t\Big|_1^{+\infty}=\frac{\pi}{2}.$$

所以 $\int_1^{+\infty} \frac{\mathrm{d}x}{x\sqrt{x-1}}=\pi$.

习 题 5.4

1. 判定下列各广义积分的收敛性,如果收敛,计算广义积分:

(1) $\int_0^{+\infty} \mathrm{e}^{-\sqrt{x}}\mathrm{d}x$;　(2) $\int_0^{+\infty} \frac{x}{1+x^2}\mathrm{d}x$;　(3) $\int_{-\infty}^0 \cos x\mathrm{d}x$;

(4) $\int_0^{+\infty} x^2\mathrm{e}^{-x}\mathrm{d}x$;　(5) $\int_{-\infty}^{+\infty} \frac{\mathrm{d}x}{x^2+2x+2}$;　(6) $\int_0^1 \frac{x\mathrm{d}x}{\sqrt{1-x^2}}$;

(7) $\int_2^6 \frac{\mathrm{d}x}{\sqrt[3]{(4-x)^2}}$;　(8) $\int_0^1 \ln^n x\,\mathrm{d}x$;　(9) $\int_1^{\mathrm{e}} \frac{\mathrm{d}x}{x\sqrt{1-(\ln x)^2}}$;

(10) $\int_0^1 \frac{\mathrm{d}x}{\sqrt{x(1-x)}}$.

2. 求当 k 为何值时,广义积分 $\int_a^b \frac{\mathrm{d}x}{(x-a)^k}(b>a)$ 收敛? k 为何值时,该广义积分发散?

3. 已知 $f(x)=\begin{cases}0, & -\infty<x\leqslant 0,\\ \frac{1}{2}x, & 0<x\leqslant 2,\\ 1, & x>2,\end{cases}$ 试用分段函数表示 $\int_{-\infty}^{x} f(t)\mathrm{d}t$.

§5.5 定积分的元素法

在定积分的应用中,要用定积分计算某个量,关键在于把所求量用定积分表达出来.此时通常采用的是元素法.为了说明这种方法,我们先回顾一下本章§5.1中讨论过的求曲边梯形的面积问题.

设函数 $f(x)$ 在区间 $[a,b]$ 上连续且 $f(x)\geqslant 0$,则以曲线 $y=f(x)$ 为曲边、$[a,b]$ 为底边的曲边梯形的面积

$$A=\int_a^b f(x)\mathrm{d}x.$$

回顾得到这一结果的具体步骤是:

(1) 分割:把区间 $[a,b]$ 分成 n 个长度为 Δx_i 的小区间,相应的曲边梯形被分为 n 个小窄曲边梯形,第 i 个小窄曲边梯形的面积为 ΔA_i,则 $A=\sum_{i=1}^{n}\Delta A_i$;

(2) 取近似:计算 ΔA_i 的近似值:

$$\Delta A_i \approx f(\xi_i)\Delta x_i,\quad \xi_i\in[x_{i-1},x_i];$$

(3) 求和:累加得 A 的近似值

$$A\approx \sum_{i=1}^{n} f(\xi_i)\Delta x_i;$$

(4) 取极限:当 $\lambda=\max\limits_{1\leqslant i\leqslant n}\Delta x_i\to 0(n\to\infty)$ 时,得 A 的精确值

$$A=\lim_{\lambda\to 0}\sum_{i=1}^{n} f(\xi_i)\Delta x_i=\int_a^b f(x)\mathrm{d}x.$$

在上述问题中,我们可以看到,所求量(面积 A)与区间 $[a,b]$ 有关,对区间 $[a,b]$ 具有可加性,即把区间分成许多部分区间,则所求量相应地分成许多部分量,且等于所有部分量之和 $\left(A=\sum_{i=1}^{n}\Delta A_i\right)$;另外,以 $f(\xi_i)\Delta x_i$ 近似代替部分量 ΔA_i 时,它们只相差一个比 Δx_i 高阶的无穷小.因此和式的极限是 A 的精确值,从而有 $A=\int_a^b f(x)\mathrm{d}x$.

对照上述四步，我们可以看到步骤(2)取近似时其形式 $f(\xi_i)\Delta x_i$ 与步骤(4)定积分中的被积表达式 $f(x)\mathrm{d}x$ 具有相似形式，若用 x 代替 ξ_i，$\mathrm{d}x$ 代替 Δx_i，则步骤(2)近似形式就是步骤(4)积分中的被积表达式. 为简便起见，我们将上述步骤简化如下：

省略下标 i，用 ΔA 表示任一小区间$[x,x+\mathrm{d}x]$上的窄曲边梯形的面积，则 $A=\sum\Delta A$，取小区间$[x,x+\mathrm{d}x]$的左端点 x 为 ξ_i，用以点 x 处的函数值 $f(x)$为高，$\mathrm{d}x$ 为底的矩形的面积$f(x)\mathrm{d}x$ 作为 ΔA 的近似值(图 1)，即

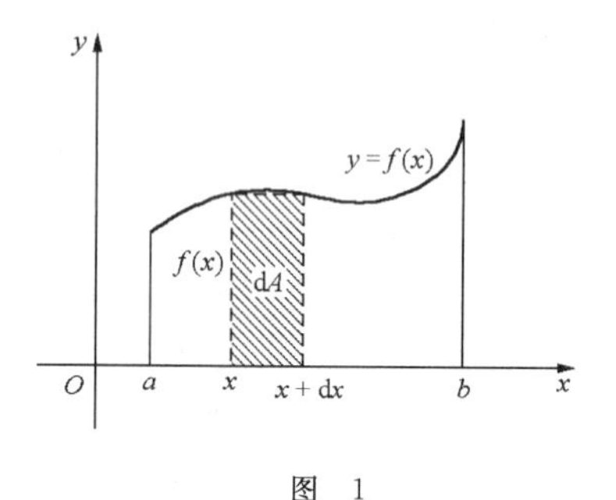

图　1

$$\Delta A\approx f(x)\mathrm{d}x.$$

上式右端 $f(x)\mathrm{d}x$ 称为**面积元素**，记为 $\mathrm{d}A=f(x)\mathrm{d}x$. 于是

$$A\approx\sum f(x)\mathrm{d}x,$$

则

$$A=\lim\sum f(x)\mathrm{d}x=\int_a^b f(x)\mathrm{d}x.$$

一般地，如果所求量 U 符合下列条件：

(1) U 与变量 x 的变化区间$[a,b]$有关；

(2) U 对于区间$[a,b]$具有可加性，即把区间$[a,b]$分成许多部分区间，U 相应地分成许多部分量 ΔU_i，而 U 等于所有部分量之和；

(3) 部分量 ΔU_i 的近似值可表示为 $f(\xi_i)\Delta x_i$，

那么可以考虑用定积分 $\int_a^b f(x)\mathrm{d}x$ 来表达这个量 U，从而计算出所求量 U 的值.

用定积分来表达所求量 U 的步骤如下：

(1) 根据具体问题，选取积分变量，如 x，并进一步确定它的变化区间$[a,b]$.

(2) 设想把区间$[a,b]$分成 n 个小区间，取其中任一小区间$[x,x+\mathrm{d}x]$，求出相应于这个小区间的部分量 ΔU 的近似值. 如果 ΔU 能近似地表示为$[a,b]$上一个连续函数在 x 处的函数值 $f(x)$与 $\mathrm{d}x$ 的乘积，则把 $f(x)\mathrm{d}x$ 称为所求量 U 的**元素**，也叫**微元**，记做 $\mathrm{d}U$，即

$$\mathrm{d}U=f(x)\mathrm{d}x.$$

(3) 以 U 的元素 $f(x)\mathrm{d}x$ 为被积表达式，在区间$[a,b]$上作定积分，得

$$U=\int_a^b f(x)\mathrm{d}x.$$

这就是所求量 U 的积分表达式.

这个方法通常称为**元素法**(或**微元法**). 元素法实际上是定积分定义中四个步骤的概括与简化. 使用该方法的关键在于根据问题的实际意义写出子区间$[x,x+\mathrm{d}x]$上 ΔU 的近似值，即求出元素 $\mathrm{d}U=f(x)\mathrm{d}x$. 下一节我们将应用元素法来讨论定积分在几何、物理中的一些应用问题.

§5.6 定积分的应用

定积分具有广泛的应用，通常用定积分解决的问题是求非均匀分布的整体量U，其中U与区间$[a,b]$有关，且关于区间具有可加性. 例如面积、体积、弧长、质量、功、引力等量都具有可加性. 本节我们将运用微元法来分析和解决一些几何、物理中的问题.

一、定积分在几何上的应用

（一）平面图形的面积

1. 直角坐标情形

由§5.5知道：如果区间$[a,b]$上的连续函数$f(x)\geqslant 0$，则由曲线$y=f(x)$与直线$x=a$，$x=b$及x轴所围成的曲边梯形的面积A的面积元素为$\mathrm{d}A=f(x)\mathrm{d}x$. 如果$f(x)$在$[a,b]$上有正、有负，则它的面积元素应该是以$|f(x)|$为高，$\mathrm{d}x$为底的矩形面积，即$\mathrm{d}A=|f(x)|\mathrm{d}x$. 由此总有

$$A=\int_a^b|f(x)|\mathrm{d}x. \qquad ①$$

应用定积分，不但可以计算曲边梯形面积，还可以计算一些比较复杂的平面图形的面积. 接下来讨论由曲线$y_1=f(x)$，$y_2=g(x)$与直线$x=a$，$x=b$所围成的平面图形的面积.

如果在区间$[a,b]$上有$f(x)\geqslant g(x)$（图1(a)），运用元素法，得到以$[f(x)-g(x)]$为高，$\mathrm{d}x$为底的矩形面积作为面积元素，即

$$\mathrm{d}A=[f(x)-g(x)]\mathrm{d}x.$$

如果在区间$[a,b]$上$[f(x)-g(x)]$有正、有负，则它的面积元素应该是以$|f(x)-g(x)|$为高，$\mathrm{d}x$为底的矩形面积，即$\mathrm{d}A=|f(x)-g(x)|\mathrm{d}x$. 由此总有

$$A=\int_a^b|f(x)-g(x)|\mathrm{d}x. \qquad ②$$

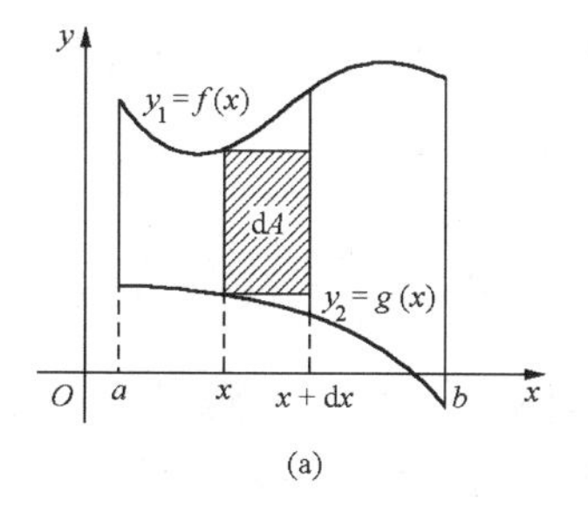

(a)

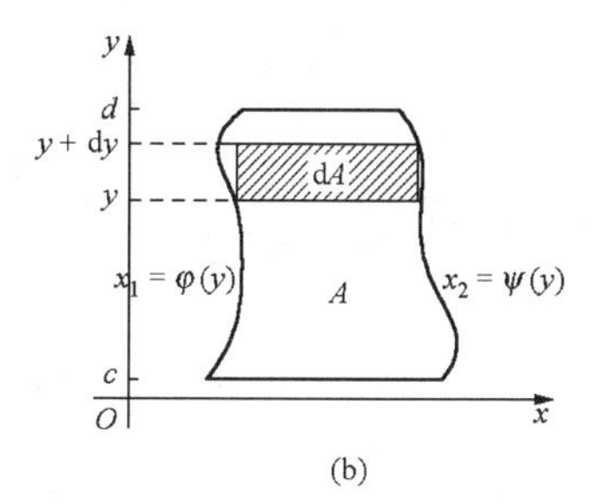

(b)

图 1

如果平面图形由$x_1=\varphi(y)$，$x_2=\psi(y)$与$y=c$，$y=d$所围成（图1(b)），则可选择y作为积分变量，从而有

$$A=\int_{c}^{d}|\psi(y)-\varphi(y)|\,\mathrm{d}y. \tag{③}$$

例 1 求由曲线 $y=x^3$ 与直线 $x=-1,x=1$ 及 x 轴所围成的平面图形的面积 A.

解 由公式①,得

$$A=\int_{-1}^{1}|x^3|\,\mathrm{d}x=\int_{-1}^{0}(-x^3)\,\mathrm{d}x+\int_{0}^{1}x^3\,\mathrm{d}x=\frac{1}{2}.$$

如图 2 所示,平面图形的面积也可以由定积分的几何意义求得

$$A=-\int_{-1}^{0}x^3\,\mathrm{d}x+\int_{0}^{1}x^3\,\mathrm{d}x=\frac{1}{2}.$$

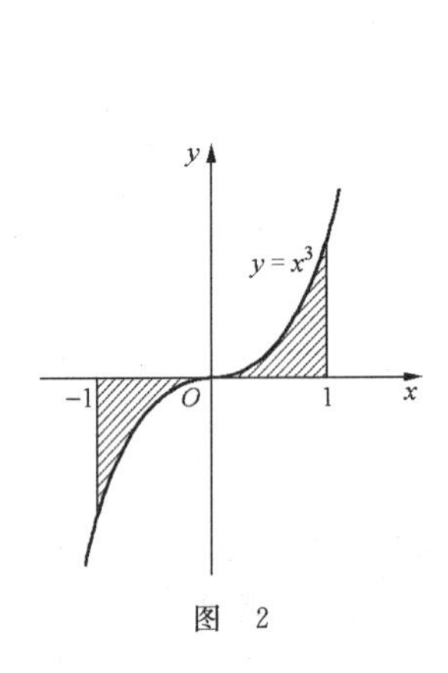

图 2

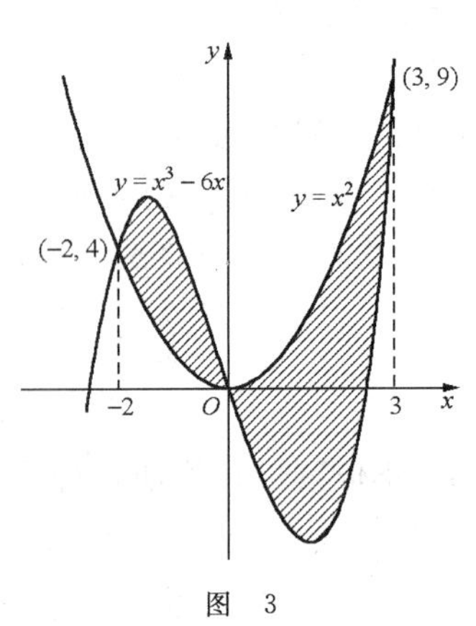

图 3

例 2 计算由曲线 $y=x^3-6x$ 和 $y=x^2$ 所围成的平面图形的面积 A(图 3).

解 由解方程组

$$\begin{cases} y=x^3-6x, \\ y=x^2 \end{cases}$$

得到交点为 $(0,0),(-2,4),(3,9)$.

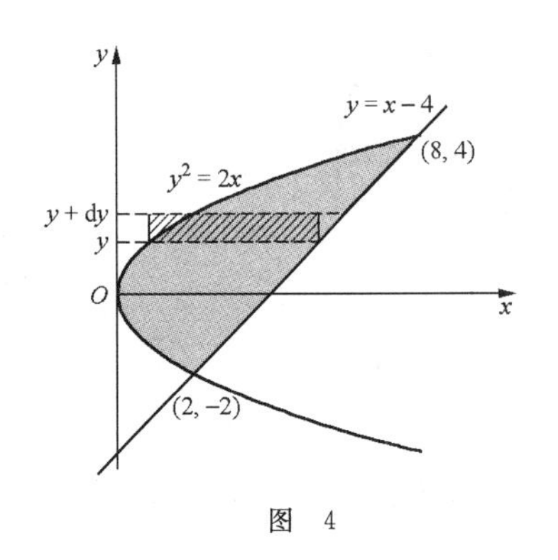

图 4

选 x 为积分变量,$x\in[-2,3]$,由公式②,得

$$A=\int_{-2}^{3}|x^3-6x-x^2|\,\mathrm{d}x$$

$$=\int_{-2}^{0}(x^3-6x-x^2)\,\mathrm{d}x+\int_{0}^{3}(x^2-x^3+6x)\,\mathrm{d}x=\frac{253}{12}.$$

在用定积分计算平面图形的面积时,还需要注意积分变量的选取,选择合适的积分变量,会使问题较为简便.

例 3 求由抛物线 $y^2=2x$ 与直线 $y=x-4$ 所围成的平面图形的面积 A(图 4).

解 由方程组

$$\begin{cases} y^2 = 2x, \\ y = x - 4 \end{cases}$$

得两曲线的交点(2,-2)和(8,4),

如果选取 x 为积分变量,则 $x\in[0,8]$,由公式②,我们需要把区间[0,8]分成[0,2]和[2,8]分别去求平面图形的面积,即

$$A = \int_0^2 \left[\sqrt{2x} - (-\sqrt{2x})\right]\mathrm{d}x + \int_2^8 \left[\sqrt{2x} - (x-4)\right]\mathrm{d}x.$$

如果选取 y 为积分变量,则 $y\in[-2,4]$,由公式③得

$$A = \int_{-2}^4 \left(y + 4 - \frac{1}{2}y^2\right)\mathrm{d}y = \left(\frac{y^2}{2} + 4y - \frac{y^3}{6}\right)\Bigg|_{-2}^4 = 18.$$

显然选取 y 为积分变量比选取 x 为积分变量,计算要简便很多.

2. 参数方程情形

一般地,当曲边梯形的曲边 $y=f(x)(f(x)\geqslant 0, x\in[a,b])$由参数方程

$$\begin{cases} x = \varphi(t), \\ y = \psi(t) \end{cases}$$

给出时,如果 $\varphi(\alpha)=a,\varphi(\beta)=b$,且在$[\alpha,\beta]$(或$[\beta,\alpha]$)上 $\varphi(t)$具有连续导数,$y=\psi(t)$连续,则由曲边梯形的面积公式及定积分的换元公式可知,曲边梯形的面积为

$$A = \int_a^b f(x)\mathrm{d}x = \int_\alpha^\beta \psi(t)\varphi'(t)\mathrm{d}t.$$

例 4 求椭圆$\dfrac{x^2}{a^2}+\dfrac{y^2}{b^2}=1$ 所围成的图形的面积(图 5).

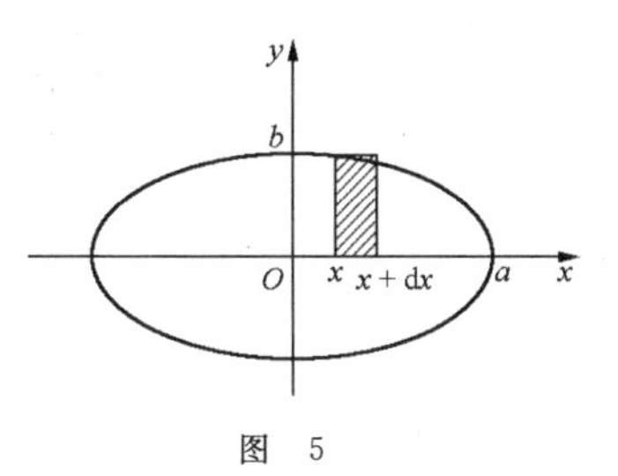

图 5

解 由椭圆关于坐标轴的对称性,可知椭圆的面积是它在第一象限部分面积的四倍,即

$$A = 4\int_0^a y\mathrm{d}x.$$

椭圆的参数方程为

$$\begin{cases} x = a\cos t, \\ y = b\sin t, \end{cases} \quad 0 \leqslant t \leqslant \frac{\pi}{2}.$$

运用定积分的换元积分法,由 $x=a\cos t, y=b\sin t$,则 $\mathrm{d}x=-a\sin t\mathrm{d}t$,且当 $x=0$ 时,$t=\dfrac{\pi}{2}$;当 $x=a$时,$t=0$,所以

$$A = 4\int_0^a y\mathrm{d}x = 4\int_{\frac{\pi}{2}}^0 b\sin t(-a\sin t)\mathrm{d}t$$

$$= 4ab\int_0^{\frac{\pi}{2}} \sin^2 t\mathrm{d}t = 4ab \cdot \frac{1}{2} \cdot \frac{\pi}{2} = \pi ab.$$

上式中当 $a=b$ 时,$A=\pi a^2$,这就是我们所熟知的圆面积公式.

3. 极坐标情形

当围成平面图形的边界曲线以极坐标方程给出时，我们也可以考虑在极坐标系下用极坐标来计算该平面图形的面积.

由曲线 $\rho=\rho(\theta)$ 及射线 $\theta=\alpha,\theta=\beta$ 围成的图形称为**曲边扇形**，如图 6 所示，这里设 $\rho(\theta)$ 在 $[\alpha,\beta]$ 上连续，接下来要计算该曲边扇形的面积.

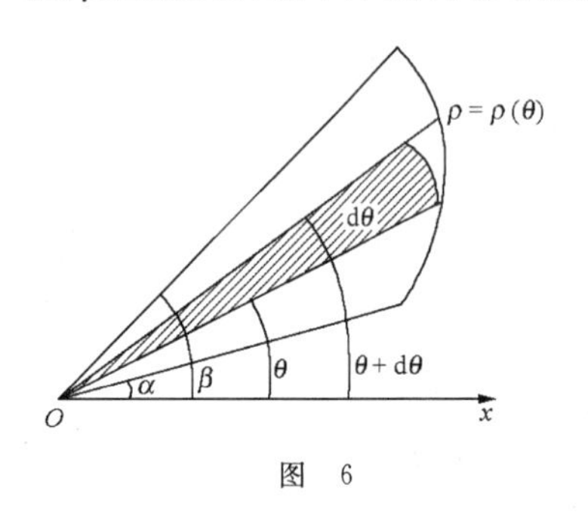

图 6

由于 $\rho=\rho(\theta)$ 是 θ 的函数，随 θ 的变动，极径也在变动，因此不能直接用圆扇形的面积公式 $A=\frac{1}{2}R^2\theta$ 来计算.

取极角 θ 为积分变量，$\theta\in[\alpha,\beta]$，在任一小区间 $[\theta,\theta+d\theta]$ 上的窄曲边扇形的面积可用半径为 $\rho=\rho(\theta)$、中心角为 $d\theta$ 的圆扇形面积来近似，即曲边扇形的面积元素

$$dA=\frac{1}{2}\rho^2(\theta)d\theta.$$

再对以上面积元素 $\frac{1}{2}\rho^2(\theta)d\theta$ 在闭区间 $[\alpha,\beta]$ 上作定积分，从而得到所求曲边扇形的面积为

$$A=\frac{1}{2}\int_{\alpha}^{\beta}\rho^2(\theta)d\theta. \qquad ④$$

例 5 计算心形线 $\rho=a(1+\cos\theta)(a>0)$ 所围成的图形的面积(图 7).

解 心形线所围成的图形关于极轴对称，由对称性，并依公式④，得

$$A=2\cdot\frac{1}{2}\cdot\int_0^{\pi}\rho^2(\theta)d\theta=\int_0^{\pi}a^2(1+\cos\theta)^2d\theta$$

$$=a^2\int_0^{\pi}(1+2\cos\theta+\cos^2\theta)d\theta=a^2\int_0^{\pi}\left(1+2\cos\theta+\frac{1+\cos2\theta}{2}\right)d\theta$$

$$=a^2\left(\frac{3}{2}\theta+2\sin\theta+\frac{1}{4}\sin2\theta\right)\Big|_0^{\pi}=\frac{3}{2}\pi a^2.$$

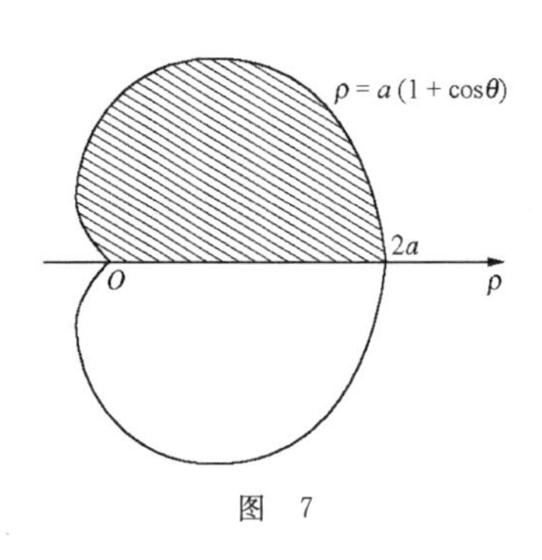

图 7

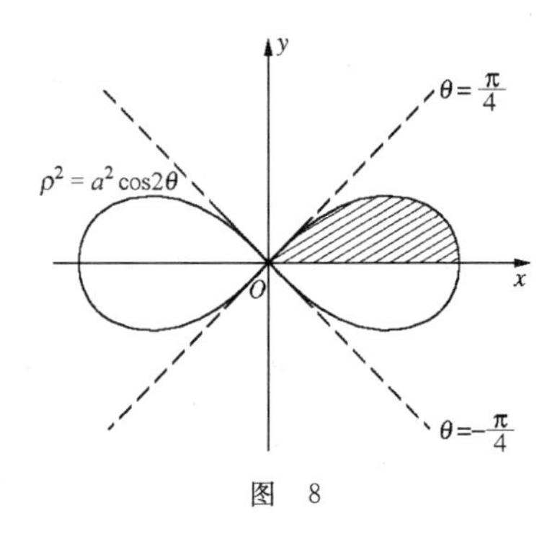

图 8

例 6 计算双纽线 $\rho^2=a^2\cos2\theta$ 所围成的平面图形的面积(图 8).

解 由对称性可知，双纽线所围成的图形的面积是第一象限部分面积的四倍，又依公式④得

$$A=4\cdot\frac{1}{2}\cdot\int_0^{\frac{\pi}{4}}\rho^2(\theta)\,\mathrm{d}\theta=2\int_0^{\frac{\pi}{4}}a^2\cos2\theta\,\mathrm{d}\theta$$

$$=2a^2\cdot\frac{1}{2}\sin2\theta\Big|_0^{\frac{\pi}{4}}=a^2.$$

（二）立体的体积

1. 旋转体的体积

由一个平面图形绕着它所在平面内的一条直线旋转一周所成的立体称为**旋转体**，这条直线称为**旋转轴**. 我们所熟悉的圆柱、圆锥、圆台、球体都是旋转体，它们可以分别看成由矩形绕着一条边、直角三角形绕一条直角边、直角梯形绕着直角腰、半圆绕着直径旋转一周所成的立体.

接下来我们考虑用定积分来计算由连续曲线 $y=f(x)$，直线 $x=a,x=b$ 及 x 轴所围成的曲边梯形绕 x 轴旋转一周所成旋转体的体积.

如图 9 所示，选取 x 为积分变量，$x\in[a,b]$. 在任一小区间 $[x,x+\mathrm{d}x]$ 上的窄曲边梯形旋转一周所成薄片的体积可以用以 $f(x)$ 为底圆半径，$\mathrm{d}x$ 为高的扁圆柱体的体积来近似，即体积元素

$$\mathrm{d}V=\pi[f(x)]^2\,\mathrm{d}x.$$

再以体积元素 $\pi[f(x)]^2\mathrm{d}x$ 作被积表达式，在区间 $[a,b]$ 上作定积分，从而得到所求旋转体的体积

$$V=\int_a^b\pi[f(x)]^2\,\mathrm{d}x. \qquad ⑤$$

类似地，由曲线 $x=\varphi(y)$，直线 $y=c,y=d$ 及 y 轴围成的曲边梯形绕 y 轴旋转一周而成的旋转体（图 10）的体积为

$$V=\int_c^d\pi[\varphi(y)]^2\,\mathrm{d}y. \qquad ⑥$$

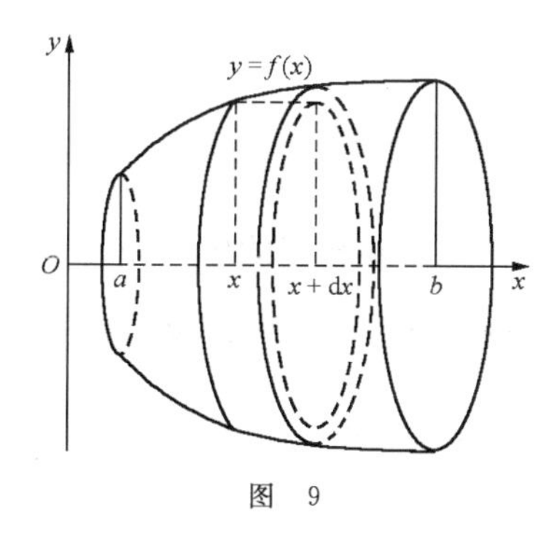

图 9

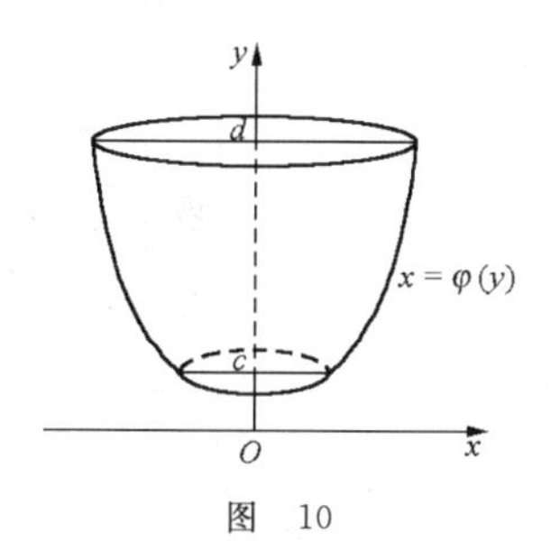

图 10

例 7 计算由曲线 $y=\sin x(0\leqslant x\leqslant\pi)$ 和 x 轴所围成的图形绕 x 轴旋转一周而成的旋转体的体积(图 11).

解 取 x 为积分变量, $x\in[0,\pi]$. 依公式⑤得

$$V=\int_0^{\pi}\pi y^2\mathrm{d}x=\int_0^{\pi}\pi\cdot\sin^2 x\mathrm{d}x=\pi\int_0^{\pi}\frac{1-\cos 2x}{2}\mathrm{d}x$$

$$=\pi\left(\frac{1}{2}x-\frac{1}{4}\sin 2x\right)\bigg|_0^{\pi}=\frac{1}{2}\pi^2.$$

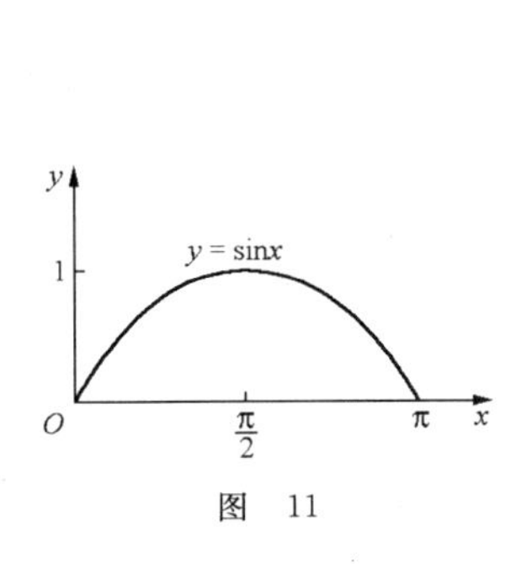

图 11

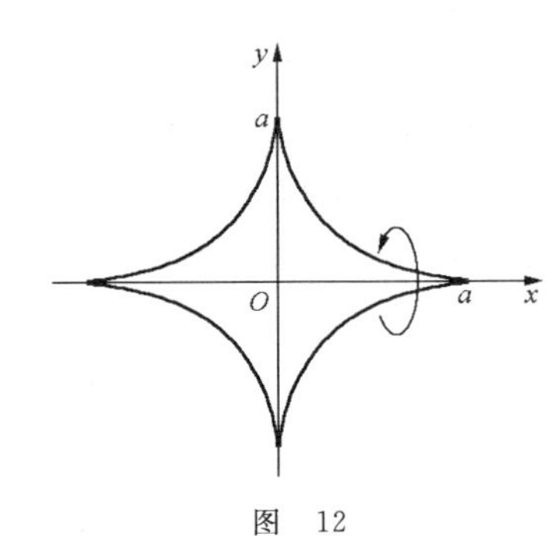

图 12

例 8 求星形线 $x^{\frac{2}{3}}+y^{\frac{2}{3}}=a^{\frac{2}{3}}(a>0)$ 所围平面图形绕 x 轴旋转一周所成旋转体的体积.

解 如图 12 所示,该旋转体可看做是由星形线的一、二象限部分

$$y=(a^{\frac{2}{3}}-x^{\frac{2}{3}})^{\frac{3}{2}}$$

和 x 轴围成的区域绕 x 轴旋转一周而成的立体. 取 x 为积分变量, $x\in[-a,a]$. 依公式⑤得该旋转体的体积为

$$V=\int_{-a}^{a}\pi y^2\mathrm{d}x=\int_{-a}^{a}\pi[a^{\frac{2}{3}}-x^{\frac{2}{3}}]^3\mathrm{d}x$$

$$=\pi\int_{-a}^{a}(a^2-x^2-3a^{\frac{4}{3}}x^{\frac{2}{3}}+3a^{\frac{2}{3}}x^{\frac{4}{3}})\mathrm{d}x$$

$$=\pi\left[a^2x-\frac{1}{3}x^3-\frac{9}{5}a^{\frac{4}{3}}x^{\frac{5}{3}}+\frac{9}{7}a^{\frac{2}{3}}x^{\frac{7}{3}}\right]_{-a}^{a}$$

$$=\frac{32}{105}\pi a^3.$$

例 9 求由摆线 $x=a(t-\sin t)$, $y=a(1-\cos t)$ 的一拱及 x 轴所围成的图形分别绕 x 轴、绕 y 轴旋转而成的旋转体(图 13)的体积.

解 如图 13,依公式⑤便得该图形绕 x 轴旋转而成的旋转体的体积为

$$V_x=\int_0^{2\pi a}\pi y^2\mathrm{d}x=\int_0^{2\pi}\pi a^2(1-\cos t)^2\cdot a(1-\cos t)\mathrm{d}t$$

$$=\pi a^3\int_0^{2\pi}(1-3\cos t+3\cos^2 t-\cos^3 t)\mathrm{d}t$$

$$=5\pi^2a^3.$$

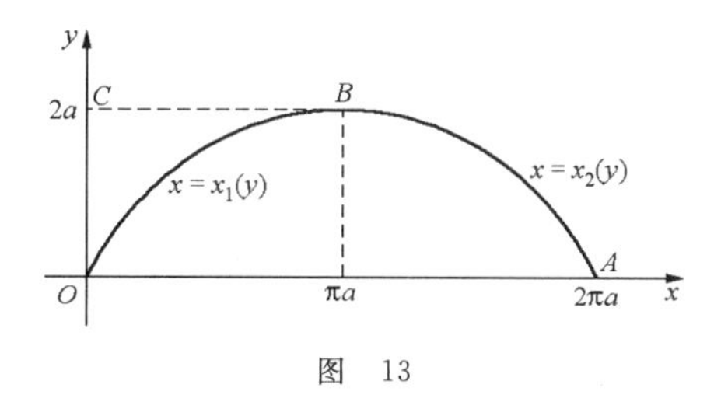

图 13

该图形绕 y 轴旋转而成的旋转体的体积为平面图形 $OABC$ 与 OBC 分别绕 y 轴旋转而成的旋转体的体积之差，所以依公式⑥便得到所求立体的体积为

$$V_y = \int_0^{2a} \pi x_2^2(y)\mathrm{d}y - \int_0^{2a} \pi x_1^2(y)\mathrm{d}y$$

$$= \pi\int_{2\pi}^{\pi} a^2(t-\sin t)^2 \cdot a\sin t\mathrm{d}t$$

$$- \pi\int_0^{\pi} a^2(t-\sin t)^2 \cdot a\sin t\mathrm{d}t$$

$$= -\pi a^3\int_0^{2\pi}(t-\sin t)^2\sin t\mathrm{d}t = 6\pi^3a^3.$$

2. 平行截面面积已知的空间立体的体积

设一立体位于平面 $x=a$ 与平面 $x=b$ 之间，已知过点 x 且垂直于 x 轴的平面截此物体得到的截面面积为 $A(x)$(图 14)，且 $A(x)$ 为连续函数，计算此立体的体积.

取 x 为积分变量，$x\in[a,b]$. 该立体中任一小区间 $[x,x+\mathrm{d}x]$ 上的薄片的体积，可以用以 $A(x)$ 为底面积，$\mathrm{d}x$ 为高的扁柱体的体积来近似，即体积元素

$$\mathrm{d}V = A(x)\mathrm{d}x.$$

以体积元素 $A(x)\mathrm{d}x$ 为被积表达式，在区间 $[a,b]$ 上作定积分，从而得到该立体的体积

$$V = \int_a^b A(x)\mathrm{d}x. \qquad ⑦$$

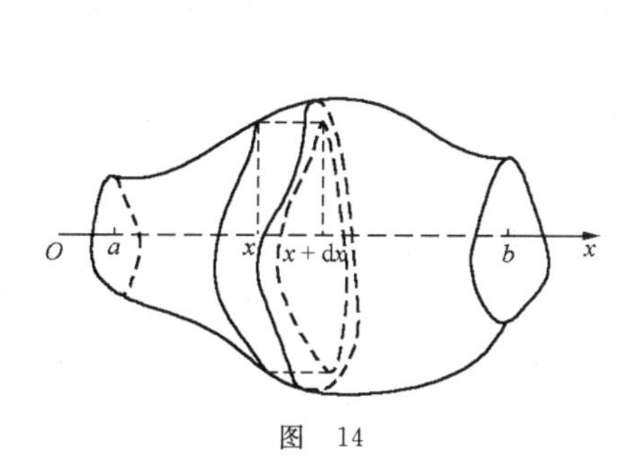

图 14

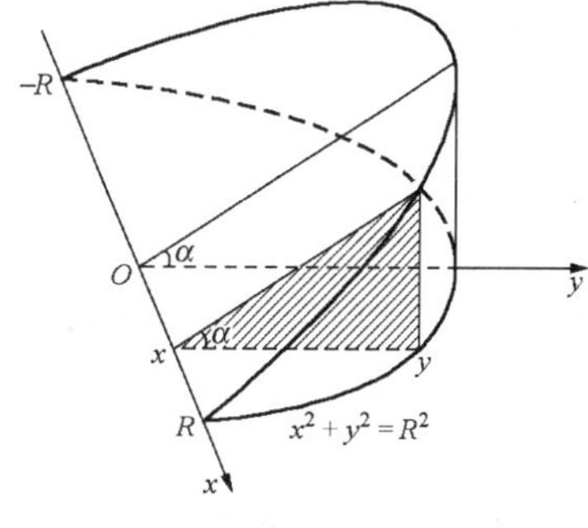

图 15

例 10 一平面经过半径为 R 的圆柱体的底圆中心，并与底圆面所成角为 α，求该平面截圆柱体所得立体的体积(图 15).

解 建立坐标系如图 15 所示，则底圆方程为 $x^2+y^2=R^2$. 选取 x 为积分变量，根据题意，垂直于 x 轴的截面是直角三角形，因此截面面积为

$$A(x)=\frac{1}{2}\cdot\sqrt{R^2-x^2}\cdot\sqrt{R^2-x^2}\cdot\tan\alpha$$

$$=\frac{1}{2}(R^2-x^2)\tan\alpha.$$

依公式⑦便得所求立体的体积为

$$V=\int_{-R}^{R}A(x)\mathrm{d}x=\frac{1}{2}\int_{-R}^{R}(R^2-x^2)\tan\alpha\mathrm{d}x$$

$$=\frac{1}{2}\tan\alpha\cdot\left(R^2x-\frac{x^3}{3}\right)\Bigg|_{-R}^{R}=\frac{2}{3}R^3\tan\alpha.$$

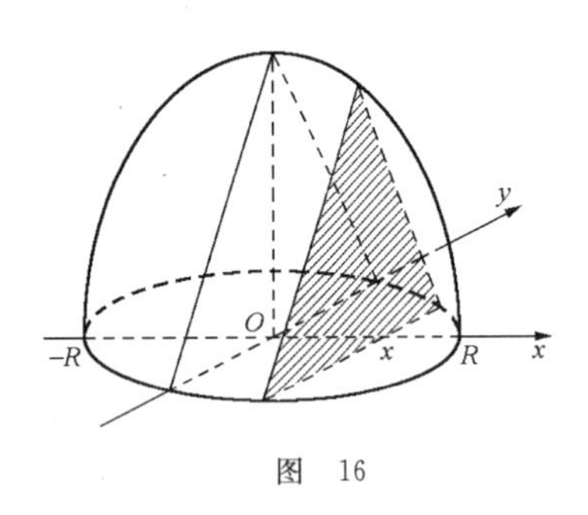

图 16

例 11 计算以半径为 R 的圆作底面，且垂直于底面上一条固定直径的所有截面都是等边三角形的立体体积(图 16).

解 建立坐标系，如图 16，底圆方程为 $x^2+y^2=R^2$. 选取 x 为积分变量，区间$[-R,R]$上任一 x 所对应的等边三角形的截面边长为 $2\sqrt{R^2-x^2}$，高为$\sqrt{3}\cdot\sqrt{R^2-x^2}$，于是平行截面的面积

$$A(x)=\frac{1}{2}\cdot 2\sqrt{R^2-x^2}\cdot\sqrt{3}\cdot\sqrt{R^2-x^2}=\sqrt{3}(R^2-x^2).$$

依公式⑦便得所求立体的体积为

$$V=\int_{-R}^{R}A(x)\mathrm{d}x=\sqrt{3}\int_{-R}^{R}(R^2-x^2)\mathrm{d}x=\sqrt{3}\left(R^2x-\frac{x^3}{3}\right)\Bigg|_{-R}^{R}=\frac{4\sqrt{3}}{3}R^3.$$

(三) 平面曲线的弧长

我们知道，圆的内接正多边形当边数无限增多时，可以用其周长的极限来定义圆的周长. 类似地，我们可以用此方法来建立平面上由具有一阶连续导数的函数所表示的曲线(称为**光滑曲线**)弧长的概念，然后用定积分来计算平面曲线的弧长.

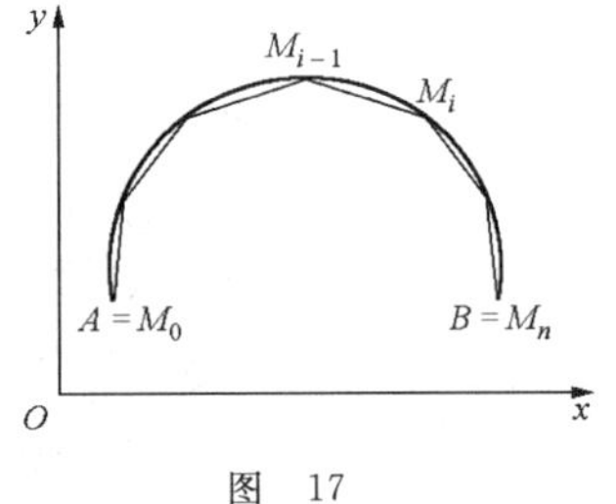

图 17

如图 17 所示，设 A,B 为曲线弧的两个端点，在曲线弧上依次任取分点

$$A=M_0,M_1,\cdots,M_{i-1},M_i,\cdots,M_{n-1},M_n=B,$$

依次连接这些分点，形成该弧的内接折线. 当分点的数目无限

增多,使任一小折线缩向一点时,若内接折线长 $\sum_{i=1}^{n} |M_{i-1}M_i|$ 的极限存在,则称此极限为曲线弧的**弧长**,也称此曲线弧是**可求长的**.

定理 1 光滑曲线弧是可求长的.

这个定理我们不加证明.由于光滑曲线弧是可求长的,所以我们可以用定积分的元素法来推导曲线弧的弧长计算公式.

1. 参数方程情形

设曲线弧由参数方程

$$\begin{cases} x = \varphi(t), \\ y = \psi(t) \end{cases} \quad (\alpha \leqslant t \leqslant \beta)$$

给出,其中 $\varphi(t)$,$\psi(t)$在$[\alpha,\beta]$上具有一阶连续导数,求这曲线弧的弧长.

取 t 为积分变量,$t \in [\alpha,\beta]$. 对$[\alpha,\beta]$上的任一小区间$[t,t+\mathrm{d}t]$的小弧段的长度 Δs 可以用对应弦的长度$\sqrt{(\Delta x)^2+(\Delta y)^2}$来近似,又因为微分和增量的关系为

$$\Delta x = \varphi(t+\mathrm{d}t) - \varphi(t) \approx \mathrm{d}x = \varphi'(t)\mathrm{d}t,$$
$$\Delta y = \psi(t+\mathrm{d}t) - \psi(t) \approx \mathrm{d}y = \psi'(t)\mathrm{d}t,$$

所以 Δs 的近似值即弧长元素(又称**弧微分**)为

$$\mathrm{d}s = \sqrt{(\mathrm{d}x)^2+(\mathrm{d}y)^2} = \sqrt{\varphi'^2(t)(\mathrm{d}t)^2+\psi'^2(t)(\mathrm{d}t)^2} = \sqrt{\varphi'^2(t)+\psi'^2(t)}\,\mathrm{d}t.$$

以弧长元素为被积表达式,在$[\alpha,\beta]$上作定积分,便得到所求弧长为

$$s = \int_\alpha^\beta \sqrt{\varphi'^2(t)+\psi'^2(t)}\,\mathrm{d}t. \qquad ⑧$$

2. 直角坐标情形

设曲线弧由直角坐标方程

$$y = f(x) \quad (a \leqslant x \leqslant b)$$

给出,其中 $f(x)$在$[a,b]$上具有一阶连续导数,此时方程可以写成

$$\begin{cases} x = x, \\ y = f(x) \end{cases} \quad (a \leqslant x \leqslant b),$$

依公式⑧便得所求弧长为

$$s = \int_a^b \sqrt{1+y'^2}\,\mathrm{d}x. \qquad ⑨$$

3. 极坐标情形

设曲线弧由极坐标方程给出:

$$\rho = \rho(\theta) \quad (\alpha \leqslant \theta \leqslant \beta),$$

其中 $\rho(\theta)$在$[\alpha,\beta]$上具有一阶连续导数,依它与直角坐标系之间的关系有

$$\begin{cases} x = \rho(\theta)\cos\theta, \\ y = \rho(\theta)\sin\theta \end{cases} \quad (\alpha \leqslant \theta \leqslant \beta).$$

这时我们可以把上述方程看成以极角 θ 为参数的参数方程，依公式⑧便得到所求弧长为

$$s = \int_{\alpha}^{\beta} \sqrt{\rho^2(\theta) + \rho'^2(\theta)}\,d\theta. \qquad ⑩$$

例 12 计算圆 $x^2 + y^2 = R^2$ 的周长.

解 由对称性，圆的周长等于第一象限的圆弧长的四倍，而第一象限圆弧的方程为

$$y = \sqrt{R^2 - x^2} \quad (0 \leqslant x \leqslant R).$$

依公式⑨便得圆周长为

$$s = 4\int_0^R \sqrt{1 + y'^2}\,dx = 4\int_0^R \sqrt{1 + \frac{x^2}{R^2 - x^2}}\,dx$$

$$= 4R\int_0^R \frac{dx}{\sqrt{R^2 - x^2}} = 4R\arcsin\frac{x}{R}\Big|_0^R = 2\pi R.$$

当然我们也可以用圆的参数方程

$$\begin{cases} x = R\cos t, \\ y = R\sin t \end{cases} \quad (0 \leqslant t \leqslant 2\pi),$$

依公式⑧得到圆的周长为

$$s = \int_0^{2\pi} \sqrt{x'^2(t) + y'^2(t)}\,dt$$

$$= \int_0^{2\pi} \sqrt{R^2\sin^2 t + R^2\cos^2 t}\,dt = 2\pi R.$$

例 13 证明正弦线 $y = a\sin x\,(0 \leqslant x \leqslant 2\pi)$ 的弧长等于椭圆 $\begin{cases} x = \cos t, \\ y = \sqrt{1+a^2}\sin t \end{cases}$ $(0 \leqslant t \leqslant 2\pi)$ 的周长.

解 设正弦线的弧长等于 s_1，依公式⑨得

$$s_1 = \int_0^{2\pi} \sqrt{1 + y'^2}\,dx = \int_0^{2\pi} \sqrt{1 + a^2\cos^2 x}\,dx$$

$$= 2\int_0^{\pi} \sqrt{1 + a^2\cos^2 x}\,dx.$$

设椭圆的周长为 s_2，由椭圆的对称性，并依公式⑧得

$$s_2 = 2\int_0^{\pi} \sqrt{x'^2(t) + y'^2(t)}\,dt$$

$$= 2\int_0^{\pi} \sqrt{(\sin t)^2 + (1 + a^2)(\cos t)^2}\,dt$$

$$= 2\int_0^{\pi} \sqrt{1 + a^2\cos^2 t}\,\mathrm{d}t$$

$$= 2\int_0^{\pi} \sqrt{1 + a^2\cos^2 x}\,\mathrm{d}x = s_1.$$

故命题得证.

例 14 求阿基米德螺线 $\rho = a\theta(a > 0)$ 相应于 θ 从 0 到 2π 一段的弧长(图 18).

解 依公式⑩得所求弧长为

$$s = \int_0^{2\pi} \sqrt{\rho^2(\theta) + \rho'^2(\theta)}\,\mathrm{d}\theta$$

$$= \int_0^{2\pi} \sqrt{a^2\theta^2 + a^2}\,\mathrm{d}\theta$$

$$= a\int_0^{2\pi} \sqrt{1 + \theta^2}\,\mathrm{d}\theta$$

$$= \frac{a}{2}\left[2\pi\sqrt{1 + 4\pi^2} + \ln(2\pi + \sqrt{1 + 4\pi^2})\right].$$

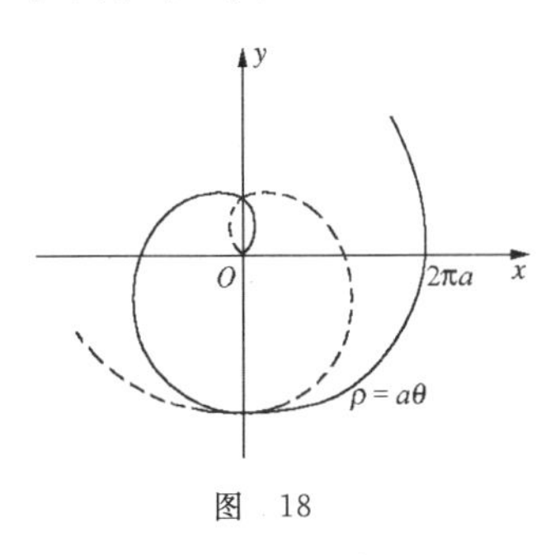

图 18

二、定积分在物理上的应用

(一) 变力沿直线所做的功

由物理学知道,若物体在常力 F 的作用下沿着直线运动,且力 F 的方向与物体运动方向一致,则物体移动距离为 s 时,常力 F 对物体所做的功为 $W = F \cdot s$.

如果力 F 是变化的,就不能用这个公式来计算,但通常情况下,力的变化都是连续的,因此可以用定积分来计算变力沿直线对物体所做的功. 接下来通过具体例子来说明如何计算变力所做的功.

例 15 把一个带电量为 $+q$ 的点电荷放在 r 轴的原点 O 处,它产生一个电场,并对周围的电荷产生作用力,由物理学知道,如果有一个单位正电荷放在这个电场中距离原点 O 为 r 的地方,则电场力对它的作用力的大小为 $F = k\dfrac{q}{r^2}$(k 为常数). 当这个单位正电荷在电场中从 $r = a$ 处沿 r 轴移动到 $r = b$ 处时,求电场力 F 对它所做的功 W(图 19).

解 在单位正电荷移动过程中,它受到的电场力是不断变化的. 取 r 为积分变量,$r \in [a,b]$. 在 $[a,b]$ 的任一小区间 $[r, r + \mathrm{d}r]$ 上,当单位正电荷从 r 移动到 $r + \mathrm{d}r$ 时,电场力对它所做的功可用 $\dfrac{kq}{r^2}\mathrm{d}r$ 来近似,从而得功元素为

$$\mathrm{d}W = \frac{kq}{r^2}\mathrm{d}r,$$

于是所求的功为

$$W = \int_a^b \frac{kq}{r^2}\mathrm{d}r = kq\left(-\frac{1}{r}\right)\Big|_a^b = kq\left(\frac{1}{a} - \frac{1}{b}\right).$$

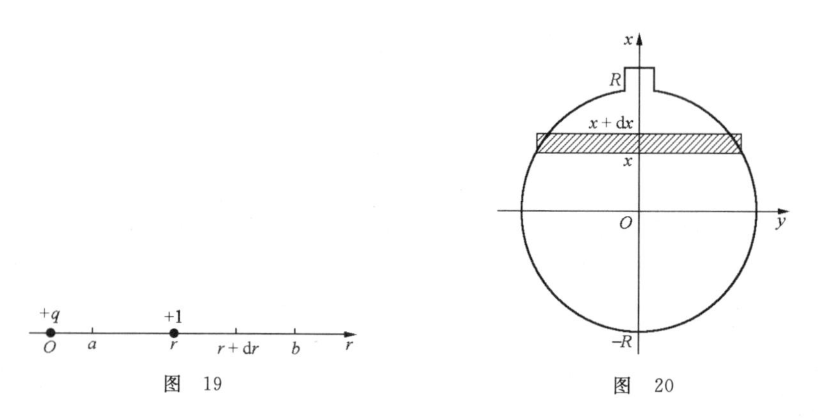

图 19　　　　图 20

例 16 一个半径为 R(单位：m)的球形贮水箱内盛满了某种液体，如果把箱内的液体从顶部全部抽出，需要做多少功(图 20)?

解 如图 20，建立坐标系，原点位于球心. 取 x 为积分变量，$x\in[-R,R]$. 在区间$[-R,R]$上任取一小区间$[x,x+\mathrm{d}x]$，该小区间的一薄层液体的体积可用底面半径为$\sqrt{R^2-x^2}$，高度为 $\mathrm{d}x$ 的圆柱体的体积来近似，即 $\pi(R^2-x^2)\mathrm{d}x$，若液体的密度为 μ(单位：kg/m³)，则该薄层液体的重力可近似为 $\mu g\pi(R^2-x^2)\mathrm{d}x$. 又因该层液体离球顶部的距离为 $R-x$，所以把这层液体从顶部抽出需要做的功的近似值，即功元素为

$$\mathrm{d}W=\mu g\pi(R^2-x^2)(R-x)\mathrm{d}x.$$

于是所求的功为

$$\begin{aligned}W&=\int_{-R}^{R}\mu g\pi(R^2-x^2)(R-x)\mathrm{d}x\\&=\mu g\pi R\int_{-R}^{R}(R^2-x^2)\mathrm{d}x-\mu g\pi\int_{-R}^{R}x(R^2-x^2)\mathrm{d}x\\&=2\mu g\pi R\int_{0}^{R}(R^2-x^2)\mathrm{d}x=\frac{4}{3}\mu g\pi R^4.\end{aligned}$$

例 17 用铁锤把钉子钉入木板，设木板对铁钉的阻力与铁钉进入木板的深度成正比，铁锤在第一次捶击时将铁钉击入木板的深度是 1 cm，若每次捶击所做的功相等，问第 n 次捶击时又将铁钉击入多少?

解 设木板对铁钉的阻力为 $f(x)=kx$($k>0$ 为比例系数). 选取 x 为积分变量，表示铁钉进入木板的深度. 第一次捶击时，$x\in[0,1]$. 在区间$[0,1]$上任取一小区间$[x,x+\mathrm{d}x]$，当铁钉进入木板的深度从 x 到 $x+\mathrm{d}x$ 时，克服阻力所做的功近似为 $f(x)\mathrm{d}x$，即功元素为

$$\mathrm{d}W=f(x)\mathrm{d}x,$$

则第一次捶击时克服阻力所做的功为

$$W_1=\int_0^1 f(x)\mathrm{d}x=\int_0^1 kx\,\mathrm{d}x=\frac{k}{2}.$$

设 n 次击入的总深度为 h cm，则克服阻力所做的总功为

$$W_h = \int_0^h f(x)\mathrm{d}x = \int_0^h kx\,\mathrm{d}x = \frac{kh^2}{2}.$$

又依题意知道，每次捶击所做的功相等，即 $W_h = nW_1$，则

$$\frac{kh^2}{2} = n \cdot \frac{k}{2},$$

即得 $h=\sqrt{n}$. 所以第 n 次击入的深度为$(\sqrt{n}-\sqrt{n-1})$cm.

(二) 液体压力

由物理学我们知道，在水深为 h 处的压强 $P=\rho gh$，这里 $\rho=1\,000\ \mathrm{kg/m^3}$ 是水的密度，$g=9.8\ \mathrm{m/s^2}$ 为重力加速度. 若有一面积为 A 的平板水平放置在水深 h 处，则平板一侧所受水压力 $F=PA$. 若平板垂直放置在水中，由于平板处于不同深度的各点处所受压强不等，因此计算水压力就不能再用这个公式. 接下来我们用定积分来计算它.

例 18 某水库的闸门形状为等腰梯形，它的两条底边长分别为 10 m 和 6 m，高为 20 m，底边长的在上与水面相齐，计算闸门一侧所受的水压力(图 21).

解 如图 21 所示，建立坐标系，原点在长底边中点处. 选取 x 为积分变量，$x\in[0,20]$. 在该区间上我们任取一小区间 $[x,x+\mathrm{d}x]$，闸门一侧深度为 x 处相应于这一小区间的窄条所受压强可用 $x\rho g$（单位：$\mathrm{kN/m^2}$）来近似，窄条面积可用长为 $10-\dfrac{x}{5}$，宽为 $\mathrm{d}x$ 的矩形面积来近似，则该窄条一侧所受水压力近似值，即压力元素为

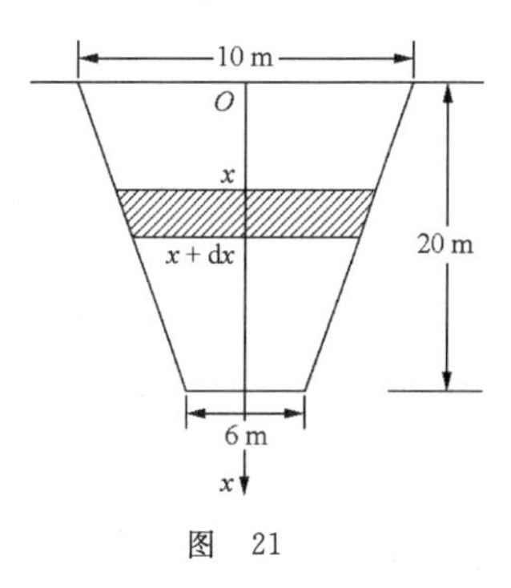

图 21

$$\mathrm{d}F = \rho g x\left(10-\frac{x}{5}\right)\mathrm{d}x,$$

于是所求的压力为

$$F=\int_0^{20}\rho g x\left(10-\frac{x}{5}\right)\mathrm{d}x = \rho g\left[5x^2-\frac{x^3}{15}\right]_0^{20}$$

$$\approx 14373\ \mathrm{kN}.$$

(三) 引力

由物理学我们知道，质量分别为 m_1, m_2，相距为 r 的两质点间的引力大小为

$$F = k\frac{m_1 m_2}{r^2},$$

方向为沿两质点连线的方向.

若要计算细棒与质点间的引力，由于细棒上各点与质点间的距离不等，并且引力方向不同，因此不能用这个公式来计算. 下面我们用定积分来计算这样的引力.

例 19 设有一根长度为 l，线密度为 μ 的均匀细棒，在其中垂线上距棒 a 单位处有一质

点 M，质量为 m，求细棒对质点的引力(图 22).

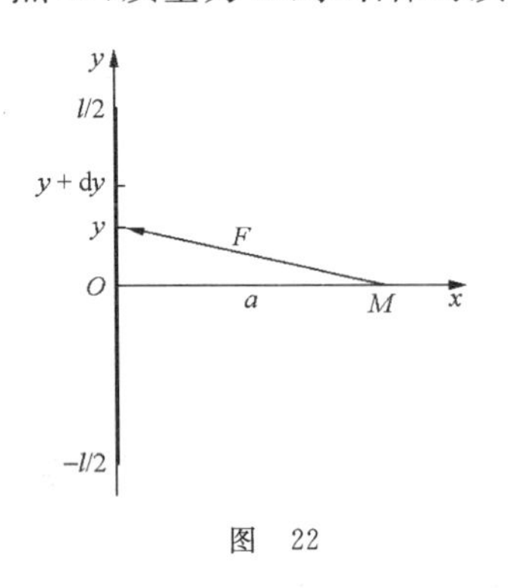

图　22

解　如图 22 所示，建立坐标系. 取 y 为积分变量，$y\in\left[-\dfrac{l}{2},\dfrac{l}{2}\right]$. 在其上任取一小区间 $[y,y+\mathrm{d}y]$，对应的小段细棒可看做质点，质量近似为 $\mu\mathrm{d}y$，与 M 距离为 $\sqrt{a^2+y^2}$，因此这一小段细棒对质点的引力大小可近似为

$$\Delta F=k\,\frac{m\mu\mathrm{d}y}{a^2+y^2}.$$

又因为随小区间取的位置不同，力的方向也不同，不具有可加性，因此需要把引力向水平、竖直两个方向分解，分别得到其近似值，即水平和竖直分力元素为

$$\mathrm{d}F_x=-k\,\frac{am\mu\mathrm{d}y}{(a^2+y^2)^{\frac{3}{2}}},\quad \mathrm{d}F_y=k\,\frac{m\mu y\mathrm{d}y}{(a^2+y^2)^{\frac{3}{2}}},$$

于是便分别得到引力在水平和竖直方向上的分力为

$$\begin{aligned}F_x&=-\int_{-l/2}^{l/2}\frac{kam\mu}{(a^2+y^2)^{3/2}}\mathrm{d}y=-2kam\mu\cdot\frac{y}{a^2\sqrt{a^2+y^2}}\bigg|_0^{l/2}\\&=-\frac{2km\mu l}{a}\cdot\frac{1}{\sqrt{4a^2+l^2}},\end{aligned}$$

$$F_y=\int_{-l/2}^{l/2}\frac{km\mu y}{(a^2+y^2)^{3/2}}\mathrm{d}y=km\mu\int_{-l/2}^{l/2}\frac{y}{(a^2+y^2)^{3/2}}\mathrm{d}y=0.$$

上式中的负号表示 F_x 指向 x 轴的负方向. 这里计算 F_x 的表达式用到第四章 §4.2 例 15 的结果.

习　题　5.6

1. 求由下列各曲线所围成的平面图形的面积：

(1) $y=\mathrm{e}^x$，$y=\mathrm{e}^{-x}$ 与直线 $x=1$；　　(2) $y=6-x^2$ 与直线 $y=3-2x$；

(3) $y=\dfrac{1}{x}$ 与直线 $y=x$，$x=2$ 及 x 轴；　　(4) $y^2=x$ 与 $y=x^2$；

(5) $2y^2=x+4$ 与 $y^2=x$.

2. 求由曲线 $y=2x$，$xy=2$，$y=\dfrac{x^2}{4}$ 所围成的平面凸图形的面积.

3. 求由 $y=-x^2+4x-3$ 及其在点 $(0,-3)$ 和 $(3,0)$ 处的切线所围成的图形的面积.

4. 求由下列各曲线所围成的平面图形的面积：

(1) $\rho=2a\cos\theta$；　　(2) $x=a\cos^3 t$，$y=a\sin^3 t$；

(3) $\rho=2a(2+\cos\theta)$.

5. 求由摆线 $x=a(t-\sin t)$，$y=a(1-\cos t)$ 的一拱（$0\leqslant t\leqslant 2\pi$）与横轴所围成的图形面积.

6. 计算由曲线 $y=x^2$，$x=y^2$ 所围成的图形绕 y 轴旋转一周而成的旋转体的体积.

7. 求由曲线 $y=\dfrac{1}{x}$，直线 $y=4x$ 及 $x=2$ 所围成的平面图形的面积以及该图形绕 x 轴旋转一周所得的旋转体的体积.

8. 计算圆 $x^2+(y-5)^2=16$ 所围圆面绕 x 轴旋转一周而成的旋转体的体积.

9. 求由曲线 $y=\sin x(0\leqslant x\leqslant \pi)$，直线 $y=\dfrac{1}{2}$ 及 x 轴所围成的平面图形分别绕 x 轴及 y 轴旋转一周所得旋转体的体积.

10. 求对数曲线 $y=\ln x$ 从 $x=1$ 到 $x=2$ 间一段弧的弧长.

11. 计算星形线 $x=a\cos^3 t$，$y=a\sin^3 t$ 的全长.

12. 求心形线 $\rho=a(1+\cos\theta)(a>0)$ 的全长.

13. 设一锥形贮水池，深 15 m，口径 20 m，盛满水，欲将水抽尽需做多少功?

14. 半径为 r 的球沉入水中，球的上部与水面相切，球的密度与水相同. 现将球从水中取出，需做多少功?

15. 一个横放着的圆柱形水桶，桶内盛有半桶水. 设桶的底半径为 R，求桶的一个端面上所受的水压力.

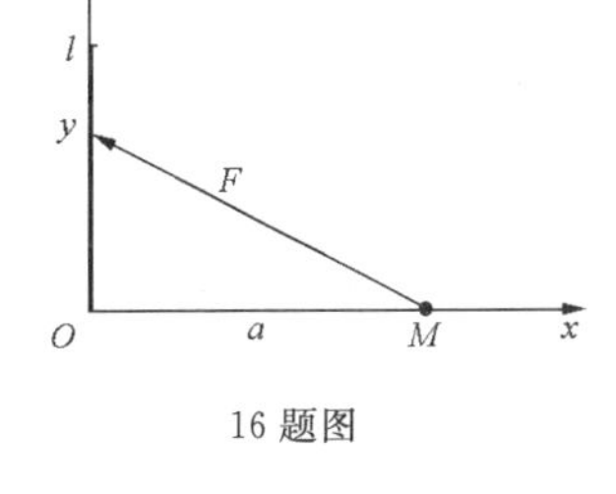

16 题图

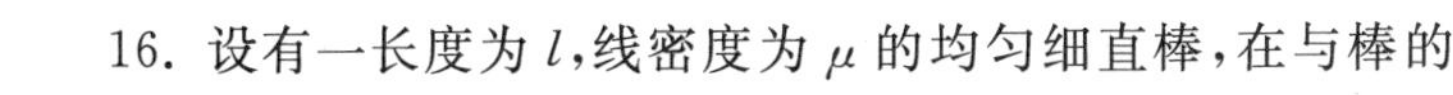

16. 设有一长度为 l，线密度为 μ 的均匀细直棒，在与棒的一端垂直距离为 a 单位处有一质量为 m 的质点 M（如图），试计算该棒对质点 M 的引力.

*§5.7 定积分的数值计算方法

由本章§5.2 的内容，我们已经知道，计算一个函数 $f(x)$ 的定积分，如果能找到该函数的原函数 $F(x)$，然后用牛顿-莱布尼茨公式

$$\int_a^b f(x)\mathrm{d}x = F(x)\Big|_a^b$$

便很容易地计算出来，但是实际问题中如果被积函数是下列几种情形：

(1) $f(x)$ 是用图形或表格给出的；

(2) $f(x)$ 的原函数 $F(x)$ 不能用初等函数表示，如

$$\int_a^b \mathrm{e}^{-x^2}\mathrm{d}x,\quad \int_a^b \frac{\sin x}{x}\mathrm{d}x,\quad \int_a^b \frac{1}{\ln x}\mathrm{d}x,\quad \text{等等；}$$

(3) $f(x)$ 的原函数求解过程不能实现或表达式过于复杂，

此时我们就不能运用牛顿-莱布尼茨公式来计算 $f(x)$ 的定积分，而要考虑另一种方法，即定

积分的数值计算方法.

接下来我们要介绍三种常用的定积分的数值计算方法，这三种方法都与定积分的几何解释有关. 我们知道$\int_a^b f(x)\mathrm{d}x$的几何意义是：当$f(x)\geqslant 0$时，它是由曲线$y=f(x)$与直线$x=a,x=b$及x轴所围成的曲边梯形的面积. 所以定积分的数值计算问题就归结为曲边梯形面积的数值计算. 下面直接从定积分的定义出发，来推出三种最常用的数值计算方法.

一、矩形法

矩形法就是用矩形面积近似代替窄曲边梯形面积的数值计算方法.

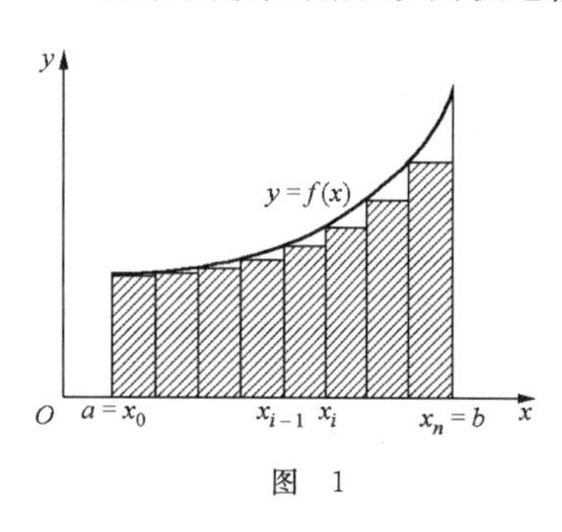

图 1

把积分区间$[a,b]$进行n等分，如图1所示，各个小区间的长度为$\Delta x_i=\frac{b-a}{n}=\Delta x$，分点为$x_i=a+i\cdot\frac{b-a}{n}(i=0,1,2,\cdots,n)$. 对于任一小区间$[x_{i-1},x_i]$，窄曲边梯形的面积$\Delta A_i$可用以$y_{i-1}=f(x_{i-1})$为高，$\Delta x$为底的矩形面积来近似，即

$$\Delta A_i\approx y_{i-1}\cdot\frac{b-a}{n}\quad(i=1,2,\cdots,n),$$

于是得到曲边梯形的面积为

$$A=\sum_{i=1}^{n}\Delta A_i\approx\sum_{i=1}^{n}y_{i-1}\cdot\frac{b-a}{n}=\frac{b-a}{n}\sum_{i=1}^{n}y_{i-1},$$

即

$$\int_a^b f(x)\mathrm{d}x\approx\frac{b-a}{n}(y_0+y_1+\cdots+y_{n-1}).\qquad ①$$

当然，也可以用以$y_i=f(x_i)$为高，Δx为底的矩形面积来近似窄曲边梯形的面积ΔA_i，同理可得

$$\int_a^b f(x)\mathrm{d}x\approx\frac{b-a}{n}(y_1+y_2+\cdots+y_n).\qquad ②$$

公式①与②都称为**矩形法公式**.

二、梯形法

梯形法就是用梯形面积近似代替窄曲边梯形面积的数值计算方法.

与矩形法中的讨论一样，将区间$[a,b]$作n等分. 对于任一小区间$[x_{i-1},x_i]$，连接(x_{i-1},y_{i-1})，(x_i,y_i)两点，和$x=x_{i-1}$，$x=x_i$及x轴围成一窄直角梯形，如图2所示，我们可用它的面积来近似窄曲边梯形的面积ΔA_i，即

$$\Delta A_i\approx\frac{y_{i-1}+y_i}{2}\Delta x=\frac{y_{i-1}+y_i}{2}\cdot\frac{b-a}{n}$$

$$(i=1,2,\cdots,n),$$

于是便得到曲边梯形面积的近似值

$$A=\sum_{i=1}^{n}\Delta A_i\approx\frac{b-a}{n}\sum_{i=1}^{n}\frac{y_{i-1}+y_i}{2},$$

即

$$\int_a^b f(x)\mathrm{d}x\approx\frac{b-a}{n}\left[\frac{1}{2}(y_0+y_n)+y_1+\cdots+y_{n-1}\right].③$$

公式③称为**梯形法公式**，其近似效果要比矩形法好.

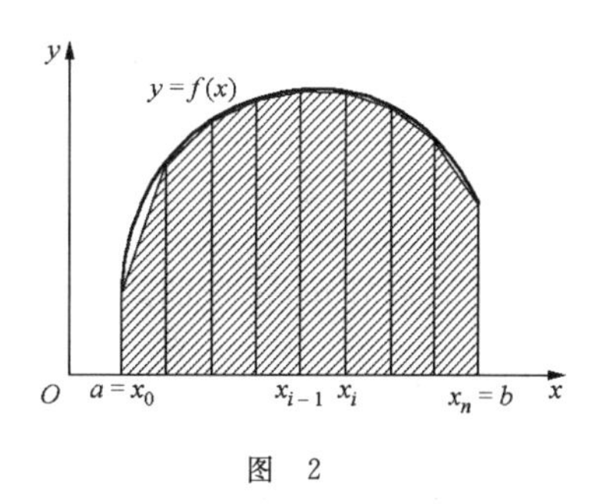

图 2

三、抛物线法

抛物线法就是用抛物线构成的曲边梯形面积来近似窄曲边梯形面积的数值计算方法.

把区间$[a,b]$作 n 等分，n 为偶数，并设对应曲线上的分点依次为 $M_0,M_1,\cdots,M_n$. 在每两个相邻小区间上过曲线上的三个分点作一条抛物线 $y=px^2+qx+r$，如图 3 所示，便得到 $\frac{n}{2}$个以抛物线为曲边的曲边梯形. 接下来我们要计算在$[-h,h]$上以过三个分点 M_0',M_1'，M_2' 的抛物线为曲边的曲边梯形面积(图 4).

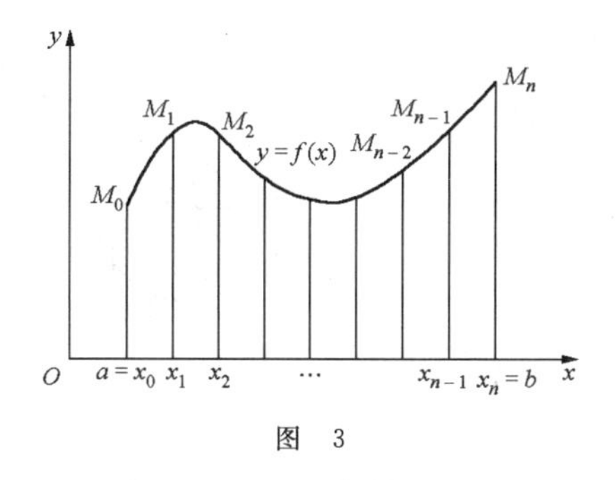

图 3

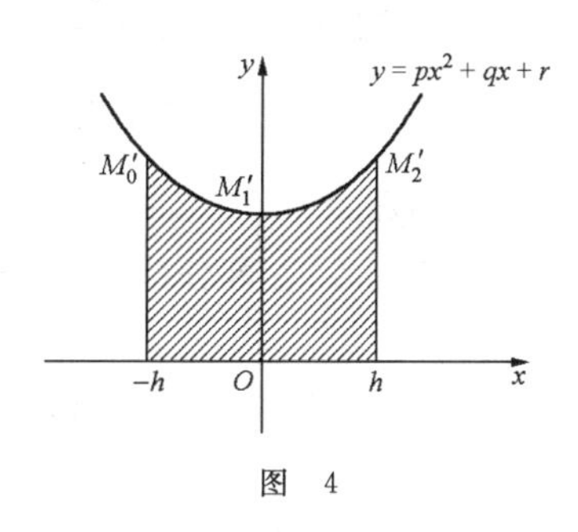

图 4

如图 4 所示，三个分点分别为 $M_0'(-h,y_0)$，$M_1'(0,y_1)$，$M_2'(h,y_2)$. 先由下面的方程组来确定 p,q,r：

$$\begin{cases}y_0=ph^2-qh+r,\\y_1=r,\\y_2=ph^2+qh+r,\end{cases}$$

解方程组得

$$2ph^2=y_0-2y_1+y_2.$$

于是所求面积为

$$A=\int_{-h}^{h}(px^2+qx+r)\mathrm{d}x$$

$$= \left(\frac{px^3}{3} + \frac{qx^2}{2} + rx\right)\Big|_{-h}^{h} = \frac{2}{3}ph^3 + 2rh$$

$$= \frac{1}{3}h(2ph^2 + 6r) = \frac{1}{3}h(y_0 + 4y_1 + y_2).$$

由上述结果可知，$\frac{n}{2}$个曲边梯形的面积依次为

$$A_1 = \frac{1}{3}h(y_0 + 4y_1 + y_2),$$

$$A_2 = \frac{1}{3}h(y_2 + 4y_3 + y_4),$$

…………

$$A_{\frac{n}{2}} = \frac{1}{3}h(y_{n-2} + 4y_{n-1} + y_n),$$

其中 $h=\frac{b-a}{n}$. 用$\frac{n}{2}$个曲边梯形的面积求和来近似大的曲边梯形的面积，即

$$\int_a^b f(x)\mathrm{d}x \approx \frac{b-a}{3n}[(y_0 + y_n) + 2(y_2 + y_4 + \cdots + y_{n-2}) + 4(y_1 + y_3 + \cdots + y_{n-1})]. \quad ④$$

公式④称为**抛物线法公式**，也称为**辛普森**(Simpson)**公式**.

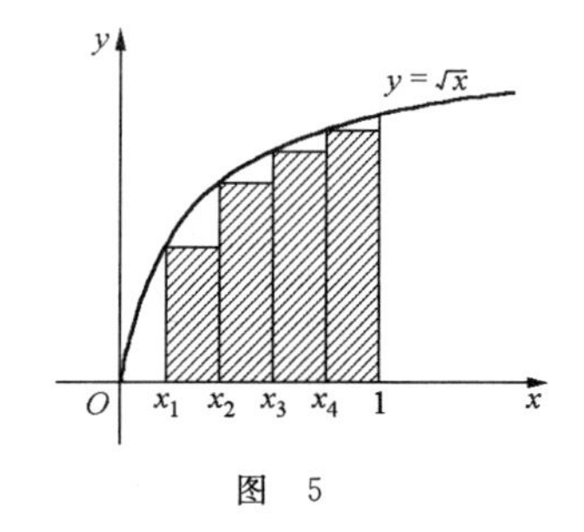

图 5

例 取 $n=5$，用三种数值计算法计算 $\int_0^1 \sqrt{x}\mathrm{d}x$，并将各个 y_i 计算到四位小数.

解 把区间[0,1]五等分(图 5)，设分点为

$$0 = x_0,\ x_1,\ x_2,\ x_3,\ x_4,\ x_5 = 1.$$

依照分点与函数值的对应关系列出表 1.

表 1

i	0	1	2	3	4	5
x_i	0	0.2	0.4	0.6	0.8	1.0
y_i	0	0.4472	0.6324	0.7745	0.8944	1.0000

方法 1 利用公式①得

$$\int_0^1 \sqrt{x}\mathrm{d}x \approx \frac{1}{5}(y_0 + y_1 + y_2 + y_3 + y_4)$$

$$= \frac{1}{5}(0 + 0.4472 + 0.6324 + 0.7745 + 0.8944)$$

$$= 0.5497.$$

利用公式②得

$$\int_0^1 \sqrt{x}\mathrm{d}x \approx \frac{1}{5}(y_1+y_2+y_3+y_4+y_5)$$
$$=\frac{1}{5}(0.4472+0.6324+0.7745+0.8944+1.0000)$$
$$=0.7497.$$

方法 2 利用公式③得

$$\int_a^b \sqrt{x}\mathrm{d}x \approx \frac{1}{5}\left[\frac{1}{2}(y_0+y_5)+y_1+y_2+y_3+y_4\right]$$
$$=\frac{1}{5}\left[\frac{1}{2}(0+1.0000)+0.4472+0.6324+0.7745+0.8944\right]$$
$$=0.6497.$$

方法 3 利用公式④得

$$\int_0^1 \sqrt{x}\mathrm{d}x \approx \frac{1}{15}[(y_0+y_5)+2(y_2+y_4)+4(y_1+y_3)]$$
$$=\frac{1}{15}[0+1.0000+2(0.6324+0.8944)+4(0.4472+0.7745)]$$
$$=0.5960.$$

所求定积分的精确值为

$$\int_0^1 \sqrt{x}\mathrm{d}x=\frac{2}{3}x^{\frac{3}{2}}\Big|_0^1=\frac{2}{3}=0.\dot{6}.$$

比较三种方法所得到的近似值可知，梯形法比矩形法优越，而抛物线法又比梯形法优越.

习 题 5.7

1. 用三种数值解法计算 $\int_0^1 \mathrm{e}^{-x^2}\mathrm{d}x$（取 $n=10$，被积函数值取五位小数）.

2. 用三种数值解法计算 $\int_1^2 \frac{\mathrm{d}x}{x}$，以求 ln2 的近似值(取 $n=10$，被积函数值取四位小数).

总练习题五

1. 计算下列极限：

(1) $\lim\limits_{n\to\infty}\frac{1}{n}\sum\limits_{i=1}^{n}\sqrt{1+\frac{i}{n}}$；

(2) $\lim\limits_{n\to\infty}\frac{1^p+2^p+\cdots+n^p}{n^{p+1}}$ $(p>0)$；

(3) $\lim\limits_{n\to\infty}\ln\frac{\sqrt[n]{n!}}{n}$；

(4) $\lim\limits_{x\to+\infty}\frac{\int_0^x(\arctan t)^2\mathrm{d}t}{\sqrt{x^2+1}}$.

2. 计算下列积分：

(1) $\int_0^1 \sqrt{(2x-x^2)}\mathrm{d}x$；　　(2) $\int_1^3 \frac{\mathrm{d}x}{x\sqrt{x^2+5x+1}}$；

(3) $\int_1^{+\infty} \frac{\mathrm{d}x}{x\sqrt{x^2-1}}$；　　(4) $\int_1^{16} \frac{\mathrm{d}x}{\sqrt{\sqrt{x}-1}}$；

(5) $\int_0^{\pi} \sqrt{1-\sin x}\mathrm{d}x$；　　(6) $\int_{-\frac{\pi}{2}}^{\frac{\pi}{2}} (x^3+\sin^2 x)\cos^2 x\mathrm{d}x$.

3. 设函数 $f(x)$在$(-\infty,+\infty)$上满足 $f(x)=f(x-\pi)+\sin x$，且 $f(x)=x, x\in[0,\pi)$，计算$\int_{\pi}^{3\pi} f(x)\mathrm{d}x$.

4. 设 $f(x)=\begin{cases}1+x^2, & x\leqslant 0,\\ \mathrm{e}^{-x}, & x>0,\end{cases}$ 求$\int_1^3 f(x-2)\mathrm{d}x$.

5. 设函数 $f(x)$连续，试证明：

$$\int_0^a x^3 f(x^2)\mathrm{d}x = \frac{1}{2}\int_0^{a^2} xf(x)\mathrm{d}x.$$

6. 设函数 $f(x)$连续，试证明：

$$\int_0^x f(t)(x-t)\mathrm{d}t = \int_0^x\left(\int_0^t f(u)\mathrm{d}u\right)\mathrm{d}t.$$

7. 利用换元法证明：

$$\int_0^x \mathrm{e}^{xt-t^2}\mathrm{d}t = \mathrm{e}^{\frac{x^2}{4}}\int_0^x \mathrm{e}^{-\frac{t^2}{4}}\mathrm{d}t.$$

8. 求函数 $f(x)=\int_0^{x^2}(2-t)\mathrm{e}^{-t}\mathrm{d}t$ 的最大值与最小值.

9. 设 $f(x)$在区间$[a,b]$上连续，且 $f(x)>0$，

$$F(x) = \int_a^x f(t)\mathrm{d}t + \int_b^x \frac{\mathrm{d}t}{f(t)},\quad x\in[a,b].$$

证明：

(1) $F'(x)\geqslant 2$；

(2) 方程 $F(x)=0$ 在区间(a,b)内有且仅有一个根.

10. 求由曲线 $\rho=a\sin\theta, \rho=a\cos\theta\,(a>0)$所围平面图形公共部分的面积.

11. 设抛物线 $y=ax^2+bx+c$ 过原点，当 $0\leqslant x\leqslant 1$ 时，$y\geqslant 0$. 又已知该抛物线与 x 轴及直线 $x=1$ 所围成图形的面积为$\frac{1}{3}$，试确定 a,b,c，使此图形绕 x 轴旋转一周所得旋转体的体积 V 最小.

12. 求摆线$\begin{cases}x=1-\cos t,\\ y=t-\sin t\end{cases}$一拱$(0\leqslant t\leqslant 2\pi)$的弧长.

13. 设均匀的细杆长 l,在杆的左端垂线上距杆左端为 b 处有一质量为 m 的质点.

(1) 求杆对这个质点的引力;

(2) 求将质点沿该垂线由距左端为 b 处移到距左端为 a 处,克服引力所做的功.

14. 某闸门的形状与大小如图所示,闸门的上部为矩形 $ABCD$,下部由二次抛物线与线段 AB 所围成.当水面与闸门的上端相平时,欲使闸门矩形部分承受的水压力与闸门下部承受的水压力之比为 5∶4,闸门矩形部分的高 h 应为多少?

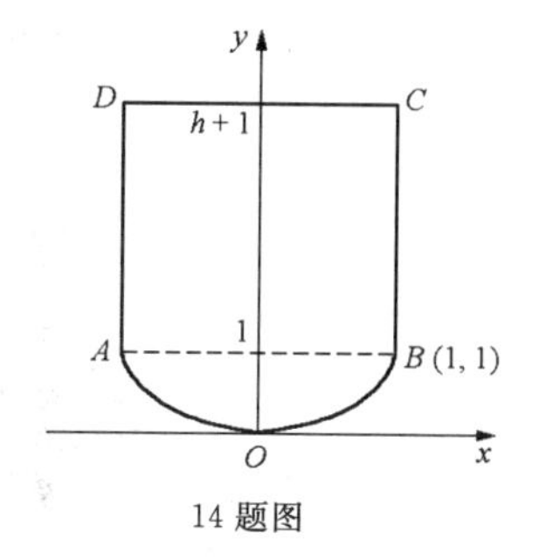

14 题图

第六章 常微分方程

为了深入研究几何、物理、经济等许多实际问题，常常需要寻求问题中有关变量之间的函数关系，而这种函数关系往往不能直接得到，却只能根据这些学科中的基本原理，得到所求函数及其导数之间的关系式，然后，再从这种关系式中解出所求函数. 这种关系式就是要讲述的微分方程，解出函数就是求解微分方程. 微分方程在自然科学、工程技术和经济等领域有着广泛的应用.

§6.1 常微分方程的基本概念

凡表示未知函数、未知函数的导数与自变量之间的关系的方程，叫做**微分方程**. 未知函数是一元函数的，叫做**常微分方程**；未知函数是多元函数的，叫做**偏微分方程**. 微分方程有时也简称为**方程**. 本章我们只讨论常微分方程.

微分方程中所出现的未知函数的最高阶导数的阶数，叫做微分方程的**阶**. 例如：

方程 $x^3y'''+2x^2y''-3xy'=4x^2$ 是三阶微分方程；

方程 $y^{(4)}-14y'''+8y''-12y'+5y=\tan 2x$ 是四阶微分方程.

一般地，n 阶常微分方程的形式是

$$F(x,y,y',\cdots,y^{(n)})=0, \qquad ①$$

其中 F 是 $n+2$ 个变量的函数. 在方程①中，$y^{(n)}$ 是必须出现的，而 $x,y,y',\cdots,y^{(n-1)}$ 等变量则可以不出现. 例如 n 阶微分方程 $y^{(n)}+1=0$ 中，除 $y^{(n)}$ 外，其他变量都没有出现.

若能从方程①中解出最高阶导数，则得微分方程

$$y^{(n)}=f(x,y,y',\cdots,y^{(n-1)}). \qquad ②$$

以后我们讨论的微分方程都是已解出最高阶导数的方程或能解出最高阶导数的方程，且②式右端的函数 f 在所讨论的范围内连续.

研究微分方程的目的就是找出满足微分方程的函数(解微分方程).

若某函数代入微分方程能使该方程成为恒等式，这个函数就叫做该微分方程的解.确切地说，设函数 $y=\varphi(x)$ 在区间 I 上有 n 阶连续导数，如果在区间 I 上，

$$F[x,\varphi(x),\varphi'(x),\cdots,\varphi^{(n)}(x)]\equiv 0,$$

则函数 $y=\varphi(x)$ 就叫做**微分方程**(1)**在区间** I **上的解**.

如果微分方程的解中含有任意常数，且任意常数的个数与微分方程的阶数相同，这样的解叫做微分方程的**通解**.

设微分方程中的未知函数为 $y=y(x)$，如果微分方程是一阶的，通常用来确定任意常数的条件是：当 $x=x_0$ 时 $y=y_0$，或写成 $y|_{x=x_0}=y_0$，或写成 $y(x_0)=y_0$，其中 x_0,y_0 都是给定的值.

如果微分方程是二阶的，通常用来确定任意常数的条件是：当 $x=x_0$ 时 $y=y_0$，$y'=y_0'$，或写成 $y|_{x=x_0}=y_0$，$y'|_{x=x_0}=y_0'$，或写成 $y(x_0)=y_0$，$y'(x_0)=y_0'$，其中 x_0,y_0 和 y_0' 都是给定的值.上述这种条件叫做**初始条件**.

对于二阶微分方程，确定任意常数的条件还有 $y(a)=A$，$y(b)=B$.

确定了通解中的任意常数以后，就得到微分方程的**特解**.

求微分方程 $y'=f(x,y)$ 满足初始条件 $y|_{x=x_0}=y_0$ 的特解这样一个问题，叫做一阶微分方程的**初值问题**，记做

$$\begin{cases} y' = f(x,y), \\ y|_{x=x_0} = y_0. \end{cases} \qquad ③$$

微分方程的特解的图形是一条曲线，叫做微分方程的**积分曲线**.微分方程的通解表示一族曲线，称为**积分曲线族**.初值问题③的几何意义，就是求微分方程通过点 (x_0,y_0) 的那条积分曲线.

二阶微分方程的初值问题

$$\begin{cases} y'' = f(x,y,y'), \\ y|_{x=x_0} = y_0, y'|_{x=x_0} = y_0' \end{cases}$$

的几何意义，就是求微分方程通过点 (x_0,y_0) 且在该点处的切线斜率为 y_0' 的那条积分曲线.

例 1 验证：函数 $x=C_1\cos kt+C_2\sin kt$ 是微分方程 $\dfrac{d^2x}{dt^2}+k^2x=0$ 的解.

解 求出所给函数的一、二阶导数：

$$\frac{dx}{dt}=-kC_1\sin kt+kC_2\cos kt,$$

$$\frac{d^2x}{dt^2}=-k^2C_1\cos kt-k^2C_2\sin kt=-k^2(C_1\cos kt+C_2\sin kt).$$

把 $\dfrac{d^2x}{dt^2}$ 及 x 的表达式代入方程得

$$\frac{\mathrm{d}^2x}{\mathrm{d}t^2}+k^2x=-k^2(C_1\cos kt+C_2\sin kt)+k^2(C_1\cos kt+C_2\sin kt)\equiv 0,$$

所以,$x=C_1\cos kt+C_2\sin kt$ 是微分方程$\frac{\mathrm{d}^2x}{\mathrm{d}t^2}+k^2x=0$ 的解.

例 2 一条曲线通过点(1,-1),并且该曲线上任一点处的切线斜率等于其横坐标平方的倒数,求这条曲线的方程.

解 设所求方程为 $y=y(x)$,根据题意,所求函数满足关系式

$$\frac{\mathrm{d}y}{\mathrm{d}x}=\frac{1}{x^2}. \quad ④$$

此外,$y(x)$还满足初始条件

$$y(1)=-1. \quad ⑤$$

把④式两端积分,得

$$y=\int\frac{1}{x^2}\mathrm{d}x, \quad 即 \quad y=-\frac{1}{x}+C,$$

其中 C 为任意常数.把初始条件⑤代入上式,得

$$-1=-\frac{1}{1}+C, \quad 知 \quad C=0.$$

故所求曲线的方程为

$$y=-\frac{1}{x}.$$

习 题 6.1

1. 指出下列各微分方程的阶数:

(1) $x^2(y')^2-2yy'+\sin x=0$; (2) $xy'''+2y''+4x^2y=0$;

(3) $(8x+6y)\mathrm{d}x+(x+y)\mathrm{d}y=0$; (4) $L\frac{\mathrm{d}^2Q}{\mathrm{d}x^2}+R\frac{\mathrm{d}Q}{\mathrm{d}x}+\frac{Q}{C}=G(x)$.

2. 验证下列各函数是否为所给微分方程的解:

(1) $xy'=2y$, $y=10x^2$;

(2) $xy'=y\tan(\ln y)$, $y=\mathrm{e}^{\arcsin Cx}$;

(3) $xy'-y=x\sin x$, $y=x^2\int_0^x\frac{\sin t}{t}\mathrm{d}t$;

(4) $y''+(a+b)y'+aby=0$, $y=C_1\mathrm{e}^{ax}+C_2\mathrm{e}^{bx}$;

(5) $(1+xy)y'+y^2=0$, $\begin{cases}x=t\mathrm{e}^t,\\ y=\mathrm{e}^{-t}.\end{cases}$

3. 由初始条件,确定下列函数中待定常数的值:

(1) $y^2=2\ln(1+\mathrm{e}^x)+C$, $y(0)=1$;

(2) $y=C_1\sin(x-C_2)$, $y(\pi)=1$, $y'(\pi)=0$.

4. 某曲线上点 $P(x,y)$处的法线与 x 轴的交点为 Q,且线段 PQ 被 y 轴平分,求此曲线

所满足的微分方程.

§6.2 可分离变量的微分方程

一阶微分方程有时也写成如下的对称形式：

$$P(x,y)\mathrm{d}x+Q(x,y)\mathrm{d}y=0. \quad ①$$

若 $P(x,y)$ 与 $Q(x,y)$ 皆可表示为两个一元函数的乘积，则方程①能写成

$$g(y)\mathrm{d}y=f(x)\mathrm{d}x \quad ②$$

的形式. 也就是说，能把微分方程写成一端只含有 y 的函数和 $\mathrm{d}y$，另一端只含有 x 的函数和 $\mathrm{d}x$. 此时原方程就称为**可分离变量的微分方程**.

假定方程②中的函数 $g(y)$ 和 $f(x)$ 是连续的. 设 $y=\varphi(x)$ 是方程②的解，将它代入②中得到恒等式

$$g[\varphi(x)]\varphi'(x)\mathrm{d}x=f(x)\mathrm{d}x.$$

将上式两端积分，并由 $y=\varphi(x)$ 引进变量 y，得

$$\int g(y)\mathrm{d}y=\int f(x)\mathrm{d}x.$$

设 $G(y)$ 及 $F(x)$ 依次为 $g(y)$ 及 $f(x)$ 的原函数，于是有

$$G(y)=F(x)+C. \quad ③$$

因此，方程②的解满足关系式③. 反之，如果 $y=\Phi(x)$ 是由关系式③所确定的隐函数，那么在 $g(y)\neq0$ 的条件下，$y=\Phi(x)$ 也是方程②的解. 事实上，由隐函数的求导法则可知，当 $g(y)\neq0$ 时，

$$\Phi'(x)=\frac{F'(x)}{G'(y)}=\frac{f(x)}{g(y)},\quad 即\quad \frac{\mathrm{d}y}{\mathrm{d}x}=\frac{f(x)}{g(y)}.$$

这就表示函数 $y=\Phi(x)$ 满足方程②. 所以，如果已分离变量的方程②中 $g(y)$ 和 $f(x)$ 是连续的，且 $g(y)\neq0$，那么②式两端积分后得到的关系式③，就用隐式给出了方程②的解，③式就叫做微分方程②的**隐式解**. 又由于关系式③中含有任意常数，因此③式所确定的隐函数是方程②的通解，所以③式叫做微分方程②的**隐式通解**(当 $f(x)\neq0$ 时，③式所确定的隐函数 $x=\Psi(y)$ 也可认为是方程②的解).

例 1 解微分方程 $x^2y^2y'+1=y$.

解 分离变量得

$$\frac{y^2}{y-1}\mathrm{d}y=\frac{\mathrm{d}x}{x^2}.$$

两边积分：$\int\frac{y^2}{y-1}\mathrm{d}y=\int\frac{\mathrm{d}x}{x^2}$，积分后得

$$\frac{y^2}{2}+y+\ln|y-1|=-\frac{1}{x}+C$$

即为原方程的通解.

例 2 求$(1+e^x)yy'=e^x$满足初始条件$y(0)=1$的解.

解 分离变量得$y\mathrm{d}y=\dfrac{e^x}{1+e^x}\mathrm{d}x$,两边积分得

$$\frac{1}{2}y^2=\ln(1+e^x)+C.$$

将$x=0$时$y=1$代入上式,解出$C=\ln\dfrac{1}{2}\sqrt{e}$,故所求特解为

$$\frac{1}{2}y^2=\ln(1+e^x)+\ln\frac{1}{2}\sqrt{e},\quad 即\quad e^{\frac{1}{2}y^2}=\frac{1}{2}\sqrt{e}(1+e^x).$$

例 3 设降落伞从跳伞塔下落后,所受空气阻力与速度成正比,并设降落伞离开跳伞塔时($t=0$)速度为零.求降落伞下落速度与时间的函数关系.

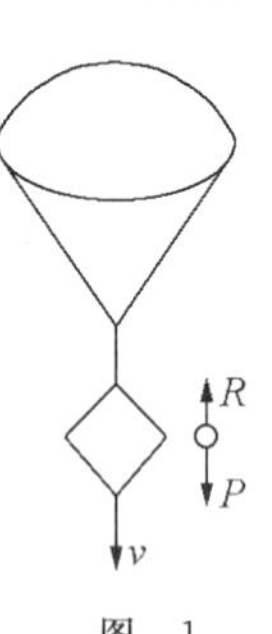

图 1

解 设跳伞员及伞的总质量为m,降落伞下落速度为$v(t)$.降落伞在空中下落时,同时受到重力P与阻力R的作用(图1).重力大小为mg,方向与v一致;阻力大小为kv(k为比例系数),方向与v相反,从而降落伞所受外力为$F=mg-kv$.

根据牛顿第二定律:$F=ma$(其中a为加速度),得函数$v(t)$应满足的方程为

$$m\frac{\mathrm{d}v}{\mathrm{d}t}=mg-kv.$$

按题意,初始条件为$v|_{t=0}=0$.分离变量后得

$$\frac{\mathrm{d}v}{mg-kv}=\frac{\mathrm{d}t}{m},\quad 两端积分\quad \int\frac{\mathrm{d}v}{mg-kv}=\int\frac{\mathrm{d}t}{m},$$

考虑到$mg-kv>0$得$-\dfrac{1}{k}\ln(mg-kv)=\dfrac{t}{m}+C_1$,即

$$mg-kv=e^{-\frac{k}{m}t-kC_1}\quad 或\quad v=\frac{mg}{k}+Ce^{-\frac{k}{m}t}\ \left(C=-\frac{e^{-kC_1}}{k}\right).$$

将初始条件$v|_{t=0}=0$代入上式,得$C=-\dfrac{mg}{k}$,于是所求的函数关系为$v=\dfrac{mg}{k}(1-e^{-\frac{k}{m}t})$.

由得到的函数关系可以看出,随着时间t的增大,速度v逐渐接近于常数$\dfrac{mg}{k}$,且不会超过$\dfrac{mg}{k}$,也就是说,跳伞后开始阶段是加速运动,但以后会逐渐接近于等速运动.由此分析提供的信息,教练可根据质量m和可接受的落地速度mg/k来选择降落伞,以保证跳伞员的安全.

习 题 6.2

1. 求下列各微分方程的通解:

(1) $yy'=x^2$;　　(2) $xy'=\sqrt{1-y^2}$;

(3) $y'=(\cos x\cos 2y)^2$；　　(4) $(e^{x+y}-e^x)dx+(e^{x+y}+e^y)dy=0$；

(5) $y'=1+x+y^2+xy^2$；　　(6) $ydx+(x^2-4x)dy=0$.

2. 求满足下列各初始条件的微分方程的特解：

(1) $y'=e^{2x-y},y|_{x=0}=0$；　　(2) $\sin 2xdx+\cos 3ydy=0,y|_{x=\frac{\pi}{2}}=\frac{\pi}{3}$；

(3) $xdx+ye^{-x}dy=0,y|_{x=0}=1$；　(4) $\sqrt{1+x^2}y'=xy^3$，$y|_{x=0}=1$.

3. 有一盛满水的圆锥形漏斗，高为 10 cm，顶角为 60°，漏斗下面有面积为 0.5 cm^2 的孔，求水面高度变化的规律及水流完所需的时间.

4. 一曲线通过点(2,3)，它在两坐标轴间的任一切线线段均被切点所平分，求此曲线所满足的方程.

§6.3 齐次方程

一、齐次方程

如果一阶微分方程$\frac{dy}{dx}=f(x,y)$中的函数 $f(x,y)$可写成$\frac{y}{x}$的形式，即 $f(x,y)=\varphi\left(\frac{y}{x}\right)$，则称方程为**齐次方程**.

例如 $(xy-y^2)dx-(x^2-3xy)dy=0$ 是齐次方程，因为

$$f(x,y)=\frac{xy-y^2}{x^2-3xy}=\frac{\frac{y}{x}-\left(\frac{y}{x}\right)^2}{1-3\left(\frac{y}{x}\right)}.$$

在齐次方程

$$\frac{dy}{dx}=\varphi\left(\frac{y}{x}\right) \qquad ①$$

中，引进新的未知函数

$$u=\frac{y}{x} \qquad ②$$

就可化为可分离变量的方程. 因为由②有 $y=ux,\frac{dy}{dx}=u+x\frac{du}{dx}$，代入方程①，得

$$u+x\frac{du}{dx}=\varphi(u), \quad 即 \quad x\frac{du}{dx}=\varphi(u)-u.$$

分离变量，得

$$\frac{du}{\varphi(u)-u}=\frac{dx}{x},$$

两端积分，得

$$\int \frac{\mathrm{d}u}{\varphi(u)-u}=\int \frac{\mathrm{d}x}{x}.$$

求出积分后，再用$\frac{y}{x}$代替u，就得所给齐次方程的通解.

例 1 解方程 $xy'=\sqrt{x^2-y^2}+y$.

解 将原方程化简得 $y'=\sqrt{1-\left(\frac{y}{x}\right)^2}+\frac{y}{x}$. 令 $u=\frac{y}{x}$，得 $y=ux, y'=u+xu'$，所以

$$u+xu'=\sqrt{1-u^2}+u.$$

分离变量得$\frac{\mathrm{d}u}{\sqrt{1-u^2}}=\frac{\mathrm{d}x}{x}$，两边积分得

$$\arcsin u=\ln|x|+\ln C', \quad 即 \quad \arcsin u=\ln Cx \quad (记\ C=\pm C').$$

用$\frac{y}{x}$代替u得原方程通解为 $y=x\sin\ln Cx$.

例 2 解方程 $y'=\frac{y}{x}+\tan\frac{y}{x}$.

解 令$\frac{y}{x}=u$，则 $y=ux$，$\frac{\mathrm{d}y}{\mathrm{d}x}=u+x\frac{\mathrm{d}u}{\mathrm{d}x}$. 于是原方程变为

$$u+x\frac{\mathrm{d}u}{\mathrm{d}x}=u+\tan u, \quad 分离变量得 \quad \cot u\mathrm{d}u=\frac{\mathrm{d}x}{x},$$

两端积分，得 $\ln|\sin u|=\ln|x|+\ln|C|$，即 $\sin u=Cx$. 故方程的通解为 $\sin\frac{y}{x}=Cx$.

二、可化为齐次的方程

方程

$$\frac{\mathrm{d}y}{\mathrm{d}x}=\frac{ax+by+c}{Ax+By+C} \qquad ③$$

当 $c=C=0$ 时是齐次的，否则不是齐次的.

在非齐次的情形，可用下列变换把它化为齐次方程.

令 $x=X+h, y=Y+k$，其中 h,k 是待定的常数，于是 $\mathrm{d}x=\mathrm{d}X, \mathrm{d}y=\mathrm{d}Y$，从而方程③成为

$$\frac{\mathrm{d}Y}{\mathrm{d}X}=\frac{aX+bY+ah+bk+c}{AX+BY+Ah+Bk+C}.$$

如果方程组$\begin{cases}ah+bk+c=0,\\ Ah+Bk+C=0\end{cases}$的系数行列式$\begin{vmatrix}a & b\\ A & B\end{vmatrix}\neq 0$，即$\frac{A}{a}\neq\frac{B}{b}$，那么可以定出 h,k 使它们满足上述方程组. 这样，方程③便化为齐次方程

$$\frac{dY}{dX}=\frac{aX+bY}{AX+BY}.$$

求出这齐次方程的通解后，在通解中以 $x-h$ 代 X，$y-k$ 代 Y，便得方程③的通解.

当 $\frac{A}{a}=\frac{B}{b}$ 时，h,k 无法求得，因此上述方法不能用. 但这时若令 $\frac{A}{a}=\frac{B}{b}=\lambda$，则方程③可写成

$$\frac{dy}{dx}=\frac{ax+by+c}{\lambda(ax+by)+C}.$$

引入新变量 $v=ax+by$，则

$$\frac{dv}{dx}=a+b\frac{dy}{dx}\quad 或\quad \frac{dy}{dx}=\frac{1}{b}\left(\frac{dv}{dx}-a\right).$$

于是方程③成为 $\frac{1}{b}\left(\frac{dv}{dx}-a\right)=\frac{v+c}{\lambda v+C}$，是可分离变量的方程.

以上所介绍的方法可以应用于更一般的方程 $\frac{dy}{dx}=f\left(\frac{ax+by+c}{Ax+By+C}\right)$.

例 3 解方程 $(2x+y-5)dx+(x+y-2)dy=0$.

解 所给方程属于方程③的类型. 令 $x=X+h$，$y=Y+k$，则 $dx=dX$，$dy=dY$. 代入原方程得

$$(2X+Y+2h+k-5)dX+(X+Y+h+k-2)dY=0.$$

解方程组 $\begin{cases}2h+k-5=0,\\ h+k-2=0,\end{cases}$ 得 $h=3,k=-1$. 令 $x=X+3$，$y=Y-1$，原方程成为

$$(2X+Y)dX+(X+Y)dY=0\quad 或\quad \frac{dY}{dX}=-\frac{2X+Y}{X+Y}=-\frac{2+\frac{Y}{X}}{1+\frac{Y}{X}}.$$

这是齐次方程.

令 $\frac{Y}{X}=u$，则 $Y=uX$，$\frac{dY}{dX}=u+X\frac{du}{dX}$. 于是方程变为

$$u+X\frac{du}{dX}=-\frac{2+u}{1+u}\quad 或\quad X\frac{du}{dX}=-\frac{2+2u+u^2}{1+u}.$$

分离变量得

$$-\frac{u+1}{u^2+2u+2}du=\frac{dX}{X},$$

积分得 $\ln C_1-\frac{1}{2}\ln(u^2+2u+2)=\ln|X|$，于是

$$\frac{C_1}{\sqrt{u^2+2u+2}}=|X|\quad 或\quad C_2=X^2(u^2+2u+2)\ (C_2=C_1^2),$$

即 $Y^2+2XY+2X^2=C_2$. 以 $X=x-3$，$Y=y+1$ 代入上式并化简，得原方程通解：

$$2x^2+2xy+y^2-10x-4y=C \quad (C=C_2-13).$$

还有一些类型,也可以转化成齐次方程.

例如 $\frac{\mathrm{d}y}{\mathrm{d}x}=\frac{2x^3+3xy^2-7x}{3x^2y+2y^3-8y}$可变形为$\frac{2y\mathrm{d}y}{2x\mathrm{d}x}=\frac{2x^2+3y^2-7}{3x^2+2y^2-8}$,进一步变成

$$\frac{\mathrm{d}(y^2-1)}{\mathrm{d}(x^2-2)}=\frac{2(x^2-2)+3(y^2-1)}{3(x^2-2)+2(y^2-1)}.$$

又如 $\frac{\mathrm{d}y}{\mathrm{d}x}=\frac{y}{x+y^3}$ 可变形为$\frac{3y^2\mathrm{d}y}{\mathrm{d}x}=\frac{3y^3}{x+y^3}$,进一步变成 $\frac{\mathrm{d}y^3}{\mathrm{d}x}=\frac{3\frac{y^3}{x}}{1+\frac{y^3}{x}}$.

上述两例的求解由读者进一步完成.

习 题 6.3

1. 求下列各微分方程的通解:

(1) $x^2y\mathrm{d}x-(x^3+y^3)\mathrm{d}y=0$; (2) $\left(x+y\cos\frac{y}{x}\right)\mathrm{d}x-x\cos\frac{y}{x}\mathrm{d}y=0$;

(3) $(y+\sqrt{xy})\mathrm{d}x=x\mathrm{d}y$; (4) $xy'-y=(x+y)\ln\frac{x+y}{x}$.

2. 求满足下列各初始条件微分方程的特解:

(1) $y'=\frac{x}{y}+\frac{y}{x}, y|_{x=1}=2$; (2) $(x^2+y^2)\frac{\mathrm{d}y}{\mathrm{d}x}=2xy,\ y|_{x=0}=1$;

(3) $y'=\mathrm{e}^{\frac{y}{x}}+\frac{y}{x},\ y|_{x=1}=0$; (4) $\frac{y}{y'}-x=\sqrt{x^2+y^2},\ y|_{x=0}=1$.

3. 求下列各微分方程的通解:

(1) $(1+2\mathrm{e}^{\frac{x}{y}})\mathrm{d}x+2\mathrm{e}^{\frac{x}{y}}\left(1-\frac{x}{y}\right)\mathrm{d}y=0$; (2) $y'=\frac{y}{2x}+\frac{1}{2y}\tan\frac{y^2}{x}$.

4. 求下列各微分方程的通解:

(1) $y'=2\left(\frac{y-2}{x+y-1}\right)^2$; (2) $y'=\frac{y-x-2}{y+x+4}$;

(3) $(3y-7x+7)\mathrm{d}x+(7y-3x+3)\mathrm{d}y=0$; (4) $\frac{\mathrm{d}y}{\mathrm{d}x}=\frac{1}{x+y-1}$.

§6.4 一阶线性微分方程

一、线性方程

方程

$$\frac{\mathrm{d}y}{\mathrm{d}x}+P(x)y=Q(x) \quad ①$$

叫做**一阶线性微分方程**. 如果 $Q(x)\equiv 0$,则方程①称为**齐次的**;如果 $Q(x)$不恒等于零,则方程①称为**非齐次的**.

当 $Q(x)$不恒等于零时,为了求出非齐次线性方程①的解,我们先把 $Q(x)$换成零而写出

$$\frac{\mathrm{d}y}{\mathrm{d}x}+P(x)y=0, \tag{②}$$

方程②叫做对应于非齐次线性方程①的**齐次线性方程**. 方程②是可分离变量的,分离变量后得 $\frac{\mathrm{d}y}{y}=-P(x)\mathrm{d}x$,两端积分得

$$\ln|y|=-\int P(x)\mathrm{d}x+C_1 \quad 或 \quad y=C\mathrm{e}^{-\int P(x)\mathrm{d}x}(C=\pm \mathrm{e}^{C_1})$$

是对应的齐次线性方程②的通解.

现在使用**常数变易法**来求非齐次线性方程①的通解. 此方法是把②的通解中的 C 换成 x 的函数 $u(x)$,即作变换

$$y=u\mathrm{e}^{-\int P(x)\mathrm{d}x}, \tag{③}$$

于是

$$\frac{\mathrm{d}y}{\mathrm{d}x}=u'\mathrm{e}^{-\int P(x)\mathrm{d}x}-uP(x)\mathrm{e}^{-\int P(x)\mathrm{d}x}. \tag{④}$$

将③和④式代入方程①,得

$$u'\mathrm{e}^{-\int P(x)\mathrm{d}x}-uP(x)\mathrm{e}^{-\int P(x)\mathrm{d}x}+P(x)u\mathrm{e}^{-\int P(x)\mathrm{d}x}=Q(x),$$

即

$$u'\mathrm{e}^{-\int P(x)\mathrm{d}x}=Q(x), \quad u'=Q(x)\mathrm{e}^{\int P(x)\mathrm{d}x}.$$

积分后解出 $u=\int Q(x)\mathrm{e}^{\int P(x)\mathrm{d}x}\mathrm{d}x+C$. 把此式代入③式,便得非齐次线性方程①的通解

$$y=\mathrm{e}^{-\int P(x)\mathrm{d}x}\left(\int Q(x)\mathrm{e}^{\int P(x)\mathrm{d}x}\mathrm{d}x+C\right). \tag{⑤}$$

将⑤式改写成两项之和:

$$y=C\mathrm{e}^{-\int P(x)\mathrm{d}x}+\mathrm{e}^{-\int P(x)\mathrm{d}x}\int Q(x)\mathrm{e}^{\int P(x)\mathrm{d}x}\mathrm{d}x.$$

上式右端第一项是对应的齐次线性方程②的通解,第二项是非齐次线性方程①的一个特解. 由此得知,一阶非齐次线性方程的通解由对应的齐次方程的通解与非齐次方程的一个特解之和构成.

例 1 求方程 $\frac{\mathrm{d}y}{\mathrm{d}x}+2xy=2x\mathrm{e}^{-x^2}$ 的通解.

解 这是一个非齐次线性方程. 先求对应的齐次方程 $\frac{\mathrm{d}y}{\mathrm{d}x}+2xy=0$ 的通解. 由

$$\frac{\mathrm{d}y}{y}=-2x\mathrm{d}x$$

两端积分得

$$\ln y=-x^2+\ln C,\quad 即\quad y=Ce^{-x^2}.$$

用常数变易法，把 C 换成 $u=u(x)$，即令 $y=ue^{-x^2}$，那么

$$\frac{\mathrm{d}y}{\mathrm{d}x}=u'e^{-x^2}-2xe^{-x^2}u.$$

代入所给非齐次方程得

$$u'=2x,\quad 即\quad u(x)=x^2+C.$$

所以原方程通解为 $y=(x^2+C)e^{-x^2}$.

当然，本例还可以用公式⑤直接求解.

二、伯努利方程

方程

$$\frac{\mathrm{d}y}{\mathrm{d}x}+P(x)y=Q(x)y^n\quad(n\neq 0,1) \tag{6}$$

叫做**伯努利**(Bernoulli)**方程**. 当 $n=0$ 或 $n=1$ 时，这是线性微分方程. 当 $n\neq 0$，$n\neq 1$ 时（n 可以不是整数），这方程不是线性的. 但是通过变量的代换，可把它化为线性的. 若以 y^n 除方程⑥的两端，得

$$y^{-n}\frac{\mathrm{d}y}{\mathrm{d}x}+P(x)y^{1-n}=Q(x). \tag{7}$$

易看出，上式左端第一项与 $\frac{\mathrm{d}}{\mathrm{d}x}(y^{1-n})$ 只差一个常数因子 $1-n$，因此我们引入新的未知函数 $u=y^{1-n}$，那么 $\frac{\mathrm{d}u}{\mathrm{d}x}=(1-n)y^{-n}\frac{\mathrm{d}y}{\mathrm{d}x}$.

用 $(1-n)$ 乘方程⑦的两端，再通过上述代换便得前面所介绍的线性方程

$$\frac{\mathrm{d}u}{\mathrm{d}x}+(1-n)P(x)u=(1-n)Q(x).$$

求出这方程的通解后，以 y^{1-n} 代 u，便得到伯努利方程的通解.

例 2 求方程 $\frac{\mathrm{d}y}{\mathrm{d}x}+\frac{y}{x}=(\ln x)y^2$ 的通解.

解 以 y^2 除方程的两端，得

$$y^{-2}\frac{\mathrm{d}y}{\mathrm{d}x}+\frac{1}{x}y^{-1}=\ln x,\quad 即\quad -\frac{\mathrm{d}(y^{-1})}{\mathrm{d}x}+\frac{1}{x}y^{-1}=\ln x.$$

令 $u=y^{-1}$，则上述方程成为

$$\frac{\mathrm{d}u}{\mathrm{d}x}-\frac{1}{x}u=-\ln x.$$

这是一阶线性方程,它的通解为

$$u = x\left[C - \frac{1}{2}(\ln x)^2\right].$$

以 y^{-1} 代 u,得所求方程的通解为

$$yx\left[C - \frac{1}{2}(\ln x)^2\right] = 1.$$

利用变量代换(因变量的变量代换或自变量的变量代换),把一个微分方程化为变量可分离的方程,或化为已知其求解步骤的方程,这是解微分方程最常用的方法.下面再举一个例子.

例 3 解方程 $\dfrac{\mathrm{d}y}{\mathrm{d}x}=\dfrac{1}{x\cos y+\sin 2y}$.

解 若把所给方程变形为

$$\frac{\mathrm{d}x}{\mathrm{d}y} = x\cos y + \sin 2y,$$

即为一阶线性方程$\dfrac{\mathrm{d}x}{\mathrm{d}y}-(\cos y)x=\sin 2y$,则可按一阶线性方程的解法可求得通解.

先求出$\dfrac{\mathrm{d}x}{\mathrm{d}y}-(\cos y)x=0$ 的解 $x=C'\mathrm{e}^{\sin y}$.由常数变易法,设原方程的通解为 $x=u\mathrm{e}^{\sin y}$,代入所转化的一阶线性微分方程得

$$u' = \mathrm{e}^{-\sin y}\sin 2y.$$

积分,得

$$u = \int \mathrm{e}^{-\sin y}\sin 2y\mathrm{d}y = 2\int \mathrm{e}^{-\sin y}\sin y\mathrm{d}\sin y.$$

通过分部积分得 $u=-2\mathrm{e}^{-\sin y}(1+\sin y)+C$,故原方程通解为

$$x = C\mathrm{e}^{\sin y} - 2(1+\sin y).$$

习 题 6.4

1. 求下列各微分方程的通解:

(1) $\cos^2 x\dfrac{\mathrm{d}y}{\mathrm{d}x}+y=\tan x$;　　(2) $xy'-y=\dfrac{x}{\ln x}$;

(3) $x^2y'-y=x^2\mathrm{e}^{x-\frac{1}{x}}$;　　(4) $xy'+y=\sin x$.

2. 求满足下列各初始条件的微分方程的特解:

(1) $y'-y\tan x=\sec x$, $y|_{x=0}=0$;　　(2) $\dfrac{\mathrm{d}y}{\mathrm{d}x}+\dfrac{2-3x^2}{x^3}y=1$, $y|_{x=1}=0$;

(3) $y'-\dfrac{1}{x-2}y=2(x-2)^2$, $y|_{x=1}=-2$;　　(4) $\dfrac{\mathrm{d}y}{\mathrm{d}x}-6y=10\sin 2x$, $y|_{x=0}=\dfrac{1}{2}$.

3. 求一曲线方程，这曲线通过原点，并且它在点(x,y)处的切线的斜率等于$2x+y$.

4. 求解下列伯努利方程：

(1) $y'+y=y^2(\cos x-\sin x)$；　(2) $3y'+y=\dfrac{1}{y^2}$；

(3) $y'+2xy+xy^4=0$；　(4) $y'=\dfrac{1}{xy+x^2y^3}$.

5. 求解下列各微分方程：

(1) $(y^2-6x)y'-2y=0$；　(2) $y'=\dfrac{1}{x+y}$；

(3) $xy'+y=y(\ln x+\ln y)$；　(4) $xy'+x+\sin(x+y)=0$.

§6.5　可降阶的高阶微分方程

我们将讨论二阶及二阶以上的微分方程，即高阶微分方程. 对于有些高阶微分方程，可以通过代换将它化成较低阶的方程来求解. 对形如

$$y''=f(x,y,y') \qquad ①$$

的二阶微分方程，如果我们能设法作代换把它从二阶降至一阶，那么就有可能应用前面所讲的方法来求出它的解了.

下面介绍三种容易降阶的高阶微分方程的求解方法.

一、$y^{(n)}=f(x)$ 型

微分方程

$$y^{(n)}=f(x) \qquad ②$$

的右端仅含有自变量x. 容易看出，只要把$y^{(n-1)}$作为新的未知函数，那么②式就是新未知函数的一阶微分方程. 两边积分，就得到一个$n-1$阶的微分方程：

$$y^{(n-1)}=\int f(x)\mathrm{d}x+C_1.$$

同理得

$$y^{(n-2)}=\int\left[\int f(x)\mathrm{d}x+C_1\right]\mathrm{d}x+C_2.$$

依此法继续进行，接连积分n次，便得方程②的含有n个任意常数的通解.

例 1　求微分方程$y'''=\sin x+\cos x$的通解.

解　对所给方程连续积分三次，得

$$y''=-\cos x+\sin x+C,$$

$$y'=-\sin x-\cos x+Cx+C_2,$$

$$y = \cos x - \sin x + C_1 x^2 + C_2 x + C_3 \quad \left(C_1 = \frac{C}{2}\right).$$

这就是所求的通解.

二、$y''=f(x,y')$型

微分方程

$$y'' = f(x, y') \tag{③}$$

的右端不含未知函数 y. 如果设 $y'=p$,那么 $y''=\frac{\mathrm{d}p}{\mathrm{d}x}=p'$,而方程③就成为

$$p' = f(x, p).$$

这是一个关于变量 x, p 的一阶微分方程. 设其通解为 $p=\varphi(x, C_1)$. 但是 $p=\frac{\mathrm{d}y}{\mathrm{d}x}$,因此又得到一个一阶微分方程

$$\frac{\mathrm{d}y}{\mathrm{d}x} = \varphi(x, C_1).$$

对它进行积分,便得方程③的通解为

$$y = \int \varphi(x, C_1)\mathrm{d}x + C_2.$$

例 2 求微分方程$(1-x^2)y''=xy'$满足初始条件 $y|_{x=0}=0, y'|_{x=0}=1$ 的特解.

解 设 $y'=p$. 代入方程并分离变量后,有

$$\frac{\mathrm{d}p}{p} = \frac{x}{1-x^2}\mathrm{d}x.$$

两端积分,得

$$p = y' = C_1(1-x^2)^{-\frac{1}{2}}.$$

由条件 $y'|_{x=0}=1$,得 $C_1=1$,所以

$$y' = (1-x^2)^{-\frac{1}{2}}.$$

两端再积分,得 $y=\arcsin x+C_2$. 又由条件 $y|_{x=0}=0$,得 $C_2=0$,于是所求的特解为

$$y = \arcsin x.$$

三、$y''=f(y,y')$型

微分方程

$$y'' = f(y, y') \tag{④}$$

中不明显地含自变量 x. 为了求出它的解,我们令 $y'=p$,并利用复合函数的求导法则把 y''化为对 y 的导数,即 $y''=\frac{\mathrm{d}p}{\mathrm{d}x}=\frac{\mathrm{d}p}{\mathrm{d}y}\cdot\frac{\mathrm{d}y}{\mathrm{d}x}=p\frac{\mathrm{d}p}{\mathrm{d}y}$. 这样,方程④就成为

$$p\frac{\mathrm{d}p}{\mathrm{d}y}=f(y,p).$$

这是一个关于变量 y,p 的一阶微分方程.设它的通解为 $y'=p=\varphi(y,C_1)$，分离变量并积分，便得方程④的通解为

$$\int\frac{\mathrm{d}y}{\varphi(y,C_1)}=x+C_2.$$

例 3 求微分方程 $yy''-2(y')^2=0$ 的通解.

解 设 $y'=p$，则 $y''=p\frac{\mathrm{d}p}{\mathrm{d}y}$. 代入原方程得

$$yp\frac{\mathrm{d}p}{\mathrm{d}y}=2p^2.$$

当 $y\neq0,p\neq0$ 时，约去 p 并分离变量，得

$$\frac{\mathrm{d}p}{p}=2\frac{\mathrm{d}y}{y}.$$

两端积分解得 $p=C_1y^2$，即

$$y'=C_1y^2.$$

再分离变量并两端积分，便得原方程的通解为

$$-\frac{1}{y}=C_1x+C_2,\quad 即\quad y=\frac{-1}{C_1x+C_2}.$$

例 4 求微分方程 $yy''-(y')^2+(y')^3=0$ 的通解.

解 令 $y'=p$，则 $y''=p\frac{\mathrm{d}p}{\mathrm{d}y}$. 代入原方程化为

$$p\left(y\frac{\mathrm{d}p}{\mathrm{d}y}-p+p^2\right)=0.$$

由上式得 $p=0$ 或 $y\frac{\mathrm{d}p}{\mathrm{d}y}-p+p^2=0$.

由 $p=0$ 得解为 $y=C$.

由 $y\frac{\mathrm{d}p}{\mathrm{d}y}-p+p^2=0$ 分离变量并积分得 $\frac{p}{1-p}=C_1y$，即

$$\frac{\mathrm{d}y}{\mathrm{d}x}=\frac{C_1y}{1+C_1y}.$$

再分离变量并积分得 $y+\frac{1}{C_1}\ln y=x+C_2$，故原方程的通解为

$$y+\frac{1}{C_1}\ln y=x+C_2\quad 或\quad y=C.$$

例 5 求微分方程 $yy''-(y')^2=y^2\ln y$ 的通解.

解 此题若用上例的常规解法比较繁，可考虑将原方程转化为

$$\frac{yy''-(y')^2}{y^2}=\ln y,$$

即$\left(\frac{y'}{y}\right)'=\ln y$，相当于求解$(\ln y)''=\ln y$. 再令$\ln y=u$，便转化为$u''=u$，即$u''-u=0$. 这为二阶常系数齐次线性微分方程，由§6.7中的方法可容易求出原方程的通解为

$$\ln y=C_1\mathrm{e}^{x}+C_2\mathrm{e}^{-x}.$$

习　题　6.5

1. 求下列各微分方程的通解：

(1) $y'''=\mathrm{e}^x+1$；　(2) $y''=\frac{1}{1+x^2}$；

(3) $xy''+y'=\mathrm{e}^x$；　(4) $yy''+1=(y')^2$，$|y'|<1$；

(5) $y''=\frac{1}{y-1}(y')^2$；　(6) $y''=\frac{1}{\sqrt{y}}$.

2. 求满足下列各初始条件的微分方程的特解：

(1) $y^3y''+1=0$，$y|_{x=1}=1$，$y'|_{x=1}=0$；

(2) $y''=\mathrm{e}^{2y}$，$y|_{x=0}=y'|_{x=0}=0$；

(3) $(1+x^2)y''=2xy'$，$y|_{x=0}=1$，$y'|_{x=0}=3$；

(4) $2yy''-(y')^2=y^2$，$y|_{x=0}=1$，$y'|_{x=0}=2$.

3. 试求$y''=x$的经过点$M(0,1)$且在此点与直线$y=\frac{x}{2}+1$相切的积分曲线.

§6.6　二阶线性微分方程

二阶线性微分方程的一般形式是

$$y''+P(x)y'+Q(x)y=f(x), \tag{①}$$

其中y''，y'和y都是一次的；$P(x)$，$Q(x)$，$f(x)$为x的已知连续函数.

当$f(x)=0$时，与微分方程①相对应的微分方程是

$$y''+P(x)y'+Q(x)y=0. \tag{②}$$

通常称①式为**二阶线性非齐次微分方程**，称②式为与①式相对应的**二阶线性齐次微分方程**.

一、二阶线性微分方程解的结构

定理1　如果函数$y_1(x)$与$y_2(x)$是齐次微分方程②的两个解，那么

$$y=C_1y_1(x)+C_2y_2(x) \tag{③}$$

也是方程②的解，其中C_1，C_2是任意常数.

证 将③式代入②式左端,得

$$\begin{aligned}&[C_1 y_1'' + C_2 y_2''] + P(x)[C_1 y_1' + C_2 y_2'] + Q(x)[C_1 y_1 + C_2 y_2]\\&= C_1[y_1'' + P(x)y_1' + Q(x)y_1] + C_2[y_2'' + P(x)y_2' + Q(x)y_2].\end{aligned}$$

由于 y_1 与 y_2 是方程②的解,上式右端方括号中的表达式都恒等于零,因而整个式子恒等于零,所以③式是方程②的解.

齐次线性方程的这个性质表明它的解符合叠加原理.

叠加起来的解③从形式上来看含有 C_1 与 C_2 两个任意常数,但它不一定是方程②的通解.

例如,设 $y_1(x)$ 是②的一个解,则 $y_2(x)=3y_1(x)$ 也是②的解. 这时③式成为 $y=C_1y_1(x)+3C_2y_1(x)$,可以把它改写成 $y=Cy_1(x)$,其中 $C=C_1+2C_2$. 这显然不是②的通解. 那么在什么情况下③式才是方程②的通解呢? 要解决这个问题,我们还得引入两个新的概念——函数的线性相关与线性无关.

设 $y_1(x),y_2(x),\cdots,y_n(x)$ 为定义在区间 I 上的 n 个函数. 如果存在 n 个不全为零的常数 $k_1,k_2,\cdots,k_n$,使得当 $x\in I$ 时,有恒等式 $k_1y_1+k_2y_2+\cdots+k_ny_n\equiv 0$ 成立,那么称这 n 个函数在区间 I 上**线性相关**;否则称**线性无关**.

例如,函数 $1,\cos^2 x,\sin^2 x$ 在整个数轴上是线性相关的. 这是因为取 $k_1=1,k_2=k_3=-1$,就有恒等式 $1-\cos^2 x-\sin^2 x\equiv 0$. 同样可知,函数 x^2 与 $3x^2$ 在 $(-\infty,+\infty)$ 上也是线性相关的.

又如函数 e^{-2x} 与 e^{2x} 在 $(-\infty,+\infty)$ 上是线性无关的. 因为要使 $k_1\mathrm{e}^{-2x}+k_2x\mathrm{e}^{2x}=0$ 必须 k_1,k_2 均为零.

应用上述概念可知,对于两个函数的情形,它们线性相关与否,只要看它们的比是否在区间 I 上为常数: 如果比为常数,那么它们就线性相关;否则就线性无关.

定理 2 如果 $y_1(x)$ 与 $y_2(x)$ 是方程②的两个线性无关的特解,那么

$$y = C_1 y_1(x) + C_2 y_2(x) \quad (C_1, C_2 \text{ 是任意常数})$$

就是方程②的通解.

例如,方程 $y''+y=0$ 是二阶齐次线性方程(这里 $P(x)\equiv 0,Q(x)\equiv 1$). 容易验证,$y_1=\cos x$ 与 $y_2=\sin x$ 是所给方程的两个解,且 $\dfrac{y_2}{y_1}=\dfrac{\sin x}{\cos x}=\tan x$ 不等于常数,即它们是线性无关的. 因此方程 $y''+y=0$ 的通解为 $y=C_1\cos x+C_2\sin x$.

又如,方程

$$x^2(\ln x - 1)y'' - xy' + y = 0$$

也是二阶齐次线性微分方程 $\left(这里\ P(x)=\dfrac{1}{x(1-\ln x)},Q(x)=\dfrac{1}{x^2(\ln x-1)}\right)$. 容易验证: $y_1=x,y_2=-\ln x$ 是所给方程的两个解,且 $\dfrac{y_2}{y_1}=\dfrac{-\ln x}{x}$ 不等于常数,即它们是线性无关的. 因

此方程的通解为 $y=C_1x+C_2\ln x$.

定理 3 设 $y^*(x)$是二阶非齐次线性方程

$$y''+P(x)y'+Q(x)y=f(x) \tag{④}$$

的一个特解,$Y(x)$是与④对应的齐次方程②的通解,那么

$$y=Y(x)+y^*(x) \tag{⑤}$$

是二阶非齐次线性微分方程④的通解.

证 把⑤式代入方程④的右端,得

$$\begin{aligned}&(Y''+y^{*\prime\prime})+P(x)(Y'+y^{*\prime})+Q(x)(Y+y^*)\\&\quad=[Y''+P(x)Y'+Q(x)Y]+[y^{*\prime\prime}+P(x)y^{*\prime}+Q(x)y^*].\end{aligned}$$

由于 Y 是方程②的解,y^* 是④的解,可知第一个括号内的表达式恒等于零,第二个括号内恒等于 $f(x)$. 这样 $y=Y+y^*$ 使④式的两端恒等,即⑤式是方程④的解.

由于对应的齐次方程②的通解 $Y=C_1y_1+C_2y_2$ 中含有两个任意常数,所以 $y=Y+y^*$ 中也含有两个任意常数,从而它就是二阶非齐次方程④的通解.

例如,方程 $y''+y=x^2+7$ 是二阶非齐次线性微分方程. 已知 $Y=C_1\cos x+C_2\sin x$ 是对应的齐次方程 $y''+y=0$ 的通解,又容易验证 $y^*=x^2+5$ 是所给方程的一个特解,因此

$$y=C_1\cos x+C_2\sin x+x^2+5$$

是所给方程的通解.

非齐次线性微分方程④的特解有时可用下述定理来求出.

定理 4 设非齐次线性方程④的右端 $f(x)$是两个函数之和:

$$y''+P(x)y'+Q(x)y=f_1(x)+f_2(x), \tag{⑥}$$

而 $y_1^*(x)$与 $y_2^*(x)$分别是方程

$$y''+P(x)y'+Q(x)y=f_1(x)$$

与

$$y''+P(x)y'+Q(x)y=f_2(x)$$

的特解,那么 $y_1^*(x)+y_2^*(x)$就是方程⑥的特解.

证 将 $y=y_1^*(x)+y_2^*(x)$代入方程⑥的左端,得

$$\begin{aligned}&(y_1^*+y_2^*)''+P(x)(y_1^*+y_2^*)'+Q(x)(y_1^*+y_2^*)\\&\quad=[y_1^{*\prime\prime}+P(x)y_1^{*\prime}+Q(x)y_1^*]+[y_2^{*\prime\prime}+P(x)y_2^{*\prime}+Q(x)y_2^*]\\&\quad=f_1(x)+f_2(x).\end{aligned}$$

因此 $y_1^*+y_2^*$ 是方程⑥的一个特解.

这一定理通常称为非齐次线性微分方程解的**叠加原理**.

二、常数变易法

如果已知齐次方程②的通解为

$$Y(x)=C_1y_1(x)+C_2y_2(x),$$

那么,我们可以用如下的常数变易法去求非齐次方程④的通解.

令

$$y=y_1(x)v_1+y_2(x)v_2. \tag{7}$$

要确定未知函数 $v_1(x)$ 及 $v_2(x)$ 使⑦式所表示的函数 y 满足非齐次方程④,即⑦式是④的解.为此,对⑦式求导,得

$$y'=y_1v_1'+y_2v_2'+y_1'v_1+y_2'v_2.$$

由于⑦中的两个未知函数 v_1,v_2 只知满足一个关系式,即非齐次方程④,所以可规定它们再满足一个关系式.从 y' 的上述表示式可看出,为了使 y'' 的表示式中不含 v_1'' 和 v_2'',可设

$$y_1v_1'+y_2v_2'=0, \tag{8}$$

从而 $y'=y_1'v_1+y_2'v_2$,再求导,得

$$y''=y_1'v_1'+y_2'v_2'+y_1''v_1+y_2''v_2.$$

把 y,y',y'' 代入方程④,得

$$y_1'v_1'+y_2'v_2'+y_1''v_1+y_2''v_2+P(y_1'v_1+y_2'v_2)+Q(y_1v_1+y_2v_2)=f(x),$$

整理得

$$y_1'v_1'+y_2'v_2'+(y_1''+Py_1'+Qy_1)v_1+(y_2''+Py_2'+Qy_2)v_2=f(x).$$

注意到 y_1 及 y_2 是齐次方程②的解,故上式即为

$$y_1'v_1'+y_2'v_2'=f(x). \tag{9}$$

联立方程⑧与⑨,可解得

$$v_1'=-\frac{y_2f}{W},\quad v_2'=\frac{y_1f}{W},$$

其中 $W=\begin{vmatrix} y_1 & y_2 \\ y_1' & y_2' \end{vmatrix}=y_1y_2'-y_1'y_2\neq 0$.对上两式积分(假定 $f(x)$ 连续),得

$$v_1=C_1+\int\left(-\frac{y_2f}{W}\right)\mathrm{d}x,\quad v_2=C_2+\int\frac{y_1f}{W}\mathrm{d}x.$$

于是得非齐次方程④的通解为

$$y=C_1y_1+C_2y_2-y_1\int\frac{y_2f}{W}\mathrm{d}x+y_2\int\frac{y_1f}{W}\mathrm{d}x.$$

例 1 已知齐次方程 $(x-1)y''-xy'+y=0$ 的通解为 $Y=C_1x+C_2\mathrm{e}^x$,求非齐次方程 $(x-1)y''-xy'+y=(x-1)^3$ 的通解.

解 把所给方程写成标准形式 $y''-\frac{x}{x-1}y'+\frac{1}{x-1}y=(x-1)^2$.

令 $y=xv_1+\mathrm{e}^x v_2$. 按照

$$\begin{cases} y_1 v_1' + y_2 v_2' = 0, \\ y_1' v_1' + y_2' v_2' = f, \end{cases} \quad \text{有} \quad \begin{cases} x v_1' + \mathrm{e}^x v_2' = 0, \\ v_1' + \mathrm{e}^x v_2' = (x-1)^2. \end{cases}$$

解得

$$v_1' = -(x-1), \quad v_2' = x(x-1)\mathrm{e}^{-x}.$$

积分,得

$$v_1 = -\frac{1}{2}x^2 + x + C_1, \quad v_2 = -(x^2+x+1)\mathrm{e}^{-x} + C_2.$$

于是所求非齐次方程的通解为

$$\begin{aligned} y &= \left(C_1 - \frac{1}{2}x^2 + x\right)x + [C_2 - (x^2+x+1)\mathrm{e}^{-x}]\mathrm{e}^x \\ &= C_1 x + C_2 \mathrm{e}^x - \frac{1}{2}x^3 - x - 1. \end{aligned}$$

定理 5 如果 $y_1(x)$是方程②的一个非零特解,那么

$$y_2(x) = y_1(x)\int \frac{1}{y_1^2(x)}\mathrm{e}^{-\int P(x)\mathrm{d}x}\mathrm{d}x$$

是方程②的另一个与 $y_1(x)$线性无关的特解.

证 已知 $y=Cy_1(x)$是方程②的一个解,由于要求的另一个与 $y_1(x)$线性无关解 $y_2(x)$满足$\frac{y_2(x)}{y_1(x)}\neq$常数,由常数变易法,故可设特解 $y_2(x)=uy_1(x)$,其中 $u=u(x)$.

把 $y_2'(x)=y_1(x)u'+y_1'(x)u$, $y_2''(x)=y_1(x)u''+2y_1'(x)u'+y_1''(x)u$ 代入方程②,得

$$y_1(x)u'' + 2y_1'(x)u' + y_1''(x)u + P(y_1(x)u' + y_1'u) + Qy_1(x)u = 0,$$

即

$$y_1(x)u'' + (2y_1'(x) + Py_1(x))u' + (y_1''(x) + Py_1'(x) + Qy_1(x))u = 0.$$

由于 $y_1''(x)+Py_1'(x)+Qy_1(x)\equiv 0$,故上式为

$$y_1(x)u'' + (2y_1'(x) + Py_1(x))u' = 0.$$

令 $u'=z$,上式即化为一阶线性方程

$$y_1(x)z' + (2y_1'(x) + Py_1(x))z = 0.$$

分离变量后得 $u'=z=\frac{1}{y_1^2(x)}\mathrm{e}^{-\int P(x)\mathrm{d}x}$,从而

$$u = \int \frac{1}{y_1^2(x)}\mathrm{e}^{-\int P(x)\mathrm{d}x}\mathrm{d}x. \tag{⑩}$$

最后得

$$y_2(x)=y_1(x)\int\frac{1}{y_1^2(x)}\mathrm{e}^{-\int P(x)\mathrm{d}x}\mathrm{d}x.$$

例 2 已知 $y=\dfrac{\sin x}{x}$ 是方程 $xy''+2y'+xy=0$ 的一个解，求其通解.

解 设 $y_1=uy=u\cdot\dfrac{\sin x}{x}$ 是方程的另一个与 y_1 线性无关的解，则

$$y_1'=u'y+uy',\quad y_1''=u''y+2u'y'+uy''.$$

将 y_1,y_1',y_1'' 代入微分方程，得

$$xyu''+2(xy'+y)u'+(xy''+2y'+xy)u=0.$$

利用 y 是方程的解知 $xy''+2y'+xy=0$，由此得

$$xyu''+2(xy'+y)u'=0,$$

化简得
$$\frac{u''}{u'}+\frac{2\cos x}{\sin x}=0.$$

解此微分方程得
$$u(x)=-C\cot x+C_1.$$

取 $u(x)=\cot x$，则 $y_1=\cot x\cdot\dfrac{\sin x}{x}=\dfrac{\cos x}{x}$. 于是所求通解为 $y=C_1\dfrac{\sin x}{x}+C_2\dfrac{\cos x}{x}$.

例 2 的解法是按照定理 5 的证明过程求解的，并没有利用公式⑩. 此题用公式⑩计算较复杂.

习 题 6.6

1. 下列哪些函数组在其定义区间内是线性无关的？

(1) x,x^3； (2) $7x,2x$； (3) $\mathrm{e}^{2x},3\mathrm{e}^{2x}$； (4) $\mathrm{e}^{-x},\mathrm{e}^{-x^2}$；

(5) $\tan 2x,\cot 2x$； (6) $\mathrm{e}^{x^2},x\mathrm{e}^{x^2}$； (7) $\sin 2x,\sin x\cos x$；

(8) $\mathrm{e}^x\cos 2x,\mathrm{e}^x\sin 2x$； (9) $\ln x,(\ln x)^2$； (10) $\mathrm{e}^{2x},\mathrm{e}^{2x+3}$.

2. 验证 $y_1=\cos x$ 及 $y_2=\sin x$ 都是方程 $y''+y=0$ 的解，并写出该方程的通解.

3. 验证 $y_1=\mathrm{e}^x$ 及 $y_2=\mathrm{e}^{-2x}$ 都是方程 $y''+y'-2y=0$ 的解，并写出该方程的通解.

4. 验证 $y=C_1\cos 2x+C_2\sin 2x+\dfrac{1}{16}(x\sin 2x-2x^2\cos 2x)$（其中 C_1,C_2 是任意常数）是方程 $y''+4y=x\sin 2x$ 的通解.

5. 已知 $y_1=\mathrm{e}^x$ 是齐次方程 $(2x-1)y''-(2x+1)y'+2y=0$ 的一个解，求此方程的通解.

§6.7 二阶常系数齐次线性微分方程

在二阶齐次线性微分方程

$$y''+P(x)y'+Q(x)y=0 \tag{①}$$

中，如果 y'，y 的系数 $P(x)$，$Q(x)$ 均为常数，即①式成为

$$y''+py'+qy=0, \qquad ②$$

其中 p,q 是常数，则称方程②为**二阶常系数齐次线性微分方程**. 如果 p,q 不全为常数，称方程①为**二阶变系数齐次线性微分方程**.

由上节讨论可知，要找微分方程②的通解，可以先求出它的两个解 y_1,y_2，如果$\frac{y_1}{y_2}$不恒等于常数，即 y_1,y_2 线性无关，那么 $y=C_1y_1+C_2y_2$ 就是方程②的通解.

当 r 为常数时，指数函数 $y=\mathrm{e}^{rx}$ 和它的各阶导数都只相差一个常数因子. 由于指数函数有这个特点，因此我们用 $y=\mathrm{e}^{rx}$ 来尝试，看能否选取适当的常数 r，使 $y=\mathrm{e}^{rx}$ 满足方程②.

将 $y=\mathrm{e}^{rx}$ 求导，得到 $y'=r\mathrm{e}^{rx}$，$y''=r^2\mathrm{e}^{rx}$. 把 y,y',y''代入方程②，得

$$(r^2+pr+q)\mathrm{e}^{rx}=0.$$

由于 $\mathrm{e}^{rx}\neq 0$，所以

$$r^2+pr+q=0. \qquad ③$$

由此可见，只要 r 满足代数方程③，函数 $y=\mathrm{e}^{rx}$ 就是微分方程②的解. 我们把代数方程③叫做微分方程②的**特征方程**.

特征方程③是一个二次代数方程，其中 r^2，r 的系数及常数项恰好依次是微分方程②中 y''，y'及 y 的系数.

特征方程③的两个根 r_1,r_2 可以用求根公式 $r_{1,2}=\frac{-p\pm\sqrt{p^2-4q}}{2}$求出. 它们有三种不同的情形：

(1) 当 $p^2-4q>0$ 时，r_1,r_2 是两个不相等的实根：

$$r_1=\frac{-p+\sqrt{p^2-4q}}{2}, \quad r_2=\frac{-p-\sqrt{p^2-4q}}{2};$$

(2) 当 $p^2-4q=0$ 时，r_1,r_2 是两个相等的实根：

$$r_1=r_2=\frac{-p}{2};$$

(3) 当 $p^2-4q<0$ 时，r_1,r_2 是一对共轭复根：

$$r_1=\alpha+\mathrm{i}\beta, \quad r_2=\alpha-\mathrm{i}\beta,$$

其中 $\alpha=\frac{-p}{2}$，$\beta=\frac{\sqrt{4q-p^2}}{2}$.

相应地，微分方程②的通解也就有三种不同的情形，我们分别讨论如下：

(1) 特征方程有两个不相等的实根：$r_1\neq r_2$.

由上面的讨论知道，$y_1=\mathrm{e}^{r_1x}$，$y_2=\mathrm{e}^{r_2x}$是微分方程②的两个解，并且$\frac{y_2}{y_1}=\frac{\mathrm{e}^{r_2x}}{\mathrm{e}^{r_1x}}=\mathrm{e}^{(r_2-r_1)x}$不是常数，因此微分方程②的通解为

$$y = C_1 e^{r_1 x} + C_2 e^{r_2 x}.$$

（2）特征方程有两个相等的实根：$r_1 = r_2$.

这时，只得到微分方程②的一个解 $y_1 = e^{r_1 x}$. 为了得出微分方程②的通解，还需求出另一个解 y_2，并且要求$\dfrac{y_2}{y_1}$不是常数. 由§6.6的定理5知

$$y_2 = y_1 \int \frac{1}{y_1^2} e^{-\int P(x)dx} dx = e^{r_1 x} \int e^{-2r_1 x} e^{-\int p dx} dx$$
$$= e^{r_1 x} \int e^{-(2r_1 + p)x} dx = e^{r_1 x} \int e^{0x} dx = x e^{r_1 x}.$$

从而微分方程②的通解为

$$y = C_1 e^{r_1 x} + C_2 x e^{r_1 x}, \quad 即 \quad y = (C_1 + C_2 x) e^{r_1 x}.$$

（3）特征方程有一对共轭复根：$r_1 = \alpha + i\beta$，$r_2 = \alpha - i\beta$ $(\beta \neq 0)$.

这时，应用欧拉公式①有

$$y_1 = e^{(\alpha + i\beta)x} = e^{\alpha x} \cdot e^{i\beta x} = e^{\alpha x}(\cos\beta x + i\sin\beta x),$$
$$y_2 = e^{(\alpha - i\beta)x} = e^{\alpha x} \cdot e^{-i\beta x} = e^{\alpha x}(\cos\beta x - i\sin\beta x).$$

由于复值函数 y_1 与 y_2 之间成共轭关系，因此，取它们的和除以2就得到它们的实部；取它们的差除以2i就得到它们的虚部. 因为微分方程②的解符合叠加原理，所以实值函数

$$\bar{y}_1 = \frac{1}{2}(y_1 + y_2) = e^{\alpha x}\cos\beta x, \quad \bar{y}_2 = \frac{1}{2i}(y_1 - y_2) = e^{\alpha x}\sin\beta x$$

还是微分方程②的解. 又$\dfrac{\bar{y}_1}{\bar{y}_2} = \dfrac{e^{\alpha x}\cos\beta x}{e^{\alpha x}\sin\beta x} = \cot\beta x$ 不是常数，所以微分方程②的通解为

$$y = e^{\alpha x}(C_1 \cos\beta x + C_2 \sin\beta x).$$

综上所述，求二阶常系数齐次线性微分方程②的通解的步骤如下：

第一步：写出微分方程②的特征方程 $r^2 + pr + q = 0$；

第二步：求出特征方程③的两个根 r_1, r_2；

第三步：根据特征方程③的两个根的不同情形，按照下列表1写出微分方程②的通解.

表 1

特征方程 $r^2 + pr + q = 0$ 的两个根 r_1, r_2	微分方程 $y'' + py' + qy = 0$ 的通解
两个不相等的实根 r_1, r_2	$y = C_1 e^{r_1 x} + C_2 e^{r_2 x}$
两个相等的实根 $r_1 = r_2$	$y = (C_1 + C_2 x) e^{r_1 x}$
一对共轭复根 $r_{1,2} = \alpha \pm i\beta$	$y = e^{\alpha x}(C_1 \cos\beta x + C_2 \sin\beta x)$

---

① $e^{ix} = \cos x + i\sin x$ 称为欧拉公式，其中 i 为虚数单位，由此得 $e^{-ix} = \cos x - i\sin x$，然后将 e^{ix}, e^{-ix} 表达式分别相加、相减得：$\cos x = \dfrac{e^{ix} + e^{-ix}}{2}$，$\sin x = \dfrac{e^{ix} - e^{-ix}}{2}$. 欧拉公式在本书下册第十一章§11.5中有严格证明.

例 1 求微分方程 $y''+y'-6y=0$ 的通解.

解 所给微分方程的特征方程为 $r^2+r-6=0$,其根 $r_1=2,r_2=-3$ 是两个不相等的实根,因此所求通解为

$$y=C_1\mathrm{e}^{2x}+C_2\mathrm{e}^{-3x}.$$

例 2 求方程$\frac{\mathrm{d}^2s}{\mathrm{d}t^2}+2\frac{\mathrm{d}s}{\mathrm{d}t}+s=0$ 满足初始条件 $s|_{t=0}=4,s'|_{t=0}=-2$ 的特解.

解 所给方程的特征方程为 $r^2+2r+1=0$,其根 $r_1=r_2=-1$ 是两个相等的实根,因此所求微分方程的通解为

$$s=(C_1+C_2t)\mathrm{e}^{-t}.$$

再把条件 $s|_{t=0}=4$ 代入上式,得 $C_1=4$,从而 $s=(4+C_2t)\mathrm{e}^{-t}$. 为定出 C_2,求 s'得

$$s'=(C_2-4-C_2t)\mathrm{e}^{-t}.$$

再把条件 $s'|_{t=0}=-2$ 代入上式,得 $C_2=2$. 于是所求特解为 $s=(4+2t)\mathrm{e}^{-t}$.

例 3 求微分方程 $y''-y'+5y=0$ 的通解.

解 所给方程的特征方程为

$$r^2-r+5=0,$$

其根 $r_{1,2}=\frac{1}{2}\pm\frac{\sqrt{19}}{2}\mathrm{i}$ 为一对共轭复根. 因此所求通解为

$$y=\mathrm{e}^{\frac{1}{2}x}\left(C_1\cos\frac{\sqrt{19}}{2}x+C_2\sin\frac{\sqrt{19}}{2}x\right).$$

例 4 求方程 $y''+4y'+qy=0$ 的通解,其中 q 为任意实数.

解 所给微分方程的特征方程为 $r^2+4r+q=0$. 当 q 取不同值时,特征根的情形不同,需对 q 的情况进行讨论. 特征方程可化为$(r+2)^2-(4-q)=0$.

当 $q<4$ 时,特征根 $r_{1,2}=-2\pm\sqrt{4-q}$,其通解 $y=C_1\mathrm{e}^{(-2+\sqrt{4-q})x}+C_2\mathrm{e}^{(-2-\sqrt{4-q})x}$;

当 $q=4$ 时,特征根 $r_{1,2}=-2$,其通解为 $y=(C_1+C_2x)\mathrm{e}^{-2x}$;

当 $q>4$ 时,特征根 $r_{1,2}=-2\pm\mathrm{i}\sqrt{q-4}$,其通解为

$$y=\mathrm{e}^{-2x}(C_1\cos\sqrt{q-4}x+C_2\sin\sqrt{q-4}x).$$

习 题 6.7

1. 求下列各微分方程的通解:

(1) $y''+y'-12y=0$;

(2) $y''+14y'=0$;

(3) $y''+4y=0$;

(4) $y''+y'+y=0$;

(5) $4\frac{\mathrm{d}^2x}{\mathrm{d}t^2}-20\frac{\mathrm{d}x}{\mathrm{d}t}+25x=0$;

(6) $y''-5y'+2y=0$.

2. 求满足下列各初始条件的微分方程的特解：

(1) $y''-4y'+3y=0$，$y|_{x=0}=6$，$y'|_{x=0}=10$；

(2) $4y''+4y'+y=0$，$y|_{x=0}=2$，$y'|_{x=0}=0$；

(3) $y''+y'-2y=0$，$y|_{x=0}=2$，$y'|_{x=0}=1$；

(4) $y''+y'+y=0$，$y|_{x=0}=1$，$y'|_{x=0}=0$；

(5) $y''+25y=0$，$y|_{x=0}=1$，$y'|_{x=0}=5$；

(6) $y''-4y'+13y=0$，$y|_{x=0}=0$，$y'|_{x=0}=3$.

§6.8 二阶常系数非齐次线性微分方程

二阶常系数非齐次线性微分方程的一般形式是

$$y''+py'+qy=f(x), \quad ①$$

其中 p,q 是常数.

求解二阶常系数非齐次线性微分方程的通解,可归结为求对应的齐次方程

$$y''+py'+qy=0 \quad ②$$

的通解和非齐次方程①本身的一个特解.由于二阶常系数齐次线性微分方程通解的求法已在上一节得到解决,所以这里只需讨论二阶常系数非齐次线性微分方程的一个特解 y^* 的求解方法.

本节只介绍当方程①中的 $f(x)$ 取两种常见形式时求 y^* 的方法.这种方法的特点是不用积分就可求出 y^* 来,它叫做待定系数法.

通常取 $f(x)$ 的两种形式是:

(1) $f(x)=P_m(x)e^{\lambda x}$,其中 λ 是常数,$P_m(x)$ 是 x 的一个 m 次多项式,即

$$P_m(x)=a_0x^m+a_1x^{m-1}+\cdots+a_{m-1}x+a_m;$$

(2) $f(x)=[P_l(x)\cos\omega x+P_n(x)\sin\omega x]e^{\lambda x}$,其中 λ,ω 是常数,$P_l(x)$,$P_n(x)$ 分别是 x 的 l 次、n 次多项式(其中一个可为零).

下面分别介绍 $f(x)$ 为上述两种形式时 y^* 的求法.

一、$f(x)=P_m(x)e^{\lambda x}$ 型

微分方程①的特解 y^* 是使①式成为恒等式的函数.怎样的函数能使①成为恒等式呢?因为①式右端 $f(x)$ 是多项式 $P_m(x)$ 与指数函数 $e^{\lambda x}$ 的乘积,而多项式与指数函数乘积的导数仍然是同一类型,因此,我们推测 $y^*=Q(x)e^{\lambda x}$(其中 $Q(x)$ 是某个多项式)可能是方程①的特解.把 y^*,$y^{*\prime}$ 及 $y^{*\prime\prime}$ 代入方程①,然后考虑能否选取适当的多项式 $Q(x)$,使 $y^*=Q(x)e^{\lambda x}$ 满足方程①.为此,将

$$y^*=Q(x)e^{\lambda x}, \quad y^{*\prime}=[\lambda Q(x)+Q'(x)]e^{\lambda x},$$

$$y^{*\prime\prime}=[\lambda^2Q(x)+2\lambda Q'(x)+Q''(x)]e^{\lambda x}$$

代入方程①并消去 $e^{\lambda x}$,得

$$Q''(x)+(2\lambda+p)Q'(x)+(\lambda^2+p\lambda+q)Q(x)=P_m(x). \quad ③$$

(1) 如果 λ 不是特征方程 $r^2+pr+q=0$ 的根,即 $\lambda^2+p\lambda+q\neq0$,由于 $P_m(x)$是一个 m 次多项式,要使③的两端恒等,那么可令 $Q(x)$为另一个 m 次多项式

$$Q_m(x)=b_0x^m+b_1x^{m-1}+\cdots+b_{m-1}x+b_m.$$

代入③式,比较等式两端 x 同次幂的系数,就得到以 $b_0,b_1,\cdots,b_m$ 作为未知数的 $m+1$ 个方程的联立方程组,从而可以定出这些 $b_i(i=0,1,\cdots,m)$,并得到所求的特解 $y^*=Q_m(x)e^{\lambda x}$.

(2) 如果 λ 是特征方程 $r^2+pr+q=0$ 的单根,即 $\lambda^2+p\lambda+q=0$,但 $2\lambda+p\neq0$,要使③式的两端恒等,那么 $Q'(x)$必须是 m 次多项式.此时可令 $Q(x)=xQ_m(x)$,并且可用与(1)同样的方法来确定 $Q_m(x)$的系数 $b_i(i=0,1,\cdots,m)$.

(3) 如果 λ 是特征方程 $r^2+pr+q=0$ 的重根,即 $\lambda^2+p\lambda+q=0$,且 $2\lambda+p=0$,要使③式的两端恒等,那么 $Q''(x)$必须是 m 次多项式.此时可令 $Q(x)=x^2Q_m(x)$,并用与(1)同样的方法来确定 $Q_m(x)$的系数.

综上所述,我们有如下结论:

如果 $f(x)=P_m(x)e^{\lambda x}$,则二阶常系数非齐次线性微分方程①具有形如

$$y^*=x^kQ_m(x)e^{\lambda x} \quad ④$$

的特解,其中 $Q_m(x)$是与 $P_m(x)$同次(m 次)的多项式,而 k 按 λ 不是特征方程的根,是特征方程的单根或是特征方程的重根依次取 0,1 或 2.

例 1 求微分方程 $y''-2y'-3y=5x+1$ 的一个特解.

解 这是二阶常系数非齐次线性微分方程,且函数 $f(x)$是 $P_m(x)e^{\lambda x}$ 型(其中 $P_m(x)=5x+1,\lambda=0$).

与所给方程对应的齐次方程为 $y''-2y'-3y=0$,它的特征方程为 $r^2-2r-3=0$.特征根 $r_1=3,r_2=-1$.

由于这里 $\lambda=0$ 不是特征方程的根,所以应设特解为 $y^*=b_0x+b_1$.把它代入所给方程,得

$$-3b_0x-2b_0-3b_1=5x+1.$$

比较两端 x 同次幂的系数,得

$$\begin{cases}-3b_0=5,\\-2b_0-3b_1=1.\end{cases}$$

由此求得 $b_0=-\dfrac{5}{3},b_1=\dfrac{7}{9}$.于是求得一个特解为 $y^*=-\dfrac{5}{3}x+\dfrac{7}{9}$.

例 2 求微分方程 $y''-6y'+8y=xe^{2x}$ 的通解.

解 所给方程也是二阶常系数非齐次线性微分方程,且 $f(x)$呈 $P_m(x)e^{\lambda x}$ 型(其中

$P_m(x)=x,\lambda=2)$.

与所给方程对应的齐次方程为 $y''-6y'+8y=0$,它的特征方程为 $r^2-6r+8=0$,有两个实根 $r_1=2,r_2=4$. 于是与所给方程对应的齐次方程的通解为

$$Y=C_1\mathrm{e}^{2x}+C_2\mathrm{e}^{4x}.$$

由于 $\lambda=2$ 是特征方程的单根,所以应设 $y^*=x(b_0x+b_1)\mathrm{e}^{2x}$. 把它代入所给方程,得 $-4b_0x+2b_0-2b_1=x$. 比较两端同次幂的系数,得

$$\begin{cases}-4b_0=1,\\ 2b_0-2b_1=0.\end{cases}$$

由此求得 $b_0=-\frac{1}{4},b_1=-\frac{1}{4}$. 于是求得一个特解为 $y^*=x\left(-\frac{1}{4}x-\frac{1}{4}\right)\mathrm{e}^{2x}$,从而所求的通解为

$$y=C_1\mathrm{e}^{2x}+C_2\mathrm{e}^{3x}-\frac{1}{4}(x^2+x)\mathrm{e}^{2x}.$$

二、$f(x)=[P_l(x)\cos\omega x+P_n(x)\sin\omega x]\mathrm{e}^{\lambda x}$ 型

应用欧拉公式,把三角函数表为复变指数函数的形式,有

$$\begin{aligned}f(x)&=\mathrm{e}^{\lambda x}[P_l(x)\cos\omega x+P_n(x)\sin\omega x]\\&=\mathrm{e}^{\lambda x}\left[P_l(x)\frac{\mathrm{e}^{\mathrm{i}\omega x}+\mathrm{e}^{-\mathrm{i}\omega x}}{2}+P_n(x)\frac{\mathrm{e}^{\mathrm{i}\omega x}-\mathrm{e}^{-\mathrm{i}\omega x}}{2\mathrm{i}}\right]\\&=\left(\frac{P_l(x)}{2}+\frac{P_n(x)}{2\mathrm{i}}\right)\mathrm{e}^{(\lambda+\mathrm{i}\omega)x}+\left(\frac{P_l(x)}{2}-\frac{P_n(x)}{2\mathrm{i}}\right)\mathrm{e}^{(\lambda-\mathrm{i}\omega)x}\\&=P(x)\mathrm{e}^{(\lambda+\mathrm{i}\omega)x}+\overline{P}(x)\mathrm{e}^{(\lambda-\mathrm{i}\omega)x},\end{aligned}$$

其中

$$P(x)=\frac{P_l}{2}+\frac{P_n}{2\mathrm{i}}=\frac{P_l}{2}-\frac{P_n}{2}\mathrm{i},\quad \overline{P}(x)=\frac{P_l}{2}-\frac{P_n}{2\mathrm{i}}=\frac{P_l}{2}+\frac{P_n}{2}\mathrm{i}$$

是互成共轭的 m 次多项式(即它们对应项的系数是共轭复数),而 $m=\max\{l,n\}$.

对于 $f(x)$ 中的第一项 $P(x)\mathrm{e}^{(\lambda+\mathrm{i}\omega)x}$,可求出一个 m 次多项式 $Q_m(x)$,使得 $y_1^*=x^kQ_m(x)\mathrm{e}^{(\lambda+\mathrm{i}\omega)x}$ 为方程

$$y''+py'+qy=P(x)\mathrm{e}^{(\lambda+\mathrm{i}\omega)x}$$

的特解,其中 k 按 $\lambda+\mathrm{i}\omega$ 不是特征方程的根或是特征方程的单根依次取 0 或 1. 由于 $f(x)$的第二项 $\overline{P}(x)\mathrm{e}^{(\lambda-\mathrm{i}\omega)x}$ 与第一项 $P(x)\mathrm{e}^{(\lambda+\mathrm{i}\omega)x}$ 成共轭,所以与 y_1^* 成共轭的函数

$$y_2^*=x^k\overline{Q}_m(x)\mathrm{e}^{(\lambda-\mathrm{i}\omega)x}$$

必然是方程

$$y''+py'+qy=\overline{P}(x)\mathrm{e}^{(\lambda-\mathrm{i}\omega)x}$$

的特解①,这里 $\bar{Q}_m$ 表示与 Q_m 成共轭的 m 次多项式. 于是,方程①具有形如

$$y^* = x^k Q_m(x) e^{(\lambda+i\omega)x} + x^k \bar{Q}_m(x) e^{(\lambda-i\omega)x}$$

的特解. 上式可写为

$$\begin{aligned} y^* &= x^k[Q_m(x)e^{i\omega x} + \bar{Q}_m(x)e^{-i\omega x}]e^{\lambda x} \\ &= x^k[Q_m(\cos\omega x + i\sin\omega x) + \bar{Q}_m(\cos\omega x - i\sin\omega x)]e^{\lambda x}. \end{aligned}$$

由于括弧内的两项是互成共轭的,相加后即无虚部,如果设 $R_m^{(1)}(x) = Q_m + \bar{Q}_m$, $R_m^{(2)}(x) = (Q_m - \bar{Q}_m)i$,则 $R_m^{(1)}(x)$, $R_m^{(2)}(x)$ 是 m 次实多项式,此时

$$y^* = x^k e^{\lambda x}[R_m^{(1)}(x)\cos\omega x + R_m^{(2)}(x)\sin\omega x].$$

综上所述,我们有如下结论:

如果 $f(x) = [P_l(x)\cos\omega x + P_n(x)\sin\omega x]e^{\lambda x}$,则二阶常系数非齐次线性微分方程①的特解可设为

$$y^* = x^k e^{\lambda x}[R_m^{(1)}(x)\cos\omega x + R_m^{(2)}(x)\sin\omega x], \qquad ⑤$$

其中 $R_m^{(1)}(x)$, $R_m^{(2)}(x)$ 是 m 次多项式,$m=\max\{l,n\}$,而 k 按 $\lambda+i\omega$(或 $\lambda-i\omega$)不是特征方程的根或是特征方程的单根依次取 0 或 1.

例 3 求微分方程 $y''+y=x\cos 2x$ 的一个特解.

解 所给方程是二阶常系数非齐次线性方程,且 $f(x)$ 属于

$$[P_l(x)\cos\omega x + P_n(x)\sin\omega x]e^{\lambda x}$$

型(其中 $\lambda=0, \omega=2, P_l(x)=x, P_n(x)=0$). 与所给方程相对应的齐次方程为

$$y'' + y = 0,$$

它的特征方程为 $r^2+1=0$. 特征根 $r=\pm i$.

由于这里 $\lambda+i\omega=2i$ 不是特征方程的根,所以应设特解为

$$y^* = (ax+b)\cos 2x + (cx+d)\sin 2x.$$

把它代入所给方程得

$$(-3ax - 3b + 4c)\cos 2x - (3cx + 3d + 4a)\sin ax = x\cos 2x.$$

比较两端同类项系数,得 $\begin{cases} -3a=1, \\ -3b+4c=0, \\ -3c=0, \\ -3d-4a=0. \end{cases}$ 解此线性方程组得 $a=-\dfrac{1}{3}$, $b=0$, $c=0$, $d=\dfrac{4}{9}$.

于是求得一个特解为

---

① 这是由于当 y_1^* 满足 $y_1^{*\prime\prime}+py_1^{*\prime}+qy_1^*=P(x)e^{(\lambda+i\omega)x}$ 时,由 $y_2^*=\bar{y}_1^*$ 知

$$\begin{aligned} y_2^{*\prime\prime}+py_2^{*\prime}+qy_2^* &= (\bar{y}_1^*)''+p(\bar{y}_1^*)'+q\bar{y}_1^* = \overline{y_1^{*\prime\prime}}+p\overline{y_1^{*\prime}}+q\overline{y_1^*} \\ &= \overline{y_1^{*\prime\prime}+py_1^{*\prime}+qy_1^*} = \overline{P(x)e^{(x+i\omega)x}} = \overline{P(x)}e^{(x-i\omega)x}. \end{aligned}$$

$$y^* = -\frac{1}{3}x\cos 2x + \frac{4}{9}\sin 2x.$$

例 4 求微分方程

$$y'' + y = x\cos 2x + 2\sin x \qquad ⑥$$

的一个特解.

解 方程的右端由两项组成,且正弦函数与余弦函数的角度不同. 根据§6.6定理4解的叠加原理,可将方程拆为

$$y'' + y = x\cos 2x \quad 与 \quad y'' + y = 2\sin x.$$

分别求出各自的特解然后相加,就得到方程⑥的特解.

(1) 求解方程 $y''+y=x\cos 2x$. 由例3知其特解

$$y_1^* = -\frac{1}{3}x\cos 2x + \frac{4}{9}\sin 2x.$$

(2) 求解方程 $y''+y=2\sin x$. 此时 $\lambda=0, \omega=1, P_l(x)=0, P_n(x)=2$.

特征方程 $r^2+1=0$ 的根 $r=\pm \mathrm{i}$,由于 $\lambda+\mathrm{i}\omega=\mathrm{i}$ 是特征方程的根,故设特解

$$y_2^* = x(a\cos x + b\sin x).$$

将 y_2^* 代入方程 $y''+y=2\sin x$ 得

$$-2a\sin x + 2b\cos x = 2\sin x.$$

比较系数得 $-2a=2$, $2b=0$,即 $a=-1$, $b=0$. 故 $y_2^*=-x\cos x$.

故方程⑥的特解 $y^*=y_1^*+y_2^*=-\dfrac{1}{3}x\cos 2x+\dfrac{4}{9}\sin 2x-x\cos x$.

习 题 6.8

1. 求下列各微分方程的通解:

(1) $2y''+y'-y=2\mathrm{e}^x$;

(2) $y''+y'-6y=x^2\mathrm{e}^{2x}$;

(3) $2y''+5y'=5x^2-2x-1$;

(4) $y''+3y'+2y=3x\mathrm{e}^{-x}$;

(5) $y''-2y'+5y=\mathrm{e}^x\sin 2x$;

(6) $y''-6y'+9y=(x+1)\mathrm{e}^{3x}$;

(7) $y''-7y'+12y=x$;

(8) $y''+y'-2y=8\sin 2x$;

(9) $y''+y=\sin x-2\mathrm{e}^{-x}$;

(10) $y''+y=\cos x\cos 2x$.

2. 求满足下列各初始条件的微分方程的特解:

(1) $y''+y=-\sin 2x$, $y|_{x=\pi}=1$, $y'|_{x=\pi}=1$;

(2) $y''-2y'-3y=3x+1$, $y|_{x=0}=1$, $y'|_{x=0}=0$;

(3) $y''-10y'+9y=\mathrm{e}^{2x}$, $y|_{x=0}=\dfrac{1}{7}$, $y'|_{x=0}=\dfrac{3}{7}$;

(4) $y''-y=4x\mathrm{e}^x$, $y|_{x=0}=0$, $y'|_{x=0}=1$.

3. 设函数 $f(x)$ 连续，且满足 $f(x)=\mathrm{e}^x+\int_0^x (t-x)f(t)\mathrm{d}t$，求 $f(x)$.

§6.9 欧拉方程

变系数的线性微分方程，一般说来都是不容易求解的. 但是有些特殊的变系数线性微分方程，则可以通过变量代换化为常系数线性微分方程，因而容易求解. 欧拉(Euler)方程就是其中的一种.

形如

$$x^2 y'' + pxy' + qy = f(x) \tag{①}$$

的方程(其中 p,q 为常数)，叫做**欧拉方程**.

作变换 $x=\mathrm{e}^t$ 或 $t=\ln x$，将自变量 x 换成 t，我们有

$$\frac{\mathrm{d}y}{\mathrm{d}x}=\frac{\mathrm{d}y}{\mathrm{d}t}\cdot\frac{\mathrm{d}t}{\mathrm{d}x}=\frac{1}{x}\frac{\mathrm{d}y}{\mathrm{d}t},\quad \frac{\mathrm{d}^2 y}{\mathrm{d}x^2}=\frac{1}{x^2}\left(\frac{\mathrm{d}^2 y}{\mathrm{d}t^2}-\frac{\mathrm{d}y}{\mathrm{d}t}\right),$$

从而

$$x\frac{\mathrm{d}y}{\mathrm{d}x}=\frac{\mathrm{d}y}{\mathrm{d}t},\quad x^2\frac{\mathrm{d}^2 y}{\mathrm{d}x^2}=\frac{\mathrm{d}^2 y}{\mathrm{d}t^2}-\frac{\mathrm{d}y}{\mathrm{d}t}.$$

把它们代入欧拉方程①，便得一个以 t 为自变量的常系数线性微分方程

$$\frac{\mathrm{d}^2 y}{\mathrm{d}t^2}+(p-1)\frac{\mathrm{d}y}{\mathrm{d}t}+qy=f(\mathrm{e}^t).$$

在求出这个方程的解后，把 t 换成 $\ln x$，即得原方程的解.

例 求欧拉方程 $x^2y''-2y=2x\ln x$ 的通解.

解 作变换 $x=\mathrm{e}^t$ 或 $t=\ln x$，原方程化为

$$\frac{\mathrm{d}^2 y}{\mathrm{d}t^2}-\frac{\mathrm{d}y}{\mathrm{d}t}-2y=2t\mathrm{e}^t,$$

可解得 $y=C_1\mathrm{e}^{-t}+C_2\mathrm{e}^{2t}-\left(t+\frac{1}{2}\right)\mathrm{e}^t$. 还原得原方程的通解为

$$y=\frac{C_1}{x}+C_2x^2-\left(\ln x+\frac{1}{2}\right)x.$$

习 题 6.9

1. 求下列各微分方程的通解：

(1) $x^2y''+xy'-y=0$；

(2) $y''+\frac{1}{x}y'+\frac{1}{x^2}y=\frac{1}{x}$；

(3) $x^2y''+2xy'-n(n+1)y=0$；

(4) $xy''+2y'=12\ln x$.

*§6.10 一阶微分方程的数值解法

对于一阶微分方程的初值问题：

$$\begin{cases} y' = f(x,y), \\ y(x_0) = y_0, \end{cases} \quad ①$$

为了求得离散点上的函数值，将微分方程的连续问题进行离散化. 取一系列离散点

$$x_0 < x_1 < \cdots < x_n < x_{n+1} < \cdots,$$

这里，$x_n = x_0 + nh (n=0,1,2,\cdots)$，$h = x_{n+1} - x_n$. 我们总假定步长 h 是常数.

现在对 $y' = f(x,y)$ 两边在区间 $[x_n, x_{n+1}]$ 上积分得

$$\int_{x_n}^{x_{n+1}} y' \mathrm{d}x = \int_{x_n}^{x_{n+1}} f(x,y) \mathrm{d}x. \quad ②$$

对②式右侧，若用左端点的函数值乘以区间长度可得 $y(x_{n+1}) - y(x_n) \approx hf(x_n, y(x_n))$，从而有近似公式

$$y_{n+1} = y_n + hf(x_n, y_n); \quad ③$$

若用右端点的函数值乘以区间长度可得 $y(x_{n+1}) - y(x_n) \approx hf(x_{n+1}, y(x_{n+1}))$，也有近似公式

$$y_{n+1} = y_n + hf(x_{n+1}, y_{n+1}). \quad ④$$

从 x_0 上的初值 y_0 开始，可按③式，逐点计算以后各点上的值，即 $y_0 \to y_1 \to y_2 \to \cdots$，称③式为**显式欧拉公式**. 由于④式的右端隐含有待求函数值 y_{n+1}，不能逐步显式计算，故称④式为**隐式欧拉公式**或**后退欧拉公式**. 如果将上两式作算术平均，就得到**梯形公式**：

$$y_{n+1} = y_n + \frac{h}{2}[f(x_n, y_n) + f(x_{n+1}, y_{n+1})]. \quad ⑤$$

梯形公式也是隐式公式.

很明显，公式⑤的精度高于公式③和④. 为了回避隐式的问题，可以采用预测-校正技术. 用显式欧拉公式预测，梯形公式校正，即

$$\begin{cases} y_{n+1}^p = y_n + hf(x_n, y_n), \\ y_{n+1}^c = y_n + \dfrac{h}{2}[f(x_n, y_n) + f(x_{n+1}, y_{n+1}^p)]. \end{cases}$$

用 y_{n+1}^c 近似代替 y_{n+1}. 与上式等价的显式公式为

$$y_{n+1} = y_n + \frac{h}{2}[f(x_n, y_n) + f(x_{n+1}, y_n + hf(x_n, y_n))], \quad ⑥$$

称为**改进欧拉公式**.

例 给定初值问题

$$\begin{cases} y' = -2y - 4x, \\ y(0) = 2, \end{cases}$$

其精确解为 $y(x)=\mathrm{e}^{-2x}-2x+1$. 取 $h=0.1$,分别用显式欧拉公式、隐式欧拉公式和梯形公式计算 y_n 在各点 x_n 的近似值并与精确解比较.

解 本题中的 $f(x,y)=-2y-4x$ 是 y 的线性函数,因此,隐式欧拉公式和梯形公式都可以改写成显形式,分别为

$$y_{n+1} = \frac{1}{1+2h}(y_n - 4hx_{n+1}),$$

$$y_{n+1} = \frac{1}{1+h}(y_n - h(y_n + 2(x_n + x_{n+1}))).$$

显式欧拉公式为

$$y_{n+1} = (1-2h)y_n - 4hx_n.$$

取 $h=0.1$,y_n 的计算结果见下表:

x_n	0.0	0.1	0.2	0.3	0.4	0.5
显式欧拉公式	2	1.6000	1.2400	0.9120	0.6096	0.3277
隐式欧拉公式	2	1.6333	1.2944	0.9787	0.6823	0.4019
梯形公式	2	1.6182	1.2694	0.9477	0.6481	0.3666
精确解	2	1.6187	1.2703	0.9488	0.6493	0.3679

在 $x_5=0.5$ 处,比较三种方法的误差 $|y_5-y(x_5)|$. 用显式欧拉公式和隐式欧拉公式计算的误差分别是 4×10^{-2} 和 3.4×10^{-2},而用梯形公式计算的误差是 1.3×10^{-2}.

单个微分方程的数值解法,可以直接推广到一阶方程组的情形.

例如 $\begin{cases} y'=f(x,y,z),\ y(x_0)=y_0, \\ z'=g(x,y,z),\ z(x_0)=z_0, \end{cases}$ 若用显式欧拉公式计算,其计算公式为

$$\begin{cases} y_{n+1} = y_n + hf(x_n,y_n,z_n), \\ z_{n+1} = z_n + hg(x_n,y_n,z_n). \end{cases} \qquad ⑦$$

对于高阶方程,可把它降为一阶方程组. 以二阶方程的初值问题

$$\begin{cases} y'' = f(x,y,y'), \\ y(x_0) = y_0, y'(x_0) = m_0 \end{cases}$$

为例,引入新的变量 $z=y'$,就可化为如下的一阶方程组

$$\begin{cases} y' = z,\ y(x_0) = y_0, \\ z' = f(x,y,z),\ z(x_0) = m_0, \end{cases}$$

而一阶方程组已有计算公式⑦.

§6.11 微分方程应用举例

前面几节我们集中讨论了微分方程的求解问题，这包括求微分方程的精确解和数值解法. 但是，要想解决实际问题，就需要利用几何、物理方面的有关知识，将所讨论的问题列出微分方程，然后求解. 本节通过几何、物理等问题给出列微分方程的方法及求解过程.

一、列微分方程求解几何问题

例 1 试在第一象限中求连续曲线方程 $y=f(x)$，使从这条曲线上任一点 C 所作纵轴的垂线(垂足为 B)与纵轴和曲线本身三者所围的面积 A_{BCD} 等于矩形 $OBCE$ 的面积的 $\frac{1}{3}$(其中 O 为坐标原点，D 为曲线与纵轴的交点，E 为点 C 向横轴所作垂线的垂足).

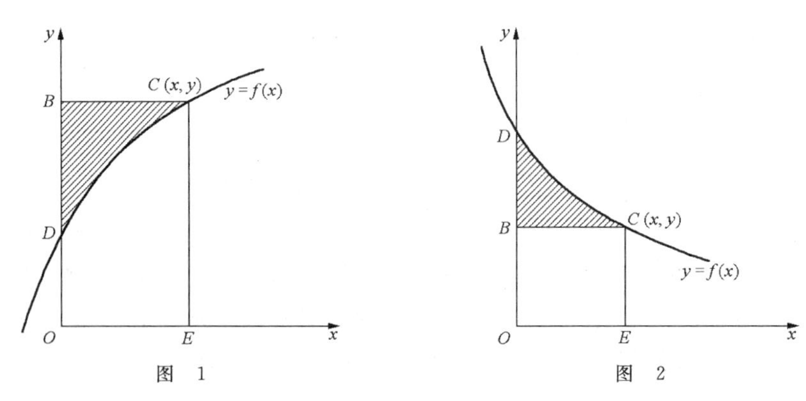

图 1　　图 2

解 设点 C 的坐标为 (x,y)，依题意，由图 1 与图 2 可得

$$\text{面积 } A_{BCD} = \underset{(\text{矩形面积})}{xy} - \underset{(\text{曲边梯形面积})}{\int_0^x f(t)\,\mathrm{d}t} = \frac{1}{3}xy$$

或

$$\text{面积 } A_{BCD} = \int_0^x f(t)\,\mathrm{d}t - xy = \frac{1}{3}xy,$$

即

$$\int_0^x f(t)\,\mathrm{d}t = \frac{2}{3}xy \quad \text{或} \quad \int_0^x f(t)\,\mathrm{d}t = \frac{4}{3}xy.$$

两端求导，并化简得方程 $2xy'=y$ 或 $4xy'=-y$. 分离变量，积分得所求曲线

$$y = C\sqrt{x} \quad \text{或} \quad y = \frac{C}{\sqrt[4]{x}}\text{(不合题意，舍去)}.$$

例 2 设 Oxy 坐标平面上，连续曲线 L 过点 $M(1,0)$，其上任意一点 $P(x,y)(x\neq 0)$ 处的切线斜率与直线 OP 的斜率之差等于 $ax(a>0)$.

(1) 求曲线 L 的方程；

(2) 当曲线 L 与直线 $y=ax$ 所围成的平面图形的面积为 8/3 时，确定 a 的值.

解 (1) 设 L 的方程为 $y=f(x)$，因 L 过点(1,0)，有 $y|_{x=1}=0$. 又直线 OP 的斜率 $k=\dfrac{y}{x}$. 依题意，有初值问题：

$$\begin{cases} y'-\dfrac{1}{x}y=ax, \\ y|_{x=1}=0. \end{cases}$$

可解得方程的通解为 $y=Cx+ax^2$. 由 $y|_{x=1}=0$ 确定 $C=-a$，于是 L 的方程为 $y=ax^2-ax$.

(2) 曲线 L 与直线 $y=ax$ 的交点满足

$$\begin{cases} y=ax^2-ax, \\ y=ax. \end{cases}$$

解得两个交点(0,0)，(2,2a). L 与直线 $y=ax$ 所围图形如图 3 所示，其面积

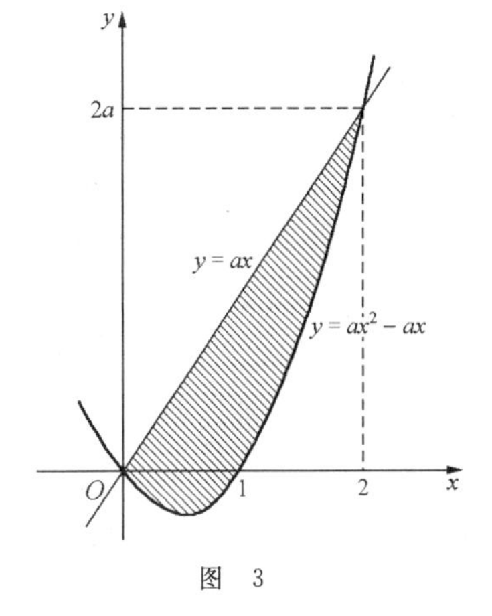

图 3

$$S=\int_0^2[ax-(ax^2-ax)]\mathrm{d}x=\frac{4}{3}a=\frac{8}{3}.$$

于是所求 $a=2$.

二、用微元法求解液体浓度和流量问题

例 3 某容器内有 100 L 盐水，其中含盐 10 kg. 现以 2 L/min 的速度注入净水，并以同样速度使混合后的盐水流出(图 4). 容器内有搅拌器，可以认为混合后的盐水在同一时刻每一点都有相同的浓度. 试求：(1) t 时刻容器内的含盐量；(2) 几分钟后，溶液中的浓度为 3%.

解 (1) 用微元法列出微分方程.

设 t 时刻溶液中的含盐量为 $Q(t)$. 在 $[t,t+\mathrm{d}t]$ 内，$Q(t)$ 的改变量为

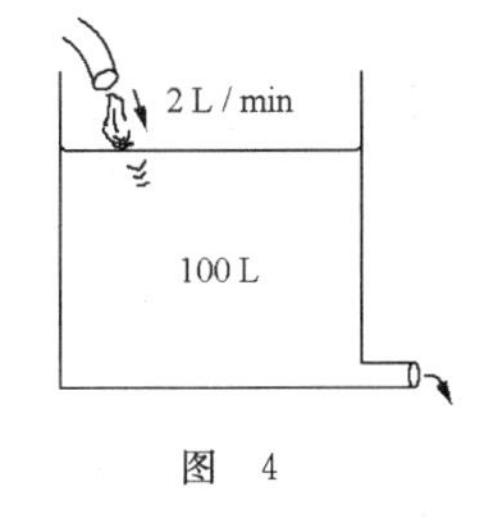

图 4

$$Q(t+\mathrm{d}t)-Q(t)\approx \mathrm{d}Q.$$

又 $\quad Q(t+\mathrm{d}t)=Q(t)+$ 流进的盐量 Q_1- 流出的盐量 Q_2，即

$$\mathrm{d}Q(t)=Q(t+\mathrm{d}t)-Q(t)=Q_1-Q_2.$$

而 $Q_1=0$，$Q_2=$ 浓度×体积 $=\dfrac{Q(t)}{100+(2t-2t)}\cdot 2\mathrm{d}t=\dfrac{Q(t)}{50}\mathrm{d}t$，于是得到

$$\begin{cases} \mathrm{d}Q(t)=-\dfrac{Q(t)}{50}\mathrm{d}t, \\ Q(0)=10. \end{cases} \qquad ①$$

求解初值问题 ① 得 $\qquad Q(t)=10\mathrm{e}^{-\frac{1}{50}t}.\qquad ②$

(2) 当溶液中的浓度为 3%时，即 100 L 溶液中含 3 kg 盐. 代入②式得

$$3=10e^{-\frac{1}{50}t}.$$

由此得

$$t=50(\ln 10-\ln 3)\min\approx 50(2.3026-1.0986)\min=60.2\min.$$

即经过 1 小时零 2 分钟后，溶液的浓度为 3%.

例 4 有一圆柱形油罐，高 20 m，直径 20 m，装满汽油. 油罐底部有一直径为 10 cm 的出口，问打开出口阀后需多少时间，罐内的油全部流完？

解 设 t 时刻罐内油面的高度为 $h(t)$(cm). 这时油的体积为 $V(t)=\pi(1000)^2h(t)$(cm^3). 考虑由 t 到 $t+\mathrm{d}t$ 这一小段时间内的一个等量关系：

油体积的改变量=自出口处流出的量.

油体积的改变量近似等于

$$\mathrm{d}V(t)=V'(t)\mathrm{d}t=\pi(1000)^2h'(t)\mathrm{d}t.$$

由水力学定律，液体从距自由面深度为 h 的孔流出时，它的流速为 $v=c\sqrt{2gh}$，其中 c 为常数：$c=0.62$. 故自出口处流出的量近似等于

$$\pi\cdot 5^2\cdot 0.62\sqrt{2gh}\,\mathrm{d}t\approx 686\pi\sqrt{h}\,\mathrm{d}t.$$

注意到 $h(t)$ 是递减的，即 $h'(t)<0$，由以上各式可得函数 $h(t)$ 满足微分方程：

$$-\pi(1000)^2h'(t)=686\pi\sqrt{h}.$$

分离变量得

$$\frac{\mathrm{d}h}{\sqrt{h}}=-\frac{686}{1000^2}\mathrm{d}t,$$

积分得

$$2\sqrt{h(t)}=-\frac{686}{1000^2}t+C.$$

又已知 $h(0)=2000$，代入上式求得

$$C=2\sqrt{2000}\approx 89.4.$$

所以

$$\sqrt{h(t)}=-\frac{343}{1000^2}t+44.7.$$

当油流完时 $h(t)=0$，代入上式得

$$t=\frac{1000^2}{343}\cdot 44.7\ \mathrm{s}=130321\ \mathrm{s}\approx 36.2\ \mathrm{h},$$

即经过将近 37.4 小时，油全部流完.

三、列微分方程求解物理问题

例 5 设一弹簧上端固定，下端挂一质量为 m 的重物 B，使它静止，处于平衡位置 O

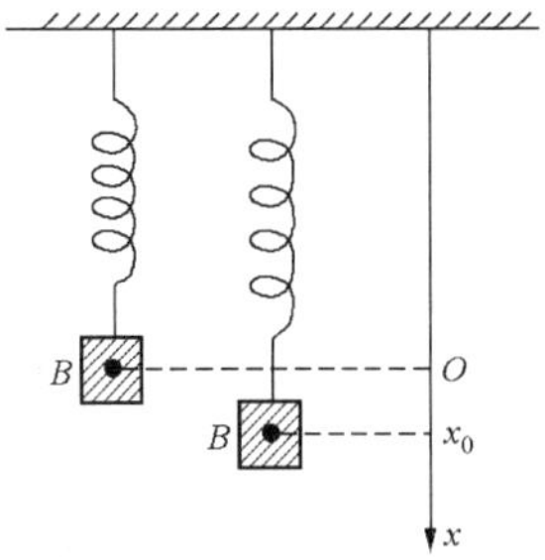

(图 5). 这时,重物 B 所受的重力和弹簧的拉力平衡,在分析重物 B 受力情况时,不考虑重力和这一部分弹簧的拉力. 假定用外力使重物 B 有一个向下的垂直位移 x_0 和初速度 v_0,使重物 B 上、下振动,试求位移 $x(t)$ 所满足的微分方程和 $x(t)$ 的表达式.

图 5

解 取坐标系如图 5 所示. 设重物 B 在时刻 t 离开平衡位置 O 的距离是 $x(t)$.

(1) 列出 $x(t)$ 满足的微分方程.

重物 B 所受的外力由两部分组成:一个是因向下拉弹簧而产生的弹性恢复力 F_1;另一个是阻力 F_2. 由胡克定律知

$$F_1 = -kx \quad (k > 0,\text{称为劲度系数}),$$

取负号是因为弹性恢复力与位移方向相反. 又,当重物 B 的运动速度不大时,阻力 F_2 与速度成正比,且方向与运动方向相反. 因此

$$F_2 = -\lambda \frac{\mathrm{d}x}{\mathrm{d}t} \quad (\lambda > 0,\text{为比例系数}).$$

由牛顿第二定律 $F=ma=m\dfrac{\mathrm{d}^2x}{\mathrm{d}t^2}$ 得

$$m\frac{\mathrm{d}^2x}{\mathrm{d}t^2} = -kx - \lambda\frac{\mathrm{d}x}{\mathrm{d}t},$$

即

$$m\frac{\mathrm{d}^2x}{\mathrm{d}t^2} + \lambda\frac{\mathrm{d}x}{\mathrm{d}t} + kx = 0, \tag{③}$$

初始条件为

$$\begin{cases} x(0) = x_0, \\ x'(0) = v_0. \end{cases} \tag{④}$$

(2) 求解微分方程③.

微分方程③的特征方程为 $mr^2+\lambda r+k=0$,特征根为

$$r = \frac{-\lambda \pm \sqrt{\lambda^2 - 4mk}}{2m} \quad (m,\lambda,k > 0).$$

我们分以下三种情况讨论:

(i) 小阻尼情形.

此时相当于 $\lambda^2<4mk$. 这时,特征根为一对共轭复根:

$$r_{1,2} = -\frac{\lambda}{2m} \pm \mathrm{i}\,\frac{\sqrt{4mk-\lambda^2}}{2m} \xlongequal{\text{记为}} \alpha \pm \mathrm{i}\beta.$$

于是方程③的通解为

$$x(t) = \mathrm{e}^{\alpha t}(C_1\cos\beta t + C_2\sin\beta t).$$

求 $x'(t)$ 得

$$x'(t)=\alpha e^{\alpha t}(C_1\cos\beta t+C_2\sin\beta t)+e^{\alpha t}(-\beta C_1\sin\beta t+\beta C_2\cos\beta t).$$

利用初始条件④，解出 $C_1=x_0, C_2=\dfrac{v_0-\alpha x_0}{\beta}$，得到初值问题的解

$$\begin{aligned} x(t) &= e^{\alpha t}\left(x_0\cos\beta t+\frac{v_0-\alpha x_0}{\beta}\sin\beta t\right) \\ &= e^{-\frac{\lambda}{2m}t}\cdot A\sin(\beta t+\varphi), \end{aligned} \qquad ⑤$$

其中

$$\alpha=-\frac{\lambda}{2m},\quad \beta=\frac{\sqrt{4mk-\lambda^2}}{2m},\quad A=\sqrt{x_0^2+\left(\frac{v_0-\alpha x_0}{\beta}\right)^2},$$

$$\varphi=\arctan\frac{x_0}{\dfrac{v_0-\alpha x_0}{\beta}}=\arctan\frac{\beta x_0}{v_0-\alpha x_0}.$$

从 $x(t)$ 的表达式⑤可以看出：重物 B 的运动是一种衰减振动，振幅 $Ae^{-\frac{\lambda}{2m}t}$ 随着时间 t 的增大而逐渐减小，最后重物 B 趋于平衡位置，不再振动(图 6). 这种振动称为**周期性阻尼振动**.

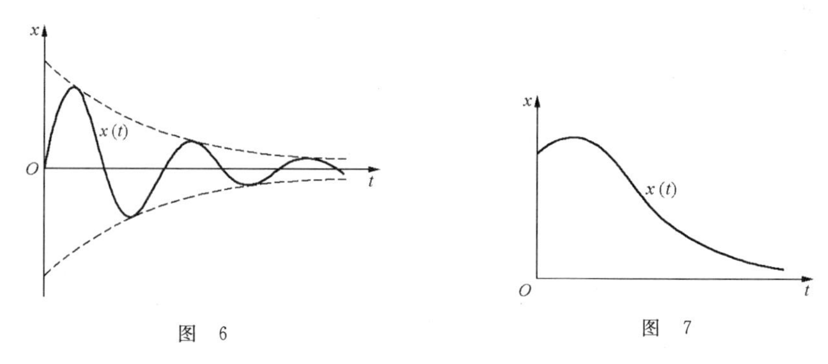

图 6　　　　图 7

(ii) 大阻尼情形.

此时相当于 $\lambda^2>4mk$. 这时，特征方程有两个不相等实根：

$$r_1=\frac{-\lambda+\sqrt{\lambda^2-4mk}}{2m},\quad r_2=\frac{-\lambda-\sqrt{\lambda^2-4mk}}{2m}.$$

所以方程③的通解为

$$x(t)=C_1e^{r_1 t}+C_2e^{r_2 t}. \qquad ⑥$$

由初始条件可以定出常数 C_1 和 C_2.

由于 $r_1<0$，且 $r_2<0$，因此由⑥式知，当 $t\to+\infty$ 时，$x(t)\to 0$. 这表明，重物 B 不作振动，而是随着时间 t 的增大单调地趋于平衡位置. 不难设想，如果把重物 B 放到胶状的液体中去，那么就会出现这种现象：重物 B 一开始受扰动离开平衡位置后，又慢慢回到平衡位置(图 7).

(iii) 临界阻尼情形.

此时相当于 $r^2=4mk$. 这时,特征根为二重根:

$$r_{1,2}=-\frac{\lambda}{2m}.$$

因此方程③的通解为

$$x(t)=\mathrm{e}^{-\frac{\lambda}{2m}t}(C_1+C_2t).$$

由初始条件可定出常数 C_1 和 C_2.

因为 $-\frac{\lambda}{2m}<0$,所以当 $t\to+\infty$ 时,有 $x(t)\to0$. 这表明,重物 B 不作振动,与大阻尼情形类似.

以上三种情形,都属于自由振动,即无外力作用的振动.

习　题　6.11

1. 已知曲线上的任意两点之间的弧长与该两点到一定点的距离之差的绝对值成正比,试求此曲线方程.

2. 为使人造卫星能摆脱地球引力像地球一样绕太阳运行,人造卫星在离开地球时必须达到的速度是多少?(已知地球的半径 $R=63\times10^5\,\mathrm{m}$)

3. 设点 P 贴着 Oxy 平面(水平放置)被一长度为 a 的细绳 TP 牵引着. 如图所示,如果点 T 从原点出发沿着 y 轴正向运动,点 P 开始的位置在点 $A(a,0)$处. 问点 P 的运动轨迹的方程是什么?假定点 P 与 Oxy 平面间摩擦可以忽略不计.

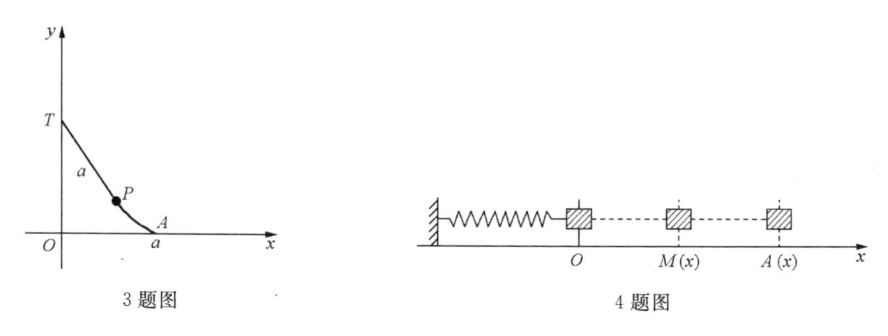

3 题图　　4 题图

4. 将质量为 1 g 的物体系于弹簧一端,在水平方向由平衡位置 O 点拉开 2 cm 到 A 点,如图所示,然后无初速放开,已知物体所受的介质阻力与其速度成正比,阻力系数为 $h(h>0)$,弹簧的劲度系数为 $k(k>0)$,且 $h^2\ll k$. 试求物体运动所满足的微分方程及运动规律.

总练习题六

1. 解微分方程 $y'=\cos(y-x)$.

2. 解微分方程 $y'+\sin y+x\cos y+x=0$.

3. 设 $\int_0^1 f(xt)\mathrm{d}t = nf(x)(n\neq 0)$，求可微函数 $f(x)$.

4. 设 $f(x)$可导，且 $f(x)\neq 0$，求满足 $\int f(x)\mathrm{d}x\cdot\int\frac{1}{f(x)}\mathrm{d}x=-1$ 的全部 $f(x)$.

5. 解微分方程 $y'+x=\sqrt{x^2+y}$.

6. 已知可微函数 $f(x)$满足 $\int_1^x \frac{f(x)}{x^3 f(x)+x}\mathrm{d}x=f(x)-1$，求 $f(x)$.

7. 设 $f(x)$在 $0\leqslant x<+\infty$上连续，且 $\lim\limits_{x\to\infty}f(x)=b$(常数). 求证：当常数 $a>0$ 时，方程 $y'+ay=f(x)$的一切解当 $x\to+\infty$时趋于$\frac{a}{b}$.

8. 若$(1+x)y=\int_0^x[2y+(1+x)^2y'']\mathrm{d}x-\ln(1+x)(x\geqslant 0)$，且 $y'(0)=0$，求 $y(x)$.

9. 设 $y''+ay'+by=c\mathrm{e}^x$ 的一个特解为 $y=\mathrm{e}^{2x}+(1+x)\mathrm{e}^x$，试确定常数 a,b,c，并求该方程的通解.

10. 求方程 $x^2y''+xy'-y=x^2$ 满足 $5y(1)=3y'(1)$，且当 $x\to 0$ 时 y 有界的特解.

附录一 二阶和三阶行列式的计算

记 $D=\begin{vmatrix} a_{11} & a_{12} \\ a_{21} & a_{22} \end{vmatrix}$ 为二阶行列式，其代表一个数值，计算方法为

$$\begin{vmatrix} a_{11} & a_{12} \\ a_{21} & a_{22} \end{vmatrix} = a_{11}a_{22} - a_{12}a_{21}.$$

对于二元一次线性方程组

$$\begin{cases} a_{11}x_1 + a_{12}x_2 = b_1, \\ a_{21}x_1 + a_{22}x_2 = b_2, \end{cases}$$

其解为

$$\begin{cases} x_1 = \dfrac{b_1a_{22} - a_{12}b_2}{a_{11}a_{22} - a_{12}a_{21}}, \\ x_2 = \dfrac{a_{11}b_2 - b_1a_{21}}{a_{11}a_{22} - a_{12}a_{21}}, \end{cases}$$

可表示为

$$\begin{cases} x_1 = \dfrac{\begin{vmatrix} b_1 & a_{12} \\ b_2 & a_{22} \end{vmatrix}}{\begin{vmatrix} a_{11} & a_{12} \\ a_{21} & a_{22} \end{vmatrix}} \xlongequal{\text{记为}} \dfrac{D_1}{D}, \\ x_2 = \dfrac{\begin{vmatrix} a_{11} & b_1 \\ a_{21} & b_2 \end{vmatrix}}{\begin{vmatrix} a_{11} & a_{12} \\ a_{21} & a_{22} \end{vmatrix}} \xlongequal{\text{记为}} \dfrac{D_2}{D}. \end{cases}$$

同样记 $D=\begin{vmatrix} a_{11} & a_{12} & a_{13} \\ a_{21} & a_{22} & a_{23} \\ a_{31} & a_{32} & a_{33} \end{vmatrix}$ 为三阶行列式，计算方法为

$$\begin{aligned} &\begin{vmatrix} a_{11} & a_{12} & a_{13} \\ a_{21} & a_{22} & a_{23} \\ a_{31} & a_{32} & a_{33} \end{vmatrix} \\ &= a_{11}a_{22}a_{33} + a_{12}a_{23}a_{31} + a_{13}a_{21}a_{32} \\ &\quad - a_{13}a_{22}a_{31} - a_{12}a_{21}a_{33} - a_{11}a_{23}a_{32}. \end{aligned}$$

对于三元一次线性方程组

$$\begin{cases} a_{11}x_1 + a_{12}x_2 + a_{13}x_3 = b_1, \\ a_{21}x_1 + a_{22}x_2 + a_{23}x_3 = b_2, \\ a_{31}x_1 + a_{32}x_2 + a_{33}x_3 = b_3, \end{cases}$$

记

$$D_1 = \begin{vmatrix} b_1 & a_{12} & a_{13} \\ b_2 & a_{22} & a_{23} \\ b_3 & a_{32} & a_{33} \end{vmatrix}, \quad D_2 = \begin{vmatrix} a_{11} & b_1 & a_{13} \\ a_{21} & b_2 & a_{23} \\ a_{31} & b_3 & a_{33} \end{vmatrix}, \quad D_3 = \begin{vmatrix} a_{11} & a_{12} & b_1 \\ a_{21} & a_{22} & b_2 \\ a_{31} & a_{32} & b_3 \end{vmatrix},$$

其求解公式为

$$x_1 = \frac{D_1}{D}, \quad x_2 = \frac{D_2}{D}, \quad x_3 = \frac{D_3}{D}.$$

附录二 常用的参数方程与极坐标系的曲线

(1) 三次抛物线

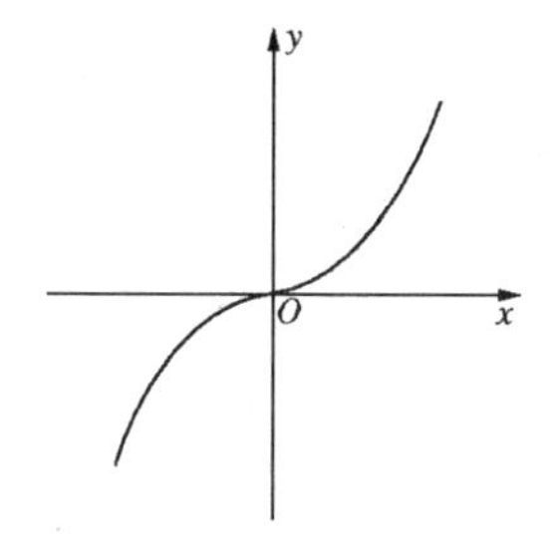

$y=ax^3(a>0)$

(2) 半立方抛物线

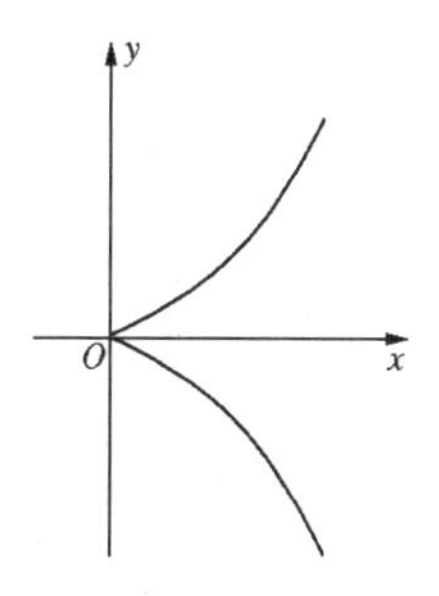

$y^2=ax^3(a>0)$

(3) 概率曲线

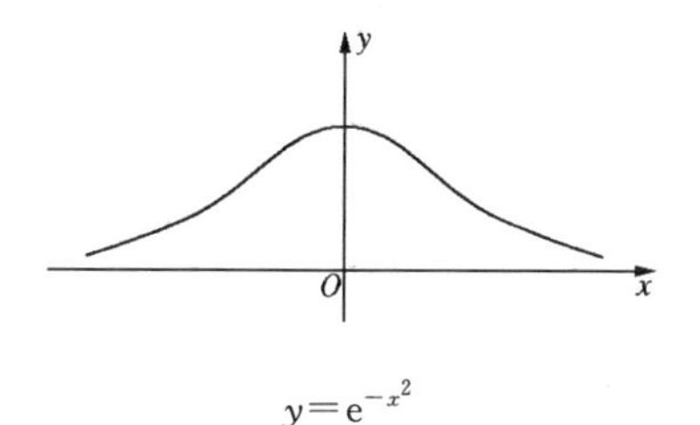

$y=e^{-x^2}$

(4) 箕舌线

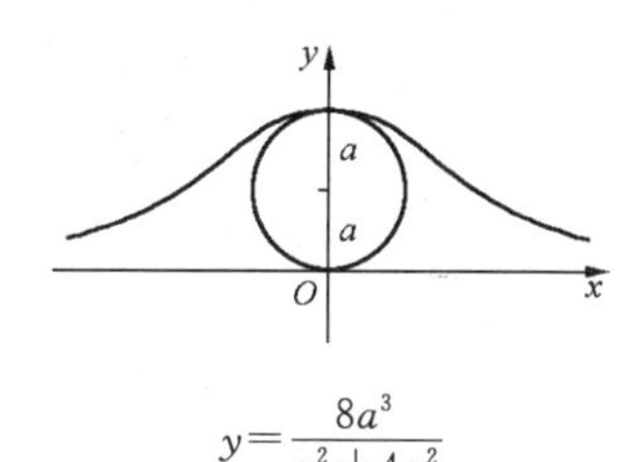

$y=\frac{8a^3}{x^2+4a^2}$

(5) 蔓叶线

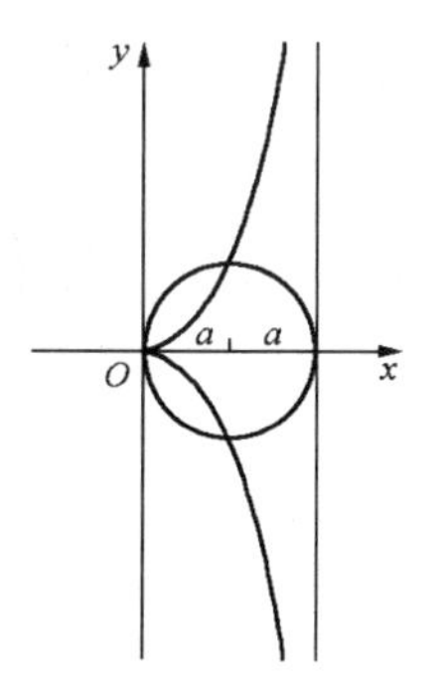

$y^2(2a-x)=x^3$

(6) 笛卡儿叶形线

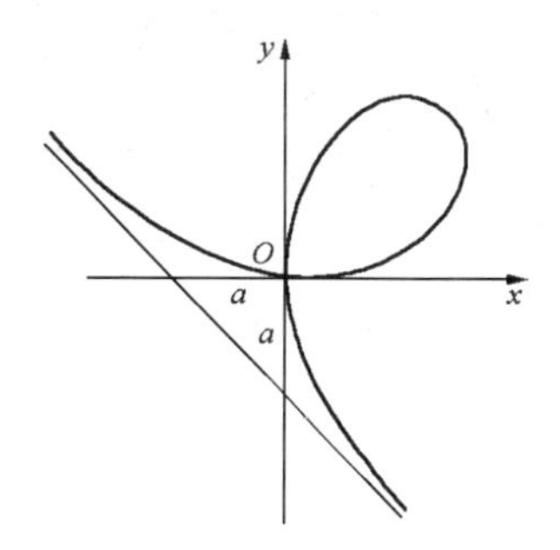

$x^3+y^3-3axy=0$；

$x=\frac{3at}{1+t^3}$，$y=\frac{3at^2}{1+t^3}$

附录二 常用的参数方程与极坐标系的曲线

(7) 星形线(内摆线的一种)

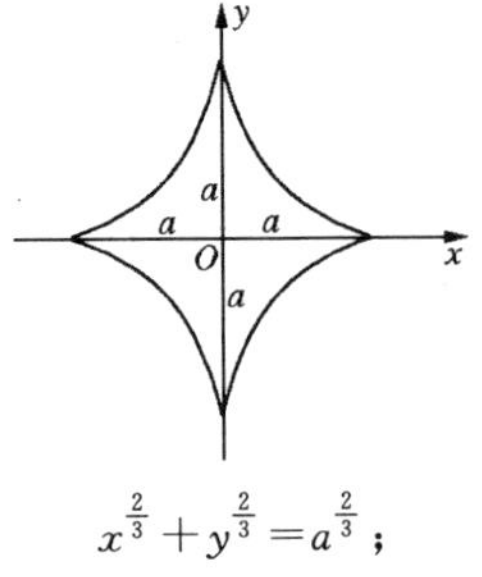

$x^{\frac{2}{3}}+y^{\frac{2}{3}}=a^{\frac{2}{3}}$；

$\begin{cases} x=a\cos^3\theta, \\ y=a\sin^3\theta \end{cases}$

(8) 摆线

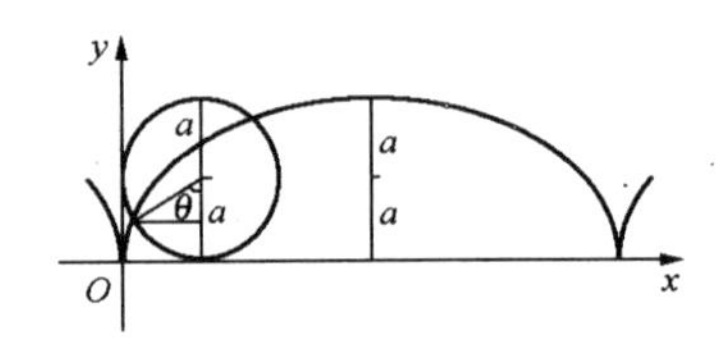

$\begin{cases} x=a(\theta-\sin\theta), \\ y=a(1-\cos\theta) \end{cases}$

(9) 心形线(外摆线的一种)

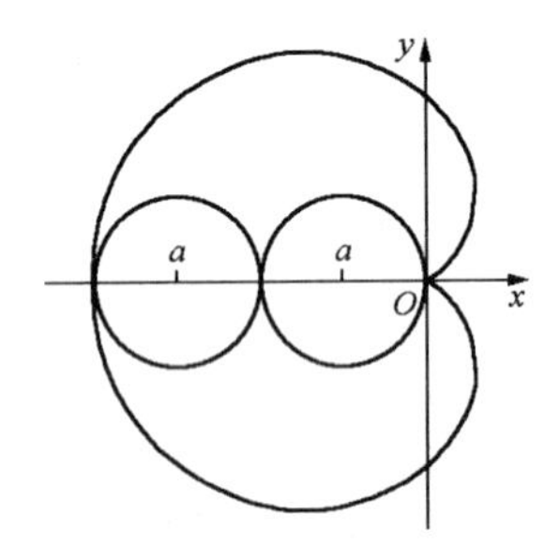

$x^2+y^2+ax=a\sqrt{x^2+y^2}$；

$\rho=a(1-\cos\theta)$

(10) 阿基米德螺线

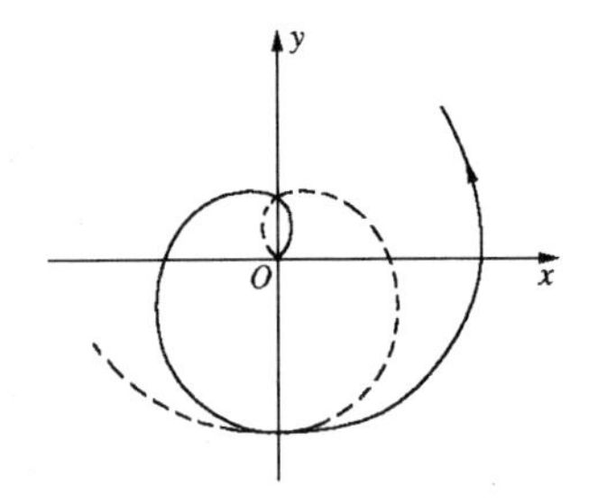

$\rho=a\theta$

(11) 对数螺线

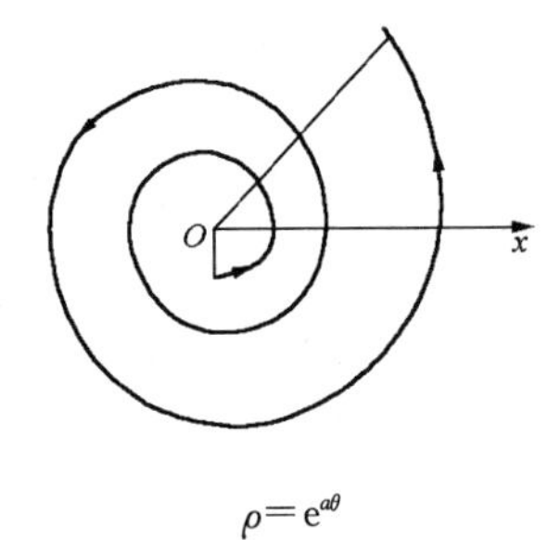

$\rho=e^{a\theta}$

(12) 双曲螺线

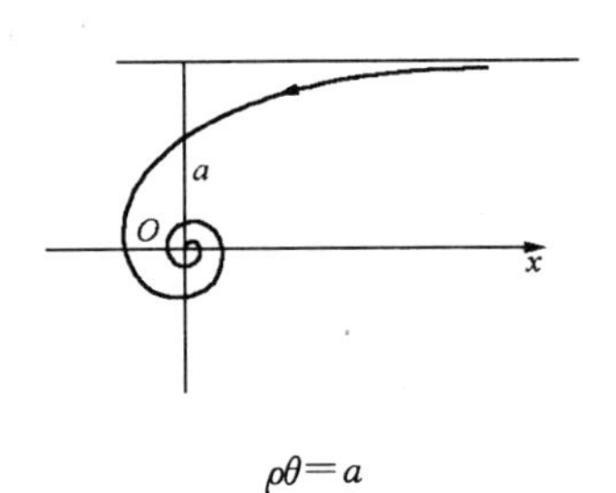

$\rho\theta=a$

(13) 伯努利双纽线

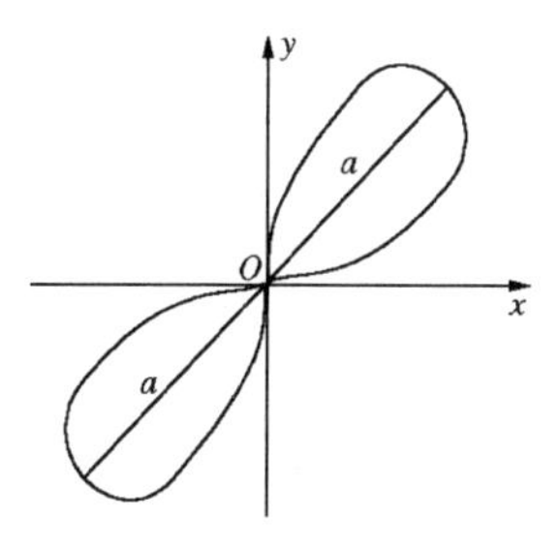

$(x^2+y^2)^2=2a^2xy$;

$\rho^2=a^2\sin 2\theta$

(14) 伯努利双纽线

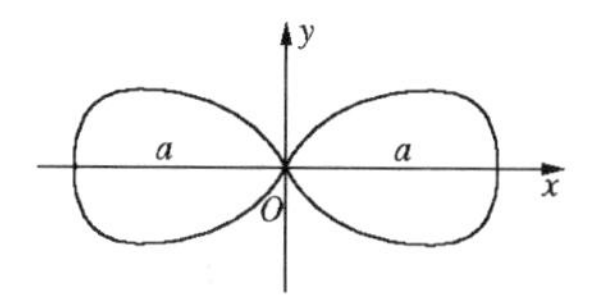

$(x^2+y^2)^2=a^2(x^2-y^2)$;

$\rho^2=a^2\cos 2\theta$

(15) 三叶玫瑰线

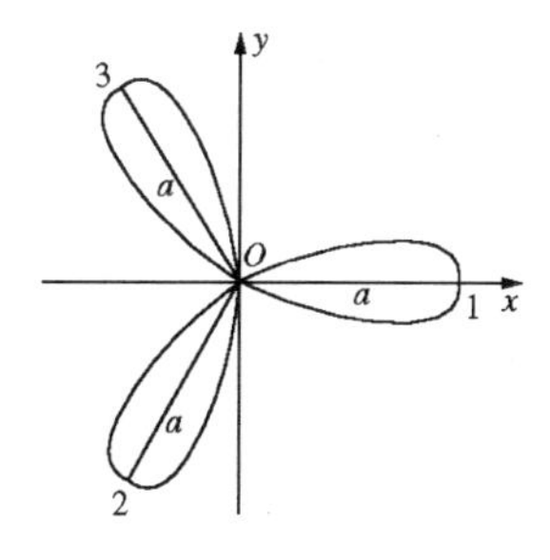

$\rho=a\cos 3\theta$

(16) 三叶玫瑰线

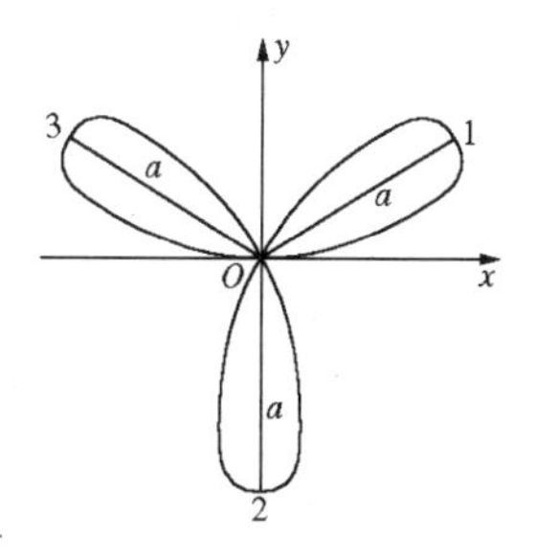

$\rho=a\sin 3\theta$

(17) 四叶玫瑰线

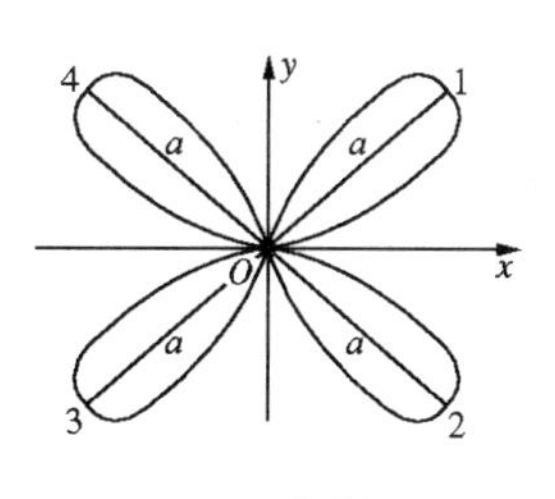

$\rho=a\sin 2\theta$

(18) 四叶玫瑰线

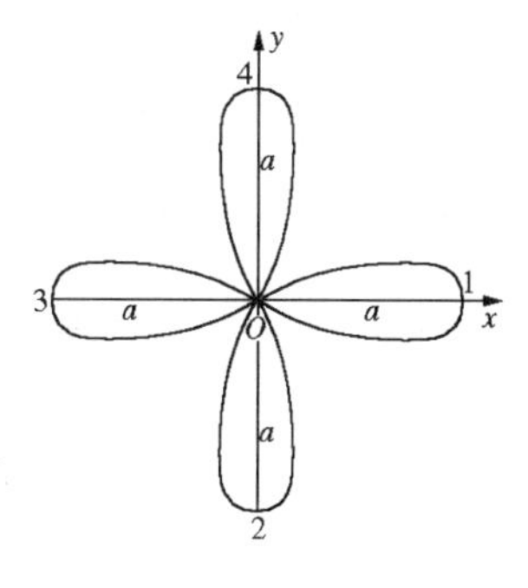

$\rho=a\cos 2\theta$

习题答案与提示

习 题 1.1

1.

ε	0.1	0.01	0.001	0.0001	0.00001	…
N	10	100	1000	10000	100000	…

3. 不一定.

习 题 1.2

2. $\delta=0.0002$.　　**3.** (2) $\lim\limits_{x\to1^-}f(x)=1$; $\lim\limits_{x\to1^+}f(x)=2$; (3) 不存在.

4. (1) 1; (2) 1; (3) -1.　　**6.** (1) 否; (2) 否; (3) 0; (4) 否.

习 题 1.3

2. (1) 无穷大; (2) 无穷大; (3) 无穷小; (4) 无穷大; (5) 无穷小.

3. (1) 2; (2) 1.　　**5.** 否.

习 题 1.4

1. (1) -9; (2) ∞; (3) 0; (4) 0; (5) $2x$; (6) $\dfrac{1}{2}$;

(7) 0; (8) ∞; (9) ∞; (10) $\dfrac{2}{3}$;

(11) $\lim\limits_{x\to+\infty}q^x=\begin{cases}0, & |q|<1,\\ 1, & q=1,\\ \text{不存在}, & q=-1,\\ \infty, & |q|>1;\end{cases}$

(12) $\lim\limits_{x\to-\infty}q^x=\begin{cases}\infty, & |q|<1,\\ 1, & q=1,\\ \text{不存在}, & q=-1,\\ 0, & |q|>1;\end{cases}$

(13) $\dfrac{1}{2}$; (14) 1; (15) $\dfrac{1}{3}$; (16) $\dfrac{1}{5}$.

2. (1) 0; (2) 0; (3) 0; (4) 0; (5) 不存在; (6) 0.

习　题　1.5

1. (1) $\frac{a}{b}$； (2) $\frac{1}{2}$； (3) $\frac{1}{2}$； (4) 1； (5) 1； (6) $\begin{cases}0, & n>m,\\ 1, & n=m,\\ \infty, & n<m;\end{cases}$ (7) -1； (8) 1；

(9) 1； (10) 3； (11) e^2； (12) e； (13) e； (14) e^{-2}； (15) e^{2a}； (16) e^3； (17) e^2；

(18) e； (19) 1； (20) e.

2. (2) 2； (3) **提示**：当 $x>0$ 时，$x^2<x^2+1<x^2+2x+1$.

习　题　1.6

2. (1) $\frac{3}{2}$； (2) 2； (3) $\begin{cases}0, & n>m,\\ 1, & n=m,\\ \infty, & n<m;\end{cases}$ (4) $\frac{1}{2}$； (5) 1； (6) $\frac{1}{3}$.

3. (1) 二阶； (2) 一阶； (3) $\frac{1}{3}$阶； (4) 二阶； (5) 二阶； (6) $\frac{1}{2}$阶.　　**4.** 二阶.　　**5.** 三阶.

习　题　1.7

1. (1) $f(x)$在$(-\infty,0)$与$(0,+\infty)$上连续，$x=0$ 为可去间断点； (2) $f(x)$在$[0,2]$上连续；

(3) $f(x)$在$(-\infty,-1)$与$(-1,+\infty)$上连续，$x=-1$ 为第一类间断点；

(4) $f(x)$在$(-\infty,0)$与$(0,+\infty)$上连续，$x=0$ 为第一类间断点.

2. (1) $x=2$ 为可去间断点，$x=3$ 为第二类间断点；

(2) $x=0$ 和 $x=k\pi+\frac{\pi}{2}$是可去间断点，$x=k\pi(k\neq0)$为第二类间断点$(k=\pm1,\pm2,\cdots)$；

(3) $x=0$ 为第二类间断点； (4) $x=1$ 为第一类间断点.

3. $x=\pm1$ 为第一类间断点.　4. $a=0,b=1$.

习　题　1.8

3. (1) 3； (2) -1； (3) 0； (4) 0； (5) 0； (6) $\cos\alpha$； (7) $a^b\ln a$； (8) 3； (9) 1； (10) $-\infty$；

(11) $\frac{1}{a}$； (12) $\frac{1}{2}$； (13) 1； (14) $\sqrt[3]{abc}$.

4. $a=e,b=-1$.

习　题　1.9

2. 设 $F(x)=f(x)-x$，然后在$[a,b]$上应用零点定理.

3. 在$[a,b]$上应用介值定理.

总练习题一

1. (1) 1； (2) 0； (3) $\frac{n}{m}$； (4) 5； (5) 0； (6) $e^{\frac{x}{x-1}}$； (7) e^2； (8) 1.

2. 2008，$\frac{1}{2008}$.　　**3.** ln2.　　**4.** e^{-1}.　　**5.** $\frac{1+\sqrt{5}}{2}$.

7. (1) $x=1$ 为第一类跳跃间断点，$x=0$ 为第二类无穷间断点；

(2) $x=-1$ 为第一类跳跃间断点.

8. $a=0,b=1$.　　**9.** **提示**：利用 $0\leqslant|g(x)|\leqslant|f(x)|$，由夹逼准则可得.

10. **提示**：考虑函数 $f(x)=2x^4-6x^2+x+2$，且

$$f(-2)=8,\quad f(-1)=-3,\quad f(0)=2,\quad f(1)=-1,\quad f(2)=12.$$

习　题　2.1

1. $\sqrt{2}$.　　**2.** (1) a；(2) $-\sin x$.

3. (1) $A=-f'(x_0)$；(2) $A=f'(0)$；(3) $A=2f'(x_0)$.

4. (1) $\frac{5}{2}x^{3/2}$；(2) $\frac{34}{15}x^{19/15}$；(3) $-\frac{3}{2}x^{-5/2}$；(4) $\frac{1}{6}x^{-5/6}$.

5. $f'(1)=-1,f'(-2)=-\frac{1}{4}$.

6. (1) 53.90 m/s，49.49 m/s，49.25 m/s，49.00 m/s；(2) 49 m/s；(3) gt.

7. 不一定.

9. $12x-y-16=0,x+12y-98=0$.

10. $(\ln 2,2)$.　　**11.** 不存在.

12. 在 $x\neq 0$ 处 $f(x)$ 连续、可导，且 $f'(x)$ 连续；在 $x=0$ 处 $f(x)$ 连续、可导，但 $f'(x)$ 不连续.

13. $a=\frac{\sqrt{2}}{2},b=\frac{\sqrt{2}}{2}\left(1-\frac{\pi}{4}\right)$.　　**14.** $\frac{f'(T_0)}{f(T_0)}$.

习　题　2.2

1. (1) $2ax+b$；(2) $\frac{1}{x}-\frac{2}{x\ln 10}+\frac{3}{x\ln 2}$；(3) $4x+\frac{5}{2}x^{3/2}$；(4) $3u^2+2u-1$；

(5) $x(2\cos x-x\sin x)$；(6) $\sqrt{\varphi}\left(\frac{\sin\varphi}{2\varphi}+\cos\varphi\right)$；(7) $3a^x\ln a+\frac{2}{x^2}$；

(8) $\frac{1}{2\sqrt{x}}[(\sqrt{x}-b)(\sqrt{x}-c)+(\sqrt{x}-a)(\sqrt{x}-c)+(\sqrt{x}-a)(\sqrt{x}-b)]$；

(9) $-\frac{1+2x}{(1+x+x^2)^2}$；(10) $\frac{-2\cos t}{(1+\sin t)^2}$；(11) $\frac{ad-bc}{(cx+d)^2}$；

(12) $\sec x\tan^2 x+\sec^3 x+x^{-\frac{2}{3}}\arctan x+\frac{3\sqrt[3]{x}}{1+x^2}$.

2. (1) $\frac{x}{\sqrt{(a^2-x^2)^3}}$；(2) $\frac{x^3+2a^2x}{\sqrt{(x^2+a^2)^3}}$；(3) $-\frac{2}{3\sqrt[3]{(1-x)^2(1+x)^4}}$；

(4) $\frac{\ln x}{x\sqrt{1+\ln^2 x}}$；(5) $\frac{1}{4}\sqrt{\cot\frac{x}{2}}\sec^2\frac{x}{2}$；(6) $\frac{1}{3}\sin\frac{2x}{3}\cot\frac{x}{2}-\frac{1}{2}\sin^2\frac{x}{3}\csc^2\frac{x}{2}$；

(7) $2\sin(4x-2)$；(8) $2\sin 2x\sin 2(\cos 2x)$；(9) $2x\sin\frac{1}{x}-\cos\frac{1}{x}$；

(10) $\dfrac{(x^2-1)\sec^2\left(x+\dfrac{1}{x}\right)}{2x^2\sqrt{1+\tan\left(x+\dfrac{1}{x}\right)}}$； (11) $\dfrac{8\sqrt{x}\sqrt{x+\sqrt{x}}\sqrt{x+\sqrt{x+\sqrt{x}}}+4\sqrt{x}\sqrt{x+\sqrt{x}}+2\sqrt{x}+1}{16\sqrt{x}\sqrt{x+\sqrt{x}}\sqrt{x+\sqrt{x+\sqrt{x}}}\sqrt{x+\sqrt{x+\sqrt{x+\sqrt{x}}}}}$；

(12) $2^{\frac{x}{\ln x}}\cdot\dfrac{\ln 2(\ln x-1)}{\ln^2 x}$； (13) $3\sin^2 x\cdot\cos x\cdot e^{\sin^3 x}$； (14) $\dfrac{6\ln^2(x^2)}{x}$；

(15) $\dfrac{1}{x\cdot\ln x\cdot\ln(\ln x)}$； (16) $\dfrac{1}{|x|\sqrt{x^2-1}}$； (17) $\dfrac{3}{2\sqrt{3x-9x^2}}$；

(18) $\dfrac{\sqrt{1-x^2}+x\arcsin x}{\sqrt{(1-x^2)^3}}$； (19) $e^{-x}\arccos\dfrac{1}{x}\left[\dfrac{2}{|x|\sqrt{x^2-1}}-\arccos\dfrac{1}{x}\right]$；

(20) $\dfrac{-1}{|1+x|\sqrt{2x(1-x)}}$； (21) $\dfrac{-1}{2\sqrt{x^3}}$； (22) $\dfrac{\pi}{2\sqrt{1-x^2}(\arccos x)^2}$； (23) $\dfrac{e^{\arcsin x}}{\sqrt{1-x^2}}+\dfrac{e^x}{1+e^{2x}}$；

(24) $\left(\dfrac{a}{b}\right)^x\left(\dfrac{b}{x}\right)^a\left(\dfrac{x}{a}\right)^b\left(\ln\dfrac{a}{b}-\dfrac{a-b}{x}\right)$； (25) $\dfrac{1}{x^2}\sin\dfrac{2}{x}e^{-\sin^2\frac{1}{x}}$； (26) $\dfrac{-2}{\sqrt{1-4x^2}\arccos 2x}$；

(27) $\mathrm{ch}x\cdot\mathrm{sh}(\mathrm{sh}x)$； (28) $\dfrac{1}{x\mathrm{ch}^2(\ln x)}$； (29) $e^{\mathrm{ch}x}(\mathrm{ch}x+\mathrm{sh}^2 x)$； (30) $\mathrm{th}^3 x$.

3. $2x+y-4=0$，$6x-y-4=0$. **4.** $(-1,1)$；$\left(\dfrac{1}{4},\dfrac{1}{16}\right)$. **5.** $x+2y-2=0$；$d=\dfrac{2}{\sqrt{5}}$.

6. (1) $2xf'(x^2)$； (2) $e^{f(x)}[f(e^x)f'(x)+e^x f'(e^x)]$；

(3) $f'[f(f(x))]f'(f(x))f'(x)$； (4) $\sin 2x[f'(\sin^2 x)-f'(\cos^2 x)]$.

习　题　2.3

1. (1) $-2\sin x-x\cos x$； (2) $\dfrac{-a^2}{\sqrt{(a^2-x^2)^3}}$； (3) $4+\dfrac{3}{4}x^{-\frac{5}{2}}+8x^{-3}$；

(4) $2\sec^2 x\tan x$； (5) $2\arctan x+\dfrac{2x}{1+x^2}$； (6) $\dfrac{(\sqrt{x}-1)e^{\sqrt{x}}}{4x\sqrt{x}}$；

(7) $-\csc^2 x$； (8) $-\sin 2x-4\sin 4x-9\sin 6x$.

2. (1) $2f'(x^2)+4x^2f''(x^2)$； (2) $f''(\sin^2 x)\sin^2 2x+2f'(\sin^2 x)\cos 2x$；

(3) $\dfrac{f(x)f''(x)-[f'(x)]^2}{[f(x)]^2}$.

3. $y''=-2-12x^2$；$y'''=-24x$. **4.** $y^{(4)}=\dfrac{6}{x}$. **5.** 207360.

8. (1) $y^{(20)}=2^{20}e^{2x}(x^2+20x+95)$；

(2) $y^{(50)}=2^{50}\left(-x^2\sin 2x+50x\cos 2x+\dfrac{1225}{2}\sin 2x\right)$；

(3) $y^{(10)}=-32e^x\sin x$.

9. (1) $(-1)^n\dfrac{2\cdot n!}{(1+x)^{n+1}}$； (2) $(-1)^n\dfrac{(n-2)!}{x^{n-1}}(n\geqslant 2)$； (3) $2^{n-1}\sin\left(2x+\dfrac{n-1}{2}\pi\right)$；

(4) $(x+n)e^x$； (5) $(-1)^n n!\left[\dfrac{1}{(x-1)^{n+1}}-\dfrac{1}{x^{n+1}}\right]$；

(6) $(-1)^n n!\left[\dfrac{1}{(x-2)^{n+1}}-\dfrac{1}{(x-1)^{n+1}}\right](n\geqslant 2)$； (7) $(\sqrt{2})^n e^x\sin\left(x+n\dfrac{\pi}{4}\right)$；

(8) $\dfrac{1}{4}\left[2^n\sin\left(2x+\dfrac{n\pi}{2}\right)+4^n\sin\left(4x+\dfrac{n\pi}{2}\right)-6^n\sin\left(6x+\dfrac{n\pi}{2}\right)\right]$.

习 题 2.4

1. (1) $-\dfrac{2x+y}{x+2y}$； (2) $\dfrac{e^{x+y}-y}{x-e^{x+y}}$； (3) $\dfrac{xy\ln y-y^2}{xy\ln x-x^2}$； (4) $\dfrac{x+y}{x-y}$； (5) $\dfrac{\cos y-\cos(x+y)}{x\sin y+\cos(x+y)}$.

2. (1) $-\dfrac{2(y^2+1)}{y^5}$； (2) $\dfrac{\sin(x+y)}{[\cos(x+y)-1]^3}$.

3. (1) $(\ln x)^x\left(\dfrac{1}{\ln x}+\ln(\ln x)\right)$； (2) $[\cot x\cos x-\sin x\cdot\ln(\sin x)](\sin x)^{\cos x}$；

(3) $\dfrac{1}{2}\sqrt{\dfrac{3x-2}{(5-2x)(x-1)}}\left(\dfrac{3}{3x-2}+\dfrac{2}{5-2x}-\dfrac{1}{x-1}\right)$； (4) $\dfrac{x^4+6x^2+1}{3x(1-x^4)}\sqrt[3]{\dfrac{x(x^2+1)}{(x^2-1)^2}}$；

(5) $\sqrt{e^{1/x}\sqrt{x\sin x}}\left(\dfrac{1}{4x}-\dfrac{1}{2x^2}+\dfrac{1}{4}\cot x\right)$.

4. $x+4y-6=0$.

5. (1) $\dfrac{dy}{dx}=\dfrac{2}{t}$, $\dfrac{d^2y}{dx^2}=-\dfrac{1}{t^3}$； (2) $\dfrac{dy}{d\theta}=-\tan\theta$, $\dfrac{d^2y}{d\theta^2}=\dfrac{1}{3a\cos^4\theta\sin\theta}$； (3) $\dfrac{dy}{dt}=t$, $\dfrac{d^2y}{dt^2}=\dfrac{1}{f''(t)}$.

6. (1) 切线方程 $x+2y-4=0$，法线方程 $4x-2y-1=0$；

(2) 切线方程 $x+y-3a=0$，法线方程 $x-y=0$.

8. 39.2 m/s.　　**9.** (1) $\dfrac{5}{\sqrt{2}}$ m； (2) 0.875 m/s； (3) 下端离墙 4 m 时.　　**10.** $40\sqrt{3}$ m.

习 题 2.5

1. $\Delta y=0.0404$；$dy=0.04$.

2. $\Delta y=130,4,0.31,0.0301$；$dy=30,3,0.3,0.003$；$\Delta y-dy\to 0(\Delta x\to 0)$.

3. (1) $(10x+3)dx$； (2) $(3x^2-4x-8)dx$； (3) $\dfrac{2x}{|x|\sqrt{1-x^2}}dx$；

(4) $\sec t dt$； (5) $\left[\dfrac{-2\sin x}{1+\sin x}-\dfrac{\cos x\cos 2x}{(1+\sin x)^2}\right]dx$； (6) $-\dfrac{2x}{1+x^4}dx$.

4. (1) -0.0059； (2) $-\dfrac{e^3}{600}$.　　**5.** $-\dfrac{y}{x}dx$.

6. (1) x^2+C； (2) $\ln x^2+C$； (3) $\dfrac{1}{x}+C$； (4) $-e^{-x}+C$；

(5) $-\dfrac{1}{2}\cos 2x+C$； (6) $\sqrt{x}+C$； (7) $e^{x^2}+C$；

(8) $\sin x,\cos x-\sin x$； (9) $2\sin x,\sin 2x$.

7. (1) 0.4849； (2) 1.002； (3) 0.03； (4) 2.7455.

8. 6.66185.　　9. 125.82 g.　　10. 3.20 mm^2；0.16 mm^2；5%.

总练习题二

1. (1) $y\left[\frac{1}{x-1}+\frac{2}{3x+1}-\frac{1}{3(2-x)}\right]$； (2) $a^a x^{a^a-1}+ax^{a-1}a^{x^a}\ln a+a^{a^x}a^x(\ln a)^2$；

(3) $\frac{1}{\sqrt{1-x^2}+1-x^2}$； (4) $x^{\frac{1}{x}-2}(1-\ln x)+\frac{1}{2(2x^2+2x+1)\sqrt{\arctan(1+2x)}}$；

(5) $\frac{f''[\ln(1+x)]-f'[\ln(1+x)]}{(1+x^2)}$； (6) $\frac{t^4-1}{8t^3}$； (7) $e(1-e)$； (8) $-2^n\cos\left(2x+\frac{n\pi}{2}\right)$.

2. 2007. **3.** 0. **4.** $e^{\frac{f'(a)}{f(a)}}$. **5.** (1) $0<k\leqslant 1$； (2) $1<k\leqslant 2$； (3) $k>2$.

6. 可去间断点. **8.** $a=\frac{1}{2}f''(x_0),b=f'(x_0),c=f(x_0)$. **9.** $\frac{1}{(1+nx^2)^{3/2}}$.

10. **提示**：根据$(1+x^2)y'=1$,应用莱布尼茨公式.

11. **提示**：根据左右导数的定义,找出两点ξ_1,ξ_2,使$f(\xi_1),f(\xi_2)$异号,然后对$f(x)$在$[a,b]$上应用介值定理.

习 题 3.1

3. 令$F(x)=xf(x)$.

5. 令$F(x)=f(a)g(x)-g(a)f(x)$,然后利用拉格朗日中值定理.

6. 用两次拉格朗日中值定理.

7. 对$f(x)$与x^2应用柯西中值定理.

8. 对$\frac{f(x)}{x}$与$\frac{1}{x}$应用柯西中值定理.

9. 对$f(x)=\ln x$应用拉格朗日中值定理.

10. 对$f(x)=x^n$应用拉格朗日中值定理.

习 题 3.2

1. (1) $\cos a$； (2) $\frac{m}{n}a^{m-n}$； (3) $-\frac{3}{5}$； (4) $+\infty$； (5) 0； (6) $\frac{1}{2}$；

(7) 1； (8) $-\frac{1}{2}$; (9) e^{-1}； (10) $e^{-\frac{1}{3}}$； (11) $(a_1a_2\cdots a_n)^{\frac{1}{n}}$.

2. 连续.

习 题 3.3

1. $f(x)=8-5(x+1)+(x+1)^3$.

2. $f(x)\approx\sum_{k=0}^{n}\frac{2^{k-1}}{k!}(k+10)x^k$. **提示**：$f(x)=xe^{2x}+5e^{2x}$.

3. $f(x)=\frac{1}{x+1}=-[1+(x+2)+(x+2)^2+\cdots+(x+2)^n]+(-1)^{n+1}\frac{(x+2)^{n+1}}{[-1+\theta(x+2)]^{n+2}}(0<\theta<1)$.

提示：先将$\frac{1}{x+1}$变形为$-\frac{1}{1-(x+2)}$,然后再利用$\frac{1}{1-u}$的泰勒公式.

5. (1) $\frac{1}{3}$； (2) $\frac{1}{2}$； (3) $-\frac{7}{4}$； (4) $e^{\frac{5}{6}}$.

习 题 3.4

3. (1) 单调增区间为$(-\infty,-1)$,$(3,+\infty)$;单调减区间为$(-1,3)$.

(2) 单调增区间为$\left(-\infty,-\frac{1}{2}\right)$,$\left(\frac{11}{18},+\infty\right)$;单调减区间为$\left(-\frac{1}{2},\frac{11}{18}\right)$.

(3) 单调增区间为$\left(-\frac{11}{2},\frac{1}{2}\right)$;单调减区间为$\left(-\infty,-\frac{11}{2}\right)$,$\left(\frac{1}{2},2\right)$,$(2,+\infty)$.

(4) 单调增区间为$\left(-\infty,\frac{2a}{3}\right)$,$(a,+\infty)$;单调减区间为$\left(\frac{2a}{3},a\right)$.

(5) 单调增区间为$\left(\frac{1}{2},+\infty\right)$;单调减区间为$\left(0,\frac{1}{2}\right)$.

(6) 单调增区间为$(0,+\infty)$;单调减区间为$(-\infty,0)$.

(7) 单调增区间为$(-\infty,+\infty)$.

(8) 单调增区间为$\left(\frac{k\pi}{2},\frac{k\pi}{2}+\frac{\pi}{3}\right)$($k$为整数);单调减区间为$\left(\frac{k\pi}{2}+\frac{\pi}{3},\frac{k\pi}{2}+\frac{\pi}{2}\right)$($k$为整数).

5. 当$a>e^{-1}$时没有实根,当$0<a<e^{-1}$时有两个实根,当$a=e^{-1}$时只有一个实根.

6. (1) 极大值$y(-2)=176$,极小值$y(1)=-13$.

(2) 极大值$y(-1)=0$,极小值$y\left(-\frac{1}{4}\right)=\left(\frac{9}{4}\right)^2\times\left(\frac{3}{4}\right)^{\frac{2}{3}}$.

(3) 极大值$y\left(2k\pi+\frac{\pi}{4}\right)=\frac{\sqrt{2}}{2}e^{2k\pi+\frac{\pi}{4}}$,极小值$y\left((2k+1)\pi+\frac{\pi}{4}\right)=-\frac{\sqrt{2}}{2}e^{(2k+1)\pi+\frac{\pi}{4}}$.

(4) 极大值$y(e)=e^{\frac{1}{e}}$. (5) 没有极值. (6) 极小值$f\left(-\frac{N-1}{N}\right)=\frac{27}{4N}$.

7. 当$a=2$时有极大值$f\left(\frac{\pi}{3}\right)=\sqrt{3}$.

习 题 3.5

1. $x=-3$,$f(-3)=27$.　　2. $x=1$,$f(1)=1$.　　3. 4,4.

4. $\frac{2}{\sqrt{3}}R$.　　5. $\frac{x}{3}+\frac{y}{6}=1$.　　7. 5.292 m.　　8. $3\sqrt{3}$.

习 题 3.6

1. (1) 凹区间$\left(\frac{5}{3},+\infty\right)$,凸区间$\left(-\infty,\frac{5}{3}\right)$,拐点$\left(\frac{5}{3},\frac{20}{27}\right)$.

(2) 凹区间$(-\infty,+\infty)$,无拐点.

(3) 凹区间$(e^{\frac{3}{2}},+\infty)$,凸区间$(0,e^{\frac{3}{2}})$,拐点$\left(e^{\frac{3}{2}},e^{\frac{3}{2}}+\frac{3}{2}e^{-\frac{3}{2}}\right)$.

(4) 凹区间$(2,+\infty)$,凸区间$(-\infty,2)$,拐点$\left(2,\frac{2}{e^2}\right)$.

(5) 凹区间$\left(\frac{\pi}{4},\frac{3\pi}{4}\right)$,凸区间$\left(0,\frac{\pi}{4}\right)$,$\left(\frac{3\pi}{4},\pi\right)$,拐点$(2,0)$,$(0,0)$.

(6) 凹区间$(-1,1)$,凸区间$(-\infty,-1)$,$(1,+\infty)$,拐点$(-1,\ln2)$,$(1,\ln2)$.

(7) 凹区间$(b,+\infty)$,凸区间$(-\infty,b)$,拐点(b,a).

(8) 凹区间$(0,1)$,$(5,+\infty)$,凸区间$(1,5)$,拐点$(1,0)$,$\left(5,\frac{4}{5\sqrt{5}}\right)$.

4. $a=-\frac{3}{2},b=\frac{9}{2}$.　　**5.** $k=\pm\frac{\sqrt{2}}{8}$.　　**6.** $(0,f(0))$.

习　题　3.7

1. 单调增区间$(0,+\infty)$,单调减区间$(-\infty,0)$,极小值$(0,0)$;
凹区间$(-1,1)$,凸区间$(-\infty,-1)\cup(1,+\infty)$,拐点$(-1,\ln2)$,$(1,\ln2)$;
无渐近线.

2. 单调增区间$(-\infty,1)$,单调减区间$(1,+\infty)$,极大值$(1,1)$;
凹区间$\left(-\infty,1-\frac{\sqrt{2}}{2}\right)\cup\left(1+\frac{\sqrt{2}}{2},+\infty\right)$,凸区间$\left(1-\frac{\sqrt{2}}{2},1+\frac{\sqrt{2}}{2}\right)$,拐点$\left(1-\frac{\sqrt{2}}{2},\frac{1}{\sqrt{e}}\right)$,$\left(1+\frac{\sqrt{2}}{2},\frac{1}{\sqrt{e}}\right)$;
水平渐近线 $y=0$.

3. 单调增区间$(-\infty,1)\cup(3,+\infty)$,单调减区间$(1,3)$,极小值$\left(3,\frac{27}{4}\right)$;
凹区间$(0,1)\cup(1,+\infty)$,凸区间$(-\infty,0)$,拐点$(0,0)$;
垂直渐近线 $x=0$.

4. 单调增区间$\left(0,\frac{3}{2}\right)\cup(4,+\infty)$,单调减区间$(-\infty,0)\cup\left(\frac{3}{2},2\right)\cup(3,4)$;
极大值$\left(\frac{3}{2},\frac{\sqrt{3}}{2}\right)$,极小值$(0,0)$,$(4,4\sqrt{2})$;
凹区间$(-\infty,0)\cup(3,+\infty)$,凸区间$(0,2)$,拐点$(0,0)$;
斜渐近线 $y=x+\frac{1}{2}$,$y=-x-\frac{1}{2}$;
垂直渐近线 $x=3$.

习　题　3.8

1. $|\cos x|$,$|\sec x|$.　　**2.** $p\left(1+\frac{2x}{p}\right)^{\frac{3}{2}}$.　　**3.** $2\sqrt{2ay}$.　　**4.** $x^2+y^2=5$.　　**5.** $\left(\frac{\sqrt{2}}{2},-\frac{\ln2}{2}\right)$.

习　题　3.9

1. 1.2617.

2. $x_5=1.41421356$. **提示**:先给出迭代公式 $x_{n+1}=x_n-\frac{x_n^2-2}{2x_n}=\frac{x_n}{2}+\frac{1}{x_n}$,然后迭代5次得 x_5.

总练习题三

1. 能用中值定理，$\xi_1=\frac{1}{2}$，$\xi_2=\sqrt{2}$.

2. (1) 用反证法. (2) 设辅助函数 $\varphi(x)=f(x)g'(x)-f'(x)g(x)$，利用罗尔定理.

3. 由介值定理，存在 $\xi\in(0,1)$，使得 $f(\xi)=\frac{a}{a+b}$.

4. 设辅助函数 $F(x)=f(x)+\frac{1}{x}\cdot\frac{f(b)-f(a)}{b-a}ab$.

5. 先在 $\left[0,\frac{a}{2}\right]$ 和 $\left[\frac{a}{2},a\right]$ 上应用拉格朗日中值定理.

6. 设 $P(x)=ax^2+bx+c$，再由

$$\lim_{x\to0}[2^x-(ax^2+bx+c)]=0,\quad \lim_{x\to0}\frac{2^x-(ax^2+bx+c)}{x}=0,\quad \lim_{x\to0}\frac{2^x-(ax^2+bx+c)}{x^2}=0$$

确定 $P(x)$ 的系数 a,b,c.

7. 用麦克劳林公式. **8.** 用以 b 为中心的泰勒公式，或多次用罗尔定理.

9. 先用麦克劳林公式. **10.** 先推出 $f^{(k)}(0)=0$，再用麦克劳林公式.

11. $n^{\frac{3}{2}}(\sqrt{n+1}+\sqrt{n-1}-2\sqrt{n})=n^2\left(\sqrt{1+\frac{1}{n}}+\sqrt{1-\frac{1}{n}}-2\right)$. **12.** $\lim\limits_{n\to\infty}x_n=\frac{1}{2}$.

13. 先证至少有三个根，再用反证法证明不能有第四个根.

14. 设辅助函数 $f(x)=\frac{x}{1+x}\ (x\geqslant0)$，并利用 $|a+b|\leqslant|a|+|b|$.

习 题 4.1

1. (1) $\frac{1}{4}x^4+C$； (2) $-\frac{1}{2x^2}+C$； (3) $\frac{2}{7}x^3\sqrt{x}+C$；

(4) $-\frac{3}{\sqrt[3]{x}}+C$； (5) $x-x^3+C$； (6) $\frac{2^x}{\ln2}+\frac{1}{3}x^3+C$；

(7) $x-\arctan x+C$； (8) $2e^x+3\ln|x|+C$；

(9) $\frac{3}{4}x^{\frac{4}{3}}-2x^{\frac{1}{2}}+C$； (10) $\frac{1}{6}x^2-\ln|x|-\frac{3}{2}x^{-2}+\frac{4}{3}x^{-3}+C$；

(11) $\frac{1}{2}x^2+3x+3\ln|x|-\frac{1}{x}+C$； (12) $\frac{2}{5}x^{\frac{5}{2}}+\frac{1}{2}x^2+6x^{\frac{1}{2}}+C$； (13) $\frac{1}{2}x-\frac{1}{2}\sin x+C$；

(14) $-\cot x-x+C$； (15) $\frac{8}{15}x\sqrt{x\sqrt{x\sqrt{x}}}+C$； (16) e^t+t+C；

(17) $\sin x+\cos x+C$； (18) $-\frac{1}{x}-\arctan x+C$； (19) $\frac{1}{2}\tan x+C$；

(20) $\tan x-\cot x+C$.

2. $y=x^2-3$. **3.** $s=\frac{1}{12}t^4+\frac{1}{2}t^2+t$.

习 题 4.2

1. $\frac{1}{a}\arctan\frac{x}{a}+C$.
2. $\frac{1}{2}\ln|1+2\ln x|+C$.
3. $2e^{\sqrt{x}}+C$.
4. $-\cos x+\frac{1}{3}\cos^3 x+C$.
5. $\frac{1}{3}\sin^3 x-\frac{2}{3}\sin^5 x+\frac{1}{7}\sin^7 x+C$.
6. $\frac{3}{8}x+\frac{1}{4}\sin 2x+\frac{1}{32}\sin 4x+C$.
7. $\tan x+\frac{2}{3}\tan^3 x+\frac{1}{5}\tan^5 x+C$.
8. $\frac{1}{7}\sec^7 x-\frac{2}{5}\sec^5 x+\frac{1}{3}\sec^3 x+C$.
9. $\frac{1}{2}\sin x+\frac{1}{10}\sin 5x+C$.
10. $2\sin\sqrt{t}+C$.
11. $\ln|\ln\ln x|+C$.
12. $-\ln|\cos\sqrt{1+x^2}|+C$.
13. $-e^{\frac{1}{x}}+C$.
14. $-\ln(e^{-x}+\sqrt{1+e^{-2x}})+C$.
15. $-\frac{1}{4}e^{-2x^2}+C$.
16. $-\frac{1}{3}(2-3x^2)^{\frac{1}{2}}+C$.
17. $-\frac{1}{2\sin^2 x}+C$.
18. $\frac{3}{2}\sqrt[3]{(\sin x+\cos x)^2}+C$.
19. $2\arcsin\sqrt{x}+C$.
20. $\frac{x^2}{2}-\frac{9}{2}\ln(x^2+9)+C$.
21. $\frac{1}{3}\ln\left|\frac{x-1}{x+2}\right|+C$.
22. $\frac{1}{3}\cos^3 x-\cos x+C$.
23. $-\arcsin\left(\frac{\cos^2 x}{2}\right)+C$.
24. $4\sqrt{1+\sqrt{x}}+C$.
25. $-\frac{1}{x\ln x}+C$.
26. $\frac{a^2}{2}\left(\arcsin\frac{x}{a}-\frac{x}{a^2}\sqrt{a^2-x^2}\right)+C$.
27. $\arccos\frac{1}{|x|}+C$.
28. $\sqrt{2x}-\ln(1+\sqrt{2x})+C$.
29. $\arcsin x-\frac{x}{1+\sqrt{1-x^2}}+C$.
30. $-\frac{(a^2-x^2)^{\frac{3}{2}}}{3a^2x^3}+C$.

习 题 4.3

1. $(x-1)e^x+C$.
2. $-x\cos x+\sin x+C$.
3. $x\ln(x^2+1)-2x+2\arctan x+C$.
4. $x\arctan x-\frac{1}{2}\ln(1+x^2)+C$.
5. $-\frac{1}{x}(\ln x+1)+C$.
6. $\frac{1}{n+1}x^{n+1}\left(\ln|x|-\frac{1}{n+1}\right)+C$.
7. $-e^{-x}(x^2+2x+2)+C$.
8. $\frac{1}{8}x^4(2\ln^2 x-\ln x+\frac{1}{4})+C$.
9. $\frac{1}{2}e^x(\sin x+\cos x)+C$.
10. $\frac{1}{2}(\sec x\cdot\tan x+\ln|\sec x+\tan x|)+C$.
11. $2e^{\sqrt{x}}(\sqrt{x}-1)+C$.
12. $\frac{1}{3}x^3\arctan x-\frac{1}{6}x^2+\frac{1}{6}\ln(1+x^2)+C$.
13. $-\frac{1}{2}x^2+x\tan x+\ln|\cos x|+C$.
14. $-\frac{e^{-2t}}{2}\left(t+\frac{1}{2}\right)+C$.
15. $-\cot x\ln(\sin x)-\cot x-x+C$.
16. $\frac{1}{3}(\ln|x|)^3+C$.
17. $(x+1)\arctan\sqrt{x}-\sqrt{x}+C$.

习 题 4.4

1. $-5\ln|x-2|+6\ln|x-3|+C.$

2. $\frac{1}{2}\ln(x^2+2x+3)-\frac{3}{\sqrt{2}}\arctan\frac{x+1}{\sqrt{2}}+C.$

3. $\ln|x|-\ln|x-1|-\frac{1}{x-1}+C$

4. $\frac{2}{5}\ln|1+2x|-\frac{1}{5}\ln(1+x^2)+\frac{1}{5}\arctan x+C.$

5. $\ln\left|\frac{x-2}{x-1}\right|+C.$

6. $\frac{1}{6}\ln\left|\frac{3+x}{3-x}\right|+C.$

7. $\frac{1}{6}\ln\left(\frac{x^2+1}{x^2+4}\right)+C.$

8. $-\frac{1}{2}\ln\frac{x^2+1}{x^2+x+1}+\frac{\sqrt{3}}{3}\arctan\frac{2x+1}{\sqrt{3}}+C.$

9. $\frac{\sqrt{2}}{8}\ln\frac{x^2+\sqrt{2}x+1}{x^2-\sqrt{2}x+1}+\frac{\sqrt{2}}{4}\arctan(\sqrt{2}x+1)+\frac{\sqrt{2}}{4}\arctan(\sqrt{2}x-1)+C.$

10. $\ln\left(\frac{x+3}{x+2}\right)^2-\frac{3}{x+3}+C.$

11. $\frac{2}{\sqrt{3}}\arctan\left(\frac{1}{\sqrt{3}}\tan\frac{x}{2}\right)+C.$

12. $\frac{1}{2\sqrt{3}}\arctan\frac{2\tan x}{\sqrt{3}}+C.$

13. $\tan x-\sec x+C.$

14. $\frac{x}{2}+\ln\sec\frac{x}{2}-\ln\left|1+\tan\frac{x}{2}\right|+C.$

15. $\frac{1}{\sqrt{5}}\arctan\frac{3\tan\frac{x}{2}+1}{\sqrt{5}}+C.$

16. $2(\sqrt{x-1}-\arctan\sqrt{x-1})+C.$

17. $\frac{3}{2}\sqrt[3]{(x+2)^2}-3\sqrt[3]{x+2}+3\ln|1+\sqrt[3]{x+2}|+C.$

18. $2\sqrt{x-2}+\sqrt{2}\arctan\sqrt{\frac{x-2}{2}}+C.$

总练习题四

1. $(\arctan\sqrt{x})^2+C.$

2. $2\arctan(\cos x+\sin x)+C.$

3. $\frac{\sin x}{x(x\cos x-\sin x)}+\frac{1}{x}+C.$

4. $\ln x(\ln\ln x-1)+C.$

5. $\frac{x^2}{4}-\frac{1}{4}x\sin 2x-\frac{1}{8}\cos 2x+C.$

6. $\frac{1}{3}\tan^3 x-\tan x+x+C.$

7. $\ln\left|\frac{xe^x}{1+xe^x}\right|+C.$

8. $\frac{1}{4}\ln|x|-\frac{1}{24}\ln(x^6+4)+C.$

9. $a\arcsin\frac{x}{a}-\sqrt{a^2-x^2}+C.$

10. $2\arcsin\frac{\sqrt{x}}{2}+C$ 或 $\arcsin\frac{x-2}{2}+C.$

11. $(4-2x)\cos\sqrt{x}+4\sqrt{x}\sin\sqrt{x}+C.$

12. $\frac{\ln x}{1-x}+\ln\left|\frac{1-x}{x}\right|+C.$

13. $\frac{\sin x}{2\cos^2 x}-\frac{1}{2}\ln|\sec x+\tan x|+C.$

14. $(x+1)\arctan\sqrt{x}-\sqrt{x}+C.$

15. $\frac{1}{4}\ln\left|\frac{x-1}{x+1}\right|-\frac{1}{2}\arctan x+C.$

16. $e^{2x}\tan x+C.$

17. $-\frac{\ln x}{x}+C.$

18. $\ln\frac{x}{(\sqrt[6]{x}+1)^6}+C.$

19. $\arctan e^x+C.$

20. $x\cdot\arctan x-\frac{1}{2}\ln(1+x^2)-\frac{1}{2}(\arctan x)^2+C.$

习 题 5.1

1. (1) $\frac{1}{2}$； (2) $e-1$.　　**2.** (1) 1； (2) $\frac{\pi}{4}a^2$； (3) 0； (4) $\frac{\pi}{4}$.

3. (1) $4\leqslant\int_1^3(1+x^2)\mathrm{d}x\leqslant 20$； (2) $\frac{\pi}{9}\leqslant\int_{\frac{\sqrt{3}}{3}}^{\sqrt{3}}x\arctan x\mathrm{d}x\leqslant\frac{2\pi}{3}$；

(3) $\frac{9\pi}{8}\leqslant\int_{\frac{\pi}{2}}^{\frac{5\pi}{4}}(1+\sin^2x)\mathrm{d}x\leqslant\frac{3}{2}\pi$； (4) $-2e^2\leqslant\int_2^0 e^{x^2-x}\mathrm{d}x\leqslant -2e^{-\frac{1}{4}}$.

4. (1) $<$； (2) $>$； (3) $<$； (4) $>$.

5. **提示**：(1)—(4)的被积函数都在相应区间上有单调性，所以易得.

6. (1) 用反证法. 若 $f(x)\not\equiv 0$，则存在 x_0，使 $f(x_0)>0$，可找到 $(x_0-\delta,x_0+\delta)$，使 $\int_{x_0-\delta}^{x_0+\delta}f(x)\mathrm{d}x>\delta f(x_0)>0$，与已知 $f(x)$ 积分为 0 矛盾. (2) 用反证法. (3) 利用(1).

习 题 5.2

1. (1) $\sin x^2$； (2) $\frac{1}{x}f(\ln x)+\frac{1}{x^2}f\left(\frac{1}{x}\right)$； (3) $\cos x e^{\sin x}+\sin x e^{\cos^2 x}$；

(4) $\frac{2x\sin x^4}{1+e^{x^2}}$； (5) $\frac{-y\cos(xy)}{e^y+x\cos(xy)}$； (6) $f'(x)(x-a)+f(x)$；

(7) $2x^5e^{-x^2}-x^2e^{-x}$； (8) $-\sqrt[3]{x}\ln(1+x^2)$.

2. (1) $\frac{1}{2}$； (2) 2； (3) 1； (4) $\frac{1}{2}$.　　**3.** 16.　　**4.** $x=0$ 时，$I(x)$ 有极值.

5. (1) $\frac{29}{6}$； (2) $1-\frac{\sqrt{3}}{3}+\frac{\pi}{12}$； (3) $\frac{271}{6}$； (4) 1； (5) $\sqrt{2}-1$； (6) $\frac{1}{2}(1-\ln 2)$；

(7) $\frac{\pi}{3}$； (8) -1； (9) $2\sqrt{2}$； (10) 1； (11) $2(\sqrt{2}-1)$； (12) $\frac{2\sqrt{3}}{9}\pi$.

6. $\frac{17}{16}-\frac{\pi}{4}$.

7. **提示**：设 $\int_0^1 f(x)\mathrm{d}x=A$，然后等式两边在[0,1]上积分，解出 $A=\frac{\pi}{4-\pi}$ 即为所求.

8. $\Phi(x)=\begin{cases}\frac{1}{3}x^3, & x\in[0,1),\\ \frac{1}{2}x^2-\frac{1}{6}, & x\in[1,2],\end{cases}$ $\Phi(x)$ 在 $(0,2)$ 内连续.

9. **提示**：对 $F(x)$ 求导，得 $F'(x)=\frac{f(x)(x-a)-\int_a^x f(t)\mathrm{d}t}{(x-a)^2}$. 又因 $\int_a^x f(x)\mathrm{d}t=f(x)(x-a)$，则上式分子 $=\int_a^x[f(x)-f(t)]\mathrm{d}t$. 因 $f'(x)\leqslant 0$ 得 $f(x)\leqslant f(t)$，依定积分的性质，得证.

习 题 5.3

1. (1) $\frac{1}{6}$； (2) $\ln\frac{2+\sqrt{3}}{1+\sqrt{2}}$； (3) $7+2\sqrt{2}$； (4) $\frac{\pi}{2}$； (5) $e-\sqrt{e}$； (6) $\arctan e-\frac{\pi}{4}$；

(7) $\frac{\pi}{4}+\frac{1}{2}$； (8) $\frac{5}{32}\pi$； (9) $2(\sqrt{3}-1)$； (10) $\frac{3}{2}\pi$； (11) $1-\frac{\pi}{4}$；

(12) $\frac{1}{3}a^3$； (13) $\frac{1}{6}$； (14) $2(1-\mathrm{e}^{-\frac{1}{2}})$； (15) $\frac{4}{3}$； (16) $\frac{\pi}{8}$.

2. (1) 0； (2) 0； (3) $1-\frac{\sqrt{3}}{6}\pi$； (4) $\frac{10}{3}$.　　**3.** $\tan\frac{1}{2}-\frac{1}{2}\mathrm{e}^{-4}+\frac{1}{2}$.

4. 提示：令 $u=x-t$，则 $F(x)=-x\int_x^{x-x^2}f(u)\mathrm{d}u$. 再求导数得

$$\frac{\mathrm{d}F}{\mathrm{d}x}=-\int_x^{x-x^2}f(u)\mathrm{d}u-x[(1-2x)f(x-x^2)-f(x)].$$

5. 8.

6. 提示：令 $t=a+b-x$，即可以从右端推到左端.

7. 提示：在 $\varphi(-t)$ 形式中令 $x=\pi-y$，即可证明 $\varphi(-t)=\varphi(t)$.

8. 提示：$\int_0^{\pi}\sin^n x\mathrm{d}x=\int_0^{\frac{\pi}{2}}\sin^n x\mathrm{d}x+\int_{\frac{\pi}{2}}^{\pi}\sin^n x\mathrm{d}x$，在 $\int_{\frac{\pi}{2}}^{\pi}\sin^n x\mathrm{d}x$ 中令 $x=\pi-t$ 即可推得等于 $\int_0^{\frac{\pi}{2}}\sin^n x\mathrm{d}x$.

9. (1) $\frac{\pi}{12}+\frac{\sqrt{3}}{2}-1$； (2) $\frac{1}{2}(\mathrm{e}\sin 1-\mathrm{e}\cos 1+1)$； (3) $2\left(1-\frac{1}{\mathrm{e}}\right)$； (4) $\frac{1}{2}(\mathrm{e}^{\frac{\pi}{2}}-1)$；

(5) $\left(\frac{1}{4}-\frac{\sqrt{3}}{9}\right)\pi+\frac{1}{2}\ln\frac{3}{2}$； (6) $\frac{3}{2}\pi$； (7) $\frac{1}{4}(\mathrm{e}^2+1)$； (8) $\pi-2$； (9) $\frac{\pi}{8}-\frac{\ln 2}{4}$； (10) $\frac{\pi}{2}$.

习　题　5.4

1. (1) 2； (2) 发散； (3) 发散； (4) 2； (5) π；

(6) 1； (7) $6\sqrt[3]{2}$； (8) $(-1)^n n!$； (9) $\frac{\pi}{2}$； (10) π.

2. 当 $k<1$ 时该广义积分收敛于 $\frac{1}{1-k}(b-a)^{1-k}$；当 $k\geqslant 1$ 时发散.

3. $$\int_{-\infty}^{x}f(t)\mathrm{d}t=\begin{cases}0, & -\infty<x\leqslant 0,\\ \frac{1}{4}x^2, & 0<x\leqslant 2,\\ x-1, & x>2.\end{cases}$$

习　题　5.6

1. (1) $\mathrm{e}+\mathrm{e}^{-1}-2$； (2) $\frac{32}{3}$； (3) $\frac{3}{2}-\ln 2$； (4) $\frac{1}{3}$； (5) $\frac{32}{3}$.

2. $21-2\ln 2$.　　**3.** $\frac{9}{4}$.　　**4.** (1) πa^2； (2) $\frac{3}{8}\pi a^2$； (3) $18\pi a^2$.

5. $3\pi a^2$.　　**6.** $\frac{3}{10}\pi$.　　**7.** $\frac{15}{2}-2\ln 2$；$\frac{81}{2}\pi$.　　**8.** $160\pi^2$.

9. $\frac{\pi^2}{3}-\frac{\sqrt{3}}{4}\pi$；$\frac{1}{3}\pi^3+(2-\sqrt{3})\pi^2$.　　**10.** $\sqrt{5}-\sqrt{2}-\ln\frac{1+\sqrt{5}}{2}+\ln(1+\sqrt{2})$.

11. $6a$. **12.** $8a$. **13.** 57697.5(kJ). **14.** $\frac{4}{3}\pi\rho^4 g$.

15. $\frac{2}{3}R^3\gamma$(γ为水的密度).

16. 取 y 轴通过细直棒，$F_y=Gm\mu\left(\frac{1}{a}-\frac{1}{\sqrt{a^2+l^2}}\right)$，$F_x=-\frac{Gm\mu l}{a\sqrt{a^2+l^2}}$，其中 G 为引力常数.

习 题 5.7

1. (1) 0.77782，0.71461； (2) 0.74621； (3) 0.74683.

2. (1) 0.7188，0.6688； (2) 0.6938； (3) 0.6931.

总练习题五

1. (1) $\frac{2}{3}(2\sqrt{2}-1)$； (2) $\frac{1}{p+1}$； (3) -1； (4) $\frac{\pi^2}{4}$.

2. (1) $\frac{\pi}{4}$； (2) $\ln(7+2\sqrt{7})-2\ln3$； (3) $\frac{\pi}{2}$； (4) $8\sqrt{3}$； (5) $4(\sqrt{2}-1)$； (6) $\frac{\pi}{8}$.

3. **提示**：通过换元法把$[\pi,3\pi]$上的定积分换元到$[0,\pi]$上的定积分，即得 $\int_{\pi}^{3\pi}f(x)\mathrm{d}x=\pi^2-2$.

4. $\frac{7}{3}-\frac{1}{\mathrm{e}}$. **5.** **提示**：令 $x^2=t$. **6.** **提示**：分部积分法.

7. **提示**：令 $t=\frac{x-u}{2}$. **8.** 最大值 $f(\sqrt{2})=1+\mathrm{e}^{-2}$，最小值 $f(0)=0$.

10. $\frac{\pi-2}{8}a^2$. **11.** $a=-\frac{5}{4}$，$b=\frac{3}{2}$，$c=0$. **12.** 8.

13. (1) $F_x=k\mu m\left(\frac{1}{b}-\frac{1}{\sqrt{b^2+l^2}}\right)$，$F_y=-k\mu m\frac{1}{b\sqrt{b^2+l^2}}$；

(2) $W=k\mu m\left(\ln\frac{\sqrt{a^2+l^2}-l}{a}-\mathrm{In}\frac{\sqrt{b^2+l^2}-l}{b}\right)$.

14. $h=2$ m.

习 题 6.1

1. (1) 1； (2) 3； (3) 1； (4) 2.

2. (1) 是； (2) 是； (3) 否； (4) 否； (5) 是.

3. (1) $1-2\ln2$； (2) -1，$\frac{\pi}{2}$. **4.** $yy'+2x=0$.

习 题 6.2

1. (1) $3y^2-2x^3=C$； (2) $\arcsin y-\ln|x|=C$；

(3) $2\tan2y-2x-\sin2x=C$； (4) $(\mathrm{e}^x+1)(\mathrm{e}^y-1)=C$；

(5) $y=\tan\left(x+\frac{1}{2}x^2+C\right)$； (6) $(x-4)y^4=Cx$.

2. (1) $e^y=\frac{1}{2}(e^{2x}+1)$； (2) $2\sin 3y-3\cos 2x=3$；

(3) $2(x-1)e^x+y^2+1=0$； (4) $\frac{1}{y^2}+2\sqrt{1+x^2}=3$.

3. **提示**：流速$\frac{dv}{dt}=0.62S\sqrt{2gh}$，$S$为孔截面面积，$h$为孔口到水面距离. $t=-0.0305h^{\frac{5}{2}}+9.64$，水流完所用时间为 10 s.

4. $xy=6$.

习 题 6.3

1. (1) $\ln|y|=\frac{x^3}{3y^3}+C$； (2) $\ln|x|=\sin\frac{y}{x}+C$；

(3) $Cx=e^{2\sqrt{\frac{y}{x}}}$； (4) $\ln\frac{x+y}{x}=Cx$.

2. (1) $y^2=2x^2(\ln x+2)$. (2) $y^2-y=x^2$.

(3) $e^{-\frac{y}{x}}=\ln\frac{e}{x}$. (4) $y^2=\pm 2\left(x\pm\frac{1}{2}\right)$. **提示**：将 y 看做自变量.

3. (1) $x+2ye^{\frac{x}{y}}=C$； (2) $\sin\frac{y^2}{x}=Cx$.

4. (1) $y-2=Ce^{-2\arctan\frac{y-2}{x+1}}$. (2) $\sqrt{(x+3)^2+(y+1)^2}=Ce^{-\arctan\frac{y+1}{x+3}}$.

(3) $(y-x+1)^2(y+x-1)^5=C$.

(4) $x+y=Ce^y$. **提示**：令 $x+y=u$，则 $1+\frac{dy}{dx}=\frac{du}{dx}$，代入原方程可化简.

习 题 6.4

1. (1) $y=\tan x-1+Ce^{-\tan x}$； (2) $y=x(\ln\ln x+C)$；

(3) $y=e^{x-\frac{1}{x}}+Ce^{-\frac{1}{x}}$； (4) $y=\frac{1}{x}(-\cos x+C)$.

2. (1) $y=x\sec x$； (2) $y=\frac{1}{2}x^3(1-e^{\frac{1}{x^2}-1})$；

(3) $y=x^3-6x^2+12x-9$； (4) $y=\frac{1}{2}(\cos 2x+3\sin 2x)$.

3. $y=2(e^x-x-1)$.

4. (1) $y(Ce^x-\sin x)=1$； (2) $y^3=1+Ce^{-x}$；

(3) $y^3\left(Ce^{\frac{x^2}{3}}-\frac{1}{2}\right)=1$； (4) $x(2-y^2+Ce^{-\frac{y^2}{2}})=1$.

5. (1) $x=\frac{y^2}{10}+\frac{C}{y^3}$； (2) $x=Ce^y-y-1$；

(3) $y=\frac{1}{x}e^{Cx}$； (4) $x(1-\cos(x+y))=C\sin(x+y)$.

习 题 6.5

1. (1) $y=e^x+\frac{1}{6}x^3+C_1x^2+C_2x+C_3$； (2) $y=x\arctan x-\frac{1}{2}\ln(1+x^2)+C_1x+C_2$；

(3) $y=C_1\ln|x|+\int\frac{e^x}{x}dx+C_2$；

(4) $y=C_1\sin\left(\frac{x}{C_1}+C_2\right)$；

(5) $y=C_2e^{C_1x}+1$；

(6) $x+C_2=\pm\left[\frac{2}{3}(\sqrt{y}+C_1)-2C_1\right]\sqrt{\sqrt{y}+C_1}$.

2. (1) $y=\sqrt{2x-x^2}$；

(2) $y=\ln\sec x$；

(3) $y=x^3+3x+1$；

(4) $y+\frac{3}{2}+\sqrt{y(3+y)}=\frac{9}{2}e^x$.

3. $y=\frac{x^3}{6}+\frac{x}{2}+1$.

习　题　6.6

1. 线性无关的是：(1),(4),(5),(6),(8),(9).

2. $y=C_1\cos x+C_2\sin x$.

3. $y=C_1e^x+C_2e^{-2x}$.

5. $y=C_1e^x+C_2(2x+1)$.

习　题　6.7

1. (1) $y=C_1e^{-4x}+C_2e^{3x}$；

(2) $y=C_1+C_2e^{-14x}$；

(3) $y=C_1\cos 2x+C_2\sin 2x$；

(4) $y=e^{-\frac{x}{2}}\left(C_1\cos\frac{\sqrt{3}}{2}x+C_2\sin\frac{\sqrt{3}}{2}x\right)$；

(5) $x=(C_1+C_2t)e^{\frac{5}{2}t}$；

(6) $y=C_1e^{\frac{5-\sqrt{17}}{2}}x+C_2e^{\frac{5+\sqrt{17}}{2}x}$.

2. (1) $y=4e^x+2e^{3x}$；

(2) $y=(2+x)e^{-\frac{1}{2}x}$；

(3) $y=\frac{5}{3}e^x+\frac{1}{3}e^{-2x}$；

(4) $y=e^{-\frac{x}{2}}\left(\cos\frac{\sqrt{3}}{2}x+\frac{\sqrt{3}}{3}\sin\frac{\sqrt{3}}{2}x\right)$；

(5) $y=\cos 5x+\sin 5x$；

(6) $y=e^{2x}\sin 3x$.

习　题　6.8

1. (1) $y=C_1e^{\frac{x}{2}}+C_2e^{-x}+e^x$；

(2) $y=C_1e^{2x}+C_2e^{-3x}+\frac{x}{125}\left(\frac{25}{3}x^2-5x+2\right)e^{2x}$；

(3) $y=C_1+C_2e^{-\frac{5x}{2}}+\frac{1}{3}x^3-\frac{3}{5}x^2+\frac{7}{25}x$；

(4) $y=C_1e^{-x}+C_2e^{-2x}+\left(\frac{3}{2}x^2-3x\right)e^{-x}$；

(5) $y=e^x(C_1\cos 2x+C_2\sin 2x)-\frac{1}{4}xe^x\cos 2x$；

(6) $y=(C_1+C_2x)e^{3x}+\frac{1}{2}x^2\left(\frac{1}{3}x+1\right)e^{3x}$；

(7) $y=C_1e^{3x}+C_2e^{4x}+\frac{1}{144}(12x+7)$；

(8) $y=C_1e^x+C_2e^{-2x}-\frac{1}{5}(6\sin 2x+2\cos 2x)$；

(9) $y=C_1\cos x+C_2\sin x-\frac{x}{2}\cos x-e^{-x}$；

(10) $y=C_1\cos x+C_2\sin x+\frac{1}{4}x\sin x-\frac{1}{16}\cos 3x$.

2. (1) $y=-\cos x-\frac{1}{3}\sin x+\frac{1}{3}\sin 2x$；

(2) $y=\frac{5}{12}e^{3x}+\frac{1}{4}e^{-x}+\frac{1}{3}-x$；

(3) $y=\frac{13}{56}e^x+\frac{3}{56}e^{9x}-\frac{1}{7}e^{2x}$；

(4) $y=e^x-e^{-x}+e^x(x^2-x)$.

3. $f(x)=\frac{1}{2}(\cos x+\sin x+e^x)$.

习　题　6.9

1. (1) $y=C_1+\frac{C_2}{x}$;　　(2) $y=C_1\cos\ln x+C_2\sin\ln x+\frac{x}{2}$;

(3) $y=\frac{C_1}{x^{n+1}}+\frac{C_2}{x^{-n}}$;　　(4) $y=C_1+C_2\frac{1}{x}+6x\ln x-9x$.

习　题　6.11

1. 提示：选用极坐标，$\rho=Ce^{\pm\frac{\theta}{\sqrt{k^2-1}}}$.　　**2.** 11.12×10^3 m/s.

3. $y=a\ln\frac{a+\sqrt{a^2-x^2}}{x}-\sqrt{a^2-x^2}$.

4. $\frac{d^2x}{dt^2}+h\frac{dx}{dy}+kx=0$，$x(0)=2$，$x'(0)=0$，

$x(t)=e^{-\frac{h}{2}t}A\sin(\omega t+\varphi)$，其中 $\omega=\frac{\sqrt{4k-h^2}}{2}$，$A=\sqrt{4+\left(\frac{h}{\omega}\right)^2}$，$\varphi=\arctan\frac{2\omega}{h}$.

总练习题六

1. $(y-x)'=\cos(y-x)-1\Rightarrow\cot\frac{y-x}{2}=x+C$.

2. $y'+2\sin\frac{y}{2}\cos\frac{y}{2}+2x\cos^2\frac{y}{2}=0\Rightarrow\left(\tan\frac{y}{2}\right)'+\tan\frac{y}{2}+x=0$，解为 $\tan\frac{y}{2}=Ce^{-x}-x+1$.

3. $f(x)=Cx^{\frac{1-n}{n}}$.　　**4.** $f(x)=Ce^{\pm x}$.

5. 令 $x^2+y=u^2$，解为 $(x^2+y)^{\frac{3}{2}}=x^3+\frac{3}{2}xy+C$.

6. $\frac{f^2(x)}{x^2}+\frac{2}{3}f^3(x)=\frac{5}{3}$.　　**7.** $y=\frac{y(0)+\int_0^x e^{at}f(t)dt}{e^{ax}}$.

8. $y(x)=\left[-\frac{1}{4}+\frac{1}{2}\ln(1+x)\right](1+x)+\frac{1}{4(1+x)}$.

9. $a=-3,b=2,c=-1,y=C_1e^x+C_2e^{2x}+xe^x$.　　**10.** $y=\frac{1}{6}x+\frac{1}{3}x^2$.